자동차 고장 진단

DIAGNOSIS OF A CAR FAILURE

구민사

자동차 고장 진단

초판 인쇄 | 2022년 8월 5일
초판 발행 | 2022년 8월 12일

저 자 | 자동차 기획실
발행인 | 조규백
발행처 | 도서출판 구민사
(07293) 서울특별시 영등포구 문래북로 116, 604호(문래동3가 46, 트리플렉스)
전화 | (02) 701-7421(~2)
팩스 | (02) 3273-9642
홈페이지 | www.kuhminsa.co.kr

신고번호 | 제2012-000055호 (1980년 2월 4일)
ISBN | 979-11-6875-074-6 93550

값 27,000원

PREFACE

머리말

최근의 자동차는 공학이나 과학 등 다양한 분야의 기술들이 결집된 신기술의 통합체로 만들어진 다고 보아질 만큼 많은 분야의 기술들이 자동화 내지는 전자제어화 되고 있다. 따라서 정비사가 자동차의 각종 시스템 고장진단을 확인할 수 있도록 차량의 컴퓨터와 서로 통신할 수 있는 진단 장비는 자기진단은 물론이고 멀티미터, 오실로스코프 등 각종 부가기능을 부여하여 다양하게 자동차 전자제어시스템을 진단, 점검, 분석할 수 있도록 되어 있어 자동차 고장 수리시 없어서는 안 될 정도로 진단장비 사용이 증가되고 있다.

자기진단 코드에는 파워 트레인(Power train)부분은 P로 시작되는 고장코드, 통신(Network)부분은 U로 시작되는 고장코드, 섀시(Chassis)시스템 부분은 C로 시작되는 고장코드, 바디(Body)시스템 부분은 B로 시작되는 고장코드를 사용하고 있기 때문에 어느 부분이 고장인지 알 수가 있다. 그래서 이 책자에서는 고장코드를 이용하여 고장개소를 점검할 수 있도록 하였다.

고장코드가 표출이 되면 맨 먼저 "배선점검" 절차를 수행한다. 전자장치에는 수많은 배선과 커넥터로 구성되어 있기 때문에 이러한 커넥터들의 접촉 불량은 여러 가지 다양한 문제를 유발 시키고, 부품을 손상시키기도 한다. 전체적으로 커넥터의 느슨함, 접촉 불량, 구부러짐, 오염, 부식 또는 손상상태를 부품 점검시 먼저 점검하여 문제 부위가 확인이 되면 필요시 수리 또는 교환한 후 고장 수리 확인 과정을 수행해야 하며 배선과 커넥터에 이상이 없을 때는 시스템 점검 절차를 수행해야 한다. 시스템 수리를 완료 하면 자기진단기을 연결한 후 "고장수리 확인" 절차를 수행하여 고장코드를 확인하고 저장된 고장코드를 자기진단기를 이용하여 소거하고 고장판정 조건 중의 검출조건에 따라 때에 따라서는 차량 주행을 한 후 자기진단을 실시하여 고장코드가 발생되는지 확인해야 한다.

고장코드가 표출 되었다면 적절한 고장 진단 가이드 절차를 수행해야 하며, 고장코드가 표출되지 않으면 고장 수리가 완료되어 시스템이 정상적으로 작동하는 것이다.

이 책의 독자층은 전문대학이나 대학에서 자동차를 전공하는 학생들, 4년제 대학에서 자동차 공학을 공부하고 현장에서 자동차 관련 업무에 입문하는 기술자, 그리고 이 분야에 관심을 가지고 공부하고자하는 사람들이다. 따라서 이들 다양한 계층들이 모두 쉽게 이해할 수 있도록 체계적으로 서술하는데 초점을 맞추기 위해 이 책의 편집순서는 다음과 같다.

chapter 1. 자기진단기(G-Scan2, GDS)에서는 진단기 사용법에 대해 서술하여 전자제어시스템의 고장진단 및 입출력장치에 대한 정밀한 진단과 분석을 할 수 있도록 하였다.

chapter 2. 엔진제어 장치에서는 엔진에 사용되는 각종센서 및 액추에이터, PCM 고장시 발생되는 고장코드 및 정비에 대해서 수록하였다.

chapter 3. 자동변속 시스템에서는 자동변속기에 사용되는 각종 센서, 솔레노이드 밸브, 클러치, 인히비터 스위치, TCM 고장시 발생되는 고장코드 및 정비에 대해서 수록하였다.

chapter 4. 제동제어에서는 ABS 컨트롤 유닛, VDC 컨트롤 유닛, 각종 센서 고장시 발생되는 고장코드 및 정비에 대해서 수록하였다.

chapter 5. TPMS에서는 TPMS 리시버, TPMS 센서, TPMS 컨트롤 유닛 고장시 발생되는 고장코드 및 정비에 대해서 수록하였다.

chapter 6. 파워스티어링에서는 EPS 모터, EPS 컨트롤 유닛, 각종 센서 고장시 발생되는 고장코드 및 정비에 대해서 수록하였다.

chapter 7. 바디전장(전기장치)에서는 배터리, 스타터, 알터네이터, 점화코일, 클러스터, 방향지시등, 보조 정지등, 전조등, 가변형 전조등 시스템 컨트롤 유닛, DRL 컨트롤 모듈, 레인센서 고장시 발생되는 고장코드 및 정비에 대해서 수록하였다.

이 책에 뜻하지 않은 오류가 있다면 독자 여러분의 기탄없는 질책과 조언을 받아 수정해 나갈 것을 약속드리며 이 책의 출판을 위해 적극적인 도움을 주신 도서출판 구민사 조규백 대표님과 직원 여러분께 깊은 감사를 드린다.

저자 일동

CONTENTS

차례

Chapter 01

자기진단기 사용법

Chapter 02

전자제어장치

Chapter 03

자동변속 시스템

Chapter 05

TPMS
[Tire Pressure Monitoring System]

Chapter

1

자기진단기 사용법

1 G-scan 2

터치스크린을 통한 사용 환경으로 복잡한 버튼 조작 없이 화면상에서 메뉴 및 기능선택을 할 수 있어 사용자가 쉽게 사용할 수 있도록 했다.

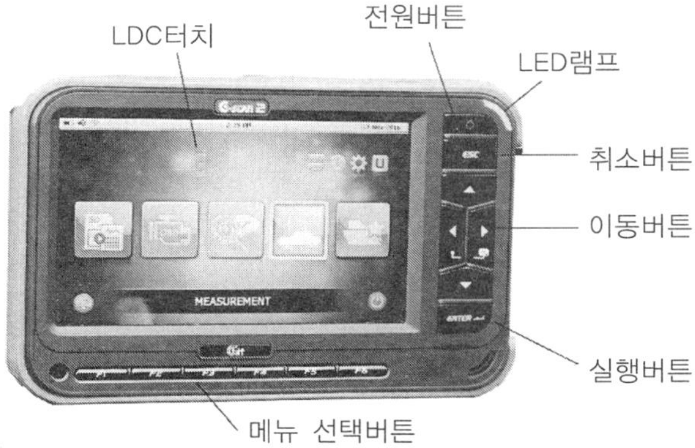

(a) 전면부 구성

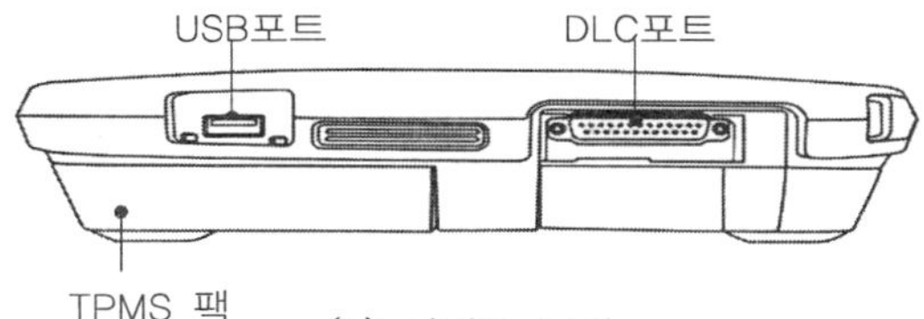

(b) 상면부 구성

그림 1. G-scan 2

1.1. 전원 공급방법

G-scan 2 본체에 전원을 공급하는 방법은 아래의 4가지 방법이 있다.

① 차량의 진단 커넥터에서 전원을 공급하는 방법

② 시가라이터에서 전원을 공급하는 방법

③ 배터리에서 전원을 공급하는 방법

④ AC, DC어댑터를 이용하여 공급하는 방법

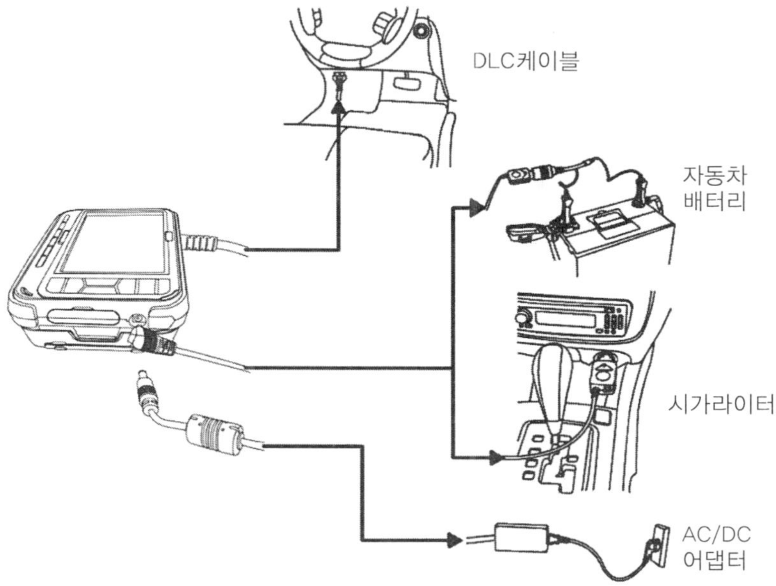

「그림」 2. 전원 공급방법

1.2. 전원 ON, OFF

1.2.1. 전원 켜기

본체에 전원이 공급되고 있는 상태에서 전원버튼을 약 0.5초 정도 눌러 주면 본체의 상태표시 LED가 파란색으로 점등되어 잠시 후 소등되며, 잠시 후 부팅과정이 진행된다. 부팅이 완료되면 메인화면을 확인할 수 있다.

1.2.2. 전원 끄기

전원버튼을 약 2초 정도 눌러 주면 화면에 "시스템 종료 중입니다."라는 메시지가 출력되고, 본체의 상태표시 LED가 파란색으로 점등되었다가 소등되며, 잠시 후 본체 전원이 꺼진다.

1.3. 각부 기능설명

「그림」 3. 메인화면의 영역구성

1.3.1. 상단화면의 구성

아이콘	명 칭	설 명
	배터리	배터리 상태를 나타낸다. 배터리는 사용기간에 또는 충·방전 횟수에 따라 성능이 저하되는 소모품이다. (충전 중 아이콘) : 충전 중, (충전완료 아이콘) : 충전완료, (배터리 아이콘) : 배터리 전원을 사용 중이며, 배터리 잔량 상태를 표시.
	볼륨	볼륨(소리크기)의 레벨을 나타내며 스피커를 OFF 시키려면 환경설정 메뉴에서 설정 가능하다.
12:00 AM	시간	시간을 나타낸다.
2019.03.26	날짜	날짜를 나타낸다.
	듀얼화면	듀얼화면으로 분할하여 화면을 구성한다.
	싱글화면	전체화면으로 화면을 구성한다.
	시스템 변경	통신 중인 차종 및 시스템 정보가 표출되며, 통신하고자하는 시스템을 변경할 수 있다.
	화면 캡쳐	현재 보여지는 화면을 캡쳐한다.
	이전화면	이전 화면으로 이동한다.
	홈	메인화면으로 바로 이동한다.

1.3.2. 중단화면의 구성

아이콘	명 칭	설 명
	사용자 가이드	"사용자 가이드가"구성되어 있으며, 간단한 사용방법을 확인할 수 있다.
	환경설정	S/W버전 확인 및 시간설정 등 제품사용에 필요한 각종 설정을 할 수 있다.
	유틸리티	기계적 문제분석, 차량 통신라인 점검, 단위환산, 계산기, 테마 계산, 용어 약어사전, OBD-II 고장코드명 검색과 같은 각종 유틸리티 항목이 구성되어 있다.

1.3.3. 주요 기능구성

「그림」 4. 중단영역의 메인 화면구성

아이콘	명 칭	설 명
	저장데이터	저장한 화면(이미지파일)과 기록데이터(센서 데이터, 스코프데이터)를 볼 수 있다.
	OBD-II	ISO9141-2, ISO14230, ISO15765-4 규격을 만족하는 차량의 시스템을 진단할 수 있다.
	스캔테크	고장코드 진단, 센서 데이터 진단, 강제구동 등 각 메이커 고유의 진단기능을 사용하여 차량을 진단할 수 있다.
	스코프테크(옵션)	오실로스코프, 멀티미터, 시뮬레이션 기능 등을 사용할 수 있다.
	즐겨찾기	자주 사용하는 차량 및 최근에 사용한 차량의 부가 기능에 대해 즐겨찾기로 설정된 것을 빠르게 실행할 수 있는 기능이다.

[1] 저장데이터

저장한 화면(이미지파일)과 기록데이터(센서 데이터 파일, 스코프 파일)를 볼 수 있다. 3가지 파일종류로 구성되며, 종류는 아래와 같다.

① 이미지 : 화면 캡처 기능으로 저장한 파일

② 스캔 : 스캔테크기능의 센서 데이터를 기록한 파일

③ 스코프 : 스코프테크(옵션)기능으로 계측한 파일

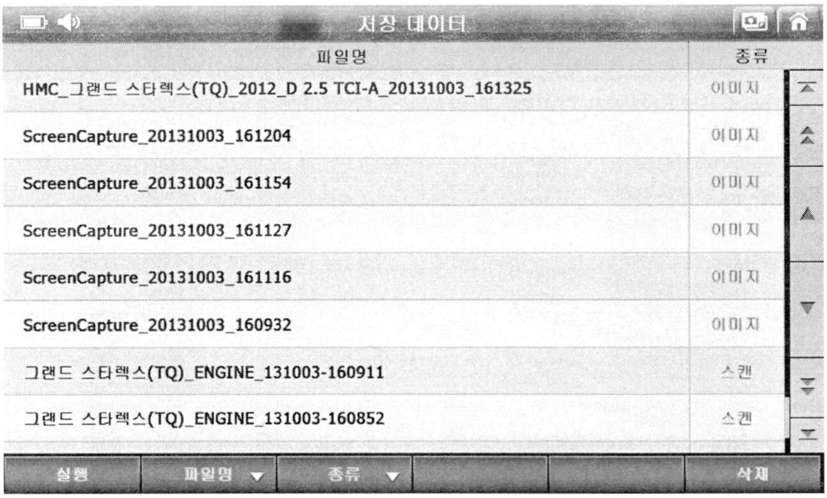

실 행 : 선택한 파일을 실행한다.

파일명 ▽ : 파일명을 오름차순, 내림차순으로 분류한다.

종 류 ▽ : 종류별로 항목을 분류한다.

삭 제 : 선택한 파일을 삭제한다.

그림 5. 저장 데이터

[2] OBD-II의 기능

OBD-Ⅱ 규격이 적용된 차량이라면 OBD-Ⅱ기능으로 통신이 가능하다. 단, 차량에 따라 OBD-Ⅱ가 적용되지 않은 경우 통신되지 않으며, 통신되더라도 차량에 따라 지원되는 기능이 다를 수 있다.

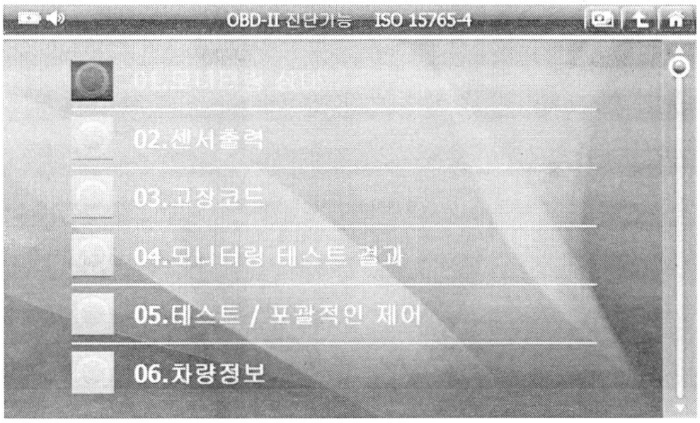

그림 6. OBD-II 진단기능

[3] 스캔 테크

차량의 제어기(ECU)와 통신하는 기능으로, 제어기에 저장되어 있는 고장코드를 확인하는 고장코드 진단, 제어기로부터 각종 시스템을 구성하는 각부의 데이터 값을 확인할 수 있는 센서 데이터 진단, 제어기를 통하여 차량에 장착된 액추에이터를 작동시켜 단품 불량을 점검하는 강제구동 등 제어기를 통하여 지원되는 여러 가지 기능이 구성되어 있다.

차량의 제어기(ECU)와 통신하기 위해서는 통신하려는 차종을 선택을 해야 한다. 차종선택은 "모델→ 연식 → 연료타입 및 배기량 → 시스템"순서로 선택한다. 차종선택이 차량과 맞지 않으면 차량통신 불가 및 부정확한 데이터의 원인이 될 수 있다.

(1) 차량 모델선택

"빠른 이동기능"으로 선택하고자 하는 차량의 모델명 첫 자음을 선택하거나, 모델명이 영문인 경우 첫 알파벳을 선택하면 차량의 모델을 빠르게 검색할 수 있다. 한글과 영문변환은 "한/영"버튼으로 사용할 수 있다.

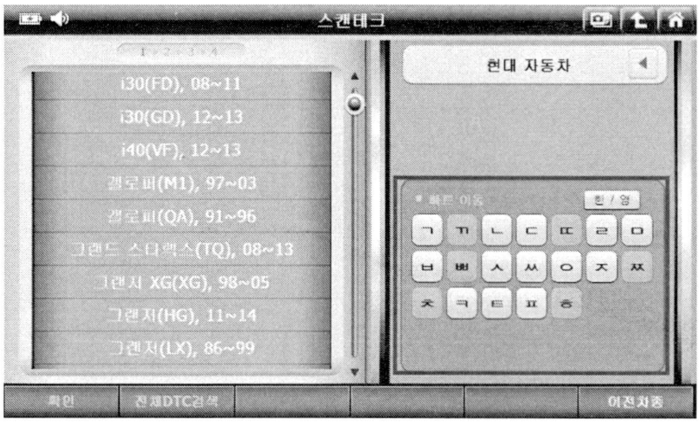

이전차종 : 가장 최근에 선택했던 "차종선택"으로 설정하는 기능이다. 이전에 선택한 차량에 대한 차종선택을 쉽게 할 수 있다.

「그림」 7. 차량의 모델선택

(2) 연식선택

연식 선택이 올바르지 않으면 통신 불량의 원인이 될 수 있다.

「그림」 8. 연식선택

(3) 연료타입 및 배기량 선택

연료타입 및 배기량 설정이 올바르지 않으면, 차량통신 불가 및 데이터 이상의 원인이 될 수 있다.

그림 9. 연료타입 및 배기량 선택

(4) 시스템선택

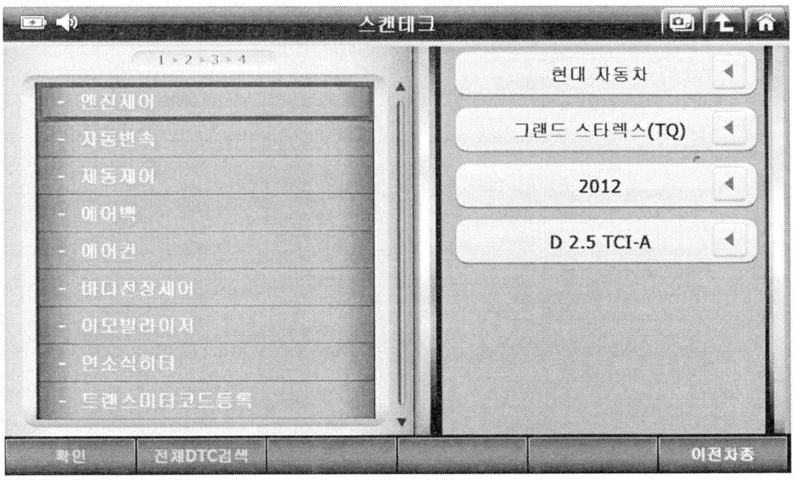

그림 10. 시스템선택

(5) 차종선택

시스템선택이 완료되면 "확인"을 선택하여 차종선택을 완료한다.

확 인	: 차종선택 완료 시 “확인”버튼을 눌러 차종선택을 완료한다.
전체 DTC검색	: 차종선택 시 선택한 차량에 대한 전체 시스템에 대하여 고장코드를 검색한다.
이전차종	: 가장 최근에 선택했던 “차종선택”으로 설정하는 기능이다.

그림 11. 차종선택 완료

(6) 스캔 테크의 구성기능

차종선택을 완료한 후 차량과 통신하면 그림 12와 같은 화면을 확인할 수 있다. 화면에 구성된 기능을 선택하여 선택한 차량에 대한 각 기능을 사용할 수 있다.

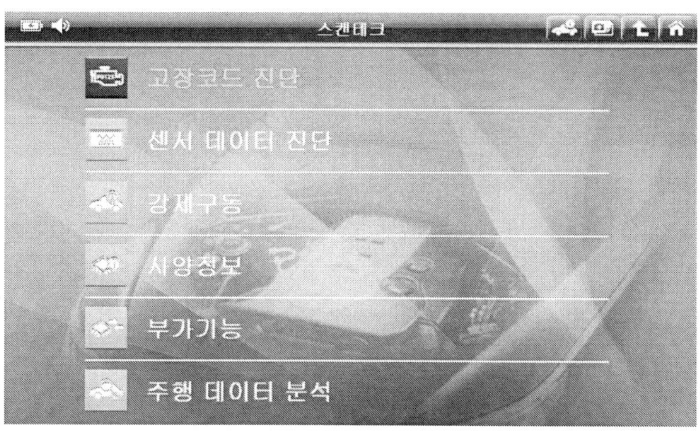

그림 12. 스캔테크의 구성기능

1) 고장코드의 진단

진단차량의 각종 시스템을 구성하는 제어기(ECU)에 저장된 고장코드를 차량과 통신하여 확인할 수 있는 기능이다. 고장코드는 다른 표현으로 DTC(Diagnostics Trouble Code)라고도 한다.

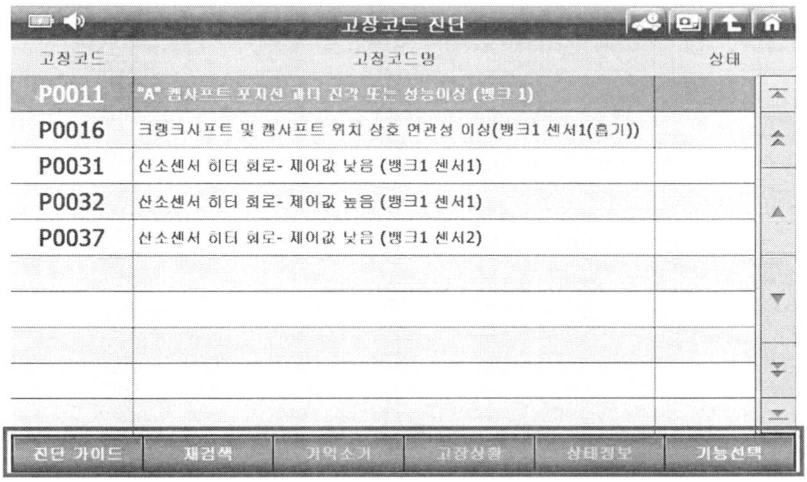

진단가이드 : 고장코드와 관계된 정보를 제공하는 기능이다. 이 기능은 해당 고장코드에 대한 정보가 있을 경우만 지원한다.

재 검색 : 고장코드 검색을 재시도 한다.

기억소거 : 검색된 고장코드를 삭제하는 기능이다.

고장상황 : 발생한 고장코드에 관계된 데이터를 확인할 수 있는 기능이다. 이 기능은 특정 고장코드만 지원한다.

상태정보 : 고장코드의 상태를 확인할 수 있다. 특정 고장코드만 지원한다.

기능선택 : 동작기능 및 듀얼모드를 실행하는 기능이다

그림 13. 고장코드

2) 센서 데이터의 진단

차량의 각 시스템을 구성하는 제어기(ECU)와 통신하여 해당 시스템을 구성하는 데이터 항목을 확인할 수 있는 기능이다. 차량의 시스템에 따라 통신기능이 없는 제어기(ECU)가 있을 수 있으며, 이런 제어기가 적용된 차량의 시스템은 통신이 불가하다.

항목고정 : 센서 데이터 항목을 선택하는 기능이다.

고정출력 : 사용자가 선택(고정)한 센서 데이터 항목들만 데이터를 갱신할 수 있게 하는 기능으로 조금 더 조밀한 데이터 값을 확인할 수 있다.

전체출력 : 센서 데이터 항목을 한 화면에 최대로 표현할 수 있어 찾고자하는 데이터를 빠르게 검색할 때 유용한 기능이다.

그래프 : 선택한 센서 데이터를 "그래프"로 볼 수 있어 센서 데이터의 추세와 경향을 분석하기에 유용하다. 그래프모드에서 텍스트모드로의 전환은 "텍스트"를 실행한다. 그래프모드상태에서 "항목리스트"를 실행하여 다른 항목 선택도 가능하다.

일시정지 : 진행 중인 센서 데이터 출력을 일시 정지하는 기능이며, 시작으로 반전한다. 일시정지 시, 정지된 상태의 데이터를 저장할 수는 없다.

기능선택 : 동작기능 및 듀얼모드를 실행하는 기능이다.

그림 14. 센서 데이터의 진단

3) 강제구동

차량의 제어기(ECU)와 통신하여 차량에 구성된 액추에이터를 구동하는 기능이다. 강제구동 가능한 항목은 차량의 제어기(ECU) 사양에 따라 다르게 구성된다. 제어기(ECU)의 상태에 따라 작동하지 않을 수도 있다.

시 작 : 액추에이터 테스트를 시작한다.

정 지 : 액추에이터 테스트를 종료한다.

기능선택 : 각종 기능 및 듀얼모드를 실행하는 기능이다.

그림 15. 강제구동

4) 사양정보

차량의 제어기(ECU)에 프로그램 정보를 확인할 수 있는 기능이다.

5) 부가기능

차량의 제어기(ECU)가 지원하는 "학습값 초기화", "이모빌라이저 등록", "인젝터 데이터입력", "타이어압력 모니터링", "증발가스 누설시험" 등 각종 기능을 사용할 수 있다. 부가기능은 차량의 제어기(ECU)에 따라 지원하는 기능이 다르다.

① 인젝터 데이터입력

㉮ 부가기능 항목 중 "인젝터 데이터입력"을 선택한다.

㉯ "인젝터 데이터입력"에 대한 설명을 확인하고 "확인"을 선택한다.

㉰ 그림 18과 같이 현재 ECU에 입력되어 있는 인젝터 데이터가 확인된다.

㉱ 입력하고자 하는 인젝터에 해당하는 입력란을 터치하면 키패드가 표출된다. 해당 인젝터의 데이터값을 입력하고, 키패드의 "적용"을 선택한다. 입력한 값을 확인하고 해당 데이터를 입력하려면 "확인"을 선택한다.

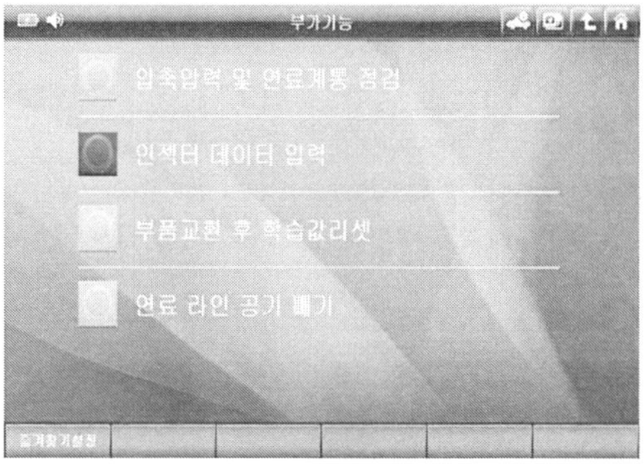

「그림」 16. 인젝터 데이터 입력선택

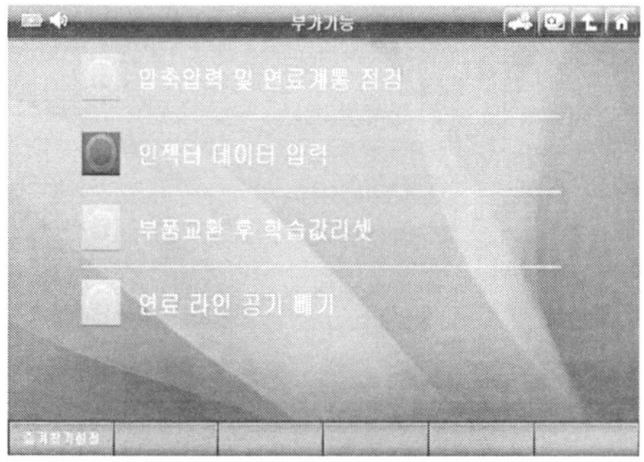

「그림」 17. 확인 선택

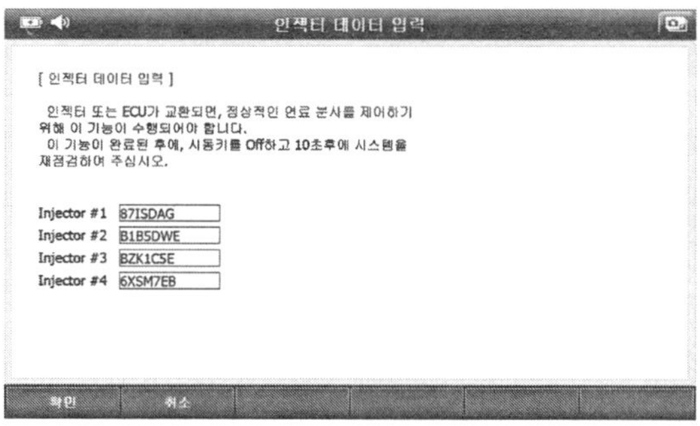

「그림」 18. 인젝터 데이터 확인

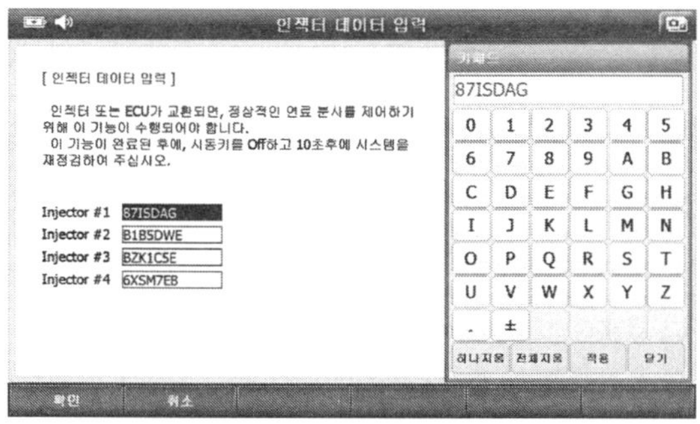

「그림」 19. 키패드 표출 및 데이터값 입력

㉺ 입력한 데이터가 정상적으로 입력되면, "쓰기성공"알림을 확인할 수 있다.

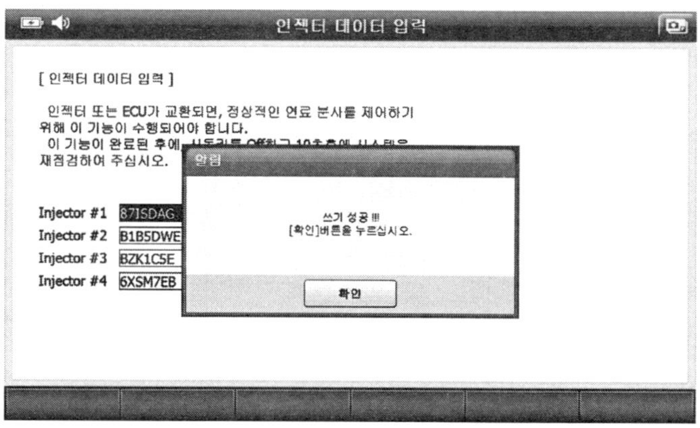

「그림」 20. 정상적인 입력

② 부품교환 후 학습값 리셋

㉮ 부가기능 항목에서 “부품교환 후 학습값 리셋”을 선택한다. 그림 21의 설명에 따라 “메뉴”를 선택한다.

㉯ 부품교환 후 학습값 리셋항목 중 해당하는 항목을 선택하고 “확인”을 선택한다.

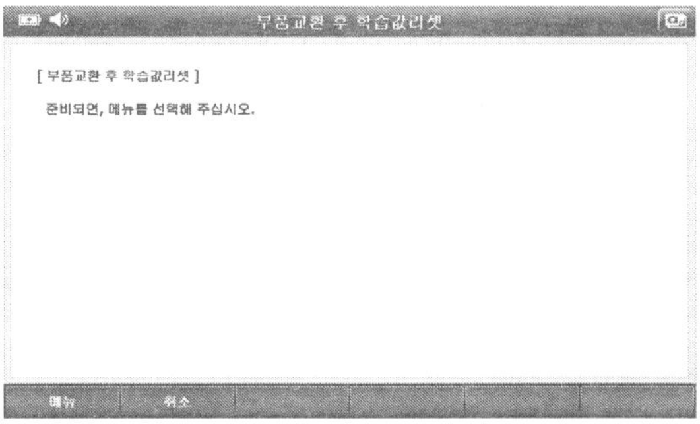

「그림」 21. 메뉴선택

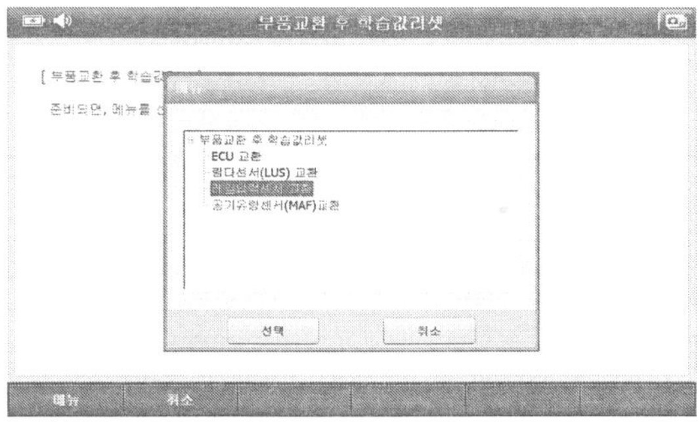

「그림」 22. 부품교환 해당 항목선택

㉰ 설명내용을 확인하고 “확인”을 선택한다.

㉱ 알림내용을 확인하고 “확인”을 선택하면 리셋이 완료된다.

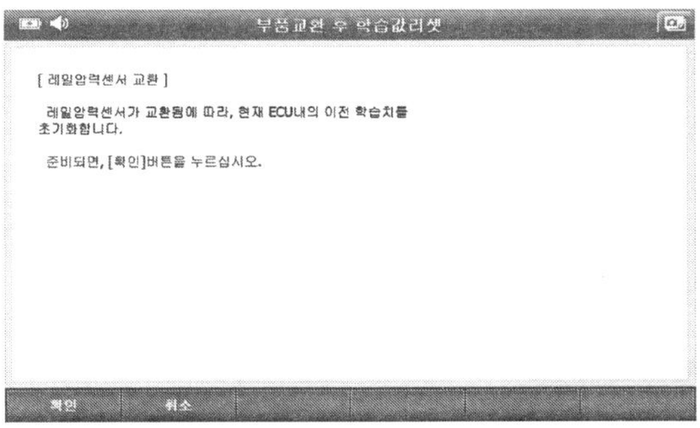

「그림」 23. 설명내용 확인 후 확인버튼 선택

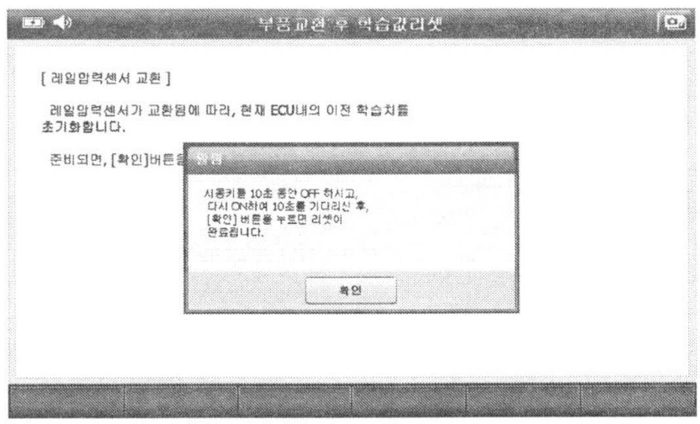

「그림」 24. 알림내용 확인 후 확인버튼 선택

③ 연료라인 공기빼기 : 커먼레일 차량의 연료계통을 정비한 경우 시동시간이 지연될 수 있으며, 연료라인에 공기가 유입될 수 있다. 연료라인에 공기가 유입된 경우 차량의 부품손상 등이 발생할 수 있으며, 이를 방지하기 위해 연료라인에 형성되어 있는 공기를 제거하기 위한 기능이다.

㉮ 부가기능 항목 중 “연료라인 공기빼기”를 선택한다.

㉯ 설명내용과 실시조건을 확인하고 “확인”을 선택한다.

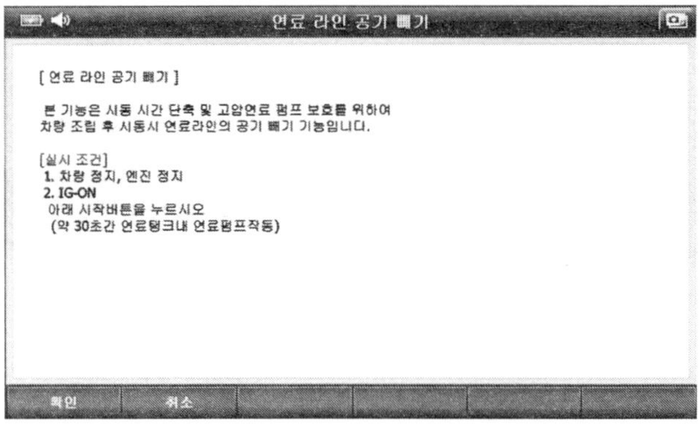

그림 25. 설명내용과 실시조건

㉰ 연료라인 공기빼기 작업이 진행된다.

㉱ “공기빼기기능 작동완료”라는 알림이 확인되면 기능 작동이 완료된 것이다.

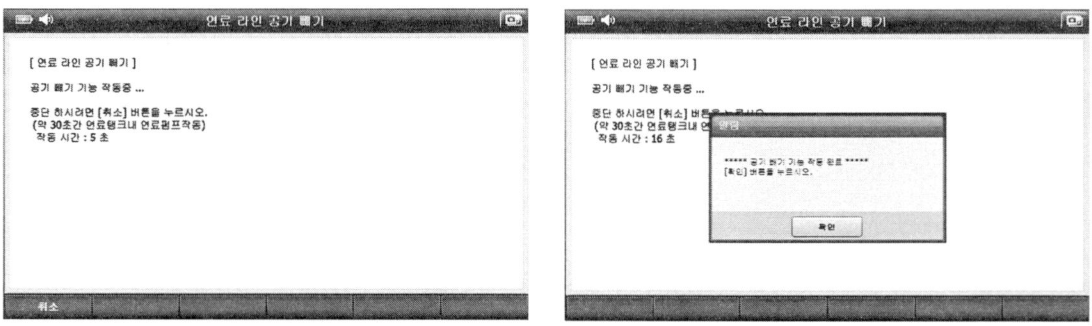

(a) 작업진행 (b) 작업완료

그림 26. 공기빼기 작업

6) 주행 데이터 분석

“센서 데이터 진단”시 저장한 데이터 파일을 실행하여 분석할 수 있는 기능이다.

2 GDS(Global Diagnostic System)

「그림」 27. GDS

2.1. VCI(Vehicle Communication Interface)

차량의 ECU와 연결하여 정보를 소통하는 장치이다.

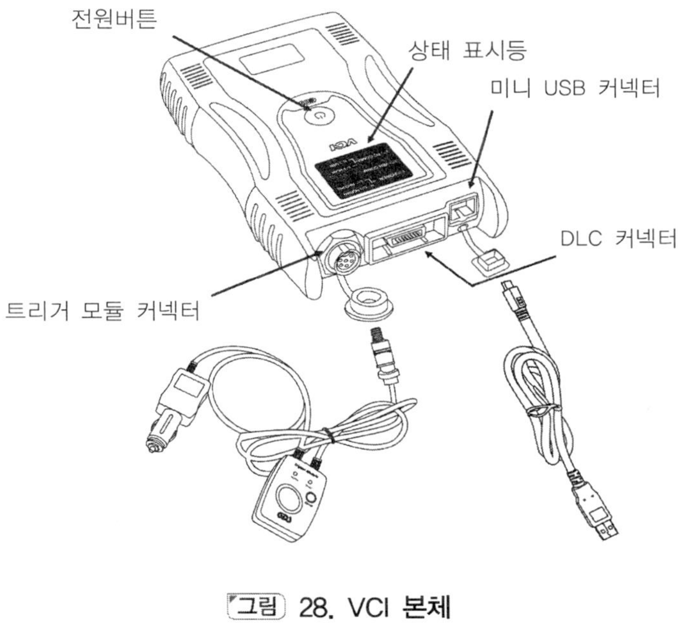

「그림」 28. VCI 본체

2.1.1. VCI 본체 전원 ON, OFF

차량 진단커넥터에서 전원이 공급되는 경우에는 VCI 본체의 DLC 메인케이블과 측정하고자 하는 차량을 연결한 다음 VCI 본체 전면의 ⓞ모양 전원스위치를 누른다.

차량의 진단커넥터에서 전원이 공급되지 않는 경우에는, VCI 트리거 모듈을 차량에 연결한 다음 VCI 본체 전면의 ⓞ모양 전원스위치를 누른다. 필요시, 배터리 케이블을 이용하여 차량의 배터리와 직접 연결하여 VCI 본체에 전원을 공급할 수 있다. VCI 본체의 전원 스위치를 2~3초 정도 눌러서 VCI 본체의 전원을 끌 수 있다.

2.1.2. VCI 본체상태 표시등

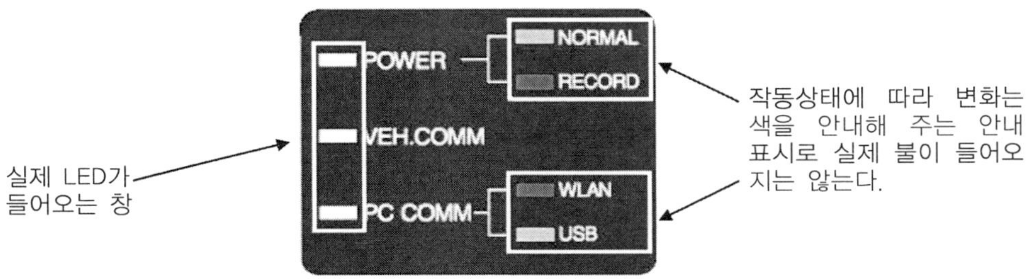

「그림」 29. VCI본체의 LED상태

[1] POWER(전원)

VCI 본체의 LED들은 기능별로 서로 다른 색상으로 표시해 주어 VCI 본체의 작동상태를 보여 준다.

① 녹색 : 일반 진단모드

② 적색 : 주행데이터 기록모드

[2] VEH.COMM(차량통신 시)

VCI 본체와 차량 간의 통신 중인 상태를 보여준다.

① 녹색점멸(깜박거림) : 차량과 VCI 본체간 통신 중(프로그램을 종료하게 되면 LED는 꺼진다)

[3] PC COMM(정보단말기 연결 시)

정보단말기(노트북)와 VCI 본체간의 연결방법에 따라 서로 다른 색상을 표시해 준다.

① 녹색 : 미니 USB 케이블을 통해 유선통신 시

② 적색 : 무선 LAN을 통해 무선통신 시

③ VCI 펌웨어 업데이트 동안 POWER, VEH.COMM 및 PC COMM LED는 오렌지색으로 켜진다.

2.1.3. VCI 본체와 메인 DLC케이블의 연결

VCI 본체를 차량의 진단커넥터와 연결하기 위해서는 DLC 메인케이블을 VCI 본체에 먼저 연결해야 한다. VCI 본체와 차량을 연결 시 차량의 진단커넥터 위치를 확인한 후에 정확하게 연결하여야 하며, 연결이 불량할 경우 차량과의 통신에 문제를 일으킬 수 있다.

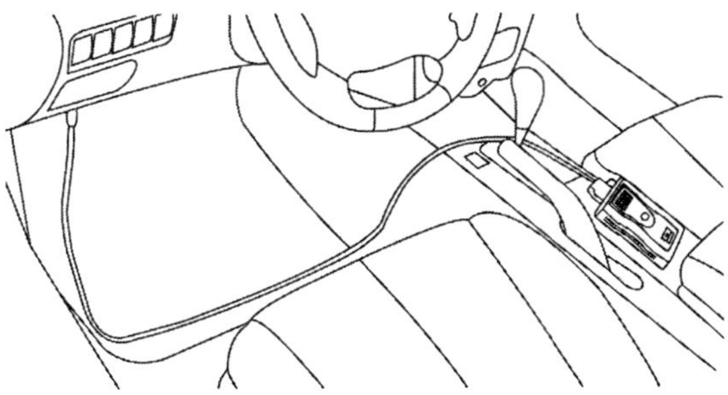

그림 30. VCI 본체와 차량의 진단커넥터 연결

2.1.4. 미니 USB 케이블 연결

VCI본체와 정보 단말기(노트북)간의 통신을 위하여 미니 USB 케이블이 사용되며, VCI본체의 무선 LAN설정을 위하여 반드시 미니 USB 케이블이 연결되어야 한다.

2.1.5. 트리거 모듈과 시가 전원 케이블의 설치

트리거 모듈은 두 가지 용도를 가지고 있다. VCI 본체에 전원(시가라이터 또는 배터리)을 공급하는 용도와 주행 데이터 기록시 트리거 스위치 기능으로 사용된다.

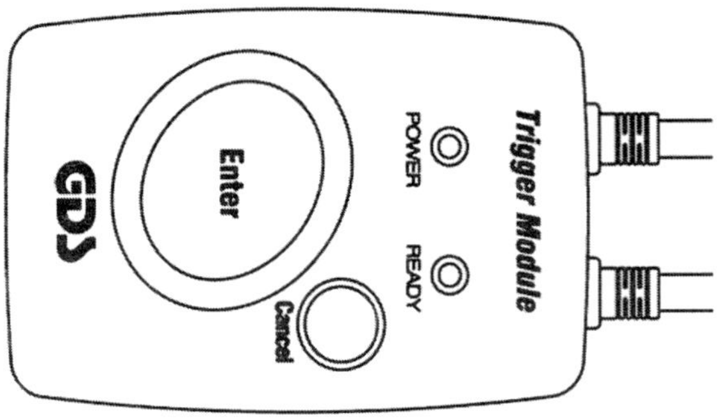

그림 31. 트리거 모듈 버튼과 LED

[1] 트리거 모듈 전원 공급시

트리거 모듈이 차량과 정상적으로 연결되면 POWER LED에 적색 불이 들어온다.

[2] 트리거 모듈 스위치 조작시

① 주행 데이터 기록모드에서 "Enter"버튼을 눌러 저장한 통신 데이터들은 VCI 본체 메모리에 저장된다.

② "Cancel"버튼을 누르면 진행되던 저장작업이 멈추게 된다.

③ 주행데이터 기록기능 활용 시 READY 버튼에 LED가 2가지로 동작하게 되며, 녹색불이 깜빡이게 되면 데이터가 VCI로 저장되고 있는 상태임을 나타내고. 녹색불이 지속적으로 들어와 있는 것은 VCI 모듈이 ECU로부터 데이터를 모으고 있는 상태를 의미한다.

2.2. VMI(Vehicle Measurement Interface)

VMI에서는 멀티미터, 오실로스코프, 시뮬레이션기능을 사용할 수 있다.

① 멀티미터기능은 채널 프로브를 사용하여 전압, 저항, 주파수, 듀티(+), 듀티(−), 펄스(+), 펄스(−)를 측정할 수 있으며, 측정한 데이터를 현재값을 비롯하여 MAX(최대), MIN(최소), AVG(평균) 값으로 표시한다.

② 오실로스코프기능은 2채널(CH−A, CH−B)모드와 4채널(CH−A1, CH−A2, CH−B1, CH−B2)모드를 지원하며, 측정한 데이터를 MAX(최대), MIN(최소), AVG(평균) 값으로 표시한다.

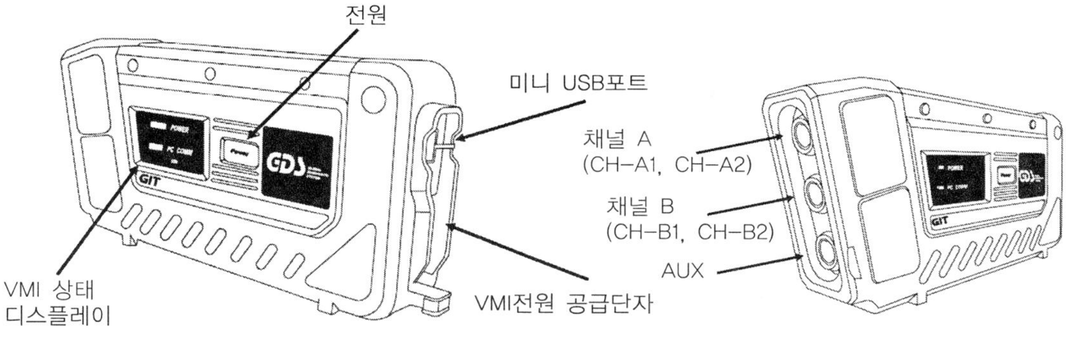

(a) 구성부품 위치(우측) (b) 구성부품 위치(좌측)

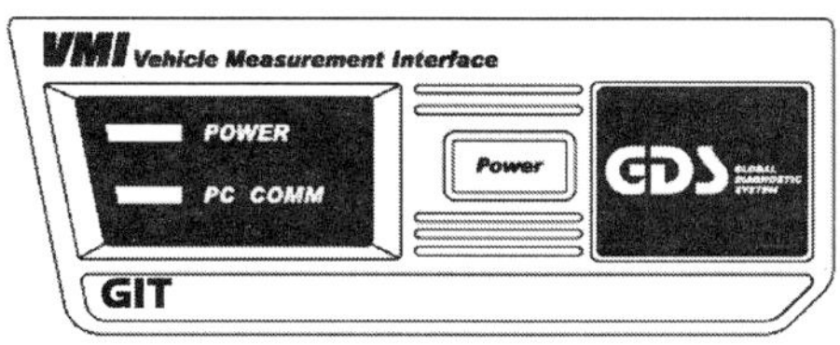

(c) VMI 모듈의 LED상태

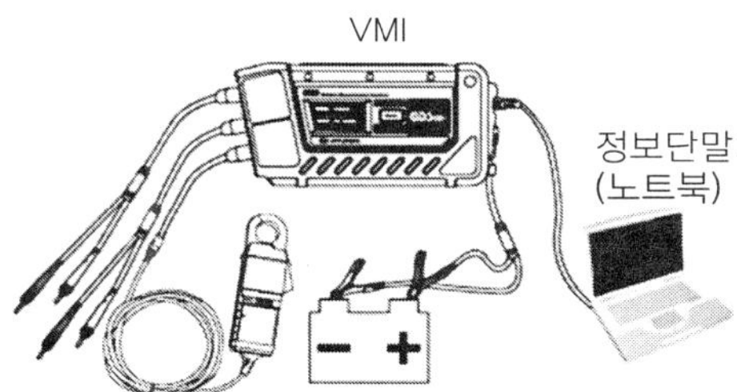

(d) 케이블 연결

「그림」 32. VMI

③ 시뮬레이션기능에서는 전압, 주파수, 액추에이터 제어기능을 제공하여, 차량을 점검할 수 있다.

2.2.1. 전원케이블 설치

VMI 본체 전원을 켜려면 먼저, VMI 배터리 케이블을 이용하여 차량 배터리에 연결 시 전원케이블의 적색을 배터리의 (+), 검정색을 배터리의 (−)단자에 연결한다.

2.2.2. VMI 디스플레이 조작

VMI 중간에 위치한 POWER 버튼을 눌러 VMI의 전원을 켠다. VMI의 전원을 끄기 위해서는 POWER 버튼을 3초 이상 누른다. VMI 본체에는 작동상태를 확인하기 위한 LED 디스플레이가 있다.

① POWER(전원) : VMI 본체 전원을 켜면 LED가 빨간색으로 켜진다.

② PC COMM(정보단말기 연결 시) : VMI를 연결 후 오실로스코프, 멀티미터 등을 측정할 때 녹색 LED가 깜빡거린다(측정완료 후 프로그램을 종료하면 LED는 소등된다). VMI 펌웨어 업데이트 동안 POWER 및 PC COMM LED는 오렌지색으로 켜진다.

2.2.3. 미니 USB 케이블 설치

VMI 본체와 정보단말기(노트북)를 연결하기 위해서는 미니 USB케이블을 사용해야 한다.

2.2.4. 채널 프로브 설치

VMI 본체에 채널 A, 채널 B 및 AUX 프로브를 장착할 수 있다.

① 채널 A는 오실로스코프기능에서 개별 접지를 사용할 경우 1개의 채널을 지원하고 공통 접지를 사용할 경우 2개의 채널로 사용할 수 있다. 또한 시뮬레이션기능에서 액추에이터제어가 가능하다.

② 채널 B는 개별 접지를 사용할 경우 1개의 채널을 지원하고 공통 접지를 사용할 경우 2개의 채널로 사용할 수 있으며, 시뮬레이션기능에서는 전압 및 주파수 출력을 지원하며, 멀티미터사용 시 활용된다. 또한 채널 B단자에 압력센서를 연결하여 차량의 압축압력 등을 측정할 수 있다.

③ AUX는 전류센서(대, 소전류)를 연결하여 도선에 전류 값을 측정할 수 있다.

2.3. GDS

2.3.1. 기본동작

[1] GDS시작

소프트웨어 설치 후 바탕화면에 있는 바로가기 아이콘을 두 번 클릭하여 GDS를 시작한다.

「그림」 33. 바탕화면에 표시된 GDS 바로가기 아이콘

「그림」 34. GDS 로그인화면

[2] GDS 로그인

GDS를 실행하게 되면 GDS Login화면이 표출되며, GDS 제품구매 시 발급받은 ID와 Password를 입력하여 Login을 하게 되면 GDS 메인화면이 열린다. 아이디 저장의 체크박스를 선택 시 마지막으로 로그인한 아이디 정보가 자동으로 저장된다.

Login을 하지 않고 GDS버튼을 선택하여 GDS 프로그램을 접속하게 되면 인터넷을 사용하는 기능(검색, Preparation 맞춤정보, Diagnosis 사례별 진단, 현상별 진단, Repair전 기능, Report 전 기능, 핫키(HOTKEY)의 정비정보 및 인터넷 업데이트)을 사용할 수 없다.

[3] 메인화면 레이아웃

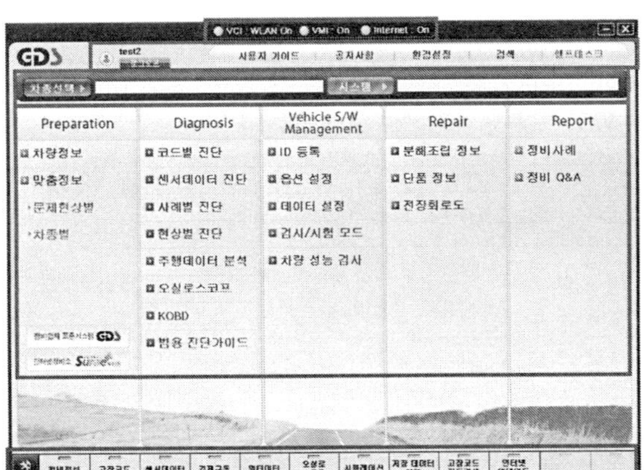

「그림」 35. 메인화면 레이아웃

(1) 첫번째 탭 메뉴

첫번째 탭에서는 VCI와 VMI 연결상태 및 인터넷 연결상태를 나타내는 행이다.

아이콘	설 명
VCI : WLAN On	VCI의 전원이 ON되어 있으며, 정보 단말기(노트북)와 VCI사이의 통신이 무선(WLAN)으로 연결된 상태를 표시한다.
VCI : WLAN On	VCI의 전원이 ON되어 있으며, 정보 단말기(노트북)와 VCI사이의 통신이 유선(USB)으로 연결된 상태를 표시한다.
VCI : Off	VCI의 전원이 OFF된 상태를 표시한다.
VMI : On	VMI의 전원이 ON되어 있으며, 정보 단말기(노트북)와 VMI사이의 통신이 연결된 상태를 표시한다.
VMI : Off	VMI의 전원이 OFF된 상태를 표시한다.
Internet : On	정보단말기(노트북)가 유선 또는 무선으로 인터넷에 연결된 상태를 표시한다.
Internet : Off	정보단말기(노트북)와 인터넷이 연결되지 않은 상태를 표시한다.

(2) 두번째 탭 메뉴

두번째 탭에서는 사용자 정보 및 변경, 사용자 가이드, 공지사항, 환경설정, 검색, 헬프 데스크를 나타내는 행이다.

아이콘	설 명
로그오프	로그인 창으로 이동하여, 사용자의 정보를 변경할 수 있는 기능을 제공한다.
로그인	GDS 로그인을 하지 않은 경우에만 표출되며, 사용자 로그인기능을 제공한다.
사용자 가이드	GDS 사용자 매뉴얼을 제공한다.
공지사항	공지사항은 GDS 사용 시 필요한 정보에 대해 공지하여 이를 확인할 수 있는 기능이다.
환경설정	환경설정은 GDS의 정보를 확인할 수 있는 메뉴이며, 6개의 하위메뉴로 구성되어 있다.
검색	사용자가 입력한 현상(제목)과 관련된 정보를 정비사례, 기술정보, 정비자료실 등에서 검색하는 기능을 지원한다.
헬프데스크	GDS 자주하는 질문, 유용한 유틸리티, GDS 건의사항, 원격 서비스로 구성되어 있다.

(3) 세번째 탭 메뉴

세번째 탭에서는 차종선택과 시스템 선택을 할 수 있는 행이다.

아이콘	설 명
차종선택 ▶	초기화면에서 차종선택 아이콘을 클릭하면 점검하고자 하는 차량의 연식, 배기량, 시스템설정 및 고장코드 자동검색 기능의 실행여부 등을 지원한다.
시스템 ▶	현재 진단하고 있는 시스템을 표시해 주며 "시스템"아이콘 선택 시 "GDS시스템 선택"창이 표출되어 진단하고자 하는 시스템으로 변경할 수 있다.

(4) 네번째 탭 메뉴

네번째 탭에서는 진단메뉴 표시줄인 Preparation, Diagnosis, Vehicle S/W Management, Repair, Report의 5개 분류로 구성되어 해당 기능으로 연결되는 행이다.

1) 준비(Preparation) 메뉴설명

아이콘	설 명
차량정보	선택된 차량의 세부정보 및 고객 세부정보 등을 확인할 수 있다.
맞춤정보	›문제현상별 : 차종선택 시 선택한 현상과 관련된 고장현상을 수레닷컴 홈페이지와 연동하여 정보를 볼 수 있다. ›차종별 : 해당 차량에 대한 정비사례, 정비 Q&A, 정비기술정보, 타이밍벨트정보를 수레닷컴 홈페이지와 연동하여 볼 수 있다.
정비업체 표준시스템 GDS	GDS 홈페이지(GDS.GITAUO.COM)로 접속할 때 사용하는 아이콘이며, 이 기능은 인터넷이 연결되어 있어야 활용 가능하다.
인터넷정비소 Surae	수레닷컴(www.Surae.com)으로 접속할 때 사용하는 아이콘이며, 이 기능은 인터넷이 연결되어 있어야 활용 가능하다.

2) 진단(Diagnosis) 메뉴설명

아이콘	설 명
코드별 진단	VCI와 ECU간에 통신으로 확인된 고장코드(DTC) 및 관련정보를 제공한다.
센터데이터 진단	VCI와 ECU간에 통신으로 확인된 센서 데이터 및 관련정보를 제공한다.
사례별 진단	차종선택에서 선택한 문제현상에 대한 사례를 제공한다.

아이콘	설 명
■ 현상별 진단	차종선택 기능에서 선택한 문제현상에 대한 진단지침서를 제공한다(본 기능은 현대, 기아의 일부 주요 차종에 대해 특별히 지원하는 기능으로써 쌍용, 르노삼성, GM대우 제조사의 차량은 현상별 진단을 지원하지 않는다).
■ 주행데이터 분석	차량의 현재 상태를 실시간으로 분석하여 고장코드 발견 시 자동으로 저장하는 기능과 복사, 분석의 기능을 제공한다.
■ 오실로스코프	오실로스코프 기능을 제공한다.
■ KOBD	KOBD(KOREA ODB-II)규정을 지원하는 차량에서는 자기진단 케이블(DLC 케이블)을 통해 진단이 가능하다.
■ 범용 진단가이드	범용적으로 사용할 수 있는 차량 진단의 가이드를 제공한다.

3) 차량 S/W관리(Vehicle S/W Management) 메뉴설명

아이콘	설 명
■ ID 등록	이모빌라이져, 인젝터 데이터입력 등 ECU 단품에 고유 ID를 입력하는 기능을 수행한다.
■ 옵션 설정	차량의 각종 컨트롤 모듈의 옵션을 선택 저장하는 기능이다.
■ 데이터 설정	ECU에 기억된 학습값 등을 초기화 작업을 하는 기능이다.
■ 검사/시험 모드	차량의 특정 부분을 정밀하게 진단할 수 있는 기능이다.
■ 차량 성능 검사	차량의 성능을 다양한 검사항목을 통하여 빠른 시간 안에 검사할 수 있는 기능이다.

4) 수리(Repair) 메뉴설명

아이콘	설 명
■ 분해조립 정보	차량의 구성부품과 탈거 및 장착 절차에 대한 정보를 제공한다(쌍용, 르노삼성, GM대우 제조사의 차량은 분해조립 정보를 지원하지 않는다).
■ 단품 정보	차량의 구성부품 관련 정보를 제공한다(쌍용, 르노삼성, GM대우 제조사의 차량은 단품 정보를 지원하지 않는다).
■ 전장회로도	전체 전장회로도를 제공한다.

5) 보고서(Report) 메뉴설명

아이콘	설 명
■ 정비사례	사용자가 GDS로 차량진단 시 수리한 차량의 정비사례를 작성, 등록, 조회할 수 있다.
■ 정비 Q&A	사용자가 GDS로 차량진단 시 차량정비에 대한 질문과 답변을 사이버 상에서 공유/처리하는 기능을 지원한다.

(5) 다섯번째 탭 메뉴

다섯번째 탭에서는 GDS 기능사용 중 다른 기능으로 바로 이동할 수 있는 핫키(Hotkey)로 구성되어 있다.

1) 핫키(HOTKEY) 아이콘 설정(Setting) 메뉴설명

핫키(HOTKEY)는 GDS기능 사용 중 빠르게 다른 기능으로 이동할 때 사용되는 기능이며, 최대한 화면에 12개까지 보여줄 수 있다.

「그림」 36. 핫키(HOTKEY) 메뉴바

핫키설정은 좌측 하단의 "Setup"버튼을 클릭하여 그림 37과 같이 핫키 추가, 제거 및 위치변경을 할 수 있다.

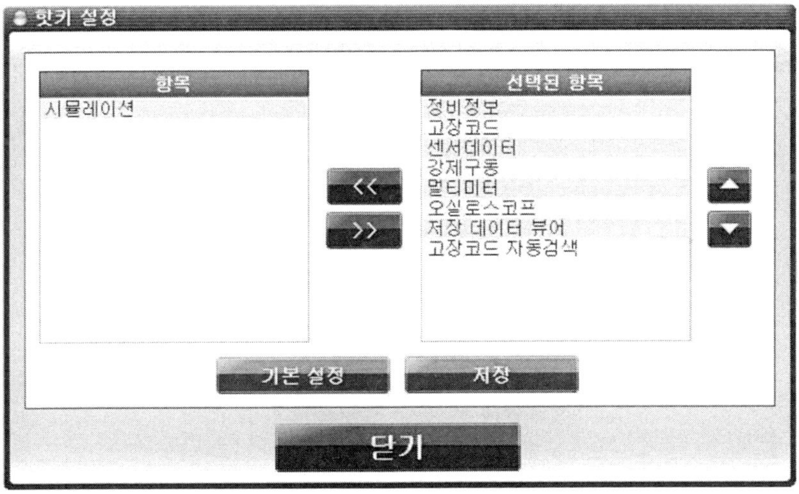

「그림」 37. 아이콘에 대한 사용자 설정

2) 핫키 설정 아이콘

아이콘	설 명
<<	선택된 항목을 핫키 메뉴에서 제거한다.
>>	선택된 항목을 핫키 메뉴에 추가한다.
▲	선택된 항목을 핫키 메뉴 좌측으로 이동한다.
▼	선택된 항목을 핫키 메뉴 우측으로 이동한다.
기본 설정	GDS 프로그램에서 설정된 초기 값으로 변경된다.
저장	사용자가 설정한 값을 저장한다.
닫기	핫키 설정 창을 닫는다.

3) 핫키 설명

아이콘	설 명
정비정보	코드별 진단가이드 및 정비지침서, 전장회로도 등의 정비정보를 확인할 수 있는 아이콘이다.
고장코드	Diagnosis(진단) 메뉴의 "코드별 진단"기능에 연결되는 아이콘이다.
센서데이터	Diagnosis(진단) 메뉴의 "센서 데이터 진단"기능에 연결되는 아이콘이다.
강제구동	차종 선택 시 선택한 시스템에서 지원되는 액추에이터 구동/정지 기능을 수행할 수 있는 "강제구동 테스트"기능의 아이콘이다.
멀티미터	멀티미터는 차종선택 없이 바로 연결되는 아이콘이다.
오실로 스코프	Diagnosis(진단) 메뉴의 "오실로스코프"기능에 연결되는 바로 가기 아이콘이다.
시뮬레이션	Diagnosis(진단) 메뉴의 "시뮬레이션"기능에 연결되는 바로 가기 아이콘이다.
고장코드 자동검색	고장코드 자동검색 : 고장코드 자동검색 기능을 사용하지 않은 상태를 표시한다. 고장코드 자동검색 : 고장코드 자동검색이 "진행 중"일 때 상태이다. DTC Found 고장코드 자동검색 : 검색된 고장코드(DTC)가 있음을 표시합니다. 고장코드(DTC)가 검색된 경우 핫키(HOTKEY) 아이콘을 클릭하여 "고장코드(DTC) 목록"을 확인할 수 있다. No DTC 고장코드 자동검색 : 검색된 고장코드(DTC)가 없음을 표시한다.
저장 데이터 뷰어	저장된 데이터를 차종선택 없이 "GDS Data Viewer"화면에서 간단하게 확인할 수 있는 아이콘이다.
인터넷 업데이트	GDS가 인터넷에 연결되면 최신버전의 프로그램으로 업데이트를 쉽게 할 수 있는 아이콘 이다.

[4] 차종선택

GDS 메인화면에서 “차종선택”버튼을 클릭하면 차종선택 화면이 표시된다. 차종선택은 3가지 방법으로 진단하고자 하는 차량을 선택할 수 있다.

① 차량(고객)정보를 저장하여 조회를 통해 차종선택

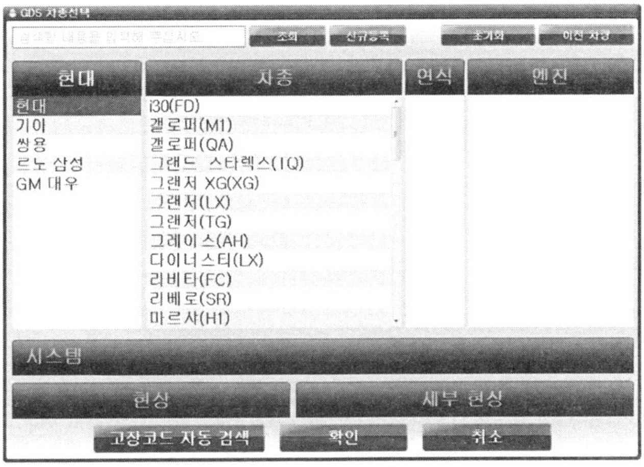

그림 38. 차종선택

② 차종 및 연식을 사용자가 직접 입력하여 차종선택

③ 이전 차량 버튼을 눌러 차종선택(최종 조회한 차종이 선택되는 기능)

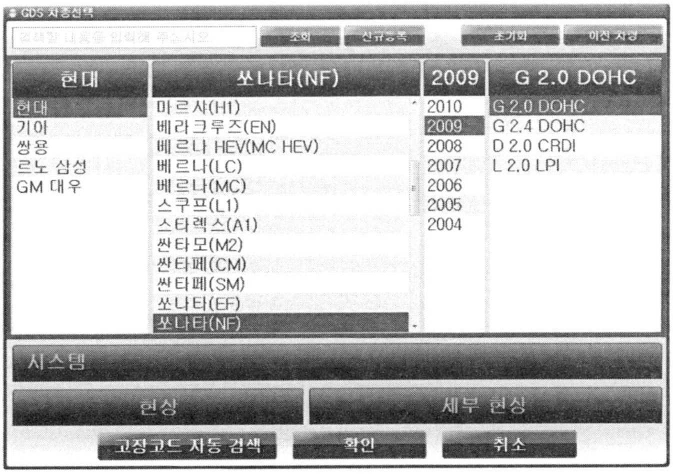

그림 39. 차종 정보선택

GDS 차종선택을 클릭 시 GDS 차종선택 창이 표출되며 차량 제조사, 차종, 연식, 엔진형식을 순차적으로 선택하고 차종선택이 완료되면 시스템 선택 창이 표출되며, 진단할 시스템을 선택한다.

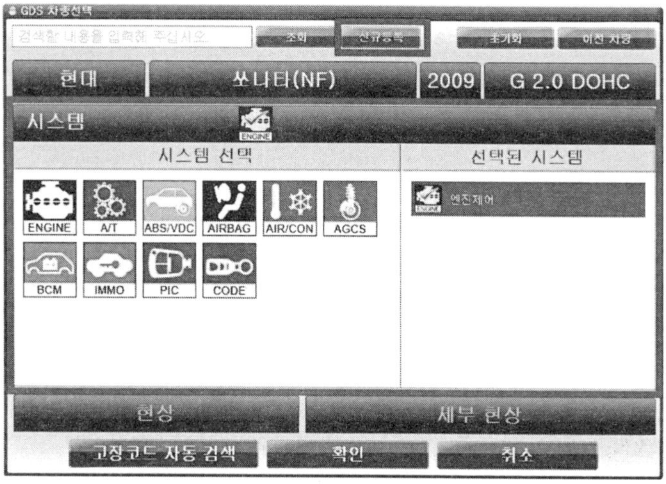

「그림」 40. 시스템선택

차량진단을 위한 시스템선택은 단일 또는 다중 선택이 가능하며, 하나 이상의 ECU에 대해 고장코드(DTC) 데이터를 검색(고장코드 자동, 수동검색)할 수 있다.

「그림」 41. 다중시스템 선택

(1) 시스템 선택(좌측)

차량에 지원하는 시스템(엔진제어, 자동변속, 제동제어 등) 목록 아이콘이 있다.

(2) 선택된 시스템(우측)

시스템 선택에서 선택된 아이콘이 표시된다. 진단하고자 하는 해당 시스템 아이콘을 선택하면 "선택된 시스템"으로 이동한다.

(3) 단일시스템 선택

하나의 시스템을 선택하면 아이콘이 "선택된 시스템"으로 이동한다.

(4) 다중시스템 선택

다수의 시스템을 선택하면 아이콘이 "선택된 시스템"으로 이동한다.

(5) 선택한 시스템을 취소

선택된 시스템 상자의 해당 아이콘을 두 번 클릭하면 취소되며, 취소된 시스템 아이콘은 시스템 선택상자로 다시 복귀한다.

2.3.2. GDS진단(Diagnosis)

[1] 코드별 진단

(1) 코드별 진단검색

"코드별 진단"기능에서는 특정 시스템의 고장코드(DTC)를 검색하고 발견된 고장코드(DTC)에 대한 진단절차와 진단에 필요한 정비정보들을 검색한다. 이 기능을 실행하기 위해서는 두 가지 방법이 있다.

① 메인 페이지에서 "코드별 진단"을 선택한다.

② 메인 페이지의 하단에서 "고장코드"버튼을 선택한다.

"코드별 진단"메뉴를 선택하면 VCI 본체와 전자제어 모듈(ECU) 간의 통신을 통해 진단을 시작한다.

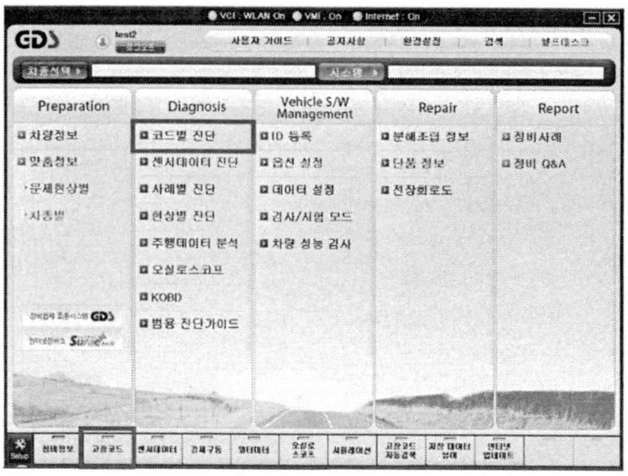

「그림」 42. 코드별 진단

「그림」 43. 코드별 진단(통신오픈)

(2) 코드별 진단 검색결과

전자제어 모듈(ECU)과 통신하면 화면 상단부에 고장코드(DTC)가 검색되고 화면 하단부에 센서 출력이 표시된다.

화면 왼쪽 Diagnosis 메뉴에서 코드별 진단화면은 현재 선택된 차량에서 검색된 고장코드(DTC)항목의 선택에 대해 자동으로 고장코드 정보가 표출된다(코드별 진단은 모든 차량에서 지원되지 않으며, 최신 차종을 위주로 계속적으로 인터넷 업데이트를 통해 지원예정이다).

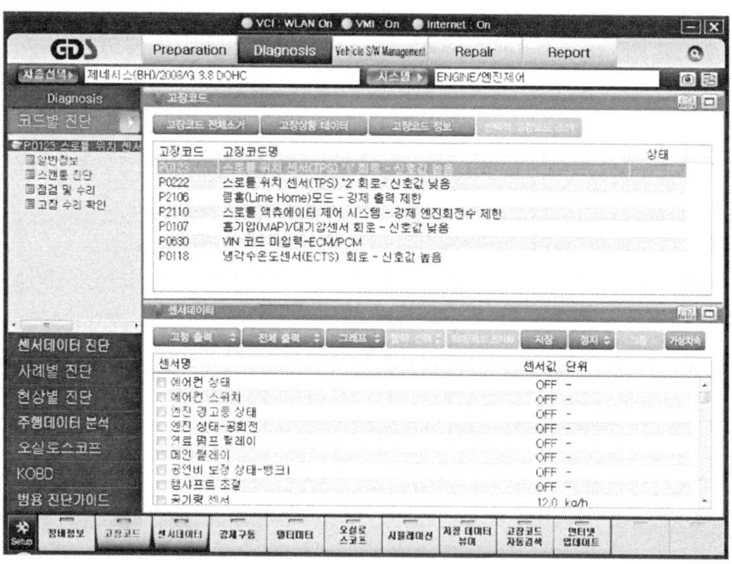

「그림」 44. 코드별 진단 검색결과

화면 좌측의 메뉴화면에서 센서 데이터 진단, 사례별 진단, 현상별 진단, 주행데이터 분석, 오실로스코프, KOBD, 범용 진단가이드 메뉴를 선택 시 해당하는 메뉴로 바로 이동한다.

(3) DTC 화면설명

코드별 진단에서 상위 화면 창에는 DTC 진단화면이 표출되며, 화면구성은 고장코드, 고장코드명, 상태로 표시되고 화면구성은 디스플레이 오른쪽 상단에 있는 (확대), (축소) 아이콘을 사용하여 고장코드(DTC) 화면을 확대, 축소하여 볼 수 있다.

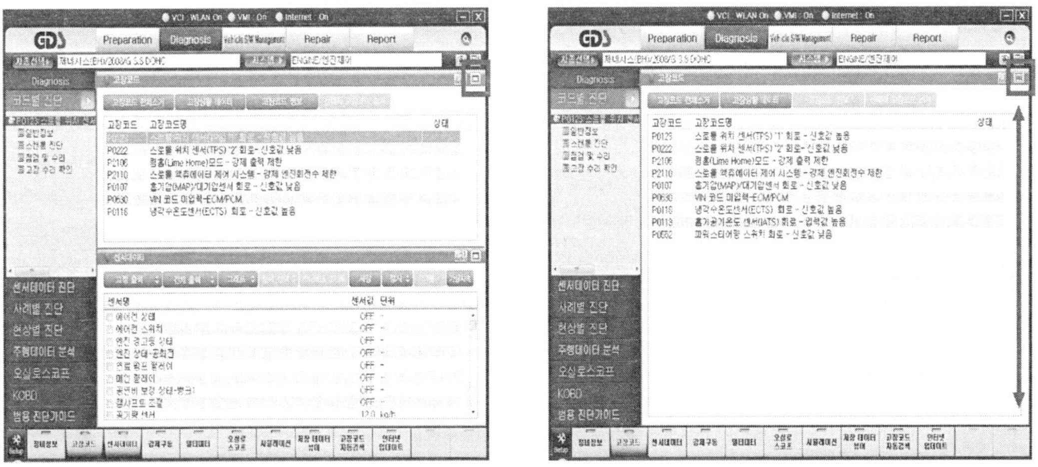

(a) 축소화면 (b) 확대화면

「그림」 45. 코드별 진단화면

고장코드(DTC) 재통신은 일정주기마다 자동으로 갱신되며, 현재상태의 고장코드를 표시해준다. 상태메뉴의 Retry 선택하여 사용자가 원할 때 차량 재 통신을 할 수 있다. 진단 화면위치는 상하 전환이 가능하며 오른쪽 상단 아이콘을 선택 시 그림 46과 같이 전환된다.

(a) 화면 상하전환 전

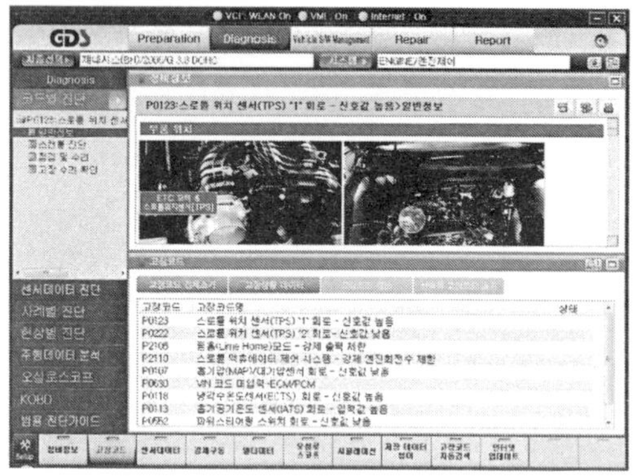

(b) 화면 상하전환 후

그림 46. 화면 상하전환

(4) 고장코드 전체 소거

코드별 진단기능 메뉴 중 "고장코드 전체 소거"버튼기능은 현재 시스템에서 발견된 모든 고장코드(DTC)를 소거하는 기능이다.

그림 47. 고장코드 전체 소거 메뉴항목

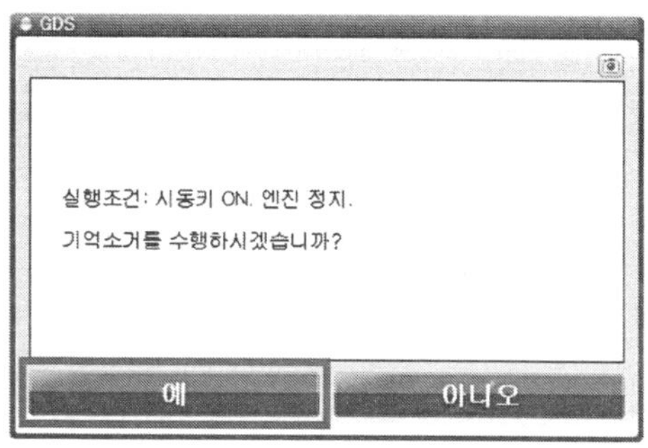

그림 48. 고장코드 기억소거

(5) 선택적 고장코드 소거(Erase Selective DTC)

"선택적 고장코드 소거"기능은 지정된 제어 모듈에서 선택한 고장코드(DTC)만을 소거하는 기능이다(선택적 고장코드 소거기능은 차량에서 지원되는 전자제어 모듈에만 적용된다). 고장코드(DTC) 항목을 소거하려면 먼저 해당 고장코드 항목을 선택하고 [선택적 고장코드 소거] 버튼을 누른다.

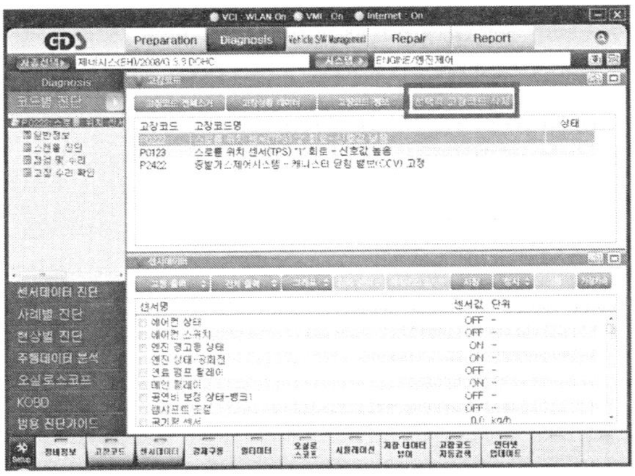

「그림」 49. 선택적 고장코드 소거

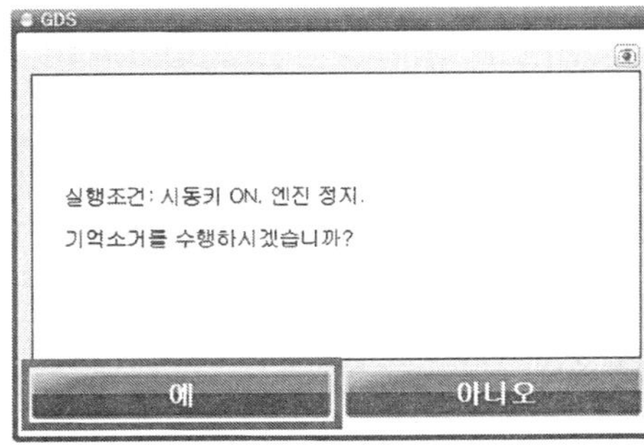

「그림」 50. 고장코드 기억소거

[2] 센서 데이터 진단

"센서 데이터 진단"기능에서는 차량과의 통신을 통하여 차량에 장착된 센서와 액추에이터 등의 상태 및 데이터 결과를 확인한다.

이 기능을 실행하기 위해서는 두 가지 방법이 있다.

① 메인 페이지에서 "센서 데이터 진단"을 선택한다.

② 메인 페이지의 하단에서 "센서 데이터"를 선택한다.

"센서 데이터 진단"을 선택하게 되면 분할된 화면으로 센서 데이터(Current Data)와 고장코드(DTC) 데이터가 표시된다.

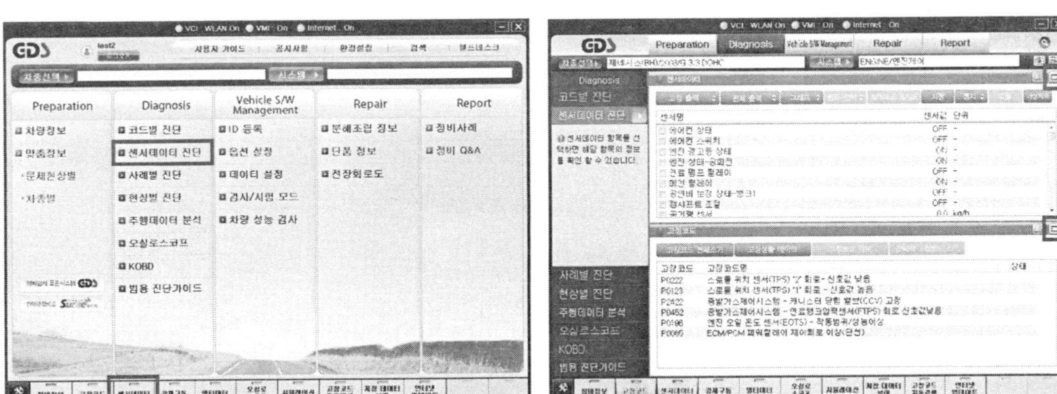

(a) 진단화면 (b) 초기화면

「그림」 51. 센서 데이터의 진단화면

화면 (확대), (축소) 아이콘을 선택하여 센서 데이터(Current Data) 및 고장코드(DTC) 창을 확대, 축소할 수 있다. 센서 데이터 진단 중 특정센서 항목만을 고정출력 하고자 할 때 고정출력 기능을 이용하여 출력할 수 있다. 센서 명 옆에 있는 체크박스를 선택한 후 "고정출력"버튼을 클릭하게 되면 센서 항목이 고정 출력되어 표출된다. 기본 모드로 다시 전환하려면 "고정출력 해제"버튼을 클릭한다.

전체출력은 두 개의 분할화면으로 모든 센서 데이터 값을 표시하는 기능으로 전체출력으로 보다 다시 한 개의 영역으로 보려면 "표준출력"버튼을 선택하면 된다("고정출력"및 "그래프모드"기능은 "전체출력"을 할 수 없다).

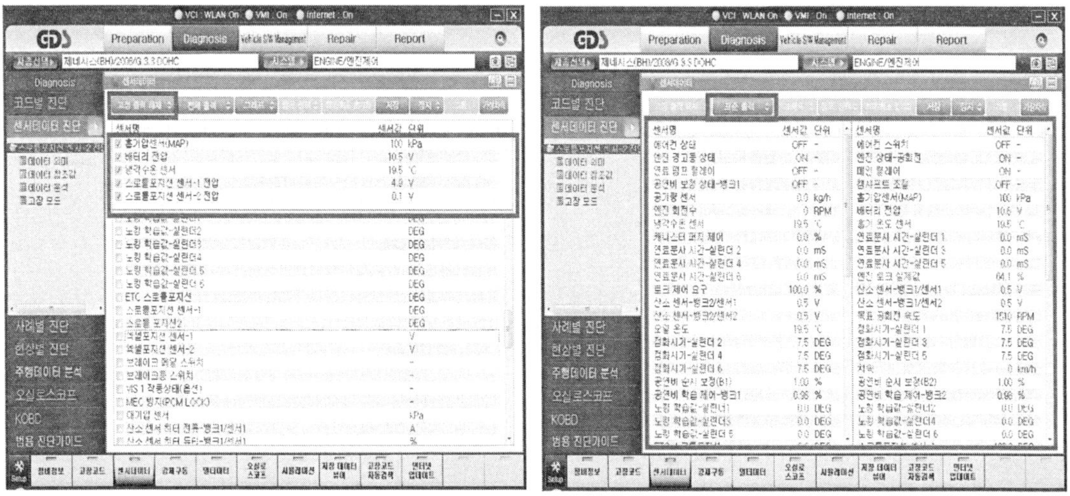

(a) 고장출력 (b) 전체출력

그림 52. 센서 데이터의 출력화면

기본 표시형식은 "텍스트"모드이며. "그래프"모드로 전환하려면 센서 명 옆에 있는 체크박스를 체크한 후 "그래프"버튼을 클릭하게 되면 그래프 모드로 전환된다(텍스트 모드로 다시 전환하려면 "텍스트"버튼을 클릭한다). Graph 모드는 최대 8개까지 항목 선택이 가능하다.

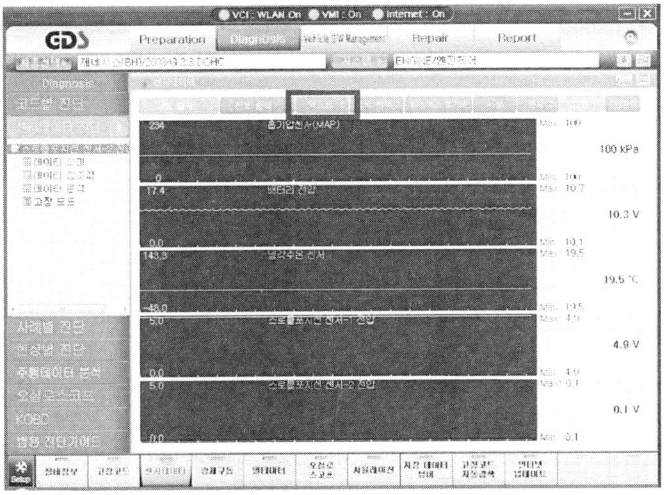

그림 53. 센서 데이터 그래프

[3] 강제구동 테스트

"강제구동 테스트"모드는 차량의 단품을 강제적으로 작동을 시키거나 정지시켜 해당 단품의 이상 유무를 판단할 수 있도록 하는 기능이다. 강제구동 테스트는 구동항목 별로 검사조건이 다를 수 있으므로 확인 후, 테스트를 진행해야 한다. 구동항목을 선택 후 "시작"버튼을 클릭한다. "정지"버튼을 클릭할 때까지 테스트가 계속된다(일부 액추에이터는 ECU 특성에 따라 작동 구동시간이 짧게 설정되어 스스로 "정지"할 수 있다).

(a) 축소모드 화면

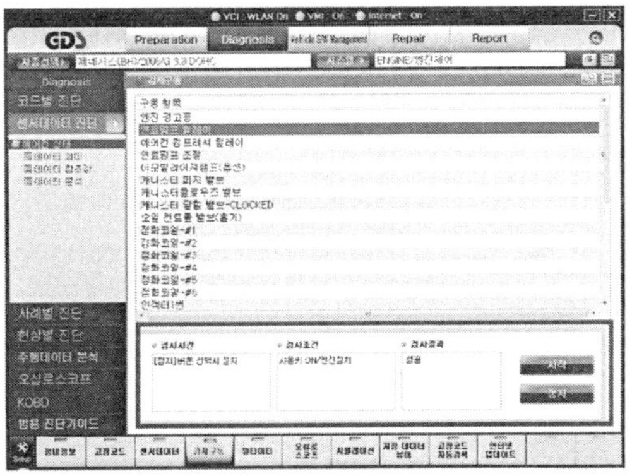

(b) 확대모드 화면

그림 54. 강제구동

강제구동 테스트 결과(ECU에 따라 다름)는 "검사결과"항목에서 확인할 수 있으며, 단품의 소리, 시각적 현상 또는 해당 센서 데이터를 통해서도 확인할 수 있다.

[4] 멀티미터

멀티미터기능에서 측정가능한 항목은 전압, 저항, 주파수, 듀티(±), 펄스(±) 이며 각 항목별 데이터를 동시에 MAX(최대), AVG(평균) 및 MIN(최소) 값으로 표시하도록 구성되어 있다. 멀티미터 모드는 채널 B만 사용이 가능하며, 전압 등의 기본적인 기능사용 시 흑색 프로브는 (–)에 연결하고 적색 프로브는 (+)에 연결한다. 멀티미터는 스펙 범위 내에서 측정범위와 화면 출력상태가 자동으로 전환된다.

멀티미터기능은 차량과 스캔툴 통신 중에도 활용이 가능하며, 자유롭게 멀티미터 창을 이동할 수 있다. 단, 오실로스코프 및 시뮬레이션기능에서는 동시에 사용할 수 없다. 멀티미터 창을 이동 시에는 상단 부분을 클릭한 상태에서 원하는 위치로 이동하면 된다.

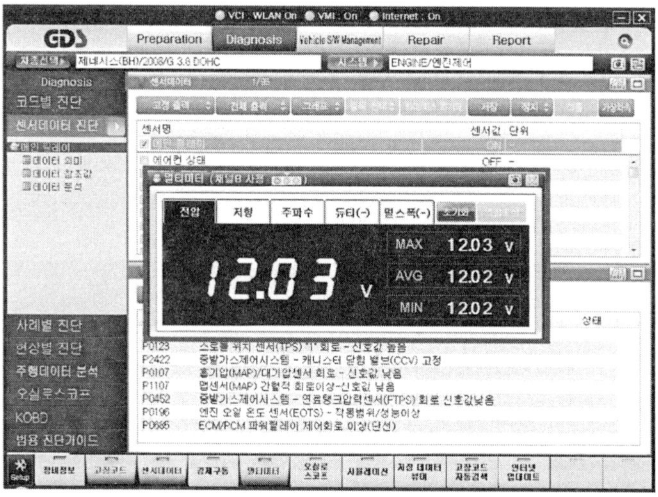

그림 55. 멀티미터기능의 팝업화면

(1) 전압측정

전압은 채널 B를 사용하여 측정하며 출력은 MAX, MIN, AVG로 표시된다. 측정 방법은 (–)프로브와 (+)프로브를 사용하여 두 프로브사이의 전압차이를 확인한다.

"초기화"를 누르면 모든 전압 값(MAX, MIN, AVG)이 0으로 재설정되며, VMI에 의해 측정된 현재의 새로운 데이터가 표시된다. 영점조정은 전압측정 모드에서는 지원되지 않는다.

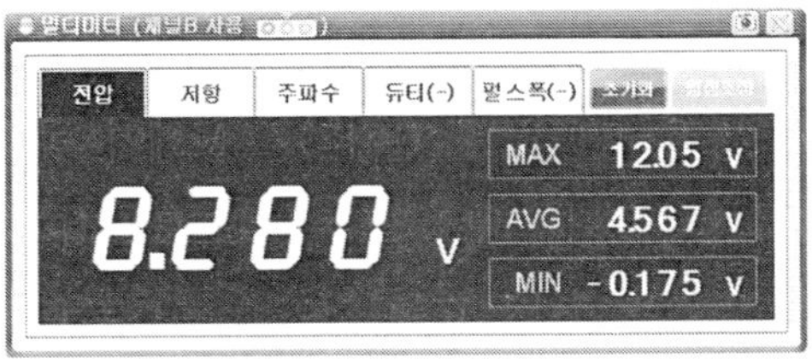

「그림」 56. 전압측정

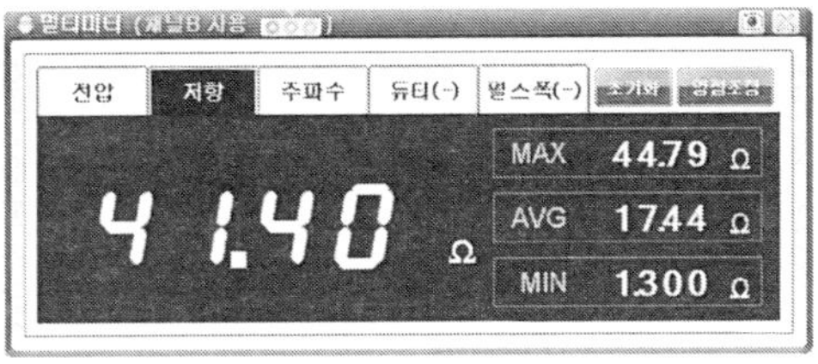

「그림」 57. 저항측정

(2) 저항측정

저항은 채널 B를 사용하여 측정하며 출력은 MAX, MIN, AVG로 표시된다. 측정방법은 (-)프로브와 (+)프로브를 사용하여 두 프로브사이의 저항을 확인한다. "초기화"을 누르면 모든 저항 값(MAX, MIN, AVG)이 0으로 재설정되며 VMI에 의해 측정된 현재의 새로운 데이터가 표시된다. 저항을 측정하기 전에 "영점조정"을 사용하여 0점 조정을 수행한다. 프로브를 연결하지 않으면 "OL"이 표시된다.

정확한 값을 측정하려면 측정을 수행하기 전에 항상 "영점조정"을 사용하여 0점 조정을 수행한다. (+)와 (-)프로브를 연결하고 "영점조정"버튼을 누른다.

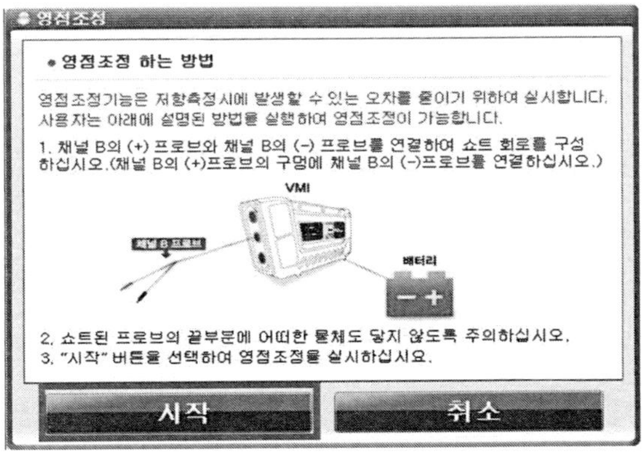

(a) 영점조정 준비단계

(b) 영점조정 실시 중

「그림」 58. 저항 영점조정

성공적으로 영점 조정이 완료되면 다음 팝업 창이 표시된다. 확인을 눌러 저항 측정을 계속한다.

그림 59. 영점조정 완료

(3) 주파수 측정

주파수는 채널 B를 사용하여 측정하며 출력은 MAX, MIN, AVG로 표시된다. 주파수는 Hz로 표시되거나 1초의 시간 동안 발생되는 사이클 수로 표시된다.

디스플레이가 60.10Hz를 표시하는 경우 1초의 시간 동안 60.10사이클이 발생된 것을 의미한다. "초기화"를 누르면 모든 주파수 값(MAX, MIN, AVG)이 0으로 재설정되며 VMI에 의해 측정된 현재의 새로운 데이터가 표시된다. 영점조정은 주파수 모드에서 지원되지 않는다. 프로브를 연결하지 않으면 "OL"이 표시된다.

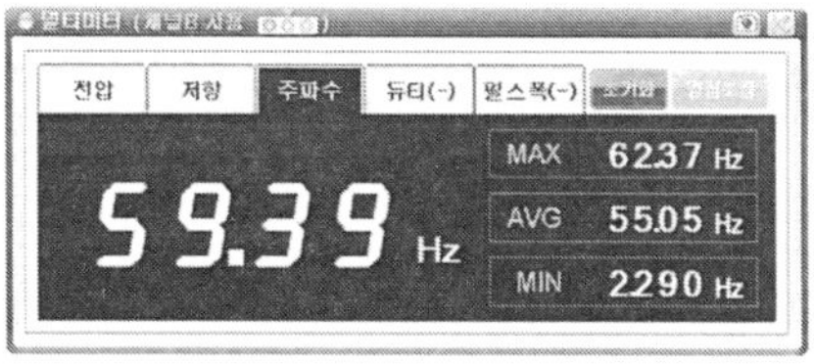

그림 60. 주파수 측정

(4) 듀티측정

듀티는 채널 B를 사용하여 측정하며 출력은 (+)듀티 및 (-)듀티가 0%~100%의 (MAX, MIN, AVG)으로 표시된다. 듀티를 한 번 클릭하면 실행되고 듀티(-)를 다시 클릭하면 (-)값이 (+)값으로 변경된다.

"초기화"를 누르면 모든 듀티 값(MAX, MIN, AVG)이 0으로 재설정되며 VMI에 의해 측정된 현재의 새로운 데이터가 표시된다. 영점조정은 듀티 모드에서 지원되지 않는다.

(a) (-)듀티 측정　　　(b) (+)듀티 측정

그림 61. 듀티측정

(5) 펄스 폭 측정

펄스는 채널 B를 사용하여 측정하며 초 단위시간 함수로 표시된다. 펄스를 한 번 클릭하면 실행되고 펄스 (–)를 다시 클릭하면 (–)값이 (+)값으로 변경된다. "초기화"를 누르면 모든 펄스 값(MAX, MIN, AVG)이 0으로 재설정되며 VMI에 의해 측정된 현재의 새로운 데이터가 표시된다. 영점조정은 펄스모드에서 지원되지 않는다.

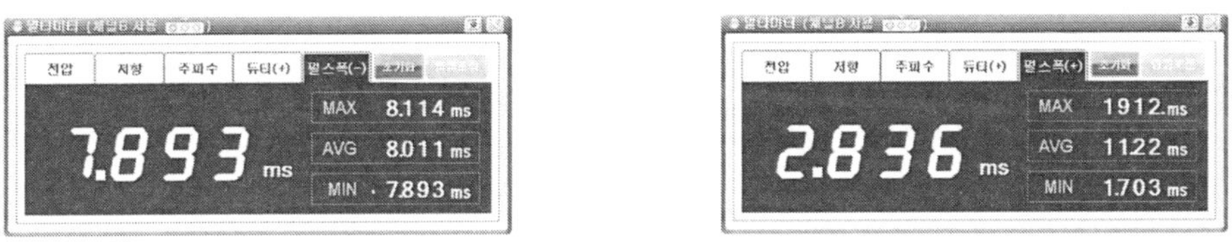

(a) (-)펄스 폭 측정　　　(b) (+)펄스 폭 측정

그림 62. 펄스 폭 측정

[5] 오실로스코프

오실로스코프 기능은 총 4개의 채널을 사용하며 2채널 모드(접지분리)와 4채널 모드(접지공통)로 사용할 수 있다. 채널 프로브를 통해 측정된 파형은 커서 A와 커서 B 값과 커서 A와 B사이의 최소값, 최대값, 평균값, 주파수, 듀티(–), 듀티(+) 값을 측정할 수 있다.

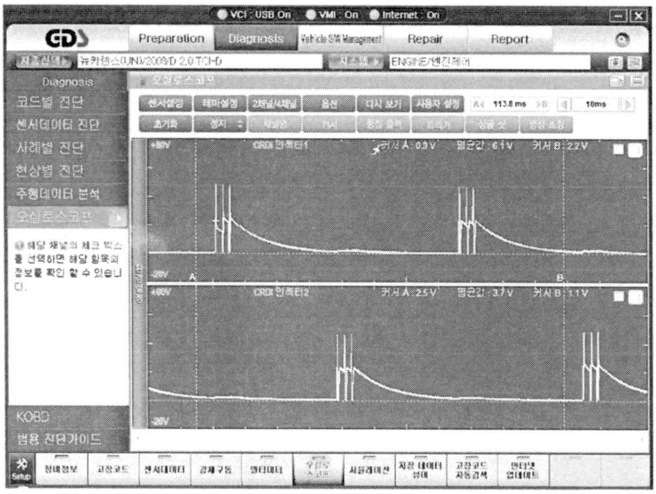

「그림」 63. 오실로스코프 기능

(1) 아이콘 설명

아이콘	설　명
센서설정	각 센서의 단품을 쉽게 측정할 수 있도록 적합한 환경을 미리 설정해 주는 기능의 메뉴이다.
테마설정	정비현장에서 자주 사용되는 항목들에 대해 테마별로 지정하여 쉽게 측정할 수 있도록 적합한 환경을 미리 설정해 주는 기능의 메뉴이다.
2채널/4채널	2채널 모드 와 4채널 모드 간에 전환한다.
옵션	VMI의 부가적인 센서(대/소 전류, 압력)를 장착하여 사용할 수 있는 기능이다.
다시 보기	저장된 데이터를 불러온다.
사용자 설정	사용자가 원하는 오실로스코프 측정범위를 설정하여 저장 또는 불러올 수 있는 기능의 메뉴이다.
초기화	측정된 데이터를 적절한 설정으로 재설정한다.
시작 정지	현재 파형의 "시작" 또는 "정지"를 제어하는 버튼이다.
채널명	선택한 채널의 이름을 설정한다.
커서	커서 A와 커서 B를 전환하는 기능으로 버튼을 클릭할 때마다 커서 A가 커서 B로 설정되거나 커서 B가 커서 A로 설정되어 커서의 위치를 변경할 수 있다.
중첩 출력	한 화면에 모든 채널의 파형을 중첩으로 보여준다.
트리거	"Trig UP"↔ "Trig DOWN"↔ "NO TRIG"를 제어하는 트리거 버튼이다.

아이콘	설 명
싱글 샷	사용자에 의해 트리거한 위치에 파형을 고정하고자 할 때 사용하는 기능으로 TPS와 같은 파형을 급가속 시험모드로 측정 시 사용한다.
영점 조정	영점조정기능으로 옵션기능에서만 사용 가능하다.
저장	오실로스코프 상에 데이터를 저장한다(현재 파형이 정지되었을 때 아이콘이 활성화된다).
(이동 버튼)	그래프를 왼쪽 또는 오른쪽으로 이동하는 데 사용된다. 현재 화면이 “정지”또는 “다시보기”모드에 있을 경우에만 사용된다.
A◁ 12.00 ms ▷B	커서 A와 B사이의 시간을 표시한다.
◁ 1ms ▷	그래프시간 축 해상도를 변경하는 버튼으로 오실로스코프시간 축을 한 눈금(구간)당 단위로 설정한다.

(2) 센서 설정

센서 설정기능은 자동차 진단에 필수적인 센서 및 액추에이터의 단품검사를 스코프를 이용해 신속하고 편리하게 점검할 수 있도록 측정에 적합한 환경을 미리 설정해 주는 기능이다. 이 기능을 실행하면 사용자가 다양한 센서을 조합하여 측정할 수 있도록 설정할 수 있는 창이 나타난다. 엔진 및 변속기를 지원한다.

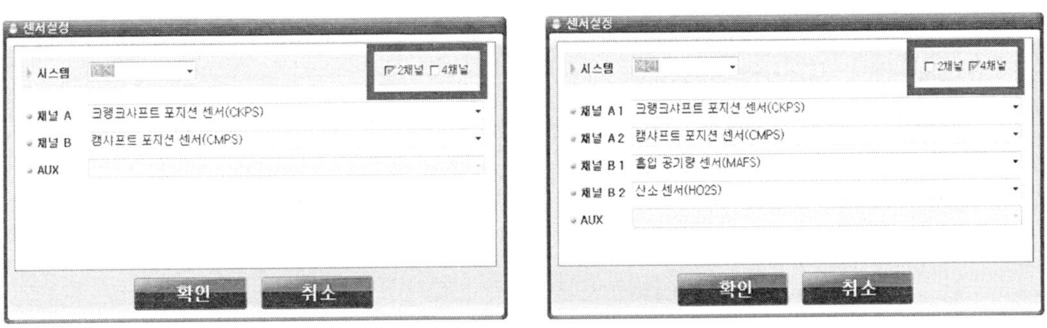

(a) (b)

「그림」 64. 센서 설정

(3) 테마 설정

테마 설정기능은 자동차진단에 복합적으로 분석해야 하는 센서 및 액추에이터들을 사용자가 신속하고 편리하게 점검할 수 있도록 측정에 적합한 환경을 미리 설정해 놓는 기능이다.

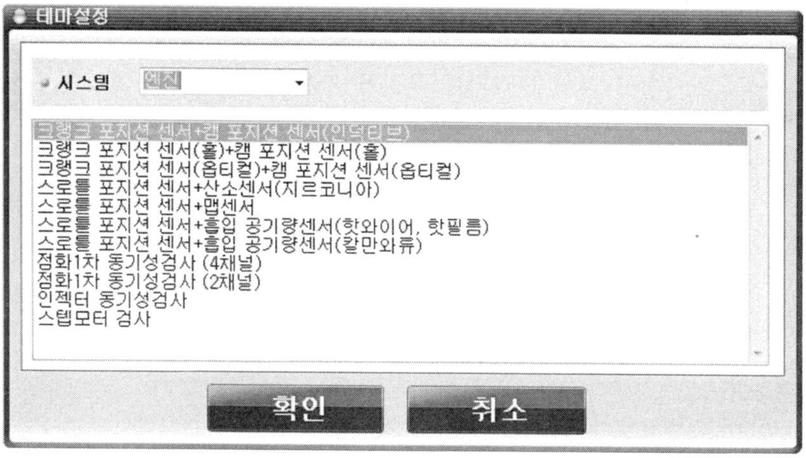

「그림」 65. 테마설정

(4) 오실로스코프 체크박스 기능설명

센서 설정 및 테마설정을 사용하는 경우 부품위치도, 일반정보, 기준파형, 단품정보, 단품회로도 및 전체회로도 중에서 선택한 정보를 표시하도록 체크박스를 선택할 수 있다.

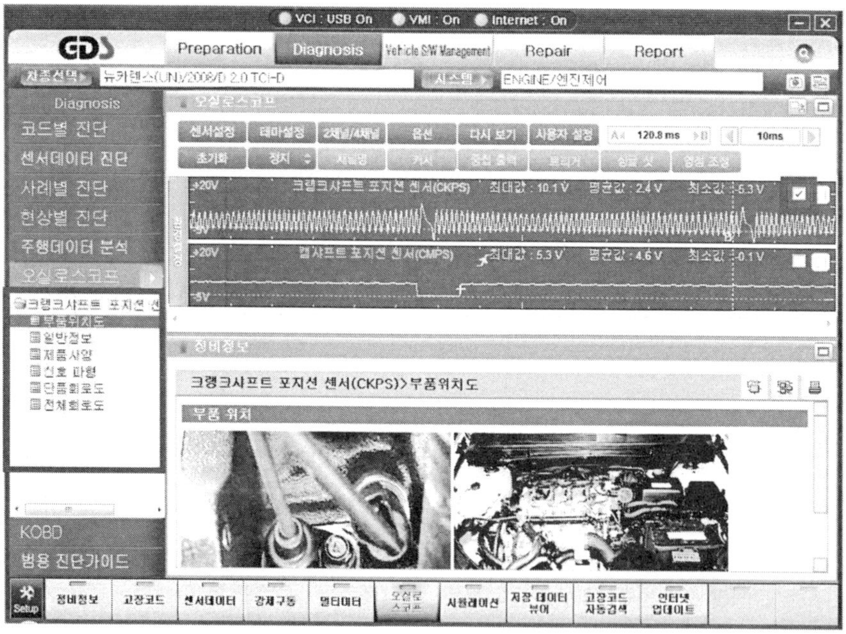

「그림」 66. 센서 설정 또는 테마 설정에서 항목선택

(5) 2채널, 4채널

파형을 측정하기 위해 사용 가능한 채널은 4개의 채널(CH-A1, CH-A2, CH-B1, CH-B2) 및 AUX채널을 포함한 총 5개의 채널이 있다. 2채널 모드에서는 서로 다른 2개의 신호를 측정하기 위한 방법으로 총 2개의 채널 중에서 CH-A가 한 채널을 구성하고 CH-B는 또 다른 채널을 구성한다(개별접지).

4채널 모드에서는 CH-A1, CH-A2, CH-B1, CH-B2의 프로브를 각각의 채널로 사용 가능하다. 따라서 총 4개의 채널을 사용할 수 있으며(공통접지), 이 경우에서는 접지가 VMI 배터리 케이블의(-)집게가 된다.

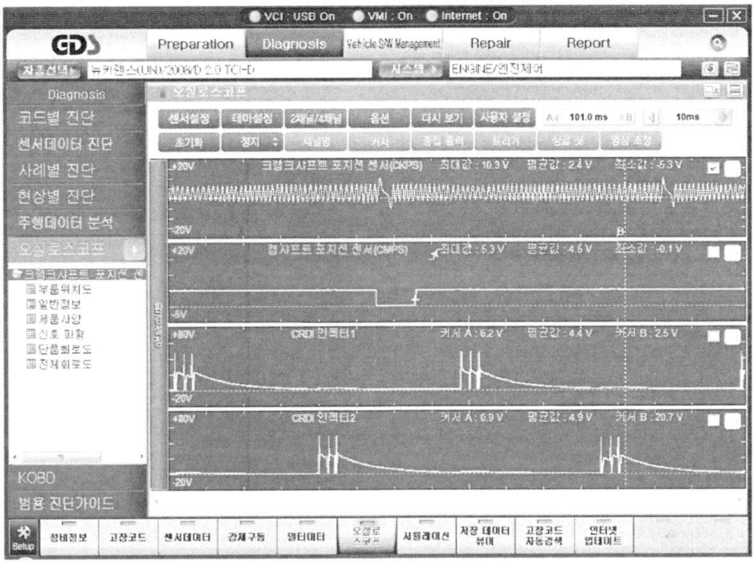

「그림」 67. 4채널 모드 표시

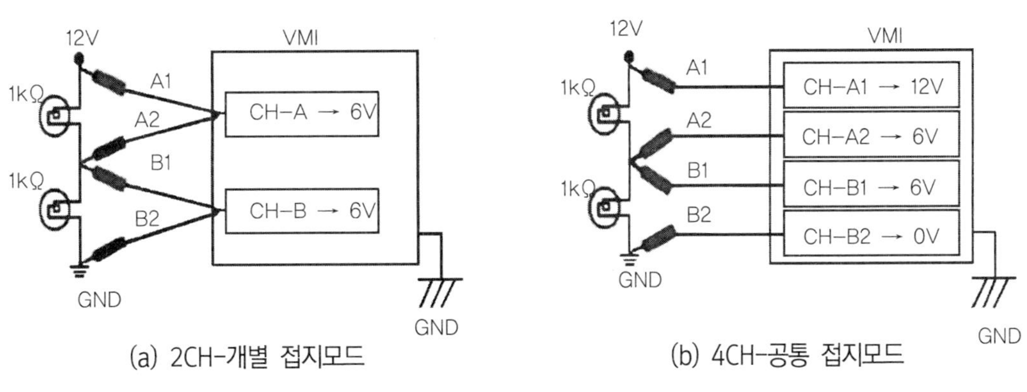

「그림」 68. 2채널 개별 접지모드 및 4채널 공통 접지모드

(6) 옵션

이 기능은 VMI 본체의 압력센서 및 전류(대전류 또는 소전류)센서를 부가적으로 장착하여 사용할 수 있는 기능이다.

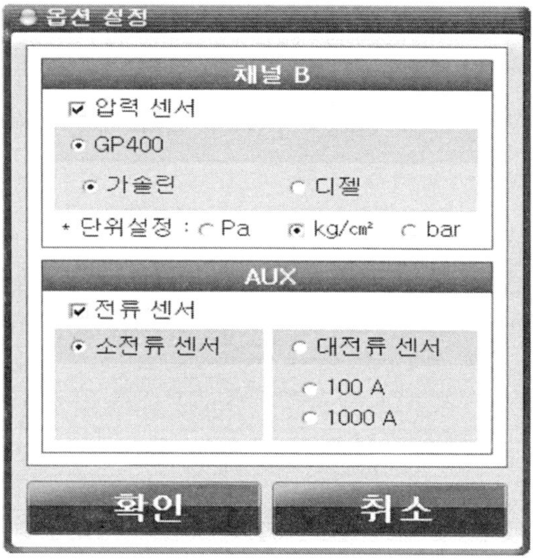

「그림」 69. 옵션선택

1) 압력센서

VMI 본체 채널 B(노란색)단자에 압력센서(GP400)를 연결하여 실린더 압축압력 등의 압력을 측정할 수 있다.

2) 소전류 센서

VMI본체 AUX(파란색)단자에 소전류 센서를 연결하여 인젝터 전류 등을 측정할 수 있다.

3) 대전류 센서

VMI 본체 AUX(파란색) 단자에 대전류 센서를 연결하여 보통 20A 이상의 큰 전류를 측정(크랭킹시 배터리 CCA 전류, 발전기 발전전류 등)할 때 사용하며, 최대 100A와 1000A까지 측정할 수 있다. 측정범위에 따라 대전류 센서의 스위치를 100A 또는 1000A로 선택해야 한다.

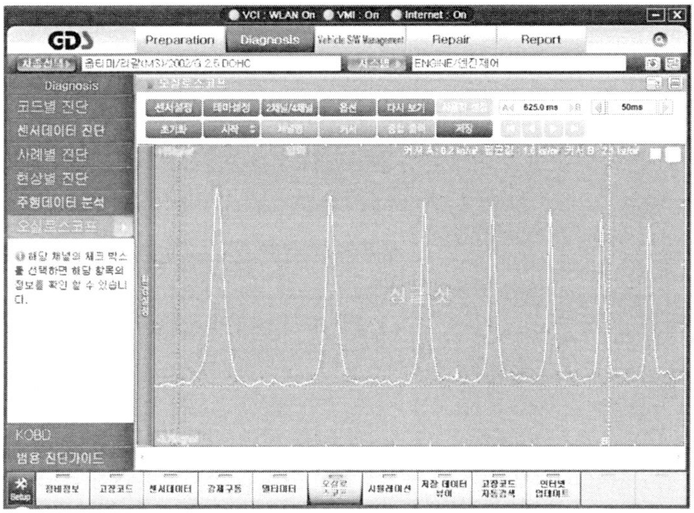

(a) 압력센서

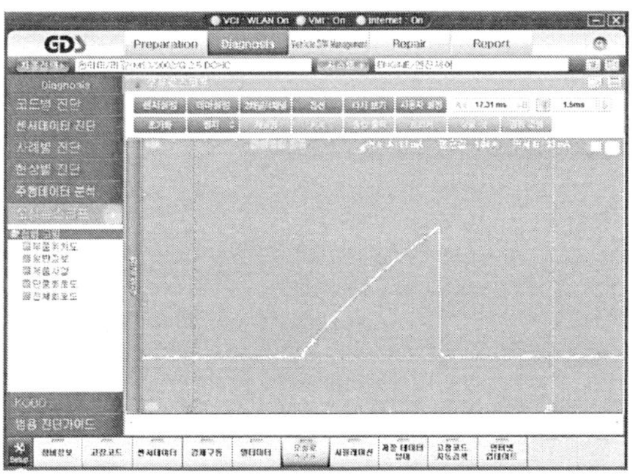

(b) 소전류 센서

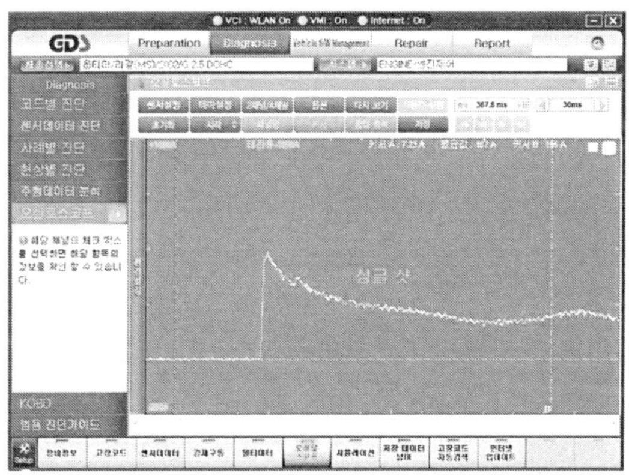

(c) 대전류 센서

「그림」 70. 옵션

(7) 다시보기

이 기능은 오실로스코프의 저장된 데이터를 불러온다.

(8) 사용자 설정

이 기능은 사용자가 측정에 적합한 환경(전압, 시간)을 미리 설정하여 저장하고, 언제든지 저장된 설정 값을 신속하고 편리하게 불러 올 수 있다.

(9) 초기화

이 기능은 출력파형 표시를 시간(X축)과 전압(Y축)으로 최적화하여 출력되는 파형을 쉽게 분석할 수 있도록 한다. 재설정 후 트리거(Trigger) 및 싱글 샷(Single shot)은 자동으로 취소된다.

(10) 시작, 정지

사용자의 판단에 따라 파형 데이터를 정지하거나 다시 시작하여 데이터를 분석할 수 있다.

(11) 채널명

사용자가 측정한 파형에 대해 각 채널별로 이름을 변경 및 저장하여 추후 파형분석 시 도움이 될 수 있도록 한 기능이다. 2채널 모드와 4채널 모드에 따라 채널명 입력창이 활성화된다.

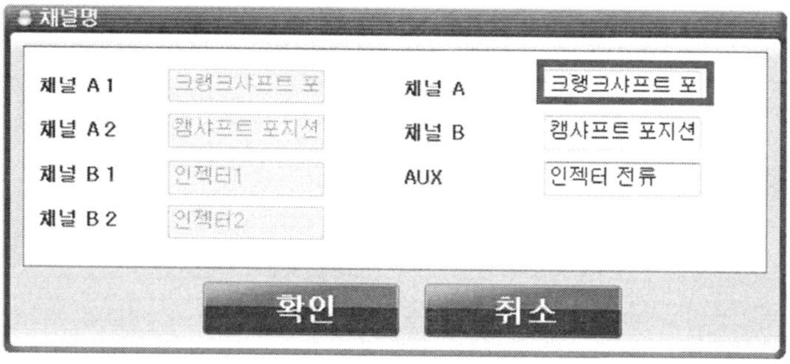

그림 71. 각 채널 이름지정

(12) 커서

오실로스코프 창에 "커서"버튼을 클릭하여 커서 A와 B를 선택할 수 있다. 선택한 커서는 빨간색 점선으로 표시되고, 마우스 왼쪽 버튼과 오른쪽 버튼을 사용하여 커서 A와 커서 B를 이동할 수 있다(커서 B가 빨간색 점선일 경우 커서 A는 고정되고 커서 B만을 마우스로 움직일 수 있다). 두 커서사이 파형길이가 1사이클 이하인 경우 주파수 및 듀티가 표시되지 않는다.

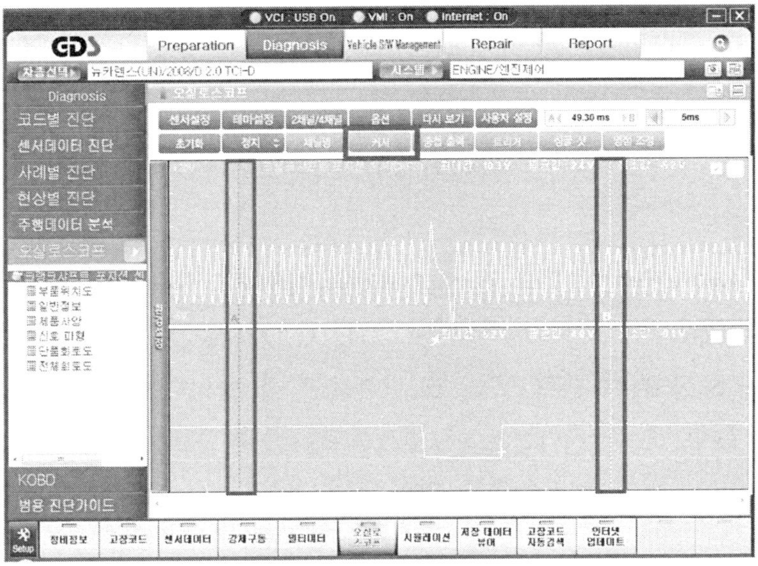

「그림」 72. 커서 A실행

(13) 중첩 출력

저장된 데이터를 검색하거나 측정하는 경우 파형 데이터를 쉽게 분석할 수 있도록 하나의 화면에 모든 파형이 겹쳐진다. 사용자가 쉽게 식별할 수 있도록 각 파형색상 및 이름이 서로 다른 색상으로 표시된다.

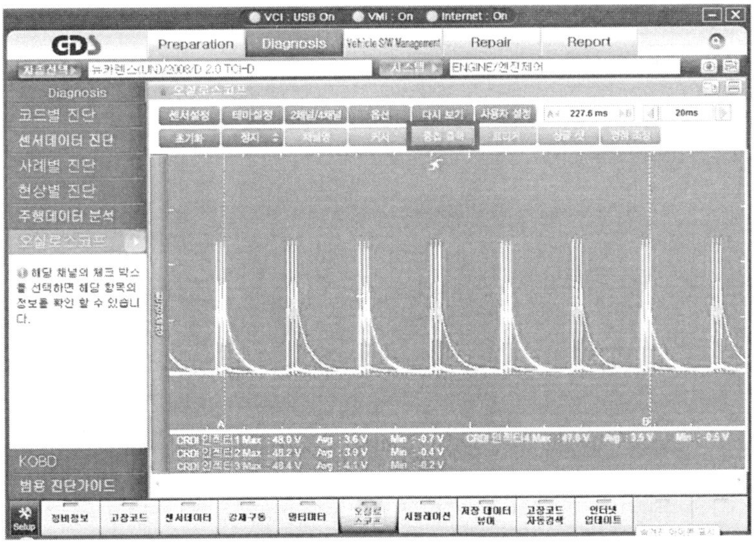

「그림」 73. 중첩 출력화면

(14) 트리거

트리거기능은 사용자가 원하는 채널영역에 마우스를 클릭함으로써 움직이는 파형을 고정표출하여 사용자가 분석하기 쉽도록 파형을 보여준다. 트리거 아이콘을 반복하여 클릭함으로써 파형의 상승시점과 하강시점의 트리거를 고정하여 표출하거나 트리거를 해제할 수 있다.

트리거 아이콘을 클릭하여 트리거 모드로 이동하고, 고정하고자 하는 파형 위에 마우스 포인트를 클릭하여 트리거 지점을 선택한다. 트리거기능을 선택하면 상승하는 파형에서 자동으로 트리거 된다. 트리거 버튼을 다시 클릭하면 하강하는 파형에서 자동으로 트리거 된다. 트리거 버튼을 세 번째로 클릭하면 트리거기능이 꺼진다. 사용자가 설정한 위치에 파형이 트리거되지 않을 경우 "NO TRIG"의 메시지가 화면에 표시된다.

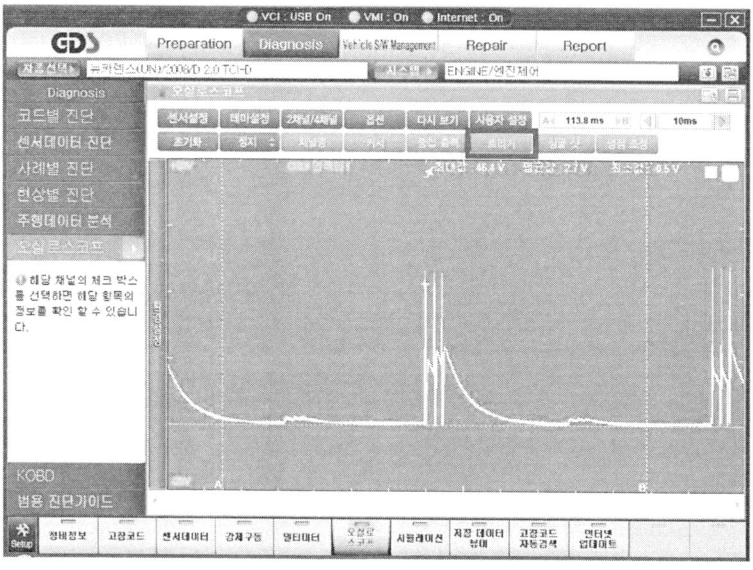

「그림」 74. 트리거 모드

(15) 싱글 샷

싱글 샷 모드는 사용자가 설정한 신호 레벨로 측정신호가 일치하는 경우 파형신호를 자동으로 정지하여 표시한다.

APS1 또는 APS2와 같이 임의 발생에 의해 그 시점을 기준으로 데이터를 취득하고자 할 때 싱글샷 모드를 사용한다. 사용자가 파형의 변경지점을 보다 쉽게 확인하는데 도움을 준다.

싱글 샷 버튼을 선택하여 이동 가능한 십자 커서를 채널 영역에 놓으면 "싱글 샷 시작"버튼이 깜박거리고 사용자가 원하는 시점에 "싱글 샷 시작"버튼을 누르면 기록하고자 하는 파형이 사용자가 원하는 시점에 위치하면 오실로스코프 화면에 측정된 파형이 출력된다. "데이터 확인"이 완료되면 트리거 된 파형이 오실로스코프 화면에 고정되어 나타난다.

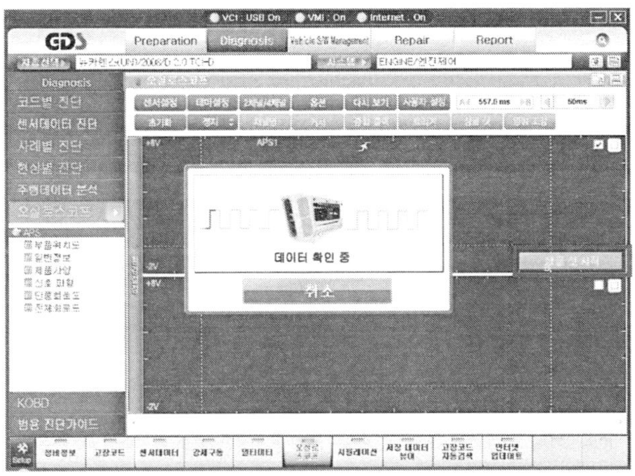

(a) 현재 데이터 확인 중

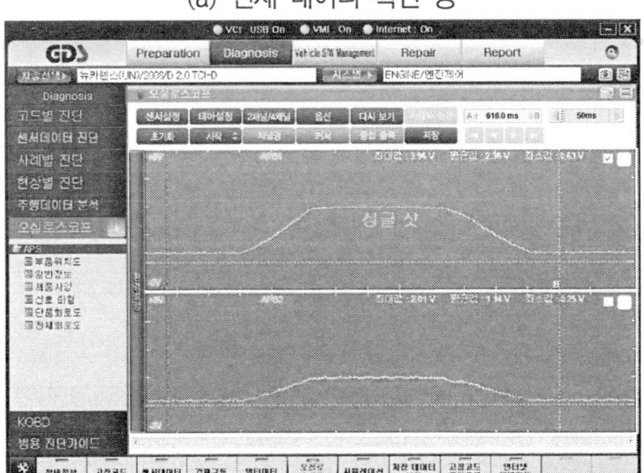

(b) 싱글샷을 이용한 APS1과 APS2 측정화면

「그림」 75. 싱글 샷

(16) 영점조정

이 기능은 옵션기능의 전류(대전류 또는 소전류)센서 및 압력센서를 사용할 때 정확한 측정을 위해 영점조정을 진행하는 기능이다.

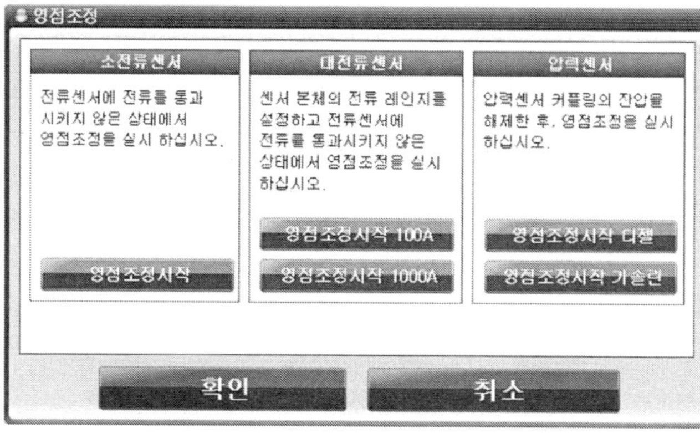

「그림」 76. 영점조정

(17) 환경설정

오실로스코프 메인화면에서 “환경설정”을 클릭하여 각 채널(전압축 범위, UNI/ BI, PEAK/NORMAL, AC/DC, AUTO/MANUAL 및 DATA)에 대한 설정을 변경할 수 있다.

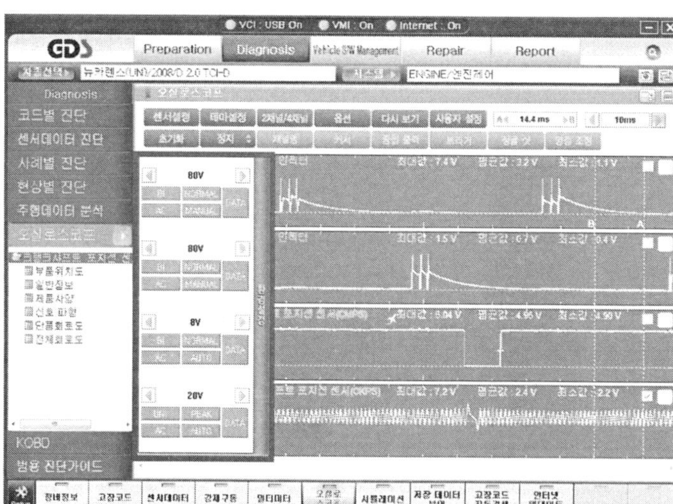

「그림」 77. 환경설정 창 실행

표 아이콘 설명

아이콘	설 명
◁ 100mV ▷	각 채널의 전압범위를 조정한다.
UNI BI	"UNI"모드 및 "BI"모드 간에 전환한다.
NORMAL PEAK	"PEAK"모드 및 "NORMAL"모드 간에 전환한다.
AC DC	"교류"및 "직류"간에 전환한다.
AUTO MANUAL	전압(Y축)을 자동(AUTO) 설정 및 수동(MANUAL) 설정으로 조정한다.
DATA	"DATA"버튼을 클릭하여 출력 파형의 값을 [최대값/평균값/최소값], [주파수/듀티(-)/듀티(+)] 또는 [커서 A/평균값/커서 B]로 표시할 수 있다.

1) 채널 전압조정

화살표 키를 사용하여 전압범위를 변경할 수 있다.

2) UNI(유니폴라)

출력은 "0"레벨을 기준으로 (+)영역이 잘 나타나도록 출력되며 대부분의 센서파형이나 액추에이터 파형, 전원 등을 측정할 때 이용한다.

3) BI(바이폴라)

접지 위상 또는 0V를 기준으로 (+), (-) 영역을 표시한다. 이 모드는 인덕티브방식 CKP, ABS휠 스피드센서, 자동변속기 펄스 제너레이터(A, B) 등의 신호를 측정할 때 사용한다.

4) PEAK(피크)

인젝터, 점화코일, 각종 솔레노이드 밸브 등 순간적으로 표출되는 서지 전압을 깨끗하고 정확하게 측정하기 위해 사용된다.

5) NORMAL(일반)

이 모드에서는 샘플링 속도(시간/구간)를 화면에 표시하기 위한 최소한의 데이터를 그리는 모드이다.

이 모드에서는 짧은 기간의 서지와 같은 신호는 샘플링하지 않기 때문에 산소센서와 같이 신호의 출력속도가 느린 센서 또는 액추에이터의 신호측정에 적합하다.

6) AC(교류)

자동차의 전원은 직류에 가까운 교류이므로 교류성분이 엄연히 존재하게 된다. 직류의 파형을 교류(AC)로 놓게 되면 전원의 레벨을 0으로 다운시킨 후 파형의 형상을 확대하여 출력하게 된다. 따라서 발전기 다이오드에서 리플 전압을 측정하는 경우 등에 사용한다.

7) DC(직류)

대부분의 파형이 DC에서 측정한다.

8) AUTO(자동)

오실로스코프에 입력되는 파형신호의 레벨이 얼마인지 잘 모를 때 자동으로 설정해 놓으면 출력되는 파형을 최적화된 형식으로 화면에 표시한다.

9) MANUAL(수동)

사용자가 직접 전압 축을 설정하여 파형을 분석할 수 있게 하는 기능으로, 인젝터 파형 등 서지파형 측정 시 파형분석이 용이하다.

10) DATA

“DATA”버튼을 클릭하여 출력파형의 값을 [최대값/평균값/최소값], [주파수/듀티(−)/듀티(+)] 또는 [커서 A/평균값/커서 B]로 표시할 수 있다.

11) 전체화면 파형표시 모드

오실로스코프 우측 상단의 아이콘을 선택 시 오실로스코프 화면이 전체화면으로 변경된다. 오실로스코프 전체화면에서 다시 아이콘을 선택 시 이전화면으로 변경된다.

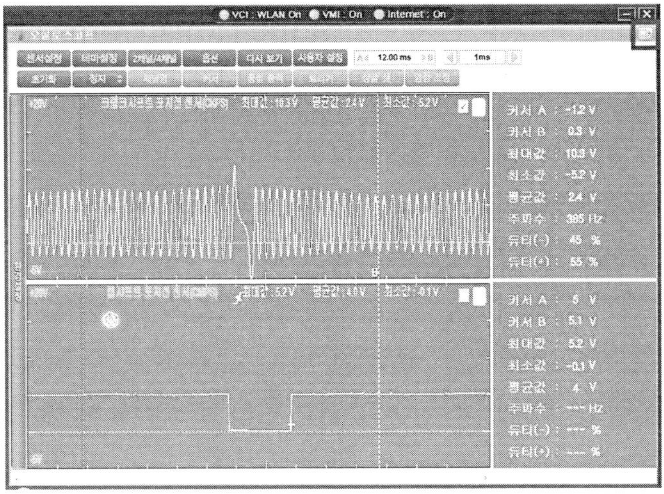

「그림」 78. 전체 화면표시

2.3.2. GDS차량 S/W관리

[1] ID등록

ID등록 기능은 차량에 고유하게 사용되는 단품(인젝터, KEY, 리모컨 등)을 교환 또는 신규로 추가 시, 단품의 고유코드를 ECU에 입력하여 정상적인 작동을 할 수 있도록 하는 기능이다(ID등록은 차량의 시스템에 따라 지원되는 기능이 각각 다르다).

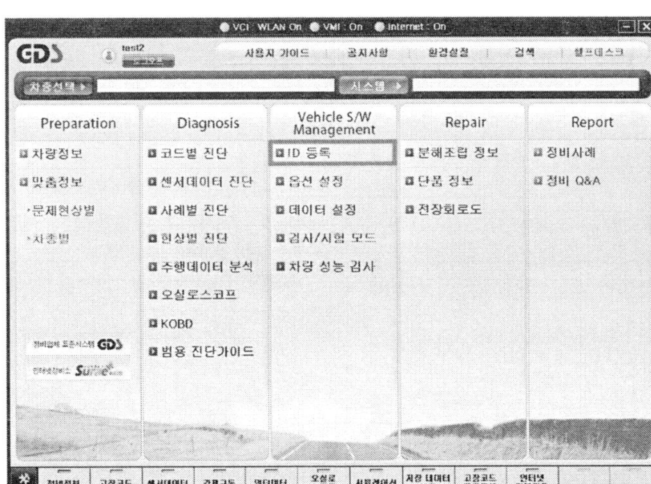

「그림」 79. ID 등록

(1) 사양정보

사양정보 기능은 ECU(Electronic Control Unit) 단품의 설정된 시스템 사양을 확인할 수 있는 기능이다. 사양정보 기능은 차량의 ECU가 지원되는 경우에만 지원가능하다.

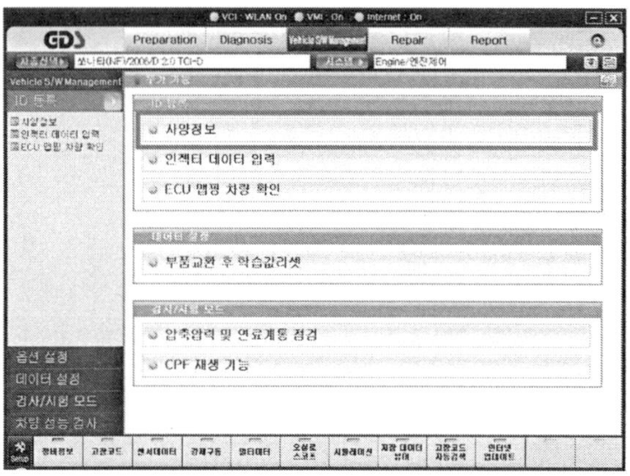

(a) 사양정보 선택

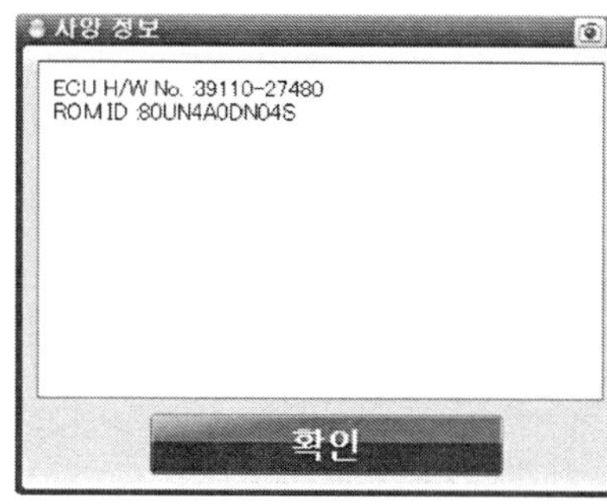

(b) 사양정보 표출

「그림」 80. 사양정보

(2) 인젝터 데이터 입력

인젝터 데이터 입력은 디젤(CRDI)차량의 정밀한 연료보정을 위해 신품 ECU 및 인젝터 단품을 교환할 경우 인젝터 고유코드를 ECU에 입력하는 기능이다. 인젝터 데이터 입력은 차량에 따라 지원되는 기능이 다를 수 있다.

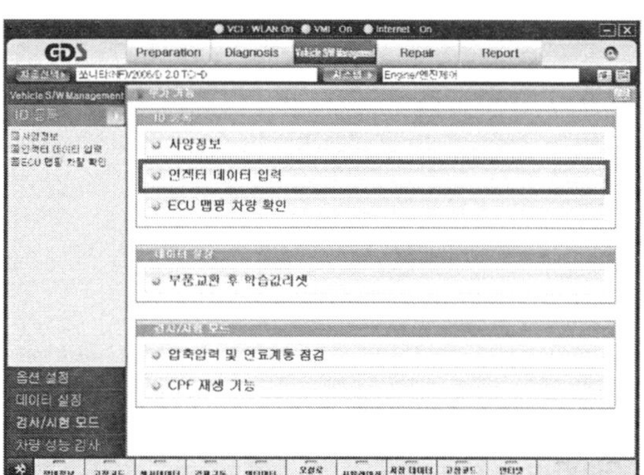

「그림」 81. 인젝터 데이터 입력선택

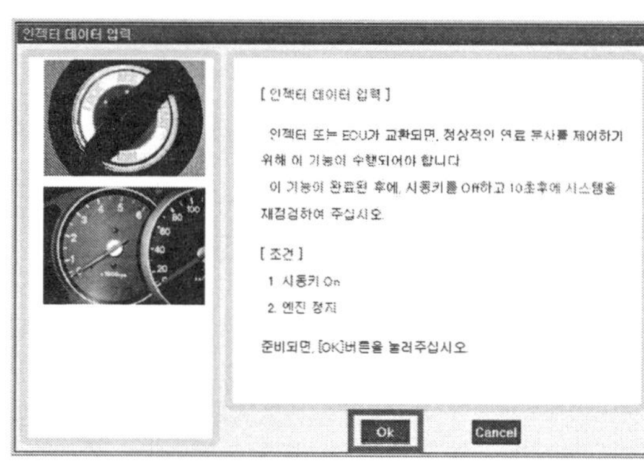

「그림」 82. 인젝터 데이터 입력화면

인젝터 데이터 입력을 선택하면 인젝터 데이터 입력의 신규팝업 창이 표출된다. 인젝터 데이터 입력 팝업창이 표출되면 해당 검사조건을 만족시킨 후 "OK"버튼을 클릭한다. 인젝터별 고유코드를 확인 후 모두 입력한다. 인젝터 고유코드는 차량의 시스템별로 다르므로 정확히 확인한 후 입력해야 한다. 모든 인젝터의 고유코드의 입력이 완료되면 "OK"버튼을 클릭한다.

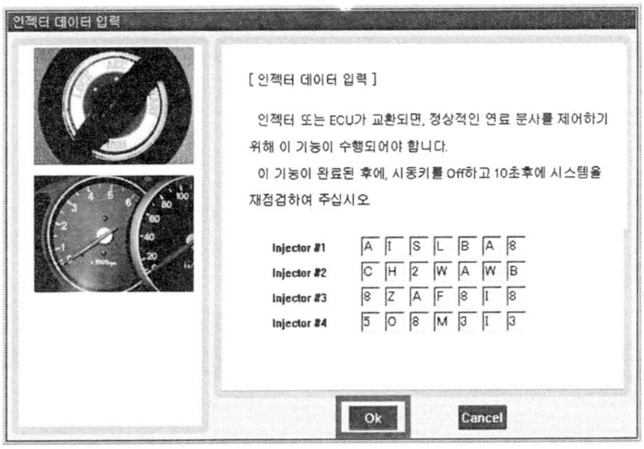

「그림」 83. 인젝터 고유 코드입력

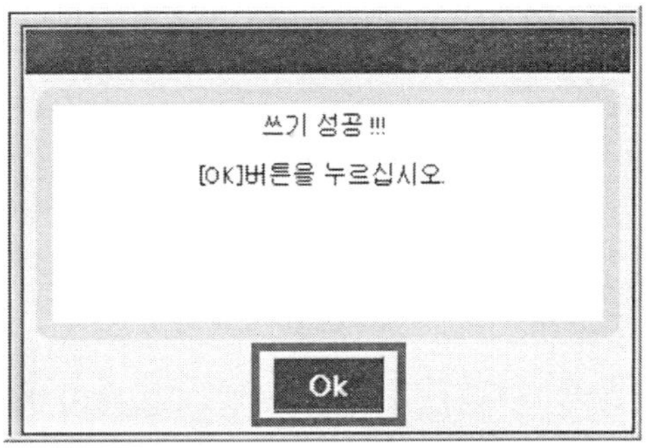

「그림」 84. 인젝터 데이터입력 완료

(3) 사용자 옵션

사용자 옵션기능은 운전자의 편의를 도와주기 위한 기능으로 운전자가 원하는 설정에 맞게 설정하는 기능이다. 사용자 옵션은 차량에 따라 지원되는 기능이 다를 수 있다. ID등록 항목에서 사용자 옵션항목을 선택하시면 "사용자 옵션"의 신규 팝업창이 표출된다.

사용자 옵션항목의 ITEM 창은 사용자가 변경할 수 있는 부분으로 VALUE의 선택에서 ENABLE을 선택할 경우에는 해당 항목이 "사용함"으로 설정되고, DISABLE을 선택할 경우 "사용하지 않음"으로 설정된다. 다시 말해, ITEM 창의 항목을 클릭하고 하단의 데이터 값을 변경 후 "OK"버튼을 클릭하면 설정이 완료된다.

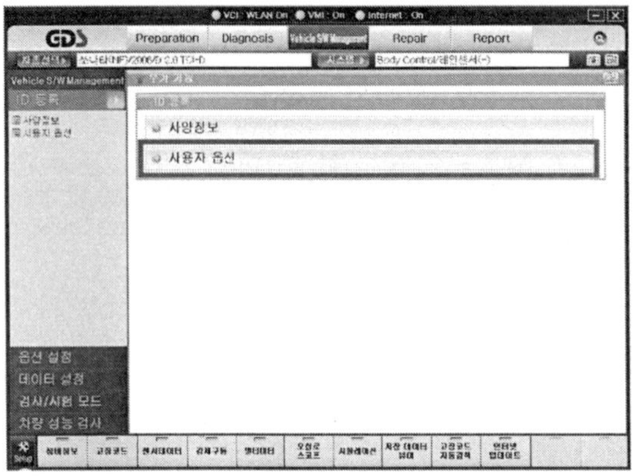

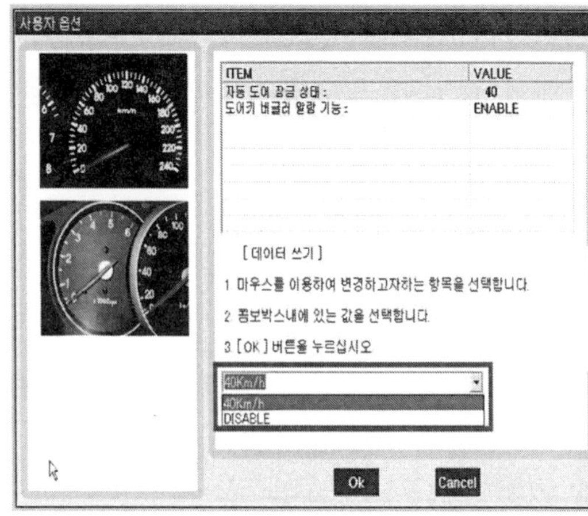

「그림」 85. ID등록(BCM) 사용자 옵션

「그림」 86. ID등록(BCM) 사용자옵션 데이터 쓰기

(4) 트랜스미터코드 등록

트랜스미터코드 등록은 ID등록의 항목으로 현재 많은 차량이 적용되어 있으며, 차량의 리모콘을 등록하는 기능이다. 리모콘 등록을 할 경우에는 먼저 차종선택에서 시스템이 "트랜스미터 코드 등록"으로 설정되어 있음을 확인하여야 한다. 트랜스미터 코드 등록은 차량에 따라 지원되는 기능이 다를 수 있다. ID등록의 "트랜스미터 코드 등록"을 클릭한다.

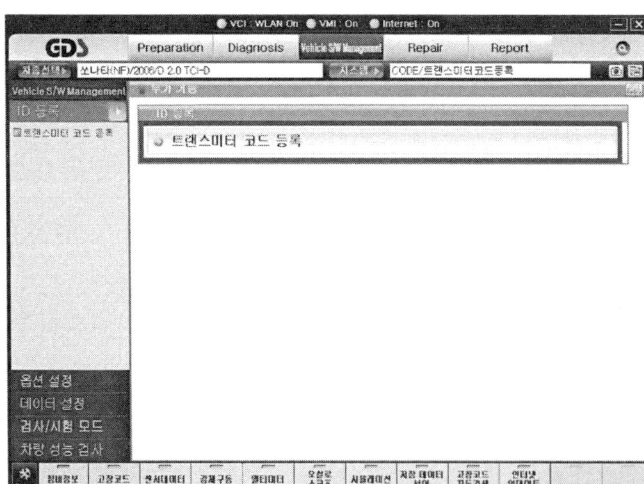

「그림」 87. 트랜스미터 코드등록 클릭

키 실린더에서 키를 탈거 후 준비가 완료되면 “OK”버튼을 클릭한다. 리모콘의 “LOCK”버튼을 1초 동안 눌러준다.

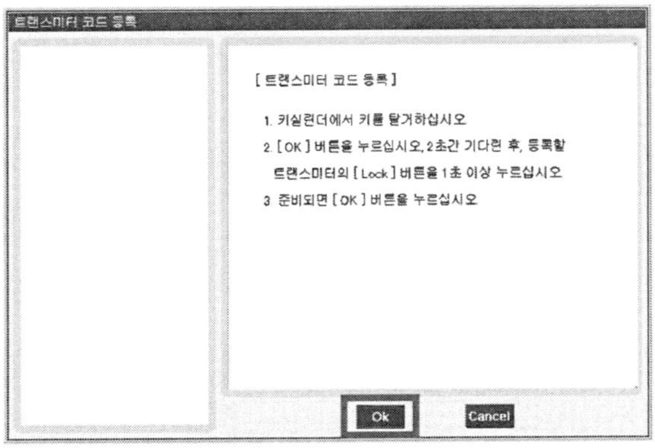

그림 88. 리모콘 등록 준비

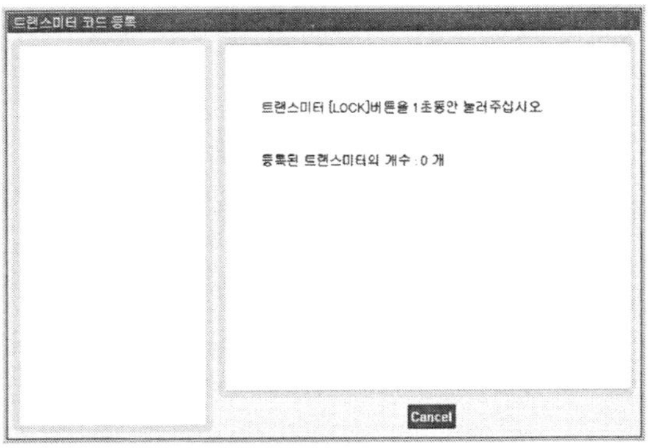

그림 89. 리모콘 등록과정

첫번째 리모콘이 정상적으로 등록이 완료되면 두번째 리모콘을 준비하시고 “OK”버튼을 클릭한다. 만약 두번째 리모콘을 등록하지 않을 경우 “Cancel”버튼을 클릭한다.

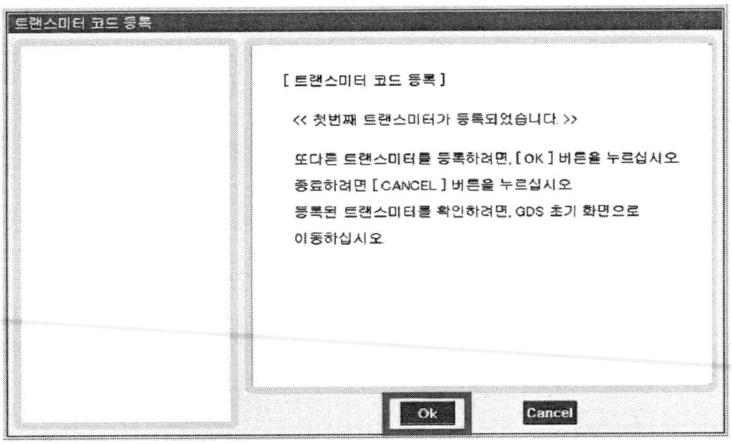

그림 90. 첫번째 리모콘 등록완료

두번째 리모콘의 “LOCK”버튼을 1초 동안 눌러준다. 두번째 리모콘이 정상적으로 등록이 완료되면 세번째 리모콘을 준비하고 “OK”버튼을 클릭한다.

만약 세번째 리모콘을 등록하지 않을 경우 “Cancel”버튼을 클릭한다. 리모콘 등록이 모두 완료되면 “Cancel”버튼을 누른 후 GDS 초기화면으로 이동한다. 등록된 리모콘이 정상적으로 작동되는지 확인한다.

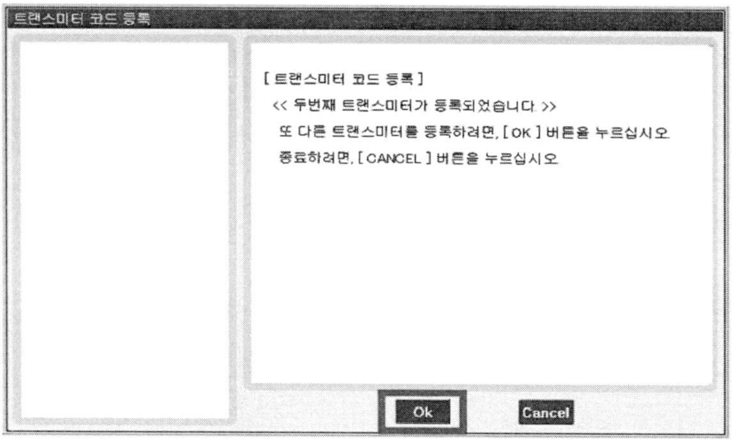

그림 91. 두번째 리모콘 등록완료

[2] 옵션설정(베리언트 코딩)

옵션설정 기능은 차량의 옵션(VDC 등)에 대한 시스템의 환경을 재설정할 때 사용되는 기능이다(EX : 옵션 제동제어(VDC)의 베리언트 코딩기능).

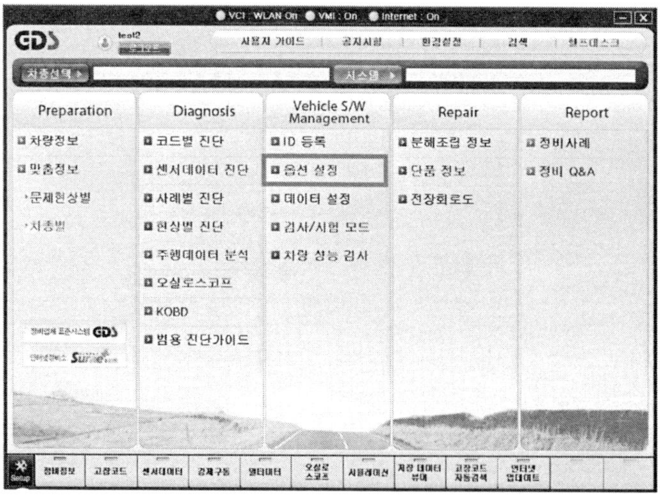

그림 92. 옵션설정

옵션설정은 차량의 시스템에 따라 지원되는 기능이 각각 다르다. 옵션 설정기능을 수행하기 위해서는 GDS 초기화면에서 "옵션설정"을 선택한다. 초기화면에서 옵션설정을 선택하면 옵션 설정항목이 표출되며, 베리언트 코딩을 선택하게 되면 베리언트 코딩기능을 실행할 수 있다.

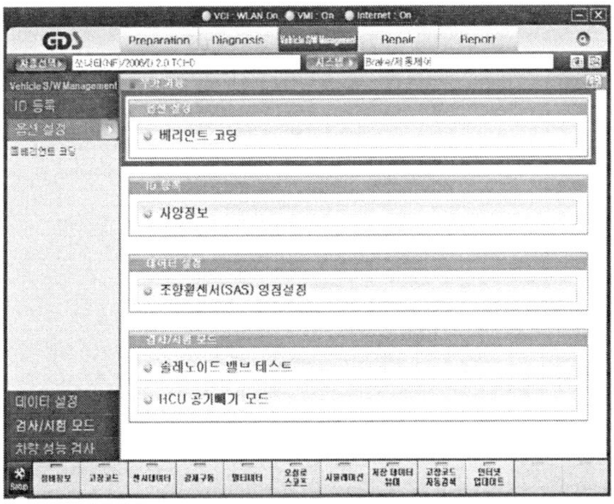

「그림」 93. Variant Coding기능

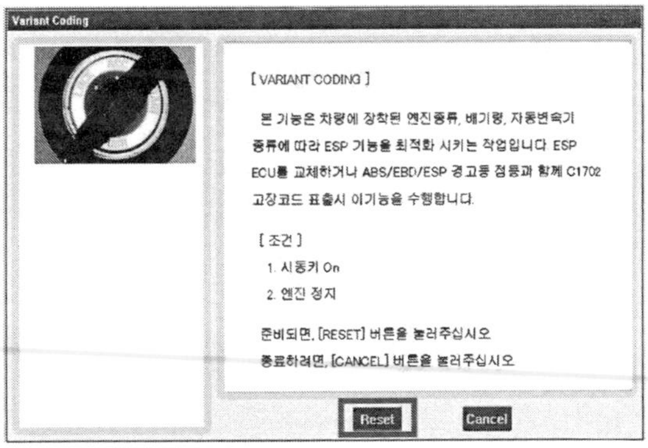

「그림」 94. Variant Coding기능 실행화면

[3] 데이터 설정

데이터 설정기능은 차량의 센서 및 단품교환 또는 수리를 받았을 경우 현재 ECU 내의 이전 학습된 데이터 값을 초기화하는 기능이다. 데이터 설정은 차량의 시스템에 따라 지원되는 기능이 각각 다르다.

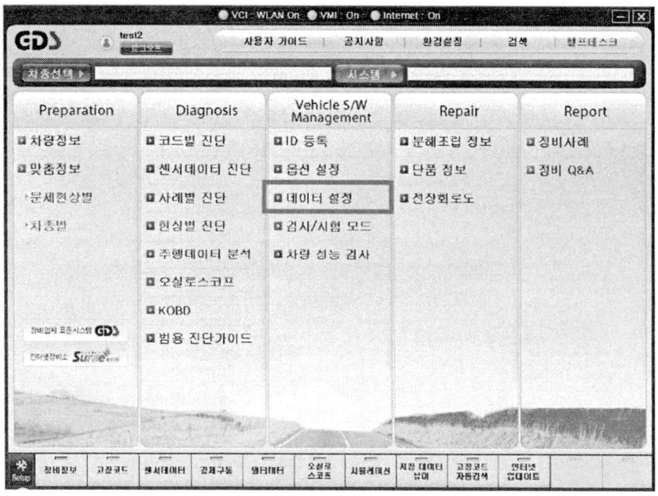

「그림」 95. 데이터 설정

(1) 부품교환 후 학습값 리셋

부품교환 후 학습값 리셋기능은 차량의 단품을 교환 후 ECU에 기록된 이전 데이터 값을 초기화시키는 기능이다. ECU 교환, 람다센서(LUS) 교환, 레일압력센서 교환, 공기유량센서(MAF), CPF교환, 차압센서(DPS)교환, 스월 ACT(VSA)교환 시 작업을 진행한다. 부품교환 후 학습값 리셋기능은 차량에 따라 지원되는 기능이 다를 수 있다.

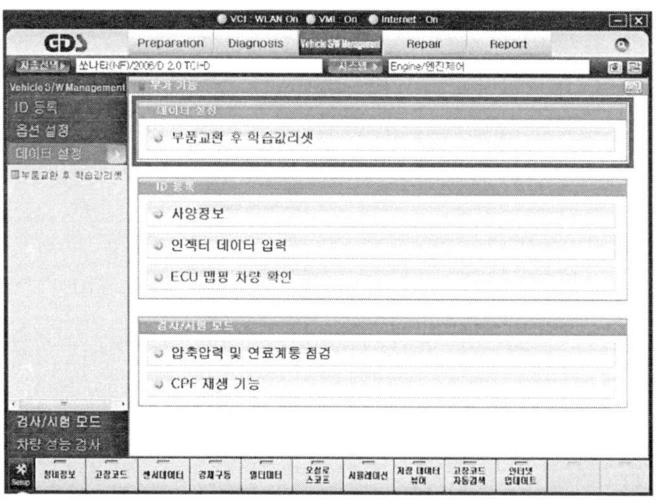

「그림」 96. 부품교환 후 학습값 리셋

데이터 설정항목의 "부품교환 후 학습값 리셋"을 선택하면 "부품교환 후 학습값 리셋"의 신규 팝업 창이 표출된다. 해당부품 및 센서 교환작업이 완료되면 좌측 메뉴 중 해당 항목을 선택한다.

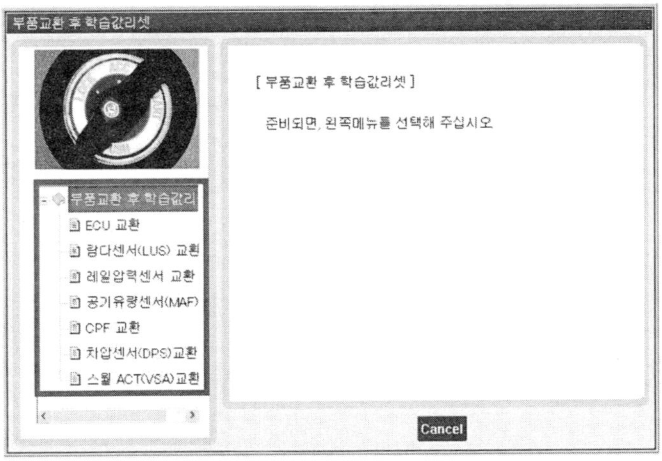

「그림」 97. 좌측 메뉴 중 해당 항목선택

"ECU교환"항목을 선택 시 자동으로 해당 항목에 대한 정보가 표출되며 차량의 현재 주행거리(km)를 입력한다. 모든 작업이 완료되면 "OK"버튼을 클릭한다. ECU 교환 후 리셋작업이 완료되면 차량의 시동키를 OFF 후 10초 동안 기다린다. 10초 후 시동키를 ON(IG ON)으로 한 후 "OK"버튼을 선택한다. "OK"버튼을 클릭 시 부품교환 및 학습값 리셋 메인 팝업창으로 이동한다.

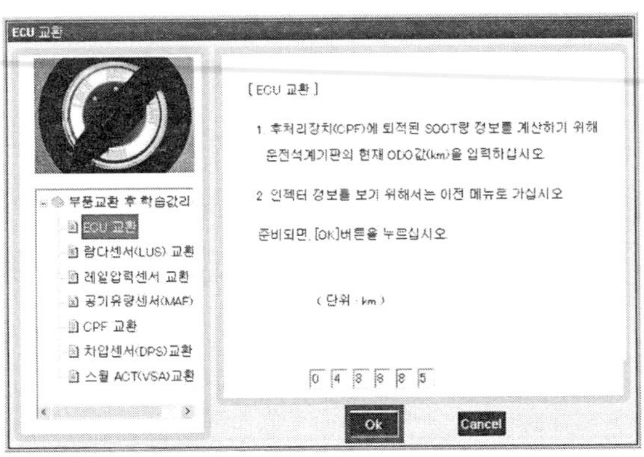

「그림」 98. 주행거리 입력

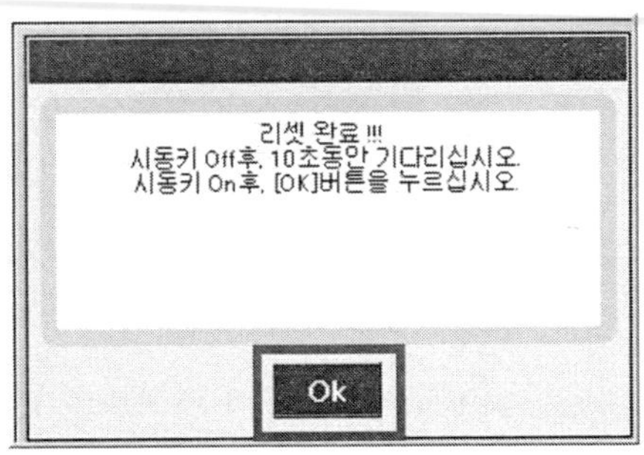

「그림」 99. ECU교환 리셋작업 완료

(2) AUTO T/A 학습값 소거

AUTO T/A 학습값 소거는 TCU에 학습된 운전패턴을 초기화하는 기능이다.

「그림」 100. AUTO T/A 학습값 소거

데이터 설정항목의 "AUTO T/A 학습값 소거"를 선택한다. "AUTO T/A 학습값 소거"팝업창이 표출되면 검사조건을 맞춘 후 "Reset"버튼을 클릭한다.

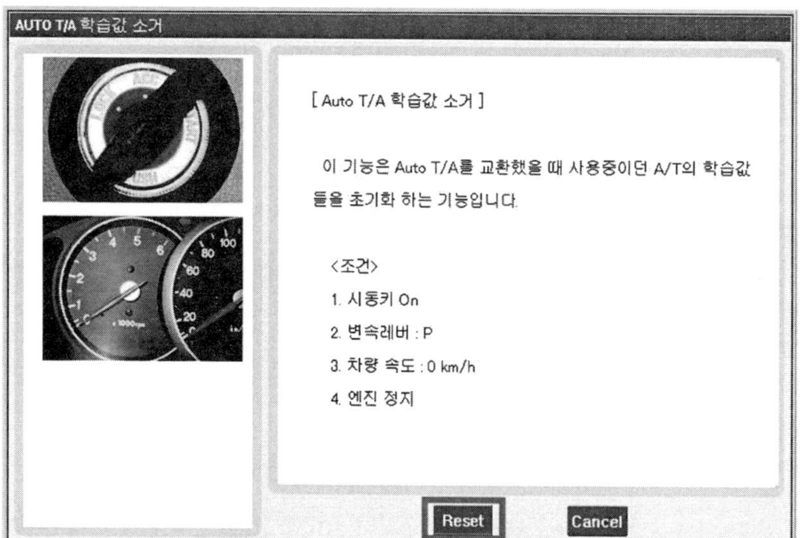

「그림」 101. AUTO T/A 학습값 소거화면

"AUTO T/A 학습값 소거"의 진행여부가 표출되면 "OK"버튼을 클릭한다. "AUTO T/A 학습값 소거"가 완료되면 "OK"버튼을 클릭한다.

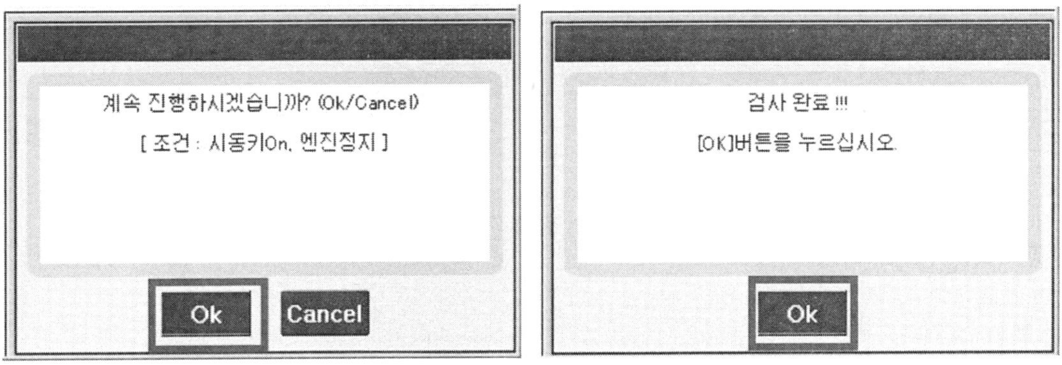

(a) (b)

「그림」 102. AUTO T/A 학습값 소거완료

[4] 검사, 시험모드

검사, 시험모드는 차량의 자기진단 커넥터의 연결만으로 테스트 및 점검할 수 있는 편리한 기능으로 "검사/시험모드 - 일반모드"와 "검사/시험모드 - 진단테스트 모드"로 나누어진다. 이 기능은 차량의 지원여부 및 시스템에 따라 각기 다르게 나타날 수 있다.

(1) 일반모드

일반모드는 압축압력, 연료계통 및 CPF 재생기능 등 ECU가 기본적으로 지원하는 기능으로 이 기능을 통해 차량의 기계적인 결함을 진단하는 모드이다.

(2) 진단 테스트모드

진단 테스트모드는 엔진의 DTC없는 현상 문제로 고장원인 분석이 난해한 전기적 또는 기계적 성능문제 분석을 위해 ECU 특정변수(Parameter) 데이터와 변수제어(Short Term Adjustment)기능을 조합 응용하여 진단 로직을 구현한 모드이다.

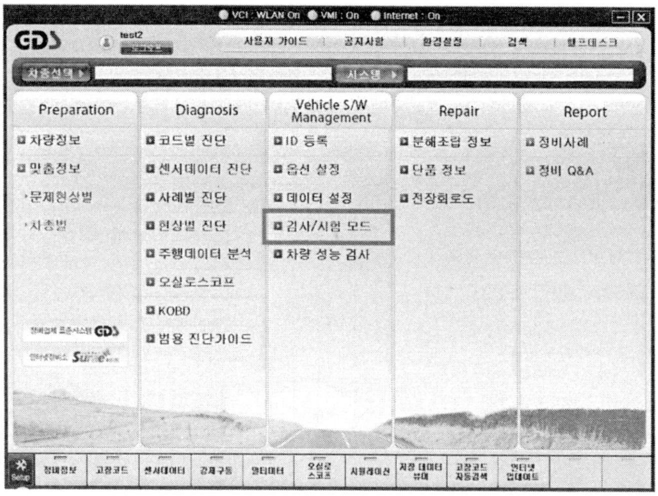

「그림」 103. 검사/시험모드

(3) 압축압력 및 연료계통 점검

압축압력 및 연료계통 점검은 디젤(CRDI) 보쉬타입 차량에 적용된 기능으로 압축압력테스트, 아이들속도 비교테스트, 분사보정 목표량 비교테스트로 나뉘어져 있다.

① 압축압력 테스트는 연료가 분사되지 않는 상태에서 각 실린더별 엔진회전수를 비교함으로써 압축압력, 즉 기계적 결함을 점검하는데 사용된다.

② 아이들 속도 비교테스트 이 테스트는 각 인젝터에 연료보정 기능 없이 인젝터에 동일한 통전시간을 주어 실린더의 회전속도를 상대 비교하는데 사용된다.

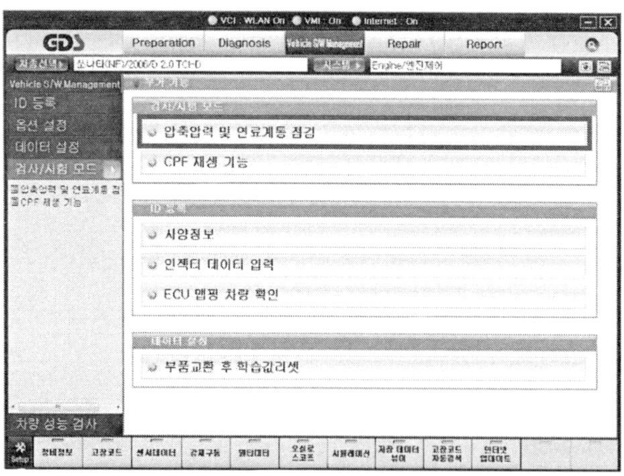

「그림」 104. 압축압력 및 연료계통 점검

③ 분사보정 목표량 비교 테스트 이 테스트는 실린더 파워 밸런싱 기능이 작동되고 있는 상태에서의 각 실린더의 연료보정상태를 비교하는데 사용된다.

검사/시험 모드의 "압축압력 및 연료계통 점검"을 선택하면 압축압력 및 연료계통 점검의 신규 팝업 창이 표출된다.

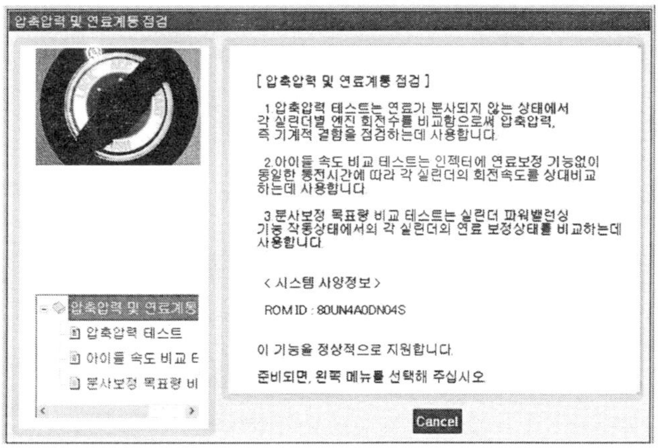

「그림」 105. 압축압력 및 연료계통 점검 초기화면

압축압력 및 연료계통 점검항목의 하위 메뉴인 "압축압력 테스트"를 선택한다. 해당 항목의 검사조건을 모두 만족시킨 후 "OK"버튼을 클릭한다.

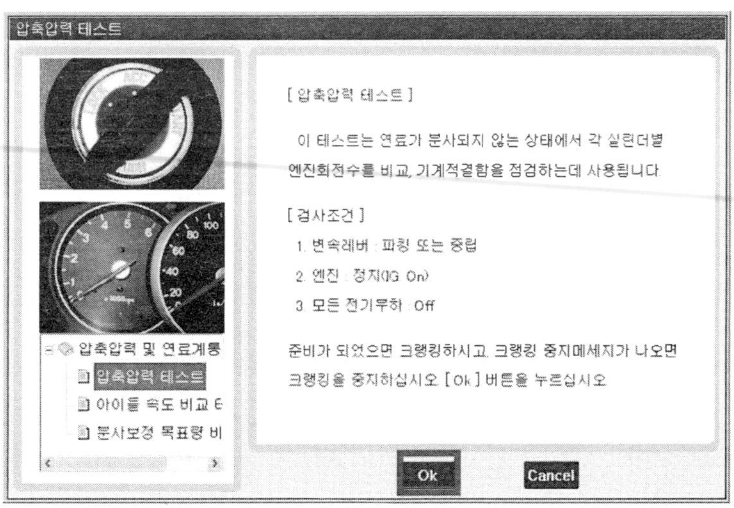

「그림」 106. 압축압력 테스트

차량의 시동키를 돌려 크랭킹 작업을 진행하며 “크랭킹을 중단하십시오.”메시지가 나올 때까지 크랭킹을 한다.

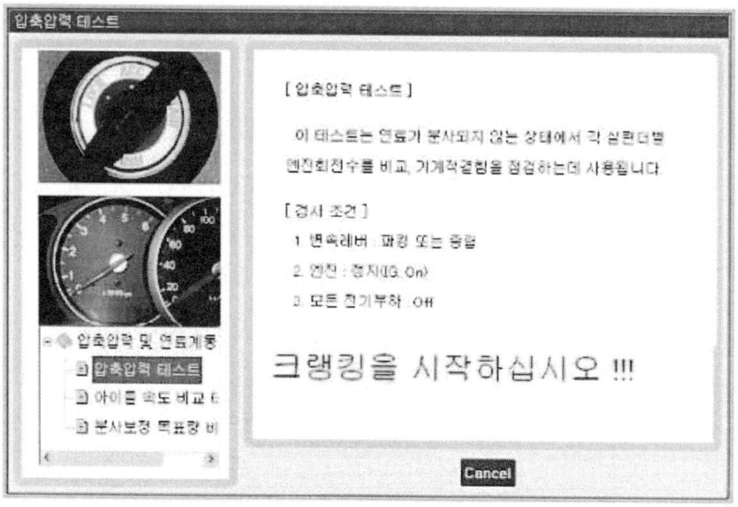

그림 107. 압축압력 테스트 크랭킹작업

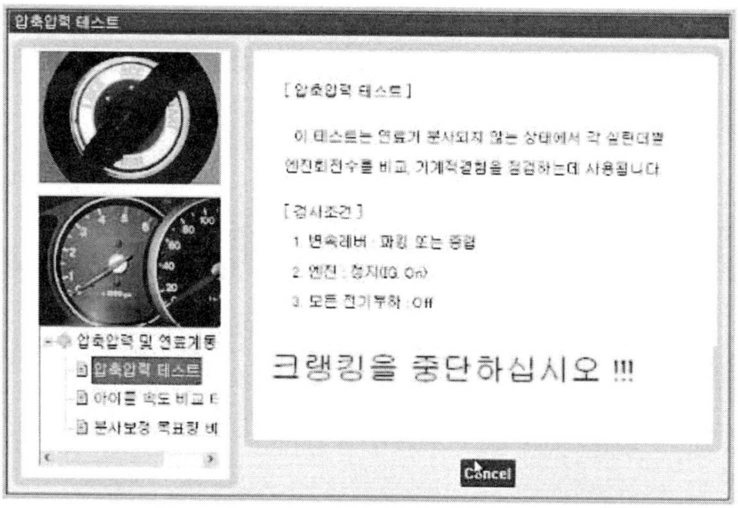

그림 108. 압축압력 테스트 크랭킹 중단

압축압력 테스트작업이 완료되면 측정 DATA값이 표출된다. 테스트 결과로 여러 실린더 중, 문제의 소지가 있는 실린더를 판별할 수 있다. DATA분석 완료 후 “OK”버튼을 눌러 압축압력 및 연료계통 점검의 초기화면으로 이동한다.

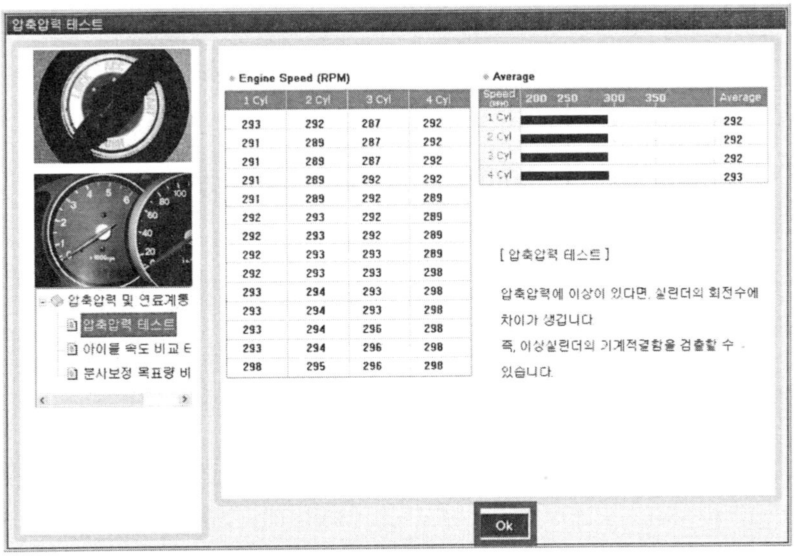

「그림」 109. 압축압력 테스트 완료

(4) HCU 공기빼기

ABS 공기빼기작업은 HCU(Hydraulic Control Unit)를 교환 및 수리 시, HCU단품 내의 공기를 제거해주는 기능이다. ABS 공기빼기작업을 위해서는 우선 차종선택에서 시스템선택이 "제동제어(ABS)"로 되어있는지 확인 후 기능을 수행해야 한다.

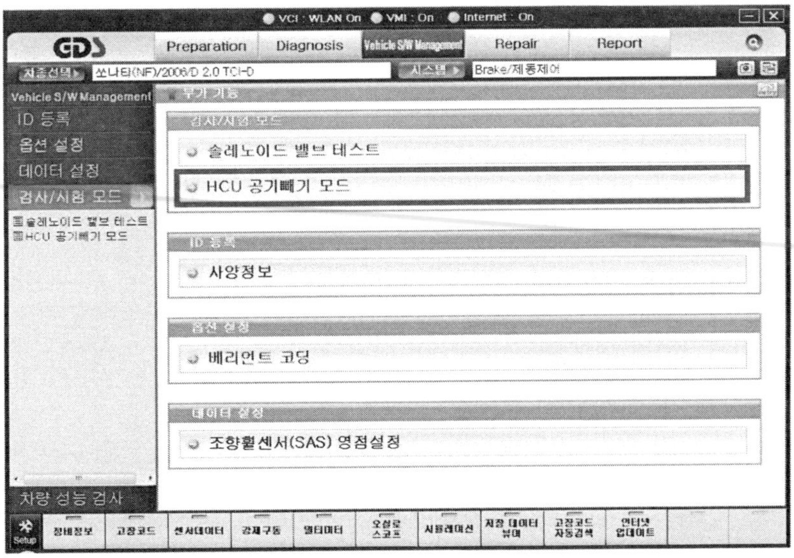

「그림」 110. HCU 공기빼기

HCU 교환 및 수리를 했을 경우, 공기빼기작업을 하지 않을 경우 일반 브레이크 장치로 작동이 될 수 있으므로 이 기능을 반드시 수행해 주어야 한다.

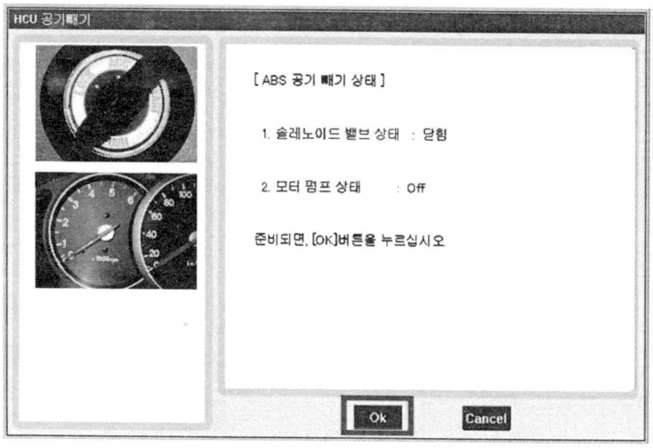

「그림」 111. HCU 공기빼기 초기화면

검사/시험모드의 "HCU 공기빼기"선택하면 "HCU 공기빼기"신규 팝업 창이 표출된다. HCU 공기빼기작업을 위해서는 시동키 ON/엔진 정지 상태에서 작업조건을 맞춰준다. 작업준비가 완료되어 "OK"버튼을 클릭 시 자동으로 작업이 진행된다. HCU 공기빼기작업이 진행되면 120초가량 HCU 펌프 모터가 구동된다. 작업을 멈출 경우 "Cancel"버튼을 클릭한다.

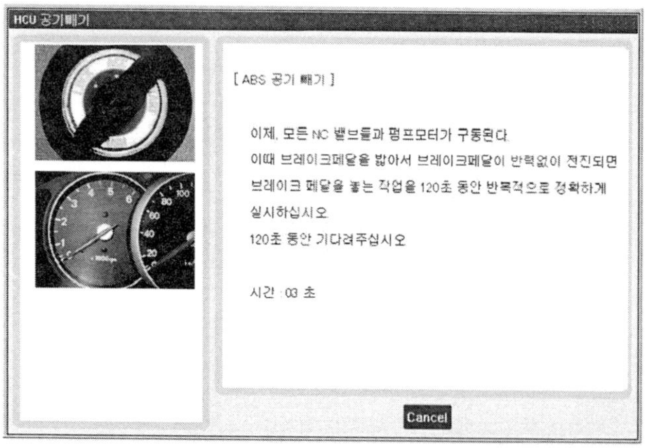

「그림」 112. HCU 공기빼기 진행 중

HCU 공기빼기 작업이 완료되면 "검사완료"팝업 창이 표출된다. "OK"버튼을 클릭 시 Vehicle S/W Management 초기화면으로 이동한다.

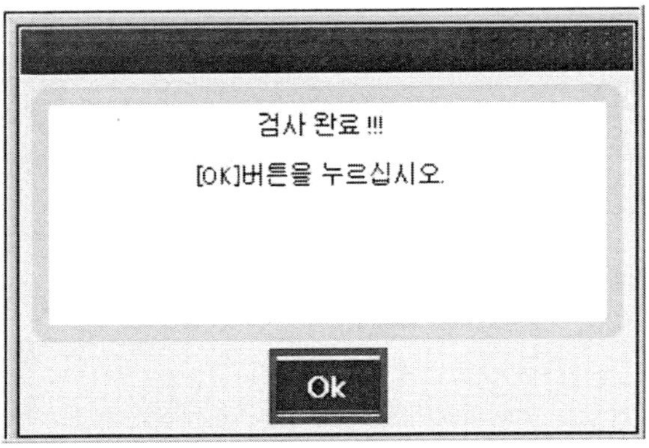

「그림」 113. HCU 공기빼기 완료

Chapter

2

전자제어장치

01 공기량 측정센서(MAFS)
02 맵센서(MAPS)
03 흡기온도센서(IATS)
04 스로틀 포지션센서(TPS)
05 냉각수온센서(ECTS)
06 노크센서(KS)
07 산소센서
08 캠 샤프트 포지션센서(CMPS)
09 크랭크샤프트 포지션센서(CKPS)
10 연료탱크 압력센서(FTPS)
11 아이들 스피드 컨트롤 액추에이터(ISCA)
12 ETC시스템
13 파워트레인 컨트롤 모듈(PCM)
14 인젝터

1 공기량 측정센서(MAFS : Mass Air Flow Sensor)

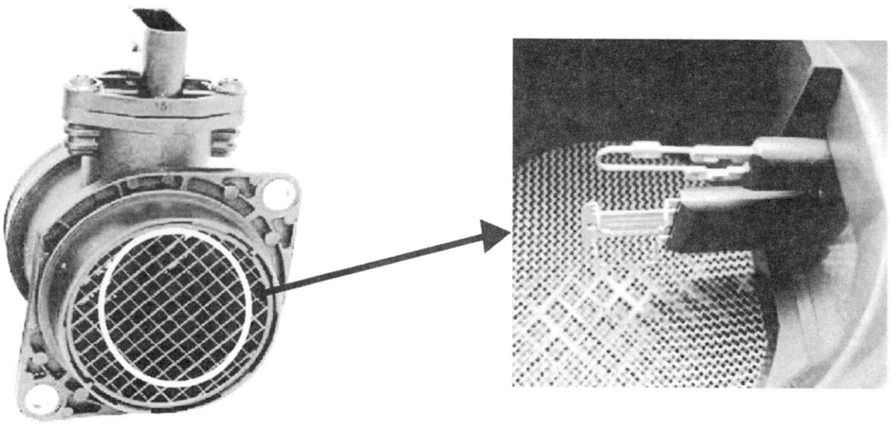

「그림」 1. 핫필름 형식센서

1.1. 흡입 공기량센서"A"회로

1.1.1. 작동범위, 성능이상(P0101)

공기량 측정센서는 핫 필름(Hot-Film)형식으로 에어클리너와 스로틀바디사이에 위치하며, 엔진 내로 유입되는 흡입공기량을 측정하는 센서이다. 이 센서는 튜브, 센서 어셈블리 및 벌집형의 하이 셀(Honey Cell)로 구성되어 있다.

하이 셀에 의하여 형성된 층류 공기가 핫 필름주변을 흐르게 되면 핫 필름으로부터 대류에 의한 열전달이 발생하게 되고 이 열전달로 인하여 공기량 측정센서의 에너지 손실이 발생한다. 이 에너지 손실량을 이용하여 흡입공기 유량을 측정하며, 이를 주파수의 형태로 PCM 흡입공기 유량정보를 전달하게 된다.

[1] 고장코드 설명

CVVL에 사용되는 디지털 MAF센서의 신호 이상이나 센서 자기진단 에러 발생시 또는 센서 신호 주기가 비정상일 때 공기량 정밀제어가 불가하여 흡기량센서 이상 신호 감지시 P0101 고장코드 출력한다.

[2] 고장 판정조건

<table>
<tr><th colspan="2">항 목</th><th>판정 조건</th><th>고장예상 원인</th></tr>
<tr><td rowspan="3">경우 1</td><td>진단방법</td><td>센서 신호 주기 감시</td><td rowspan="9">1. 커넥터 상태 점검
2. 공기량 측정센서(MAFS)
3. 이물질(수분 등)에 의한 센서 오염
4. 흡기계통의 막힘이나 손상</td></tr>
<tr><td>진단조건</td><td>■ 544rpm 〈 엔진회전수
■ 10V 〈 배터리전압 〈 16V
■ 시동 이후 시간 〉 0.5초
■ 공기량센서 자기진단 에러 없음
■ 공기량센서 단선/단락 없음</td></tr>
<tr><td>고장판정</td><td>■ 센서 신호주기 짧음 : 센서 신호주기 〈 85㎲, 환산공기량 〉 609kg/h
■ 센서 신호주기 과다 : 센서 신호주기 〉 555㎲, 환산공기량 〈 0.5kg/h</td></tr>
<tr><td rowspan="3">경우 2</td><td>진단방법</td><td>센서 자기진단 에러 신호 감시</td></tr>
<tr><td>진단조건</td><td>■ 10V 〈 배터리전압 〈 16V
■ 시동이후 시간 〉 0.5초</td></tr>
<tr><td>고장판정</td><td>■ 센서 신호가 반복되지 않을 때
■ 센서 참조 신호가 반복되지 않을 때
■ 센서 신호 전압이 낮을 때
■ 센서 참조 신호 전압이 높을 때</td></tr>
<tr><td colspan="2">진단시간</td><td>2초</td></tr>
<tr><td colspan="2">경고등 점등조건</td><td>2회째 운전 사이클</td></tr>
</table>

[3] 단품점검(MAF)

(1) 육안점검

① 공기량 측정센서의 오염, 변형, 손상을 점검한다.

② 에어클리너가 막혔는지 점검한다.

③ 문제가 발견되었는가?

예	필요시 수리 또는 교환한 후, "고장수리 확인" 절차를 수행한다.
아니오	"공기량 측정센서 점검" 절차를 수행한다.

(2) 제 원

공기량(kg/h)	Frequency(kHz)	공기량(kg/h)	Frequency(kHz)
-40	1.49	60	2.74
-20	1.59	90	3.05
-10	1.68	120	3.34
-8	1.70	140	3.53
-6	1.72	160	3.73
0	1.81	250	4.62
6	1.93	310	5.28
8	1.97	370	6.03
10	2.01	440	7.06
20	2.21	560	9.46
40	2.52	640	11.83

[4] 공기량 측정센서의 점검

① IG OFF하고 GDS를 설치한다.

② 시동을 걸고 GDS "센서 데이터"로 흡입공기량을 점검한다(규정값 : 흡입공기량은 TPS 개도량에 따라 증가하게 된다. 파형은 주파수방식으로 주파수가 증가한다).

③ GDS로 "흡입 공기량센서"의 파형을 점검한다.

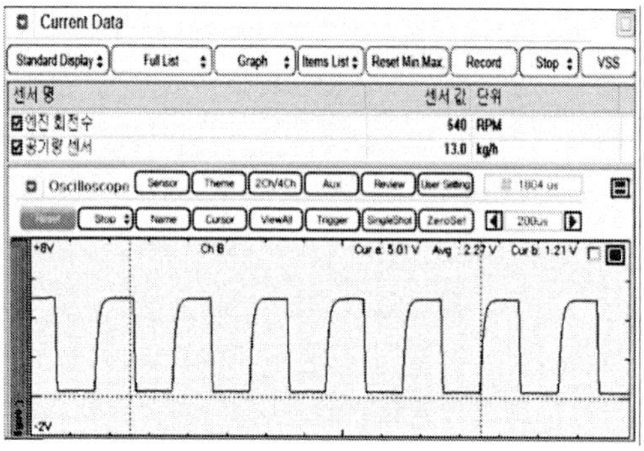

(a) 아이들 시 서비스데이터

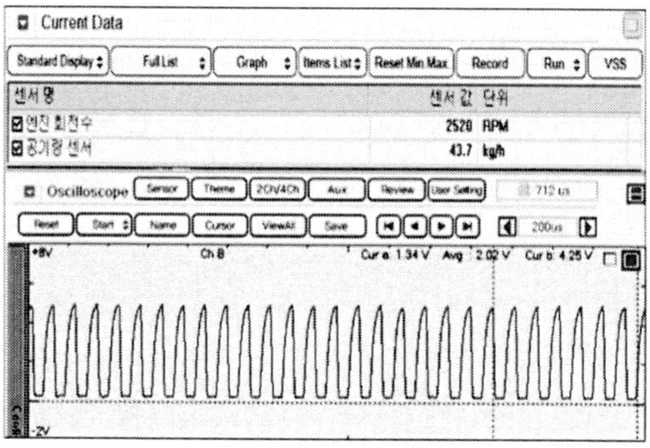

(b) 가속상태 서비스데이터

「그림」 2. 정상 파형분석

④ 측정된 서비스 데이터와 파형이 정상적으로 출력되는가?

예	"고장수리 확인" 절차를 수행한다.
아니오	정상적인 공기량 측정센서로 교환해서 문제가 해결되는지 확인한다. 문제가 해결된 것으로 확인되면, 공기량 센서의 이상으로 보고, 공기량 센서를 교환한 후 "고장수리 확인" 절차를 수행한다.

1.1.2. 신호값 낮음(P0102)

"P0101 흡입 공기량센서 "A"회로(작동범위, 성능이상)" 참조

[1] 고장코드 설명

CVVL에 사용되는 Digital MAF센서의 신호선이 그라운드 접지되면 공기량 정밀제어가 불량하여 P0102 고장코드 출력

[2] 고장 판정조건

항 목	판정 조건	고장예상 원인
진단 방법	센서신호 전압 감시	1. 커넥터 상태 점검 2. 공기량측정 센서(MAFS) 3. 전원선 단선/단락 4. 신호선 접지 단락
진단조건	■ 배터리 전압이 10V 이상 16V 이하일 때 ■ 시동 이후 0.5초 이상 경과	
고장판정	■ 센서 신호가 반복되지 않을 때 ■ 센서 신호 전압이 낮을 때	
진단시간	2초	
경고등 점등조건	2회째 운전 사이클	

[3] GDS 데이터 분석

① 자기진단 커넥터에 GDS를 연결한다.

② 엔진을 정상 작동온도까지 충분히 워밍업한다.

③ GDS의 "센서 데이터"에서 해당 고장코드와 관련된 데이터를 선택하고 그림 2와 같이 아이들시와 가속시 파형을 점검한다.

④ 측정값이 정상적으로 출력되는가?

예	필요시 수리 또는 교환한 후 "고장수리 확인" 절차를 수행한다.
아니오	전원선 단선, 접지 단락점검 절차를 수행한다.

[4] 전원선 단선, 접지 단락점검

① IG OFF한다.

② 공기량 측정센서 커넥터를 탈거한다.

③ IG ON한다.

④ 공기량 측정센서 전원측 전원단자와 차체 접지사이의 전압을 측정한다(규정값 : 11.5~13.0V).

⑤ 측정된 값이 정상인가?

예	신호선 접지 단락점검 절차를 실시한다.
아니오	전원선의 단선 또는 접지 단락된 회로를 수리한 후 "고장수리 확인" 절차를 수행한다.

[5] 신호선 접지 단락점검

① IG OFF한다.

② 공기량 측정센서 PCM 커넥터를 탈거한다.

③ 공기량 측정센서 신호선 단자와 차체 접지사이의 저항을 측정한다(규정값 : 무한대).

④ 측정된 값이 정상인가?

예	단품점검 절차를 실시한다.
아니오	신호선의 단락된 회로를 수리한 후 "고장수리 확인" 절차를 수행한다.

[6] 단품점검(MAF)

"P0101 흡입 공기량센서 "A"회로 - 작동범위, 성능이상" 참조

[7] 공기량 측정센서의 점검

"P0101 흡입 공기량센서 "A"회로 - 작동범위, 성능이상" 참조

1.1.3. 신호값 높음(P0103)

"P0101 흡입 공기량센서 "A"회로 - 작동범위, 성능이상" 참조

[1] 고장코드 설명

CVVL에 사용되는 Digial MAF센서의 신호선이 Battery (+)단자에 접지되거나 단선되면 공기량 정밀제어가 불가하여 P0103 고장코드 출력

[2] 고장 판정조건

항 목	판정 조건	고장예상 원인
진단방법	센서신호 전압 감시	1. 커넥터 상태 점검 2. 공기량측정 센서(MAFS) 3. 전원선 단선/단락 4. 신호선 접지 단락
진단조건	■ 배터리 전압이 10V 이상 16V 이하일 때 ■ 시동 이후 0.5초 이상 경과	
고장판정	■ 센서 신호가 반복되지 않을 때 ■ 센서 신호 전압이 높을 때	
진단시간	2초	
경고등 점등조건	2회째 운전 사이클	

[3] GDS 데이터 분석

"P0102 흡입 공기량 센서 "A"회로 - 신호값 낮음" 참조

[4] 신호선 단선점검

① IG OFF한다.

② 공기량 측정센서와 PCM 커넥터를 탈거한다.

③ 공기량 측정센서측 커넥터 신호와 양단(센서측, PCM측 단자)의 저항을 측정한다 (규정값 : 4.8~5.1V).

④ 측정값이 정상인가?

예	점지선 점검 절차를 실시한다.
아니오	신호선의 단선된 회로를 수리한 후 "고장수리 확인" 절차를 수행한다.

[5] 접지선 점검

① IG OFF한다.

② 공기량 측정센서와 PCM 커넥터를 탈거한다.

③ 공기량 측정센서 접지선 단자와 차체 접지사이의 저항을 측정한다(규정값 : 약 1Ω 이내).

④ 측정된 값이 정상인가?

예	단품점검 절차를 실시한다.
아니오	접지선의 접촉저항 또는 단선된 회로를 수리한 후 "고장수리 확인" 절차를 수행한다.

[6] 단품점검(MAF)

"P0101 흡입공기량센서 "A"회로 - 작동범위, 성능이상" 참조

[7] 공기량 측정센서의 점검

"P0101 흡입공기량센서 "A"회로 - 작동범위, 성능이상" 참조

2 맵센서(MAPS : Manifold Absolute Pressure Sensor)

(a)

(b)

「그림」 3. 맵센서

2.1. MAP(MAF) 공기량 상대 비율 이상(P006A)

맵센서는 흡기관의 압력을 계측하여 흡입공기량을 간접적으로 산출하는 간접계측방식이며, 속도-밀도방식(Speed-Density Type)이라고도 한다.

맵센서는 압력변화에 따라 절대압력에 비례하는 아날로그 출력신호를 PCM으로 전달하고, PCM은 이 신호를 이용하여 엔진회전수와 함께 흡입공기량을 산출하기 위한 기본정보로 사용한다.

[1] 고장코드 설명

CVVL은 흡기 압력센서와 흡기량센서 2가지를 모두 사용하는데 이 값들을 상호관계 오차가 크면 공기량 정밀제어가 불가하여 고장코드 P006A 고장코드 출력(흡기압력센서 값으로 계산된 공기량과 흡기량센서에서 측정된 공기량의 상대 비율감지).

[2] 고장 판정조건

항 목	판정 조건	고장예상 원인
진단방법	흡기압력센서/흡입공기량센서 상호 관계 비교	
진단조건	■ 엔진오일 온도 110℃ 이하 ■ 관련된 고장코드 없을 때 ■ 배터리 전압이 10V 이상 16V 이하일 때 ■ 580rpm 〈 엔진회전수 〈 6500rpm ■ 실린더 내부 캐니스터 퍼지 상대 흐름량 8% 이하 ■ 상대 공기량 목표값 증가분 〈 10~15% ■ 공연비 제어 활성화 상태 ■ 연료 컷 상태 아닐 것 ■ 시동 이후 10초 경과 ■ 흡입 공기량 200mg/stk 이하	1. 커넥터상태 점검 2. 흡기압센서(MAPS) 3. 흡기공기량센서(MAFS) 4. 이 물질(수분 등)에 의한 센서의 오염 5. 흡기계통의 막힘이나 손상 6. 스로틀바디의 카본퇴적
고장판정	흡기압력센서 값으로 계산된 공기량과 센서에서 측정된 공기량이 과도하게 차이 날 경우(±25~70%, 공기량에 따라 다름)	
진단 시간	5초	
경고등 점등조건	2회째 운전 사이클	

[3] GDS 데이터 분석

① 자기진단 커넥터에 GDS를 연결한다.

② GDS의 "센서 데이터"에서 해당 고장코드와 관련된 데이터를 선택하고 아래와 같이 확인한다. MAPS는 TPS와 함께 비교하도록 한다. 가속시 MAPS와 TPS의 출력이 동시에 증가한다. 감속시에는 MAPS의 신호가 감소한다.

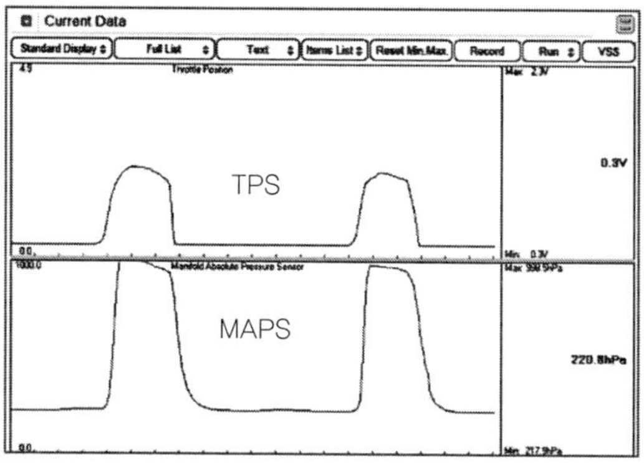

「그림」 4. 맵센서 및 TPS 정상파형

[4] 단품점검

(1) 육안점검

① 흡입공기량 센서의 오염, 변형, 손상을 점검한다.

② 에어클리너가 막혔는지 점검한다.

③ 흡기계통의 막힘이나 손상을 점검한다.

④ 스로틀바디의 카본 여부를 확인한다.

⑤ 문제가 발견되었는가?

예	필요시 수리 또는 교환한 후 "고장수리 확인" 절차를 수행한다.
아니오	"공기량 측정센서 점검" 절차를 수행한다.

(2) 제원

흡기압력 – MAPS(Kpa)	출력전압(V)
20	0.79
46.66	1.84
101.32	4

[5] 흡기압센서의 점검

① 시동을 건다.

② GDS의 "센서 데이터"에서 해당 고장코드와 관련된 데이터를 선택한다.

③ 가감속을 하며, 관련된 데이터가 그림 4처럼 나타나는지 확인한다.

④ 측정값이 정상적으로 출력되는가?

예	"고장수리 확인" 절차를 수행한다.
아니오	신중하게 DTC 진단 가이드 절차를 다시 수행한다. 다음으로 배선 및 커넥터에 문제가 없고 증상이 지속될 경우, 단품을 교환한 후 "고장수리 확인" 절차를 수행한다.

2.2. 흡기압(MAP), 대기압센서 회로

2.2.1. 작동범위, 성능이상(P0106)

PCM은 엔진에 공급되는 기본 연료 분사량을 결정하기 위해 엔진으로 유입되는 정확한 공기량을 알아야 한다. 따라서 엔진으로 유입되는 공기량을 계측하기 위해 맵센서가 사용되며, 이 센서는 흡기다기관 내의 압력을 측정한다. 맵센서는 흡기관내의 압력을 계측하여 흡입공기량을 간접적으로 산출하는 간접 계측방식이며, 속도-밀도방식이라고도 한다.

맵센서는 흡기관의 압력을 측정하기 위해 서지탱크에 장착되어 있으며 흡기온센서가 내장되어 있다. 맵센서는 압력변환소자(피에조)와 변환소자의 출력신호를 증폭하는 하이브리드 IC로 구성된다. 압력 변환소자는 반도체의 압전 저항효과를 이용한 실리콘 다이어프램식이며 실리콘 다이어프램의 한쪽은 100% 진공실이고 다른 한 쪽은 흡기관의 압력이 작용되는 구조로 되어있다. 즉, 흡기관의 압력변화에 따라 출력을 얻게 된다.

[1] 고장코드 설명

PCM은 흡입압력이 엔진부하와 대기압력(스로틀위치) 대비 최소 설정값보다 작거나 최대 설정값보다 클 경우 고장코드 P0106을 출력한다.

항 목		판정 조건	고장예상 원인
경우 1	진단방법	흡입압력의 합리적인 데이터값 점검(저속, 저부하)	1. 커넥터 상태 점검 2. 흡기압 센서(MAPS)
	진단조건	■ 압력비(흡기다기관 압력/대기압)가 0.8 이상 ■ 엔진회전수 580~6400rpm ■ 캐니스터 퍼지 흐름량 8% 이하 ■ 공연비 제어 상태 ■ 연료컷 상태 아님 ■ 시동 이후 10초 경과 ■ 흡입공기량 200mg/stk 이하 ■ 배터리 전압이 11V 이상 16V 이하일 때 ■ 엔진 오일온도 110℃ 이하 ■ 관련된 고장코드 없을 때	
	고장판정	대기압력(스로틀 위치) 대비 흡기압력이 -60% 이하이거나 +60% 이상일 경우	
경우 2	진단방법	흡기압력의 합리적인 데이터값 점검(고속, 고부하)	
	진단조건	■ 압력비(흡기다기관 압력/대기압)가 0.8 이상 ■ 엔진회전수 580~6400rpm ■ 캐니스터 퍼지 흐름량 8% 이하 ■ 공연비 제어상태 ■ 연료컷 상태 아님 ■ 시동 이후 10초 경과 ■ 흡입공기량 200mg/stk 이하 ■ 배터리 전압이 11V 이상 16V 이하일 때 ■ 엔진 오일온도 110℃ 이하 ■ 관련된 고장코드 없을 때	
	고장판정	대기압력(스로틀위치) 대비 흡기압력이 -30% 이하이거나 +30% 이상일 경우	
진단시간		5초	
경고등 점등조건		2회째 운전 사이클	

[2] GDS 데이터분석

① 자기진단 커넥터에 GDS를 연결한다.

② 엔진을 정상 작동온도까지 충분히 워밍업한다.

③ GDS의 "센서 데이터"에서 해당 고장코드와 관련된 데이터를 선택하고 그림 4와 같은 파형이 나오나 확인한다.

④ 측정값이 정상적으로 출력되는가?

예	필요시 수리 또는 교환한 후 "고장수리 확인" 절차를 수행한다.
아니오	배선점검을 수행한 후 문제 부위가 확인되지 않으면 "단품점검" 절차를 수행한다.

[3] 단품점검

① 엔진 ON

② GDS의 "센서 데이터"에서 해당 고장코드와 관련된 데이터를 선택한다.

③ 가감속을 하며, 관련된 데이터가 연동되어 그림 4처럼 나타나는지 확인한다.

④ 측정값이 정상적으로 출력되는가?

예	필요시 수리 또는 교환한 후 "고장수리 확인" 절차를 수행한다.
아니오	신중하게 DTC 진단가이드 절차를 다시 수행한다. 다음으로 배선 및 커넥터에 문제가 없고 증상이 지속될 경우, 단품을 교환한 후 "고장수리 확인" 절차를 수행한다.

2.2.2. 신호값 낮음(P0107)

"P0106 흡기압(MAP), 대기압센서 회로 - 작동범위, 성능이상" 참조

[1] 고장코드 설명

PCM은 흡기압센서 신호선이 접지단락이거나 단선으로 감지될 경우 고장코드 P0107을 출력한다.

[2] 고장 판정조건

항 목	판정 조건	고장예상 원인
진단방법	전기적인 점검	1. 커넥터 상태 점검 2. 흡기압센서 신호선 접지단락 3. 흡기압센서 신호선 단선 4. 흡기압센서
진단조건	■ 배터리 전압이 6V 이상 16V 이하일 때 ■ 관련된 고장코드 없을 때	
고장판정	■ 흡기압 센서 신호선이 접지단락이거나 단선으로 감지할 경우 ■ 흡기압 센서의 전압이 0.25V(62.1Kpa) 이하일 경우	
진단시간	1.5초	
경고등 점등조건	2회째 주행 사이클	

[3] GDS 데이터분석

P0106 흡기압(MAP), 대기압센서 회로 - 작동범위/성능이상 참조하고 측정값이 정상적으로 출력되지 않으면 배선점검을 하여 배선에 이상이 있으면 수리 또는 교환하고 배선점검 문제부위가 확인되지 않으면 전원선 점검을 한다.

[4] 전원선 점검

① IG OFF한다.

② MAP센서 커넥터를 탈거한다.

③ IG ON한다.

④ MAP센서 전원선 단자와 차체 접지사이의 전압을 측정한다(규정값 : 5V).

⑤ 측정된 값이 정상인가?

예	"신호선 점검" 절차를 수행한다.
아니오	전원선의 단선 또는 단락된 회로를 수리한 후 "고장수리 확인" 절차를 수행한다.

[5] 신호선 점검

(1) 신호선 단선 점검

① IG OFF한다.

② MAP센서 커넥터와 PCM 커넥터를 탈거한다.

③ MAP센서 신호선 양단(센서측/PCM측)의 저항을 측정한다(규정값 : 1Ω 이하).

④ 측정된 값이 정상인가?

예	신호선 접지 단락 점검 절차를 수행한다.
아니오	신호선의 단선된 회로를 수리한 후 "고장수리 확인" 절차를 수행한다.

(2) 신호선 접지 단락 점검

① IG OFF한다.

② MAP센서의 커넥터를 탈거한다.

③ MAP센서 신호선 단자와 차체 접지사이의 저항을 측정한다(규정값 : 무한대).

④ 측정된 값이 정상인가?

예	"단품점검" 절차를 수행한다.
아니오	신호선의 단락된 회로를 수리한 후 "고장수리 확인" 절차를 수행한다.

[6] 단품점검

"P0106 흡기압(MAP), 대기압센서 회로 - 작동범위, 성능이상" 참조

2.2.3. 신호값 높음(P0108)

"P0106 흡기압(MAP), 대기압센서 회로 - 작동범위, 성능이상" 참조

[1] 고장코드 설명

PCM은 흡기압센서 신호선이 전원 단락이거나 접지선이 단선으로 감지될 경우 고장코드 P0108을 출력한다.

[2] 고장 판정조건

<table>
<tr><th colspan="2">항 목</th><th>판정 조건</th><th>고장예상 원인</th></tr>
<tr><td colspan="2">진단방법</td><td>전기적인 점검</td><td rowspan="7">1. 커넥터 상태 점검
2. 흡기압센서 신호선 전원 단락
3. 흡기압센서 접지선 단선
4. 흡기압 센서</td></tr>
<tr><td rowspan="2">경우 1</td><td>진단조건</td><td>■ 배터리 전압이 6V이상 16V 이하일 때
■ 관련된 고장코드 없을 때</td></tr>
<tr><td>고장코드 발생 기준값</td><td>■ 흡기압 센서 신호선이 전원단락으로 감지할 경우
■ 흡기압 센서의 전압이 4.85V(231.0Kpa) 이상일 경우</td></tr>
<tr><td rowspan="2">경우 2</td><td>진단조건</td><td>■ 엔진 구동 중 일 때
■ 스로틀밸브의 열림량이 엔진회전수 대비 10~28° 열려있을 때
■ 배터리 전압이 6V 이상 16V 이하일 때
■ 관련된 고장코드 없을 때</td></tr>
<tr><td>고장코드 발생 기준값</td><td>■ 흡기압 센서 접지선이 단선으로 감지될 경우
■ 흡기압 센서의 전압이 4.35V(241.9Kpa) 이상일 경우</td></tr>
<tr><td colspan="2">진단시간</td><td>1.5초</td></tr>
<tr><td colspan="2">경고등 점등 조건</td><td>2회째 주행 사이클</td></tr>
</table>

[3] GDS 데이터분석

P0106 흡기압(MAP), 대기압센서 회로 - 작동범위, 성능이상 참조하고 측정값이 정상적으로 출력되지 않으면 배선점검을 하여 배선에 이상이 있으면 수리 또는 교환하고 배선점검 문제부위가 확인되지 않으면 "신호선 점검" 절차를 수행한다.

[4] 신호선 점검

① IG OFF한다.

② MAP센서 커넥터를 탈거한다.

③ IG ON한다.

④ MAP센서 신호선 단자와 차체 접지사이의 전압을 측정한다(규정값 : 0V).

⑤ 측정된 값이 정상인가?

예	"접지선 점검" 절차를 수행한다.
아니오	신호선의 단락된 회로를 수리한 후 "고장수리 확인" 절차를 수행한다.

[5] 접지선 점검

① IG OFF한다.

② MAP센서 커넥터를 탈거한다.

③ MAP센서 접지선 단자와 차체 접지사이의 저항을 측정한다(규정값 : 약 1Ω 이내).

④ 측정된 값이 정상인가?

예	"단품점검" 절차를 수행한다.
아니오	접지선의 단선 또는 단락된 회로를 수리한 후 "고장수리 확인" 절차를 수행한다.

[6] 단품점검

"P0106 흡기압(MAP), 대기압센서 회로 - 작동범위, 성능이상" 참조

3 흡기온도 센서(IATS : Intake Temperature Sensor)

「그림」 5. 흡기온도 센서

3.1. 흡입공기 온도센서(IATS)의 회로

3.1.1. 작동범위, 성능이상(P0111)

흡입공기 온도센서는 공기량센서 내부에 장착되어 있으며 온도가 올라가면 저항이 감소하고, 온도가 내려가면 저항이 증가되는 부특성(NTC) 서미스터의 특성을 가지고 있다.

흡기온도센서는 흡입되는 공기 중에 노출되어 있으며 공기의 온도변화에 따라 서미스터의 저항값이 변하게 되는데 PCM은 이 변화값을 검출하여 흡기온도를 계산하여 연료 분사량과 점화시기를 보정한다.

[1] 고장코드 설명

PCM은 흡기온도 값이 비정상적으로 감지될 경우 고장코드 P0111을 출력한다.

[2] 고장 판정조건

항 목		판정 조건	고장예상 원인
경우 1	진단방법	시동 후 흡기 온도의 변화값 감시	1. 커넥터 상태 점검 2. 흡기온도 센서(IATS)
	진단조건	■ 엔진 구동 중 일 때 ■ 배터리 전압이 6V 이상 ■ 냉각수온도가 74℃ 이상일 때 ■ 엔진시동시 냉각수온도와 이전 사이클에서의 시동 종료시 냉각수온의 차이가 5.25℃ 이상일 때 ■ 엔진 저부하 상태에서 흡기온도가 증가시간이 200초 이상일 때 ■ 엔진 고부하 상태에서 흡기온도가 하락시간이 160초 이상일 때 ■ 관련된 고장코드 없을 때	

<table>
<tr><th colspan="2">항 목</th><th>판정 조건</th><th>고장예상 원인</th></tr>
<tr><td rowspan="2">경우 1</td><td>고장코드 발생 기준값</td><td>엔진시동 후 흡입공기온도의 변화가 기준값(0.75 ℃) 이하로 변화할 경우</td><td rowspan="8">1. 커넥터 상태 점검
2. 흡기온도 센서(IATS)</td></tr>
<tr><td>진단시간</td><td>즉시</td></tr>
<tr><td rowspan="4">경우 2</td><td>진단방법</td><td>흡기온도 합리적인 데이터값 점검(노이즈 신호 점검)</td></tr>
<tr><td>진단조건</td><td>■ 배터리전압이 6V 이상 16V 이하일 때
■ 흡기온도센서 관련 고장코드가 없을 때
■ IG ON상태</td></tr>
<tr><td>고장코드 발생 기준값</td><td>흡기온도의 변화가 순간적으로 8℃ 이상으로 변화할 경우</td></tr>
<tr><td>진단시간</td><td>0.5초</td></tr>
<tr><td colspan="2">경고등 점등조건</td><td>2회째 운전 사이클</td></tr>
</table>

[3] 단품점검

① IG OFF한다.

② 흡기 온도센서 커넥터를 분리한다.

③ 흡기 온도센서 단품 양단의 저항을 측정한다(단품측).

온도(℃)	저항(Ω)	온도(℃)	저항(Ω)
-40	40.93~48.35	40	1.08~1.21
-20	13.89~16.03	50	0.75~0.85
0	5.38~6.09	60	0.54~0.62
10	3.48~3.90	80	0.29~0.34
20	2.31~2.57		

④ 측정값이 정상적으로 출력되는가?

예	필요시 수리 또는 교환한 후 "고장수리 확인" 절차를 수행한다.
아니오	신중하게 DTC 진단가이드 절차를 다시 수행한다. 다음으로 배선 및 커넥터에 문제가 없고 증상이 지속될 경우, 단품을 교환한 후 "고장수리 확인" 절차를 수행한다.

3.1.2. 입력값 낮음(P0112)

"P0111 흡입공기 온도센서(IATS) 회로 - 작동범위, 성능이상" 참조

[1] 고장코드 설명

PCM은 흡기 온도센서 신호선이 접지단락으로 감지될 경우 고장코드 P0112를 출력한다.

[2] 고장 판정조건

항 목	판정 조건	고장예상 원인
진단방법	전기적인 점검	1. 커넥터 상태 점검 2. 흡기온도센서 신호선 접지 단락 3. 흡기온도 센서(IATS)
진단조건	■ 배터리 전압이 6V 이상 ■ 엔진 시동 후(엔진 시동시 흡기온도가 -30℃ 이하일 때) 105초 시간이 경과된 상태일 때	
고장판정	■ 흡기 온도센서 전압이 0.13V 이하일 경우 ■ 흡기 온도센서 신호선이 접지 단락으로 감지될 경우	
진단시간	10초	
경고등 점등조건	2회째 운전 사이클	

[3] 신호선 접지 단락점검

① IG OFF한다.

② 흡입공기 온도센서 커넥터를 탈거한다.

③ 흡입공기 온도센서 신호선 단자와 차체 접지사이의 저항을 측정한다(규정값 : 무한대).

④ 측정된 값이 정상인가?

예	"단품점검" 절차를 수행한다.
아니오	신호선의 단락된 회로를 수리한 후 "고장수리 확인" 절차를 수행한다.

[4] 단품점검

"P0111 흡입공기 온도센서(IATS) 회로 - 작동범위, 성능이상" 참조

3.1.3. 신호값 높음(P0113)

"P0111 흡입공기 온도센서(IATS) 회로 - 작동범위, 성능이상" 참조

[1] 고장코드 설명

PCM은 흡기온도센서 신호선이 전원 단락이거나 단선으로 감지될 경우 고장코드 P0113을 출력한다.

[2] 고장 판정조건

항 목	판정 조건	고장예상 원인
진단방법	전기적인 점검	1. 커넥터 상태 점검 2. 흡기온도센서 신호선 전원 단락 3. 흡기온도센서 신호선 단선 4. 흡기온도센서(IATS)
진단조건	■ 배터리 전압이 6V 이상 ■ 엔진 시동 후(엔진 시동시 흡기온도가 -30℃ 이하일 때) 105초 시간이 경과된 상태일 때	
고장판정	■ 흡기온도센서 전압이 4.85V 이상일 경우 ■ 흡기온도센서 신호선이 전원 단락이거나 단선으로 감지될 경우	
진단시간	10초	
경고등 점등조건	2회째 운전 사이클	

[3] 접지선 점검

① IG OFF한다.

② 흡기온도센서 커넥터를 탈거한다.

③ 흡기온도센서 접지선단자와 차체 접지사이의 저항을 측정한다(규정값 : 약 1Ω 이내).

④ 측정된 값이 정상인가?

예	"신호선 점검" 절차를 수행한다.
아니오	접지선의 단선 또는 단락된 회로를 수리한 후 "고장수리 확인" 절차를 수행한다.

[4] 신호선 점검

(1) 신호선 전원 단락점검

① IG OFF한다.

② 흡입공기 온도센서 커넥터가 연결된 상태에서 신호선 단자와 차체 접지사이의 전압을 측정한다(규정값 : 0.4~4.7V).

③ 측정된 값이 정상인가?

예	신호선 단선점검 절차를 수행한다.
아니오	신호선의 단락된 회로를 수리한 후 "고장수리 확인" 절차를 수행한다.

(2) 신호선 단선점검

① IG OFF한다.

② 흡입공기 온도센서 커넥터와 PCM 커넥터를 탈거한다.

③ 흡입공기 온도센서 신호선 양단(센서측, PCM측)의 저항을 측정한다(규정값 : 약 1Ω 이하).

④ 측정된 값이 정상인가?

예	"단품점검" 절차를 수행한다.
아니오	신호선의 단선된 회로를 수리한 후 "고장수리 확인" 절차를 수행한다.

[5] 단품점검

"P0111 흡입공기 온도센서(IATS) 회로 - 작동범위, 성능이상" 참조

4 스로틀 포지션센서(TPS : Throttle Position Sensor)

4.1. 스로틀, 액셀위치센서(TPS, APS)"A"회로

4.1.1. 신호값 낮음(P0122)

ETC(Electronic Throttle Control Valve)는 운전자의 의도에 따라서 엔진에 유입하는 공기량을 제어하도록 하는 장치이다.

「그림」 6. 스로틀 포지션센서

「그림」 7. ETC

ETC는 모터와 스로틀 바디, 그리고 스로틀 포지션센서로 구성되어 있다. PCM이 ETC모터를 듀티제어하여 스로틀밸브를 작동 후 TPS신호를 감지하여 스로틀밸브의 개도각에 따라 전기저항이 변화하며, 이에 따라 출력신호가 변화한다.

스로틀 포지션센서는 센서 1, 센서 2로 구성되어 있다. 고장시 서로의 신호를 대신 사용한다. 즉 TPS1 고장시 TPS 2의 신호값으로 사용하고 TPS 2 고장시 TPS1의 신호값으로 사용한다.

[1] 고장코드 설명

PCM은 스로틀 포지션센서 1 신호선이 접지단락으로 감지될 경우 고장코드 P0122를 출력한다.

[2] 고장 판정조건

<table>
<tr><th>항 목</th><th>판정 조건</th><th>고장예상 원인</th></tr>
<tr><td>진단방법</td><td>전기적인 점검</td><td rowspan="5">1. 커넥터 상태 점검
2. 스로틀 포지션센서1 신호선 접지단락
3. 스로틀 포지션센서1</td></tr>
<tr><td>진단조건</td><td>배터리 전압이 11V 이상 16V 이하</td></tr>
<tr><td>고장판정</td><td>■ 스로틀 포지션센서1 전압이 0.12V 이하일 경우
■ 스로틀 포지션센서1 신호선이 접지 단락일 경우</td></tr>
<tr><td>진단시간</td><td>0.3초</td></tr>
<tr><td>경고등 점등조건</td><td>1회째 운전 사이클</td></tr>
</table>

[3] 전원선 단선, 접지 단락점검

① IG OFF한다.

② TPS 커넥터를 탈거한다.

③ IG ON한다.

④ TPS 전원선 단자와 차체 접지사이의 전압을 측정한다(규정값 : 약 5V).

⑤ 측정된 값이 정상인가?

예	"신호선 점검" 절차를 수행한다.
아니오	전원선의 단선 또는 접지 단락 된 회로를 수리한 후 "고장수리 확인" 절차를 수행한다.

[4] 신호선 점검

(1) 신호선 접지 단락점검

① IG OFF한다.

② TPS 커넥터를 탈거한다.

③ TPS 신호선 단자와 차체 접지사이의 저항을 측정한다(규정값 : 무한대).

④ 측정된 값이 정상인가?

예	신호선 단선점검 절차를 수행한다.
아니오	신호선의 단락된 회로를 수리한 후 "고장수리 확인" 절차를 수행한다.

(2) 신호선 단선점검

① IG OFF한다.

② TPS 커넥터와 PCM 커넥터를 탈거한다.

③ TPS신호선 양단(센서측/PCM측)의 저항을 측정한다(규정값: 약 1Ω 이하).

④ 측정된 값이 정상인가?

예	강제구동 절차를 수행한다.
아니오	신호선의 단선된 회로를 수리한 후 "고장수리 확인" 절차를 수행한다.

[5] 강제구동

① 자기진단 커넥터에 GDS를 연결한다.

② GDS의 "강제구동"의 [ETC모터] 항목을 수행하고 TPS 1/2의 신호값이 정상적으로 변화하는지 확인한다.

③ 관련된 "센서 데이터"항목을 선택한다.

④ 강제구동 실시 후, TPS 1과 TPS 2값이 반비례하여 변화가 되는지 확인한다.

스로틀 개도	출력전압(V)	
	TPS 1	TPS 2
0	0.5	4.5
10	1.0	4.1
20	1.4	3.6
30	1.9	3.1
40	2.3	2.7
50	2.8	2.2
60	3.2	1.8
70	3.7	1.3
80	4.1	0.9
90	4.6	0.4
98	4.7	0.4
C.T(0°)	0.5	4.5
W.O.T(86°)	4.4	0.6

항 목	온 도(℃)	저 항(Ω)
ETC 모터	20	1.38

⑤ 측정값이 정상적으로 출력되는가?

예	필요시 수리 또는 교환한 후 "고장수리 확인" 절차를 수행한다.
아니오	신중하게 DTC 진단가이드 절차를 다시 수행한다. 다음으로 배선 및 커넥터에 문제가 없고 증상이 지속될 경우, 단품을 교환한 후 "고장수리 확인" 절차를 수행한다.

[6] 부가기능

① 자기진단 커넥터에 GDS를 연결한다.

② IG ON한다.

③ GDS "부가기능"의 "각종 학습치 소거"항목을 조건에 맞춰 실행한다.

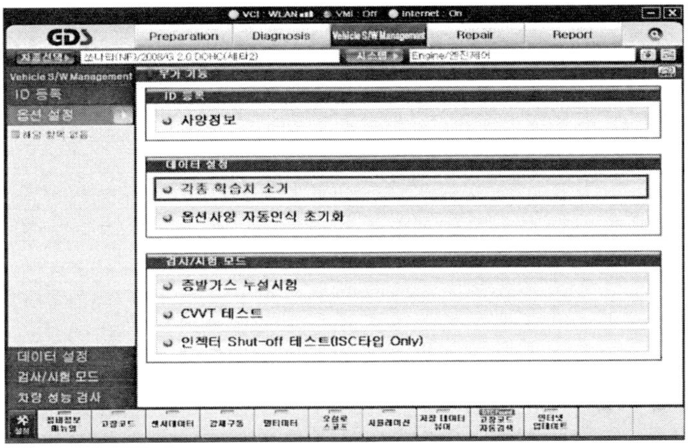

그림 8. 부가기능의 [각종 학습치 소거] 실행

4.1.2. 신호값 높음(P0123)

"P0122 스로틀, 액셀 위치센서(TPS, APS) "A"회로 - 신호값 낮음" 참조

[1] 고장코드 설명

PCM은 스로틀 포지션센서 1 신호선이 전원 단락 및 단선으로 감지될 경우 고장코드 P0123을 출력한다.

[2] 고장 판정조건

항 목	판정 조건	고장예상 원인
진단방법	전기적인 점검	1. 커넥터 상태 점검 2. 스로틀 포지션센서 1 신호선 전원 단락 3. 스로틀 포지션센서 1 신호선 단선 4. 스로틀 포지션센서 1
진단조건	배터리 전압이 11V 이상 16V 이하	
고장판정	▪ 스로틀 포지션 센서1 전압이 4.9V 이상일 경우 ▪ 스로틀 포지션 센서1 신호선이 전원 단락이거나 단선일 경우	
진단시간	0.05초	
경고등 점등조건	1회째 운전 사이클	

[3] 접지선 단선점검

① IG OFF한다.

② TPS 커넥터와 PCM 커넥터를 탈거한다.

③ TPS커넥터 접지선 양단(센서측, PCM측)의 저항을 측정한다(규정값: 약 1Ω 이하).

④ 측정된 값이 정상인가?

예	"신호선 점검" 절차를 수행한다.
아니오	접지선의 접촉저항 및 단선된 회로를 수리한 후 "고장수리 확인" 절차를 수행한다.

[4] 신호선 전원 단락점검

① IG OFF한다.

② TPS 커넥터를 탈거한다.

③ IG ON한다.

④ TPS 신호선 단자와 차체 접지사이의 전압을 측정한다(규정값 : 약 0V).

⑤ 측정된 값이 정상인가?

예	강제구동 절차를 수행한다.
아니오	신호선의 단락된 회로를 수리한 후 "고장수리 확인" 절차를 수행한다.

[5] 강제구동

"P0122 스로틀, 액셀 위치센서(TPS, APS) "A"회로 - 신호값 낮음" 참조

[6] 부가기능

"P0122 스로틀, 액셀 위치센서(TPS/APS) "A"회로 - 신호값 낮음" 참조

4.2. 스로틀, 액셀 위치센서(TPS, APS)"B"회로

4.2.1. 작동범위, 성능이상(P0221)

"P0122 스로틀, 액셀 위치센서(TPS/APS) "A"회로 - 신호값 낮음" 참조

[1] 고장코드 설명

PCM은 스로틀 포지션센서 1, 2값 비교시 비정상적으로 감지될 경우 고장코드 P0221를 출력한다.

[2] 고장 판정조건

<table>
<tr><th>항 목</th><th>판정 조건</th><th>고장예상 원인</th></tr>
<tr><td>진단방법</td><td>스로틀 포지션센서 1과 스로틀 포지션센서 2 값의 합리적 비교 점검</td><td rowspan="5">1. 커넥터 상태 점검
2. 스로틀 포지션센서 1, 2</td></tr>
<tr><td>진단조건</td><td>관련된 고장코드 없을 때</td></tr>
<tr><td>고장판정</td><td>스로틀 포지션센서 2 값과 스로틀 포지션센서 1 값의 차이가 7.6% 이상 차이가 날 경우</td></tr>
<tr><td>진단시간</td><td>0.3초</td></tr>
<tr><td>경고등 점등조건</td><td>1회째 운전 사이클</td></tr>
</table>

[3] 강제구동

"P0122 스로틀, 액셀 위치센서(TPS, APS) "A"회로 - 신호값 낮음" 참조

[4] 부가기능

"P0122 스로틀, 액셀 위치센서(TPS, APS) "A"회로 - 신호값 낮음" 참조

4.2.2. 신호값 낮음(P0222)

"P0122 스로틀, 액셀 위치센서(TPS, APS) "A"회로 - 신호값 낮음" 참조

[1] 고장코드 설명

PCM은 스로틀 포지션센서 2 신호선이 접지단락 및 단선으로 감지될 경우 고장코드 P0222를 출력한다.

[2] 고장 판정조건

<table>
<tr><th>항 목</th><th>판정 조건</th><th>고장예상 원인</th></tr>
<tr><td>진단방법</td><td>전기적인 점검</td><td rowspan="5">1. 커넥터 상태 점검
2. 스로틀 포지션센서 2 신호선 접지단락
3. 스로틀 포지션센서 2 신호선 단선
4. 스로틀 포지션센서 2</td></tr>
<tr><td>진단조건</td><td>배터리 전압이 11V 이상 16V 이하</td></tr>
<tr><td>고장판정</td><td>■ 스로틀 포지션센서 2 전압이 0.12V 이하일 경우
■ 스로틀 포지션센서 2 신호선이 접지 단락일 경우</td></tr>
<tr><td>진단시간</td><td>0.3초</td></tr>
<tr><td>경고등 점등조건</td><td>1회째 운전 사이클</td></tr>
</table>

[3] 전원선 단선, 접지 단락점검

① IG OFF한다.

② TPS 커넥터를 탈거한다.

③ IG ON한다.

④ TPS 전원선 단자와 차체 접지사이의 전압을 측정한다(규정값 : 약 5V).

⑤ 측정된 값이 정상인가?

예	"신호선 점검" 절차를 수행한다.
아니오	전원선의 단선 또는 접지 단락된 회로를 수리한 후 "고장수리 확인" 절차를 수행한다.

[4] 신호선 점검

(1) 신호선 접지 단락점검

① IG OFF한다.

② TPS 커넥터를 탈거한다.

③ TPS2 신호선 단자와 차체 접지사이의 저항을 측정한다(규정값 : 무한대).

④ 측정된 값이 정상인가?

예	신호선 단선점검 절차를 수행한다.
아니오	신호선의 단락된 회로를 수리한 후 "고장수리 확인" 절차를 수행한다.

(2) 신호선 단선점검

① IG OFF한다.

② TPS 커넥터와 PCM 커넥터를 탈거한다.

③ TPS 신호선 양단(센서측/PCM측)의 저항을 측정한다(규정값 : 약 1Ω 이하).

④ 측정된 값이 정상인가?

예	강제구동 절차를 수행한다.
아니오	신호선의 단선된 회로를 수리한 후 "고장수리 확인" 절차를 수행한다.

[5] 강제구동

"P0122 스로틀, 액셀 위치센서(TPS, APS) "A"회로 - 신호값 낮음" 참조

[6] 부가기능

"P0122 스로틀, 액셀 위치센서(TPS, APS) "A"회로 - 신호값 낮음" 참조

4.2.3. 신호값 높음(P0223)

"P0122 스로틀, 액셀 위치센서(TPS, APS) "A"회로 - 신호값 낮음" 참조

[1] 고장코드 설명

PCM은 스로틀 포지션센서 2 신호선이 전원단락으로 감지될 경우 고장코드 P0223을 출력한다.

[2] 고장 판정조건

항 목	판정 조건	고장예상 원인
진단방법	전기적인 점검	1. 커넥터 상태 점검 2. 스로틀 포지션 센서2 신호선 전원 단락 3. 스로틀 포지션 센서2
진단조건	배터리 전압이 11V 이상 16V 이하	
고장판정	■ 스로틀 포지션센서 1 전압이 4.9V 이상일 경우 ■ 스로틀 포지션센서 1 신호선이 전원 단락이거나 단선일 경우	
진단시간	0.05초	
경고등 점등조건	1회째 운전 사이클	

[3] 접지선 단선점검

① IG OFF한다.

② TPS 커넥터와 PCM 커넥터를 탈거한다.

③ TPS 접지선 양단(센서측/PCM측)의 저항을 측정한다(규정값 : 약 1Ω 이하).

④ 측정된 값이 정상인가?

예	"신호선 점검" 절차를 수행한다.
아니오	전원선의 접촉저항 및 단선된 회로를 수리한 후 "고장수리 확인" 절차를 수행한다.

[4] 신호선 전원 단락점검

① IG OFF

② TPS 커넥터를 탈거한다.

③ IG ON한다.

④ TPS2 신호선 단자와 차체 접지사이의 전압을 측정한다(규정값 : 약 0V).

⑤ 측정된 값이 정상인가?

예	강제구동 절차를 수행한다.
아니오	신호선의 단락된 회로를 수리한 후 "고장수리 확인" 절차를 수행한다.

[5] 강제구동

"P0122 스로틀, 액셀 위치센서(TPS/APS) "A"회로 - 신호값 낮음" 참조

[6] 부가기능

"P0122 스로틀, 액셀 위치센서(TPS/APS) "A"회로 - 신호값 낮음" 참조

4.3. 액셀 포지션센서 1(APS1)회로

4.3.1. 신호값 낮음(P2122)

액셀 포지션센서는 TPS와 동일한 원리로 운전자의 가속의지를 PCM에 전달해 현재 가속상태에 따른 연료량을 결정하는 가장 중요한 센서로 신뢰도가 중요하므로, 주 신호인 액셀 포지션센서 1과 액셀 포지션센서 1을 감시하는 액셀 포지션센서 2로 나뉘어 있다.

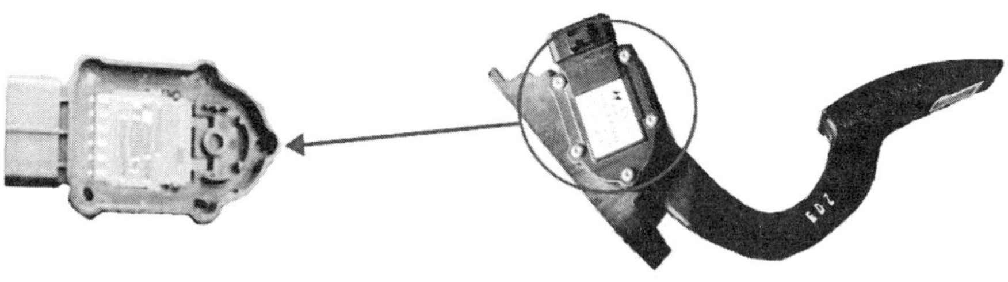

「그림」 9. 액셀 포지션센서

액셀 포지션센서 1과 2는 서로 독립된 전원과 접지로 구성되어 있으며, 액셀 포지션센서 2는 액셀 포지션센서 1의 1/2출력을 발생하여, 액셀 포지션센서 1과 2의 전압 비율이 틀려질 경우 에러로 판정하여, 림프 홀 모드로 진입된다.

[1] 고장코드 설명

PCM은 고장 감지조건을 만족하는 차량상태에서 APS 1의 출력값을 모니터링하여 센서의 출력값이 너무 낮을 경우, 고장으로 인식하여 고장코드(DTC) P2122를 출력한다.

[2] 고장 판정조건

항 목	판정 조건	고장예상 원인
진단방법	전기적 신호 점검	1. 커넥터 상태 점검 2. 전원선 단선, 접지 단락 3. 신호선 접지 단락/단선 4. 액셀 포지션 센서(APS)
진단조건	액셀 포지션센서(APS 2)전압 〉 0.55V	
고장판정	APS1 〈 0.31V	
진단시간	0.5초	
경고등 점등조건	1회째 운전 사이클	
림프 홀	■ 출력 제한(PCM은 스로틀개도 최대 열림량을 50%로 제한하며 엔진토크도 저감된 개도량에 비례하여 제한한다.) ■ 공회전 상태를 감지한 후, PCM은 액셀 포지션센서 2 신호를 입력받아 스로틀밸브 현재 위치를 연산한다.	

[3] GDS 데이터분석

① 자기진단 커넥터에 GDS를 연결한다.

② GDS "센서 데이터"의 액셀 포지션센서 관련 항목을 점검한다.

③ 데이터분석

점검 조건		GDS 항목	
		APS 1 전압	APS 2 전압
규정값 (IG ON한다)	가속페달의 밟음 정도에 비례하여 APS 1과 2의 출력전압은 증가한다. APS 2 출력전압은 APS 1 전압의 절반값이 출력된다.		
	가속페달 밟지 않음	약 0.58～0.93V	약 0.29～0.38V
	가속페달 완전 밟음	약 3.85～4.35V	약 1.93～2.18V

④ 센서 출력값 및 데이터분석 경향이 양호한가?

예	PCM측 커넥터 및 터미널의 접촉 불량 또는 부식, 변형 등을 재점검하여 이상이 있으면 수리한다. 수리완료 후 또는 정상일 경우"고장수리 확인" 절차를 수행한다.
아니오	배선점검을 한 후 배선에 이상이 있으면 수리하고, 이상이 없으면 전원선 점검을 수행한다.

[4] 전원선 단선, 접지 단락점검

① IG OFF한다.

② APS 커넥터를 탈거한다.

③ IG ON한다.

④ APS1 전원선 배선측과 접지사이의 전압을 측정한다(규정값 : 약 5V).

⑤ 측정된 값이 정상인가?

예	"신호선 점검" 절차를 수행한다.
아니오	APS 1 전원선의 단선 또는 접지 단락된 회로를 수리한 후 "고장수리 확인" 절차를 수행한다.

[5] 신호선 점검

(1) 접지 단락점검

① IG OFF한다.

② APS와 PCM 커넥터를 분리한다.

③ APS 1 신호선 배선측과 접지사이의 저항을 측정한다(규정값 : 무한대).

④ APS 1 신호선 배선측과 APS 1, 2접지선 배선측사이의 저항을 측정한다(규정값 : 무한대).

⑤ 측정된 값이 정상인가?

예	"단선 점검" 절차를 수행한다.
아니오	APS1 신호선의 접지 단락된 회로를 수리한 후 "고장수리 확인" 절차를 수행한다.

(2) 단선점검

① IG OFF한다.

② APS와 PCM 커넥터를 분리한다.

③ APS1 신호선 배선측 양단의 저항을 측정한다(규정값 : 약 1Ω 이하).

④ 측정된 값이 정상인가?

예	"단품점검" 절차를 수행한다.
아니오	APS1 신호선의 단선된 회로를 수리한 후 "고장수리 확인" 절차를 수행한다.

[6] 단품점검

(1) 간섭여부 점검

① 가속페달을 손으로 반복하여 누르면서 걸리는 느낌 없이 자유롭게 작동되는지 점검한다(가속페달과 운전석 하단부의 카펫과의 간섭 유무도 점검한다).

② 이상이 발견되면 수리 또는 교환한 후 "고장수리 확인" 절차를 수행한다. 정상이면 다음 절차를 수행한다.

(2) 출력전압 점검

① 분리했던 커넥터를 재 연결한다.

② 점화스위치 ON & 엔진 OFF상태에서 GDS를 연결한다.

③ GDS "센서 데이터"의 액셀 위치센서 1을 선택한 후 출력전압이 아래 기준 값을 만족하는지 점검한다(규정값 : DTC정보의 GDS데이터 분석 항목을 참조하여 점검 작업을 실시한다).

시험조건	액셀 포지션센서 1
스로틀 개도 완전 닫힘	약 0.58～0.93V
스로틀 개도 완전 열림	약 3.85～4.35V

④ 센서 출력값 및 데이터 분석경향이 양호한가?

예	이 고장은 커넥터의 접촉 불량에 의한 일시적인 고장이다. 전체적으로 커넥터의 느슨함, 접촉 불량, 구부러짐, 부식, 오염, 변형 또는 손상을 점검한다. 필요시 수리 또는 교환한 후 "고장수리 확인" 절차를 수행한다.
아니오	신중하게 DTC 진단가이드 절차를 다시 수행한다. 다음으로 배선 및 커넥터에 문제가 없고 증상이 지속될 경우, 단품을 교환한 후 "고장수리 확인" 절차를 수행한다.

4.3.2. 신호값 높음(P2123)

"P2122 액셀 포지션센서 1(APS 1) 회로 - 신호값 낮음" 참조

[1] 고장코드 설명

PCM은 고장 감지조건을 만족하는 차량 상태에서 APS1의 출력값을 모니터링하여 센서의 출력값이 너무 높을 경우, 고장으로 인식하여 DTC P2123을 출력한다.

[2] 고장 판정조건

항 목	판정 조건	고장예상 원인
진단방법	전기적 신호 점검	1. 커넥터 상태 점검 2. 전원선 단선, 접지단락 3. 신호선 접지 단락/단선 4. 액셀 포지션 센서(APS)
진단조건	액셀 포지션센서 1(APS1) 전원 공급선 정상	
고장판정	APS1 전압 〉 4.7V	
진단시간	0.3초	
경고등 점등조건	1회째 운전 사이클	
림프 홈	■ 출력 제한(PCM은 스로틀 개도 최대 열림 량을 50%로 제한하며 엔진 토크도 저감된 개도 량에 비례하여 제한한다.) ■ 공회전 상태를 감지한 후, PCM은 액셀 포지션센서2 신호를 입력받아 스로틀밸브 현재 위치를 연산한다.	

[3] GDS 데이터 분석

"P2122 액셀 포지션센서 1(APS 1) 회로 - 신호값 낮음" 참조하고 센서 출력값 및 데이터분석 경향이 양호하지 않을 경우 "신호선 점검" 절차를 수행한다.

[4] 신호선 전원 단락점검

① IG OFF한다.

② APS 커넥터를 탈거한다.

③ IG ON한다.

④ APS1 신호선 배선측과 차체 접지사이의 전압을 측정한다(규정값 : 약 0V).

⑤ 측정된 값이 정상인가?

예	"접지선 점검" 절차를 수행한다.
아니오	APS 1 신호선의 전원 단락된 회로를 수리한 후 "고장수리 확인" 절차를 수행한다.

[5] 접지선 단선점검

① IG OFF한다.

② APS 커넥터를 탈거한다.

③ IG ON한다.

④ APS 1 전원선 배선측과 접지사이의 전압을 측정한다(측정 A).

⑤ APS 1 전원선 배선측과 APS1 접지선 배선측사이의 전압을 측정한다(측정 B).

⑥ 규정값 : 측정 A와 측정 B사이의 전압차이 200mV 이하

⑦ 측정된 값이 정상인가?

예	"단품점검" 절차를 수행한다.
아니오	APS 1 접지선의 접촉저항 및 단선을 수리 또는 교환한 후 "고장수리 확인" 절차를 수행한다.

[6] 단품점검

"P2122 액셀 포지션센서 1(APS 1) 회로 - 신호값 낮음" 참조

4.4. 액셀 포지션센서 2(APS 2)회로

4.4.1. 신호값 낮음(P2127)

"P2122 액셀 포지션센서 1(APS 1) 회로 - 신호값 낮음" 참조

[1] 고장코드 설명

PCM은 고장 감지조건을 만족하는 차량 상태에서 APS 2의 출력값을 모니터링하여 센서의 출력값이 너무 낮을 경우, 고장으로 인식하여 DTC P2127을 출력한다.

[2] 고장 판정조건

항 목	판정 조건	고장예상 원인
진단방법	전기적 신호 점검	1. 커넥터 상태 점검 2. 전원선 단선, 접지 단락 3. 신호선 접지 단락/단선 4. 액셀 포지션 센서(APS)
진단조건	액셀 포지션 센서1(APS1) 전압〉1.0V	
고장판정	APS 2 전압〈 0.2V	
진단시간	0.3초	
경고등 점등조건	1회째 운전 사이클	
림프 홈	■ 출력 제한(PCM은 스로틀개도 최대 열림 량을 50%로 제한하며 엔진 토크도 저감된 개도 량에 비례하여 제한한다.) ■ 공회전 상태를 감지한 후, PCM은 액셀 포지션센서 2 신호를 입력받아 스로틀밸브 현재 위치를 연산한다.	

[3] GDS 데이터 분석

"P2122 액셀 포지션센서 1(APS 1) 회로 - 신호값 낮음" 참조

[4] 전원선 접지 단락점검

① IG OFF한다.

② APS 커넥터를 탈거한다.

③ IG ON한다.

④ APS2 전원선 배선측과 접지사이의 전압을 측정한다(규정값 : 약 5V).

⑤ 측정된 값이 정상인가?

예	"신호선 점검" 절차를 수행한다.
아니오	APS 1 전원선의 단선 또는 접지 단락된 회로를 수리한 후 "고장수리 확인" 절차를 수행한다.

[5] 신호선 점검

(1) 접지 단락점검

① IG OFF한다.

② APS와 PCM 커넥터를 분리한다.

③ APS2 신호선 배선측과 접지사이의 저항을 측정한다(규정값 : 무한대).

④ APS2 신호선 배선측과 APS 1, 2접지선 배선측 사이의 저항을 측정한다(규정값 : 무한대).

⑤ 측정된 값이 정상인가?

예	"단선점검" 절차를 수행한다.
아니오	APS 2 신호선의 접지 단락된 회로를 수리한 후 "고장수리 확인" 절차를 수행한다.

(2) 단선점검

① IG OFF한다.

② APS와 PCM 커넥터를 분리한다.

③ APS2 신호선 배선측 양단의 저항을 측정한다(규정값 : 약 1Ω 이하).

④ 측정값이 정상인가?

예	"단품점검" 절차를 수행한다.
아니오	APS 2 신호선의 단선된 회로를 수리한 후 "고장수리 확인" 절차를 수행한다.

[6] 단품점검

(1) 간섭여부 점검

① 가속페달을 손으로 반복하여 누르면서 걸리는 느낌없이 자유롭게 작동되는지 점검한다(가속페달과 운전석 하단부의 카펫과의 간섭 유무도 점검한다).

② 이상이 발견되면 수리 또는 교환한 후 "고장수리 확인" 절차를 수행한다. 정상이면 다음 절차를 수행한다.

(2) 출력 전압점검

① 분리했던 커넥터를 재 연결한다.

② 점화스위치 ON & 엔진 OFF상태에서 GDS를 연결한다.

③ GDS "센서 데이터"의 액셀 위치센서 2를 선택한 후 출력전압이 아래 기준 값을 만족하는지 점검한다(규정값 : DTC정보의 GDS데이터 분석항목을 참조하여 점검 작업을 실시한다).

시험조건	액셀 포지션 센서 1
스로틀 개도 완전 닫힘	약 0.29~0.38V
스로틀 개도 완전 열림	약 1.93~2.18V

④ 센서 출력값 및 데이터분석 경향이 양호한가?

예	이 고장은 커넥터의 접촉 불량에 의한 일시적인 고장이다. 전체적으로 커넥터의 느슨함, 접촉 불량, 구부러짐, 부식, 오염, 변형 또는 손상을 점검한다. 필요시 수리 또는 교환한 후 "고장수리 확인" 절차를 수행한다.
아니오	신중하게 DTC 진단가이드 절차를 다시 수행한다. 다음으로 배선 및 커넥터에 문제가 없고 증상이 지속될 경우, 단품을 교환한 후 "고장수리 확인" 절차를 수행한다.

4.4.2. 신호값 높음(P2128)

"P2122 액셀 포지션센서 1(APS 1) 회로 - 신호값 낮음" 참조

[1] 고장코드 설명

PCM은 고장 감지조건을 만족하는 차량 상태에서 APS 2의 출력 값을 모니터링하여 센서의 출력값이 너무 높을 경우, 고장으로 인식하여 DTC P2128를 출력한다.

[2] 고장 판정조건

항 목	판정 조건	고장예상 원인
진단방법	전기적 신호 점검	1. 커넥터 상태 점검 2. 신호선 배터리 단락 3. 접지선 단선 4. 액셀 포지션 센서(APS)
진단조건	액셀 포지션 센서 2(APS 2) 전원 공급선 정상	
고장판정	APS 2 전압 〈 2.51V	
진단시간	0.3초	

항 목	판정 조건	고장예상 원인
경고등 점등조건	1회째 운전 사이클	1. 커넥터 상태 점검 2. 신호선 배터리 단락 3. 접지선 단선 4. 액셀 포지션 센서(APS)
림프 홈	▪ 출력 제한(PCM은 스로틀개도 최대 열림 량을 50%로 제한하며 엔진토크도 저감된 개도 량에 비례하여 제한한다) ▪ 공회전 상태를 감지한 후, PCM은 액셀 포지션 센서 2 신호를 입력 받아 스로틀밸브 현재 위치를 연산한다.	

[3] GDS 데이터분석

"P2122 액셀 포지션센서 1(APS 1) 회로 - 신호값 낮음" 참조하고 센서 출력값 및 데이터분석 경향이 양호하지 않을 경우 "신호선 점검" 절차를 수행한다.

[4] 신호선 전원 단락점검

① IG OFF한다.

② APS와 PCM 커넥터를 탈거한다.

③ IG ON한다.

④ APS 2 신호선 배선측과 차체 접지사이의 전압을 측정한다(규정값 : 약 0V).

⑤ 측정된 값이 정상인가?

예	단품점검 절차를 수행한다.
아니오	APS 2 신호선의 전원 단락된 회로를 수리한 후 "고장수리 확인" 절차를 수행한다.

[5] 단품점검

"P2127 액셀 포지션센서 2(APS 2)회로 - 신호값 낮음" 참조

4.5. 액셀 포지션센서(APS)회로 1/2

4.5.1. 비동기화(P2138)

"P2122 액셀 포지션센서 1(APS 1) 회로 - 신호값 낮음" 참조

[1] 고장코드 설명

PCM은 고장 감지조건을 만족하는 차량 상태에서 APS 1과 2의 출력값을 모니터링하여 APS 1과 2의 출력값이 서로 일정값 이상으로 차이가 발생하였을 경우, 고장으로 인식하여 DTC P2138을 출력한다.

[2] 고장 판정조건

항 목	판정 조건	고장예상 원인
진단방법	성능점검	1. 커넥터 상태 점검 2. 액셀 포지션센서(APS)
진단조건	■ 관련 고장 없음 ■ APS 1〉1.0V 또는 APS 2〉0.55V	
고장판정	센서 1 & 2의 상호 비교 값의 편차가 0.3~0.82V 이상일 때	
진단시간	0.4초	
경고등 점등조건	1회째 운전 사이클	
림프 홈	■ 출력 제한(PCM은 스로틀개도 최대 열림 량을 50%로 제한하며 엔진 토크도 저감된 개도량에 비례하여 제한한다.) ■ PCM은 액셀 포지션센서1 & 2 입력 신호 중 최소값을 스로틀밸브 현재 위치로 연산한다.	

[3] GDS 데이터 분석

"P2122 액셀 포지션센서 1(APS 1) 회로 - 신호값 낮음" 참조하고 센서 출력값 및 데이터 분석경향이 양호하지 않을 경우 "단품점검" 절차를 수행한다.

[4] 단품점검

"P2127 액셀 포지션센서 2(APS 2)회로 - 신호값 낮음" 참조

5 냉각수온센서(ECTS : Engine Cooling water Temperature Sensor)

「그림」 10. 냉각수온센서

5.1. 냉각수 온도센서(ECTS)회로

5.1.1. 신호값 낮음(P0117)

냉각수 온도센서는 냉각수의 온도를 측정하기 위해 실린더헤드의 냉각수 통로에 위치해 있으며 온도에 따라 저항값이 변하는 서미스터 방식이다.

ECTS의 전기적 저항은 온도가 증가하면 감소하고 반대로 온도가 감소하면 저항은 증가한다. PCM의 5V 전원은 저항을 통해 ECTS에 공급되고 PCM의 저항과 ECTS의 서미스터는 직렬로 연결되어 있다. 서미스터 저항값이 냉각수온도에 따라 변할 때 출력 저항값 또한 변한다. 냉간시에 PCM은 시동성 향상을 위해 냉각수온의 정보를 이용하여 연료 분사량을 증가시키고 점화시기를 제어한다.

[1] 고장코드 설명

PCM은 냉각수 온도센서 신호선이 접지단락으로 감지될 경우 고장코드 P0117을 출력한다.

[2] 고장 판정조건

항 목	판정 조건	고장예상 원인
진단방법	전기적인 점검	1. 커넥터 상태 점검 2. 냉각수 온도센서 신호선 접지 단락 3. 냉각수 온도센서(ECTS)
진단조건	배터리 전압이 6V 이상	
고장판정	■ 냉각수온도 센서 전압이 0.008V 이하일 경우 ■ 냉각수온도 센서 신호선이 접지 단락으로 감지될 경우	
진단시간	5초	
경고등 점등조건	2회째 운전 사이클	

[3] GDS 데이터 확인

① 냉각팬 및 냉각시스템 불량 유무를 점검하기 위하여 시동을 OFF시킨 후 엔진을 충분히 냉각시킨다.

② 시동을 건 후 공회전상태를 유지하면서 냉각수온 값과 냉각팬의 상태를 확인한다. 냉각팬 구동을 방지하기 위하여 에어컨은 반드시 OFF시키고, 냉각수온이 낮을 때 냉각팬이 작동되지 않음을 확인한다.

③ 약 5분간 공회전상태를 유지한 후, GDS를 사용하여 "센서 데이터"항목 중 "냉각수온센서"항목을 점검한다.

④ 냉각수온이 50℃ 이상인가?

예	필요시 수리 또는 교환한 후 "고장수리 확인" 절차를 수행한다.
아니오	신호선 접지 단락점검 절차를 실시한다.

⑤ 냉각수온이 낮을 때(약 98℃ 이하) 냉각팬이 작동했는가?

예	냉각팬 또는 냉각팬 릴레이 배선의 단락 유무를 점검한다. 이상이 발견되면 수리작업을 실시한 후 "고장수리 확인" 절차를 수행한다.
아니오	냉각팬 릴레이의 간헐적인 작동불량 유무를 아래와 같은 수순으로 재점검한다. - 점화스위치 ON상태에서 GDS의 액추에이터 점검모드의 "냉각팬 릴레이" 항목을 선택한다. - 작동/정지를 4~5회 반복하면서 냉각팬이 정상적으로 작동/정지하는지 점검한다. - 이상이 발견되면 수리작업을 실시한 후 "고장수리 확인" 절차를 수행한다. 정상이면 배선을 점검하여 배선에 이상이 있을 때는 배선수리를 하고 배선에 이상이 없으면 "신호선 점검" 절차를 수행한다.

[4] 신호선 접지 단락점검

① IG OFF한다.

② 냉각수 온도센서 커넥터를 탈거한다.

③ 냉각수 온도센서 신호선 단자와 차체 접지사이의 저항을 측정한다(규정값 : 무한대).

④ 측정된 값이 정상인가?

예	"단품점검" 절차를 수행한다.
아니오	신호선의 단락된 회로를 수리한 후 "고장수리 확인" 절차를 수행한다.

[5] 단품점검

① IG OFF한다.

② 냉각수온센서 커넥터를 탈거한다.

③ 센서 커넥터 신호선 단자와 접지선 단자사이의 저항을 측정한다(단품측).

온도(℃)	저항(kΩ)
-40	48.14
-20	14.13~16.83
0	5.79
20	2.31~2.59
40	1.15
60	0.59
80	0.32

④ 측정값이 정상적으로 출력되는가?

예	필요시 수리 또는 교환을 하고, "고장수리 확인" 절차를 수행한다.
아니오	신중하게 DTC 진단가이드 절차를 다시 수행한다. 다음으로 배선 및 커넥터에 문제가 없고 증상이 지속될 경우, 단품을 교환한 후 "고장수리 확인" 절차를 수행한다.

5.1.2. 신호값 높음(P0118)

"P0117 냉각수 온도센서(ECTS)회로 - 신호값 낮음" 참조

[1] 고장코드 설명

PCM은 냉각수 온도센서 신호선이 전원 단락이거나 단선으로 감지될 경우 고장코드 P0118을 출력한다.

[2] 고장 판정조건

항 목	판정 조건	고장예상 원인
진단방법	전기적인 점검	1. 커넥터 상태 점검 2. 냉각수 온도센서 신호선 전원 단락 3. 냉각수 온도센서 신호선 단선 4. 냉각수 온도센서(ECTS)
진단조건	■ 배터리 전압이 6V 이상 ■ 흡기온도가 -30℃ 이상일 때 ■ 흡기온도가 -30℃ 이하일 경우 엔진이 시동된지 60초 이상 되었을 때	
고장판정	■ 냉각수온도 센서 전압이 4.85V이상일 경우 ■ 냉각수온도 센서 신호선이 전원 단락이거나 단선으로 감지될 경우	
진단시간	5초	
경고등 점등조건	2회째 운전 사이클	

[3] GDS 데이터 확인

"P0117 냉각수 온도센서(ECTS)회로 - 신호값 낮음" 참조하고 냉각수온이 낮을 때(약 98℃ 이하) 냉각팬이 작동하지 않고 정상이면 배선을 점검하여 배선에 이상이 있을 때는 배선수리를 하고 배선에 이상이 없으면 "접지선 점검" 절차를 수행한다.

[4] 접지선 점검

① IG OFF한다.

② 냉각수 온도센서 커넥터와 PCM 커넥터를 탈거한다.

③ 냉각수 온도센서측 커넥터 신호선 양단(센서측, PCM측)의 저항을 측정한다(규정값 : 약 1Ω 이하).

④ 측정된 값이 정상인가?

예	"신호선 점검" 절차를 수행한다.
아니오	접지선의 단선 또는 단락된 회로를 수리한 후 "고장수리 확인" 절차를 수행한다.

[5] 신호선 점검

(1) 신호선 전원 단락점검

① IG OFF한다.

② 냉각수 온도센서 커넥터가 연결된 상태에서 신호선 단자와 차체 접지사이의 전압을 측정한다(규정값 : 0.4~4.7V).

③ 측정된 값이 정상인가?

예	신호선 단선점검 절차를 수행한다.
아니오	신호선의 단락된 회로를 수리한 후 "고장수리 확인" 절차를 수행한다.

(2) 신호선 단선점검

① IG OFF한다.

② 흡입공기 온도센서 커넥터와 PCM 커넥터를 탈거한다.

③ 흡입공기 온도센서 커넥터 신호선 양단(센서측, PCM측)의 저항을 측정한다(규정값 : 약 1Ω 이하).

④ 측정된 값이 정상인가?

예	"단품점검" 절차를 수행한다.
아니오	신호선의 단선된 회로를 수리한 후 "고장수리 확인" 절차를 수행한다.

[6] 단품점검

"P0117 냉각수 온도센서(ECTS)회로 - 신호값 낮음" 참조

5.1.3. 간헐적 고장(P0119)

"P0117 냉각수 온도센서(ECTS)회로 - 신호값 낮음" 참조

[1] 고장코드 설명

PCM은 냉각수온도가 순간적인 급격한 변화로 인한 노이즈로 감지될 경우 고장코드 P0119를 출력한다.

[2] 고장 판정조건

항 목	판정 조건	고장예상 원인
진단방법	전기적인 점검	1. 커넥터 상태 점검 2. 냉각수 온도센서 (ECTS)
진단조건	■ 배터리 전압이 6V 이상 ■ 관련된 고장코드 없을 때	
고장판정	냉각수온도가 순간적인 급격한 변화(0.5초 동안 5℃ 이상의 변화)로 인한 노이즈로 감지될 경우	
진단시간	0.5초	
경고등 점등조건	2회째 운전 사이클	

[3] GDS 데이터 확인

"P0117 냉각수온도 센서(ECTS)회로 – 신호값 낮음" 참조하고 냉각 수온이 낮을 때(약 98℃ 이하)냉각팬이 작동하지 않고 정상이면 배선을 점검하여 배선에 이상이 있을 때는 배선수리를 하고 배선에 이상이 없으면 "시스템점검" 절차를 수행한다.

[4] 시스템점검

(1) 냉각수 레벨 점검

① 냉각시스템의 냉각수 레벨을 점검한 후 필요하면 보충 또는 수리 절차를 수행한다.

② 다음 절차를 수행한다.

(2) 서머스탯 점검

① 육안점검을 실시하여 서머스탯이 열린 상태로 고착되어 있거나 순정품 사용유무를 점검한다.

② 이상이 발견된 경우에는 수리 또는 교환한 후 "고장수리 확인" 절차를 수행한다.

③ 육안점검 결과가 정상이면 서머스탯 밸브가 적정온도에서 열리는지 유무를 점검한다(규정값(밸브 개변 온도) : 88±1.5℃).

④ 규정값보다 낮은 온도에서 열리거나 비정상적으로 작동되면 수리 또는 교환하고 "고장수리 확인" 절차를 수행한다.

⑤ 다음절차를 수행한다.

[5] 단품점검

"P0117 냉각수 온도센서(ECTS)회로 - 신호값 낮음" 참조

5.2. 냉각수온도 미달에 의한 공연비보정 이상(P0125, 현제 냉각수이상으로 되어있음)

"P0117 냉각수 온도센서(ECTS) 회로 - 신호값 낮음" 참조

[1] 고장코드 설명

PCM은 공연비 제어 활성화를 위한 최소한의 냉각수온도에 조차 도달하지 못하였을 경우 고장코드 P0125를 출력한다.

[2] 고장 판정조건

항 목	판정 조건	고장예상 원인
진단방법	공연비 제어를 위한 냉각수온도 변화 점검	1. 커넥터 상태 점검 2. 냉각수온도 센서(ECTS)
진단조건	■ 엔진 시동시 냉각수 온도가 0℃ 이하일 때 ■ 배터리 전압이 6V 이상 16V 이하일 때 ■ 엔진 시동 직후 시간에 따라 냉각수온도가 변화하는 기준값일 때 50초 → 0℃, 100초 → 8℃, 200초 → 20℃, 300초 → 35℃ ■ 관련된 고장코드 없을 때	
고장판정	엔진 시동 후에도 냉각수온도가 0℃ 이하로 지속될 경우	
진단시간	즉시	
경고등 점등조건	2회째 운전 사이클	

[3] GDS 데이터 확인

"P0117 냉각수 온도센서(ECTS) 회로 - 신호값 낮음" 참조하고 냉각수온이 낮을 때 (약 98℃ 이하) 냉각팬이 작동하지 않고 정상이면 배선을 점검하여 배선에 이상이 있을 때는 배선수리를 하고 배선에 이상이 없으면 "시스템점검" 절차를 수행한다.

[4] 시스템점검

"P0119 냉각수 온도센서(ECTS) 회로- 간헐적 고장" 참조

[5] 단품점검

"P0117 냉각수 온도센서(ECTS) 회로 - 신호값 낮음" 참조

5.3. 냉각수온센서(ECTS) 회로 이상(B1687)

엔진 냉간 시동시에는 모드 액추에이터를 제어하여 풍향을 DEF로 제어(난방 기동 제어)를 하기 위해서 엔진 ECM으로 입력된 냉각수온 신호를 CAN통신을 통해서 에어컨 컨트롤 유닛(모듈)이 받는다.

[1] 고장코드 설명

에어컨 컨트롤 모듈은 CAN통신을 통하여 엔진 냉각수온센서 신호가 입력되지 않을 경우 B1687을 출력한다.

[2] 고장 판정조건

항 목	판정 조건	고장예상 원인
진단방법	CAN signal 수신 유무 점검	1. C-CAN 통신회로 단선/단락 2. 냉각수 온도센서(ECTS) 3. 엔진 ECM시스템
진단조건	IG KEY ON	
고장판정	1.5초 동안 CAN신호 수신안될 경우 또는 Error값 수신 시	
페일세이프	90℃로 대체	

[3] C-CAN 통신선 단선, 단락점검

① 점화스위치 OFF

② 에어컨 컨트롤 모듈 커넥터 C-CAN High, C-CAN Low단자와 차체 접지사이의 저항을 측정한다(규정값 : 무한대).

③ 점화스위치를 ON한다.

④ 에어컨 컨트롤 모듈 커넥터 C-CAN High, C-CAN Low단자와 차체 접지사이의 전압을 측정한다(규정값 : 약 5V 이하).

⑤ 에어컨 컨트롤 모듈과 엔진 ECM 커넥터를 분리한다.

⑥ 에어컨 컨트롤 모듈 커넥터 배선측 C-CAN High단자와 ECM 커넥터 배선측

C-CAN High 단자사이의 저항을 측정한다(규정값 : 약 1Ω 이하).

⑦ 에어컨 컨트롤 모듈 커넥터 배선측 C-CAN Low단자와 ECM 커넥터 배선측 C-CAN Low 단자사이의 저항을 측정한다(규정값 : 약 1Ω 이하).

⑧ 측정된 값이 정상인가?

예	■ 일시적인 커넥터나 배선 접촉불량으로 고장이 발생했거나 수리되었지만 ECM 메모리에 고장코드가 기억되어 있는 경우일 수 있다. 따라서 커넥터나 배선사이 늘어짐, 접촉 불량, 꺾임, 부식, 오염 및 손상에 대해 전반적으로 점검한다. ■ 필요한 교체나 수리를 하고,"고장수리 확인" 절차를 실시한다.
아니오	P-CAN 통신선 단선, 단락된 회로를 수리한 후,"고장수리 확인" 절차를 실시한다.

6 노크센서(KS : Knock Sensor)

「그림」 11. 노크센서

6.1. 노크센서(KS) #1

6.1.1. 작동범위, 성능이상(뱅크 1, P0326)

노크센서는 엔진블록에 장착되어 있으며, 노킹 발생시 진동을 검출, PCM으로 전송하고 PCM은 점화시기를 제어하여 노킹을 억제한다.

PCM은 노킹이 발생하면 점화시기를 지각시키고, 지각 후 노킹발생이 없으면 다시 진각시키는 연속적인 제어를 통하여 항상 최적 점화시기 영역에 가깝도록 점화시기를 제어함으로서 엔진의 토크와 출력증대 및 연비향상 등의 효과를 얻을 수 있다.

[1] 고장코드 설명

노크센서 신호이상 감지시 P0326 고장코드를 출력한다.

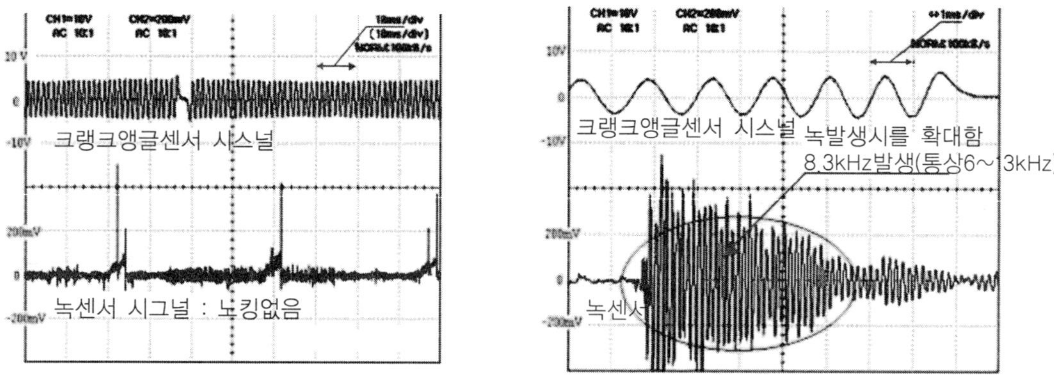

(a) 노킹발생 없을 때 (b) 노킹 발생시

그림 12. 노킹파형

[2] 고장 판정조건

<table>
<tr><th colspan="2">항 목</th><th>판정 조건</th><th>고장예상 원인</th></tr>
<tr><td colspan="2">진단방법</td><td>신호이상</td><td rowspan="7">1. 제어선 단선/전원 단락/접지 단락
2. 접지선 단선
3. 커넥터 접촉불량 및 배선 손상
4. 노크센서</td></tr>
<tr><td rowspan="2">경우 1</td><td>진단조건</td><td>■ 노크감지 기능 작동
■ 공기흐름량 〉 0.5g/회전(250mg/tdc)</td></tr>
<tr><td>고장코드 발생 기준값</td><td>필터된 노크센서 신호와 그 평균값의 차이 〈 0.05V</td></tr>
<tr><td rowspan="2">경우 2</td><td>진단 조건</td><td>■ 엔진회전수 〉 2700rpm
■ 관련된 고장코드 없을 때</td></tr>
<tr><td>고장코드 발생 기준값</td><td>필터된 노크센서 신호의 절대값 〈 0.20V</td></tr>
<tr><td colspan="2">진단시간</td><td>50회전</td></tr>
<tr><td colspan="2">경고등 점등 시간</td><td>2회째 운전 사이클</td></tr>
</table>

[3] 접지선 단선점검

① IG OFF한다.

② 노크센서 커넥터와 PCM 커넥터를 탈거한다.

③ 노크센서 접지선 양단(센서측, PCM측)의 저항을 측정한다(규정값 : 약 1Ω 이하).

④ 측정된 값이 정상인가?

예	"신호선 점검" 절차를 수행한다.
아니오	접지선의 접촉저항 및 단선된 회로를 수리한 후 "고장수리 확인" 절차를 수행한다.

[4] 신호선 접지 단락점검

① IG OFF한다.

② 노크센서 커넥터를 탈거한다.

③ 노크센서 신호선 단자와 차체 접지사이의 저항을 측정한다(규정값 : 무한대).

④ 측정된 값이 정상인가?

예	단품점검 절차를 수행한다.
아니오	신호선의 단락된 회로를 수리한 후 "고장수리 확인" 절차를 수행한다.

[5] 단품점검

① 노크센서 커넥터 신호선 단자와 접지선 단자사이의 저항을 측정한다(단품측, 규정값 약 5MΩ (20℃)).

② 차량으로부터 노크센서를 탈거하고 센서가 손상되지 않도록 천등으로 감싸고 바이스에 고정시킨다.

③ 오실로스코프를 채널 A(+) : 센서 신호 터미널, 채널 B(-) : 센서 접지 터미널에 연결한다.

④ 오실로스코프 화면을 확인하면서 볼핀 해머로 바이스를 두드린다(규정값 : 해머로 두드릴 때마다 1V 미만의 신호가 발생한다).

⑤ 점검결과가 정상인가?

예	필요시 수리 또는 교환을 하고,"고장수리 확인" 절차를 수행한다.
아니오	신중하게 DTC 진단가이드 절차를 다시 수행한다. 다음으로 배선 및 커넥터에 문제가 없고 증상이 지속될 경우, 단품을 교환한 후 "고장수리 확인" 절차를 수행한다.

7 산소센서

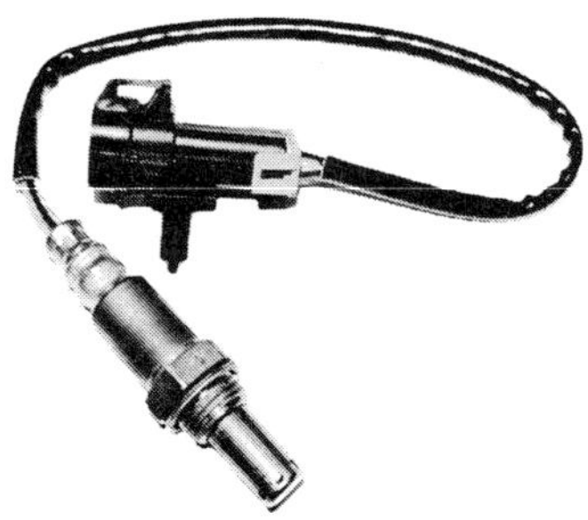

「그림」 13. 산소센서

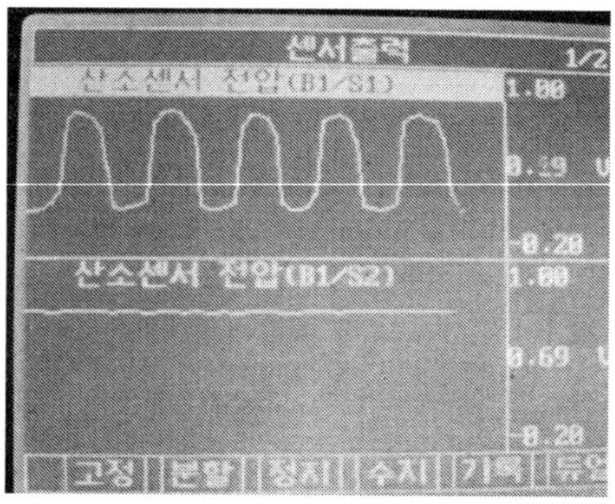

「그림」 14. 산소센서 파형

7.1. 산소센서 히터 제어회로(뱅크 1, 센서 1)

7.1.1. 회로이상(P0030)

배기 매니폴드에 장착된 광역 산소센서는 배기가스 중의 산소농도를 검출하여 연료량을 보정한다. PCM은 리니어 람다센서가 검출한 람다(λ)값을 1.0에 맞추기 위해 펌핑 전류를 제어한다.

[1] 혼합기 희박(람다 1.0 이상)

PCM은 펌핑전류를 람다센서로부터 흘려주어(+펌핑 전류) 람다센서를 활성화 하여 람다 1.0의 특성을 나타내도록 한다. 이때 람다센서로 흘려준 펌핑 전류량을 가지고 PCM은 배기가스에 포함된 산소농도를 검출한다.

[2] 혼합기 농후(람다 1.0 이하)

PCM은 펌핑 전류를 람다센서로부터 빼어와(-펌핑 전류) 람다센서의 활성화를 감소시켜 람다 1.0의 특성을 나타내도록 한다.

람다센서로부터 뺏어온 펌핑 전류량을 가지고 PCM은 배기가스에 포함된 산소농도를 검출한다.

[3] 람다센서가 정상작동온도(450~600℃)에서 가장 신속하고 원활하게 수행되며, 람다센서를 정상작동온도로 빠르게 올려주고 유지하기 위한 히터(열선)를 내장하고 있다. 히터열선은 PCM에 의해 PWM으로 제어된다.

히터 열선이 차가워지면 저항값이 낮아져 전류값은 증가하고, 열선의 온도가 높아지면 저항 값이 증가하여 전류가 낮아지는 것을 이용 람다센서의 온도를 감지 람다센서 히터 작동량을 결정한다.

[4] 고장코드 설명

PCM은 산소센서(S1) 히터제어 라인의 단선을 감지하면 DTC P0030을 출력한다.

[5] 고장 판정조건

항 목	판정 조건	고장예상 원인
진단방법	전방 산소센서 히터 성능점검	1. 커넥터 상태 점검 2. 전방 산소센서 히터 제어선 단선 3. 전방 산소센서 히터 전원선 단선 4. 전방 산소센서 히터
진단조건	■ 전방 산소센서 팁의 온도가 630℃ 이상일 때 ■ 배터리 전압이 11V 이상 16V 이하일 때 ■ 시동 후 18초 경과 ■ 관련된 고장코드 없을 때	
고장판정	전방 산소센서 팁의 온도가 660℃ 이하 이거나 900℃ 이상일 경우	
진단시간	연속적인 검사	
경고등 점등조건	2회째 운전 사이클	

[6] 전원선 단선점검

① IG OFF한다.

② 산소센서 커넥터를 탈거한다.

③ IG ON한다.

④ 산소센서 전원선 단자와 차체 접지사이의 전압을 측정한다(규정값 : 배터리전압).

⑤ 측정된 값이 정상인가?

예	"제어선 점검" 절차를 수행한다.
아니오	전원선의 단선 또는 단락된 회로를 수리한 후 "고장수리 확인" 절차를 수행한다.

[7] 제어선 점검

(1) 제어선 단락점검

① IG OFF한다.

② 산소센서와 PCM 커넥터를 탈거한다.

③ 산소센서 제어선 단자와 차체 접지사이의 저항을 측정한다(규정값 : 무한대).

④ 측정된 값이 정상인가?

예	"다음 점검" 절차를 수행한다.
아니오	제어선의 단락된 회로를 수리한 후 "고장수리 확인" 절차를 수행한다.

(2) 제어선 단선점검

① IG OFF한다.

② 산소센서와 PCM 커넥터를 탈거한다.

③ 산소센서 제어선 양단(센서측/PCM측)의 저항을 측정한다(규정값 : 약 1Ω 이하).

④ 측정된 값이 정상인가?

예	"단품점검" 절차를 수행한다.
아니오	제어선의 단선된 회로를 수리한 후 "고장수리 확인" 절차를 수행한다.

[8] 단품점검

① IG OFF한다.

② 산소센서 커넥터를 탈거한다.

③ 산소센서 히팅 양단의 저항을 측정한다(단품측).

온도(℃)	산소센서(S1) 히터저항(Ω)
20	2.5~4.0

④ 측정값이 정상인가?

예	필요시 수리 또는 교환한 후 "고장수리 확인" 절차를 수행한다.
아니오	신중하게 DTC 진단가이드 절차를 다시 수행한다. 다음으로 배선 및 커넥터에 문제가 없고 증상이 지속될 경우, 단품을 교환한 후 "고장수리 확인" 절차를 수행한다.

7.1.2. 제어값 낮음(P0031)

"P0030 산소센서 히터 제어회로 이상(뱅크 1 센서 1)" 참조

[1] 고장코드 설명

PCM은 전방 산소센서 히터 제어선이 접지단락을 감지될 경우 고장코드 P0031을 출력한다.

[2] 고장 판정조건

항 목	판정 조건	고장예상 원인
진단방법	전기적인 점검	1. 커넥터 상태 점검 2. 전방 산소센서 제어선 접지 단락 3. 전방 산소센서 히터
진단조건	■ 전방 산소센서 히터 듀티 제어가 3.5% 이상 96.5% 이하일 때 ■ 배터리 전압이 10V 이상 16V 이하일 때 ■ 관련된 고장코드 없을 때	
고장판정	전방 산소센서 제어선이 접지단락으로 감지될 경우	
진단시간	5초	
경고등 점등조건	2회째 운전 사이클	

[3] 제어선 점검

① IG OFF한다.

② 산소센서와 PCM 커넥터를 탈거한다.

③ 산소센서 제어선 단자와 차체 접지사이의 저항을 측정한다(규정값 : 무한대).

④ 측정된 값이 정상인가?

예	"단품점검" 절차를 수행한다.
아니오	제어선의 단락된 회로를 수리한 후 "고장수리 확인" 절차를 수행한다.

[4] 단품점검

"P0030 산소센서 히터 제어회로 이상(뱅크 1 센서 1)" 참조

7.1.3. 제어값 높음(P0032)

"P0030산소센서 히터 제어회로 이상(뱅크 1 센서 1)" 참조

[1] 고장코드 설명

PCM은 전방 산소센서 히터 제어선이 전원 단락을 감지될 경우 고장코드 P0032를 출력한다.

[2] 고장 판정조건

항 목	판정 조건	고장예상 원인
진단방법	전기적인 점검	1. 커넥터 상태 점검 2. 전방 산소센서 제어선 접지 단락 3. 전방 산소센서 히터
진단조건	■ 전방 산소센서 히터 듀티 제어가 3.5% 이상 96.5% 이하일 때 ■ 배터리 전압이 10V 이상 16V 이하일 때 ■ 관련된 고장코드 없을 때	
고장판정	전방 산소센서 제어선이 전원 단락 또는 단선으로 감지될 경우	
진단시간	5초	
경고등 점등조건	2회째 운전 사이클	

[3] 제어선 점검

① IG OFF한다.

② 산소센서 커넥터를 탈거한다.

③ 산소센서 제어선 단자와 차체 접지사이의 전압을 측정한다(규정값 : 2~3V).

④ 측정된 값이 정상인가?

예	"전원선 점검" 절차를 수행한다.
아니오	제어선의 단선 또는 단락된 회로를 수리한 후 "고장수리 확인" 절차를 수행한다.

[4] 전원선 점검

① IG OFF한다.

② 산소센서 커넥터를 탈거한다.

③ IG ON한다.

④ 산소센서 전원선 단자와 차체 접지사이의 전압을 측정한다(규정값 : 배터리 전압).

⑤ 측정된 값이 정상인가?

예	"단품점검" 절차를 수행한다.
아니오	전원선의 단선 또는 단락된 회로를 수리한 후 "고장수리 확인" 절차를 수행한다.

[5] 단품점검

"P0030 산소센서 히터 제어회로 이상(뱅크 1 센서 1)" 참조

7.2. 산소센서 히터 제어회로(뱅크 1 센서 2, P0036)

산소센서 내부에 장착되어 있는 산소센서 히터는 지르코니아소자의 출력특성이 자체 온도가 370℃ 이상에서부터 정상적인 작동을 시작하며 이보다 낮은 온도에서는 기전력의 변화가 거의 발생하지 않는 특성을 가지고 있다.

그러나 공회전시 엔진의 배기가스 온도는 약 270~320℃ 정도 밖에 되지 않으므로 배기가스의 온도만으로는 산소센서가 정상 작동온도까지 도달하는데 시간이 소요되므로 배기가스의 과다한 배출을 초래한다. 그러므로 산소센서를 단시간 내에 정상 작동온도까지 도달시키기 위해 세라믹 히터를 지르코니아 내부에 장착하여 강제로 센서 온도를 올리므로 빠른 시간 내에 안정된 출력을 얻을 수 있고 따라서 시동 후 최단시간 내에 이론공연비 제어가 가능하므로 냉간시 과다한 배출가스 배출을 방지할 수 있다.

[1] 고장코드 설명

PCM은 후방 산소센서 히터의 성능이 비정상적으로 감지될 경우 고장코드 P0036을 출력한다.

[2] 고장 판정조건

항 목	판정 조건	고장예상 원인
진단방법	전기적인 점검	1. 커넥터 상태 점검 2. 후방 산소센서 히터
진단조건	■ 후방 산소센서 히터 듀티제어가 3.5% 이상 96.5% 이하일 때 ■ 관련된 고장코드 없을 때 ■ 배터리 전압이 10V 이상 16V 이하일 때 ■ 산소센서 작동 준비 상태 ■ 이전 엔진 정지 이후 냉각수온이 25℃ 이상 낮아진 상태	
고장판정	후방 산소센서 히터의 저항이 10000~18000Ω 이상	
진단시간	130초	
경고등 점등조건	2회째 운전 사이클	

[3] 전원선 단선점검

① IG OFF한다.

② 산소센서 커넥터를 탈거한다.

③ IG ON한다.

④ 산소센서 전원선 단자와 차체 접지사이의 전압을 측정한다(규정값 : 배터리 전압).

⑤ 측정된 값이 정상인가?

예	"제어선 점검" 절차를 수행한다.
아니오	전원선의 단선 또는 단락된 회로를 수리한 후 "고장수리 확인" 절차를 수행한다.

[4] 제어선 점검

(1) 제어선 단락점검

① IG OFF한다.

② 산소센서와 PCM 커넥터를 탈거한다.

③ 산소센서 제어선 단자와 차체 접지사이의 저항을 측정한다(규정값 : 무한대).

④ 측정된 값이 정상인가?

예	제어선 단선점검 절차를 수행한다.
아니오	제어선의 단락된 회로를 수리한 후 "고장수리 확인" 절차를 수행한다.

(2) 제어선 단선점검

① IG OFF한다.

② 산소센서와 PCM 커넥터를 탈거한다.

③ 산소센서 제어선 양단(센서측/PCM측)의 저항을 측정한다(규정값 : 약 1Ω 이하).

④ 측정된 값이 정상인가?

예	"단품점검" 절차를 수행한다.
아니오	제어선의 단선된 회로를 수리한 후 "고장수리 확인" 절차를 수행한다.

[5] 단품점검

① IG OFF한다.

② 산소센서 커넥터를 탈거한다.

③ 산소센서 히팅 양단의 저항을 측정한다(단품측).

온도(℃)	산소센서(S2) 히터 저항(Ω)
20	3.3~4.1

④ 측정값이 정상인가?

예	필요시 수리 또는 교환한 후 "고장수리 확인" 절차를 수행한다.
아니오	신중하게 DTC 진단가이드 절차를 다시 수행한다. 다음으로 배선 및 커넥터에 문제가 없고 증상이 지속될 경우, 단품을 교환한 후 "고장수리 확인" 절차를 수행한다.

7.2.1. 제어값 낮음(P0037)

"P0036 산소센서 히터 제어회로 이상(뱅크 1 센서 2)" 참조

[1] 고장코드 설명

PCM은 후방 산소센서 히터 제어선이 접지단락을 감지될 경우 고장코드 P0037을 출력한다.

[2] 고장 판정조건

항 목	판정 조건	고장예상 원인
진단방법	전기적인 점검	1. 커넥터 상태 점검 2. 후방 산소센서 제어선 접지 단락 3. 후방 산소센서 히터
진단조건	■ 후방 산소센서 히터 듀티 제어가 3.5% 이상 96.5% 이하일 때 ■ 관련된 고장코드 없을 때 ■ 배터리 전압이 10V 이상 16V 이하일 때	
고장판정	후방 산소센서 제어선이 접지 단락으로 감지될 경우	
진단시간	10초	
경고등 점등조건	2회째 운전 사이클	

[3] 제어선 단락 점검

"P0036 산소센서 히터 제어회로 이상(뱅크 1 센서 2)" 참조

[4] 단품점검

"P0036 산소센서 히터 제어회로 이상(뱅크 1 센서 2)" 참조

7.2.2. 제어값 높음(P0038)

"P0036 산소센서 히터 제어회로 이상(뱅크 1 센서 2)" 참조

[1] 고장코드 설명

PCM은 후방 산소센서 히터 제어선이 단선이거나 전원 단락으로 감지될 경우 고장코드 P0038을 출력한다.

[2] 고장 판정조건

<table>
<tr><th>항 목</th><th>판정 조건</th><th>고장예상 원인</th></tr>
<tr><td>진단방법</td><td>전기적인 점검</td><td rowspan="5">1. 커넥터 상태 점검
2. 후방 산소센서 제어선 전원 단락
3. 후방 산소센서 제어선 단선
4. 후방 산소센서 전원선 단선
5. 후방 산소센서 히터</td></tr>
<tr><td>진단조건</td><td>■ 후방 산소센서 히터 듀티 제어가 3.5% 이상 96.5% 이하일 때
■ 관련된 고장코드 없을 때
■ 배터리 전압이 10V 이상 16V 이하일 때</td></tr>
<tr><td>고장판정</td><td>후방 산소센서 제어선이 단선이거나 전원 단락으로 감지될 경우</td></tr>
<tr><td>진단시간</td><td>10초</td></tr>
<tr><td>경고등 점등조건</td><td>2회째 운전 사이클</td></tr>
</table>

[3] 제어선 점검

① IG OFF한다.

② 산소센서 커넥터를 탈거한다.

③ 산소센서 제어선 단자와 차체 접지사이의 전압을 측정한다(규정값 : 2~3V).

④ 측정된 값이 정상인가?

예	"전원선 점검" 절차를 수행한다.
아니오	제어선의 단선 또는 단락된 회로를 수리한 후 "고장수리 확인" 절차를 수행한다.

[4] 전원선 점검

(1) 전원선 접지 단락점검

① IG OFF한다.

② 산소센서 커넥터를 탈거한다.

③ 산소센서 전원선 단자와 차체 접지사이의 저항을 측정한다(규정값 : 무한대).

④ 측정된 값이 정상인가?

예	"다음 점검" 절차를 수행한다.
아니오	전원선의 단락된 회로를 수리한 후 "고장수리 확인" 절차를 수행한다.

(2) 전원선 단선점검

① IG OFF한다.

② 산소센서 커넥터를 탈거한다.

③ IG ON한다.

④ 산소센서 전원선 단자와 차체 접지사이의 전압을 측정한다(규정값 : 약 12V).

[5] 단품점검

"P0036 산소센서 히터 제어회로 이상(뱅크1 센서2)" 참조

7.3. 산소센서 회로(뱅크 1, 센서 1)

7.3.1. 신호값 낮음(P0131)

"P0030 산소센서 히터 제어회로 이상(뱅크 1 센서 1)" 참조

[1] 고장코드 설명

PCM은 전방 산소센서 신호선이 접지 단락으로 감지될 경우 고장코드 P0131을 출력한다.

[2] 고장 판정조건

항 목	판정 조건	고장예상 원인
진단방법	전기적인 점검	1. 커넥터 상태 점검 2. 전방 산소센서 신호선 접지 단락 3. 전방 산소센서
진단조건	배터리 전압이 10V 이상 16V 이하일 때	
고장판정	전방 산소센서 신호선이 접지단락으로 감지될 경우	
진단시간	2.5초	
경고등 점등조건	2회째 운전 사이클	

[3] 신호선 접지 단락점검

① IG OFF한다.

② 산소센서 커넥터를 탈거한다.

③ IG ON한다.

④ 다음사항을 측정한다.

㉮ 산소센서 배선측 Nernst셀 전압단자와 접지사이의 전압을 측정한다(규정값 : Nernst셀 전압 - 약 2.5V).

㉯ 산소센서 배선측 가상 접지선 단자와 접지사이의 전압을 측정한다(규정값 : 가상접지 - 약 2.1V).

㉰ 산소센서 배선측 보정 저항선 단자와 접지사이의 전압을 측정한다(규정값 : 보정저항 - 약 2.3V).

㉱ 산소센서 배선측 펌핑셀 전압선 단자와 접지사이의 전압을 측정한다(규정값 : 펌핑셀 전압 - 약 2.5V).

⑤ 측정된 값이 정상인가?

예	"단품점검" 절차를 수행한다.
아니오	신호선의 단락된 회로를 수리한 후 "고장수리 확인" 절차를 수행한다.

[4] 단품점검

(1) 산소센서 외관점검

① IG OFF한다.

② 산소센서를 탈거한다.

③ 산소센서에 이물질로 인한 오염 및 손상 여부를 점검한다.

(2) 산소센서 성능점검

① IG OFF한다.

② GDS 오실로스코프 기능을 이용하여 산소센서의 펌핑셀 전압단자에 프로브를 연결한다.

③ 시동을 걸고 엔진을 정상작동 온도까지 워밍업한다.

④ 펌핑셀 전압단자 파형을 측정한다.

⑤ 규정값

㉮ 엔진 구동 중 산소센서 전원(Nernst 셀 전압단자) 파형으로 약 2.5V의 전압을 나타낸다.

㉯ 엔진 구동 중 산소센서 접지(가상접지 단자) 파형으로 약 2.5V의 전압을 나타낸다.

㉰ 엔진 구동 중 산소센서 신호(펌핑셀 전압 단자) 파형으로 약 2~3V의 전압을 나타낸다.

㉱ 엔진 구동 중 산소센서 펌프(보정저항 단자) 파형으로 약 2~3V의 전압을 나타낸다.

⑥ 측정된 값이 정상인가?

예	필요시 수리 또는 교환한 후 "고장수리 확인" 절차를 수행한다.
아니오	신중하게 DTC 진단가이드 절차를 다시 수행한다. 다음으로 배선 및 커넥터에 문제가 없고 증상이 지속될 경우, 단품을 교환한 후 "고장수리 확인" 절차를 수행한다.

7.3.2. 신호값 높음(P0132)

"P0030 산소센서 히터 제어회로 이상(뱅크 1 센서 1)" 참조

[1] 고장코드 설명

PCM은 전방 산소센서 신호선이 전원 단락으로 감지될 경우 고장코드 P0132를 출력한다.

[2] 고장 판정조건

"P0131 산소센서 회로 - 신호값 낮음(뱅크 1 센서 1)" 참조

[3] 신호선 접지 단락점검

"P0131 산소센서 회로 - 신호값 낮음(뱅크 1 센서 1)" 참조

[4] 단품점검

"P0131 산소센서 회로 - 신호값 낮음(뱅크 1 센서 1)" 참조

7.3.3. 응답성 느림(P0133)

"P0030 산소센서 히터 제어회로 이상(뱅크 1 센서 1)" 참조

[1] 고장코드 설명

PCM은 전방 산소센서 신호의 응답성이 현저하게 떨어질 경우 고장코드 P0133을 출력한다.

[2] 고장 판정조건

항 목	판정 조건	고장예상 원인
진단방법	전방 산소센서 응답성(신호증폭) 점검	
진단조건	■ 배터리 전압이 11V 이상 ■ 냉각수온도 68℃ 이하 ■ 대기압 760hPa 이상 ■ 차속 41km/h 이상 ■ 엔진회전수 1200rpm 이상 3300rpm 이하 ■ 흡입 공기량 150mg/stk 이상 450mg/stk 이하 ■ 공연비 제어 활성화 상태 ■ 캐니스터 퍼지 밸브 닫힘 상태 ■ 관련된 고장코드 없을 때	1. 커넥터 상태 점검 2. 전방 산소센서 오염 3. 전방 산소센서
고장판정	기준 센서 공연비 신호진폭 적산값 대비 산소센서 공연비 신호진폭 적산값 이 다를 경우	
진단시간	25번 공연비 제어 주기마다.	
경고등 점등조건	2회째 운전 사이클	

[3] 시스템 점검

(1) 공기누설 및 막힘 점검

① 오염, 개스킷 조립상태 등의 점검을 수행한다.

㉮ 스로틀바디 조립상태 및 손상

㉯ 인테크 매니폴드와 서지탱크사이의 개스킷의 조립상태 및 손상

㉰ 인테크 매니폴드와 인젝터의 이물질로 인한 오염 및 막힘

㉱ 서지탱크와 PCSV사이의 이물질로 인한 오염 및 열림 고착

㉲ 산소센서(up)에 이물질로 인한 오염 및 손상여부를 점검한다.

② 공기의 누설 및 막힘 상태가 정상인가?

예	연료라인 점검 절차를 수행한다.
아니오	필요시 수리 또는 교환한 후 "고장수리 확인" 절차를 수행한다.

(2) 연료라인 점검

① 막힘, 오염, 조립상태 등의 점검을 수행한다.

㉮ 연료라인에 커넥터 등의 체결상태

㉯ 연료라인 파이프의 눌림, 누출, 꺾임 등

② 연료라인이 정상인가?

예	연료압력 점검 절차를 수행한다.
아니오	필요시 수리 또는 교환한 후 "고장수리 확인" 절차를 수행한다.

(3) 연료압력 점검

① IG ON한다.

② 실내 정션박스에 장착된 연료펌프 릴레이를 탈거한다.

③ 시동을 걸어 스스로 정지할 때까지 기다린 후에 IG OFF한다.

④ 연료펌프 릴레이를 연결한다.

⑤ 연료압력 게이지 어댑터를 이용해서 연료필터에 연료압력 게이지를 장착한다.

⑥ 시동을 걸고 연료압력을 측정한다(규정값 : 약 3.5kg/cm^2).

⑦ 연료압력이 정상인가?

예	"단품점검" 절차를 수행한다.
아니오	■ 연료리턴 호스 또는 파이프의 상태 점검을 수행한다. ■ 연료압력 레귤레이터 내에 있는 밸브 고착 점검을 수행한다. ■ 필요시 수리 또는 교환한 후 "고장수리 확인" 절차를 수행한다.

[4] 단품점검

(1) PCV밸브 점검

① IG OFF한다.

② PCV밸브를 탈거한다.

③ 얇은 막대를 PCV밸브의 나사진 쪽에 집어넣어 플런저가 움직이는가를 확인한다.

④ PCV가 정상적으로 움직이는 가?

예	PCSV 점검 절차를 수행한다.
아니오	정상적인 PCV로 교환한 후 작동이 정상이면 PCV를 교환한다. 다음으로 "고장수리 확인" 절차를 수행한다.

(2) PCSV 점검

① IG OFF한다.

② PCSV 및 진공호스를 분리한다.

③ 핸드 진공게이지를 PCSV에 연결한 후 진공을 가한다.

④ 진공이 유지를 하는 가?

예	인젝터 저항점검 절차를 수행한다.
아니오	정상적인 PCSV로 교환한 후 작동이 정상이면 PCSV를 교환한다. 다음으로 "고장수리 확인" 절차를 수행한다.

(3) 인젝터 저항점검

① IG OFF한다.

② 인젝터를 분리한다.

③ 인젝터의 누출 및 막힘이 있는지 점검한다.

④ 인젝터 단품측 전원선 1번 단자와 제어선 2번 단자사이의 저항을 측정한다.

온도(℃)	저항(Ω)
20	13.8~15.2

⑤ 측정값이 정상인가?

예	공연비 관련 센서 점검 절차를 수행한다.
아니오	정상적인 인젝터로 교환한 후 작동이 정상이면 인젝터를 교환한다. 다음으로 "고장수리 확인" 절차를 수행한다.

(4) 공연비 관련 센서 점검

① 공연비 관련 센서(맵센서, TPS, ECTS, PCSV, 인젝터 등)들의 입력 전압을 각 고장 코드별 진단절차에 의해 집중적으로 점검한다.

② 공연비 관련 센서들이 정상인가?

예	필요시 수리 또는 교환한 후 "고장수리 확인" 절차를 수행한다.
아니오	신중하게 DTC 진단가이드 절차를 다시 수행한다. 다음으로 배선 및 커넥터에 문제가 없고 증상이 지속될 경우, 단품을 교환한 후 "고장수리 확인" 절차를 수행한다.

7.4. 산소센서 회로(뱅크 1, 센서 2)

7.4.1. 신호값 낮음(P0137)

후방 산소센서는 삼원촉매의 후방에 장착되어 있으며 촉매의 작동 감시 및 효과적인 작동을 돕는 역할을 수행한다. 후방 산소센서의 출력 값의 범위는 0~1V사이이며, 엔진 난기 후 공회전 상태에서는 0.6V 이상이 된다.

촉매성능 및 단품상태가 양호할 경우에는 출력 값의 주파수 변동이 거의 없으나 촉매의 노화, 실화 또는 센서 불량의 경우는 앞 산소센서와 유사하게 출력 값의 주파수 변동이 일어난다.

[1] 고장코드 설명

PCM은 후방 산소센서 신호선이 접지단락으로 감지될 경우 고장코드 P0137를 출력한다.

[2] 고장 판정조건

항 목	판정 조건	고장예상 원인
진단방법	전기적인 점검	1. 커넥터 상태 점검 2. 후방 산소센서 신호선 접지 단락 3. 후방 산소센서
진단조건	■ 배터리 전압이 10V 이상 16V 이하일 때 ■ 공연비 제어 상태 ■ 공연비 제어 값이 상하한 값에 도달하지 않음 ■ 관련된 고장코드 없을 때	
고장판정	후방 산소센서의 전압이 0.02V 이하일 경우	
진단시간	35초	
경고등 점등조건	2회째 운전 사이클	

[3] 신호선 접지 단락점검

① IG OFF한다.

② 산소센서 커넥터를 탈거한다.

③ IG ON한다.

④ 산소센서 신호선 단자와 차체 접지사이의 전압을 측정한다(규정값 : 약 0.4~0.5V).

⑤ 측정된 값이 정상인가?

예	"단품점검" 절차를 수행한다.
아니오	신호선의 단선된 회로를 수리한 후 "고장수리 확인" 절차를 수행한다.

[4] 단품점검

① 아래 항목에 대해 시각적, 물리적 점검을 수행한다.

㉮ 산소센서가 정확하게 장착되어 있는지 여부 점검한다.

㉯ 산소센서의 실리콘 오염을 점검한다. 실리콘 오염은 산소센서 표면에 흰색 가루가 묻어 있는 것으로 확인할 수 있으며 비정상적인 값이 출력된다.

㉰ 연료, 냉각수 또는 오일에 의한 오염 여부

㉱ 부적절한 실런트 사용여부

㉲ 산소센서 오염이 발견된 경우에는 재 오염의 방지를 위하여 반드시 오염원인을 제거한 후 산소센서를 교환한다. "고장수리 확인" 절차를 수행한다.

② 분리했던 커넥터를 재 연결한다. 엔진을 난기시킨 후 무부하 공회전 상태를 유지한다.

③ GDS를 연결한 후 "센서 데이터"의 후방 산소센서 항목을 점검한다(규정값 : 공회전시 - 0.6V 이상, 급 가감속시 - 신호파형변화).

④ 출력값이 정상인가?

예	필요시 수리 또는 교환한 후 "고장수리 확인" 절차를 수행한다.
아니오	신중하게 DTC 진단가이드 절차를 다시 수행한다. 다음으로 배선 및 커넥터에 문제가 없고 증상이 지속될 경우, 단품을 교환한 후 "고장수리 확인" 절차를 수행한다.

7.4.2. 신호값 높음(P0138)

"P0137 산소센서 회로 - 신호값 낮음(뱅크 1 센서 2)" 참조

[1] 고장코드 설명

PCM은 후방 산소센서 신호선이 전원 단락으로 감지될 경우 고장코드 P0138을 출력한다.

[2] 고장 판정조건

항 목	판정 조건	고장예상 원인
진단방법	전기적인 점검	1. 커넥터 상태 점검 2. 후방 산소센서 신호선 전원 단락 3. 후방 산소센서
진단조건	배터리 전압이 10V 이상 16V 이하일 때	
고장판정	후방 산소센서의 전압이 1.2V 이상일 경우	
진단시간	2.5초	
경고등 점등조건	2회째 운전 사이클	

[3] 신호선 점검

① IG OFF한다.

② 산소센서 커넥터를 탈거한다.

③ IG ON한다.

④ 산소센서 신호선 단자와 차체 접지사이의 전압을 측정한다(규정값 : 약 0.4~0.5V).

⑤ 측정된 값이 정상인가?

예	"단품점검" 절차를 수행한다.
아니오	신호선의 전원 단락된 회로를 수리한 후 "고장수리 확인" 절차를 수행한다.

[4] 단품점검

"P0137 산소센서 회로 - 신호값 낮음(뱅크 1 센서 2)" 참조

7.4.3. 응답성 느림(P0139)

"P0137 산소센서 회로 - 신호값 낮음(뱅크1 센서2)" 참조

[1] 고장코드 설명

PCM은 연료 컷 실행 시 후방 산소센서 신호반응 시간이 비정상적으로 느려질 경우 고장코드 P0139를 출력한다.

[2] 고장 판정조건

항 목	판정 조건	고장예상 원인
진단방법	연료 컷 실행시 후방 산소센서 반전시간 감지	1. 커넥터 상태 점검 2. 후방 산소센서 3. 촉매
진단조건	■ 배터리 전압이 11V 이상 16V 이하일 때 ■ 후방 산소센서가 활성화일 때 ■ 후방 산소센서 전압이 0.6V 이상일 때(연료 컷 모드 진입 시) ■ 관련된 고장코드 없을 때 ■ 촉매온도(모델값)가 400℃ 이상일 때	
고장판정	연료 컷 실행시 후방 산소센서 신호반응 시간이 360ms 이상일 경우	
진단시간	3회 이상의 연료 컷 동안 감지	
경고등 점등조건	2회째 운전 사이클	

[3] 시스템점검

(1) 공기누설 점검

① 촉매와 후방 산소센서 간 배기시스템에 누설 부위가 있는지 시각적, 물리적으로 점검한다.

② 문제가 발견 되었는가?

예	필요시 수리 또는 교환한 후 "고장수리 확인" 절차를 수행한다.
아니오	시각적, 물리적 점검 절차를 수행한다.

(2) 시각적, 물리적 점검

① 아래 항목을 대상으로 흡・배기계통의 공기누설을 점검한다.

㉮ 진공호스의 손상, 꺾임 및 연결불량
㉯ 산소센서와 촉매 간 기밀유지 여부
㉰ 캐니스터 시스템의 공기누설 여부
㉱ 포지티브 크랭크 케이스 벤틸레이션(PCV)계통 누설

② 문제가 발견 되었는가?

예	필요시 수리 또는 교환한 후 "고장수리 확인" 절차를 수행한다.
아니오	"단품점검" 절차를 수행한다.

[4] 단품점검

"P0137 산소센서 회로 - 신호값 낮음(뱅크 1 센서 2)" 참조

8 캠 샤프트 포지션센서(CMPS : Camshaft Posit Sensor)

「그림」 15. 캠 샤프트 포지션센서

8.1. 캠샤프트 위치센서(CMPS) "A" 회로

8.1.1. 회로 이상(P0340)

캠샤프트 포지션센서는 1번 실린더의 압축상사점을 검출하는 센서로서 캠축의 종단에 장착되며 홀타입의 센서와 타켓 휠로 구성되어 있다. 센서의 신호 검출부가 타켓 휠의 돌기에 의해 차단되면 높은 전압이 발생하며 반대의 경우는 낮은 전압이 출력된다. PCM은 캠샤프트 포지션센서의 신호를 이용하여 각 기통의 위치를 인식한다.

[1] 고장코드 설명

흡기 캠샤프트 포지션센서 캠 위상변화 신호 없을 경우 P0340고장 코드를 출력한다.

[2] 고장 판정조건

<table>
<tr><th colspan="2">항 목</th><th>판정 조건</th><th>고장예상 원인</th></tr>
<tr><td colspan="2">진단방법</td><td>신호 이상</td><td rowspan="9">1. 타이밍시스템
2. 커넥터 접촉불량 및 배선 손상
3. 흡기측 캠 샤프트 포지션센서(CMPS#1)</td></tr>
<tr><td rowspan="3">경우 1</td><td>진단조건</td><td>최초 long tooth 발견 후</td></tr>
<tr><td>고장코드 발생 기준값</td><td>캠 위상변화 없음</td></tr>
<tr><td>진단시간</td><td>8회전</td></tr>
<tr><td rowspan="3">경우 2</td><td>진단조건</td><td>최초 long tooth 발견 후</td></tr>
<tr><td>고장코드 발생 기준값</td><td>캠 위상 변화값 범위초과(+/-18CRK(엔진 동기화 이후) 또는 6CRK(엔진 동기화 이전))</td></tr>
<tr><td>진단시간</td><td>6회전</td></tr>
<tr><td colspan="2">경고등 점등조건</td><td>2회째 운전 사이클</td></tr>
</table>

[3] 기준 파형 및 데이터

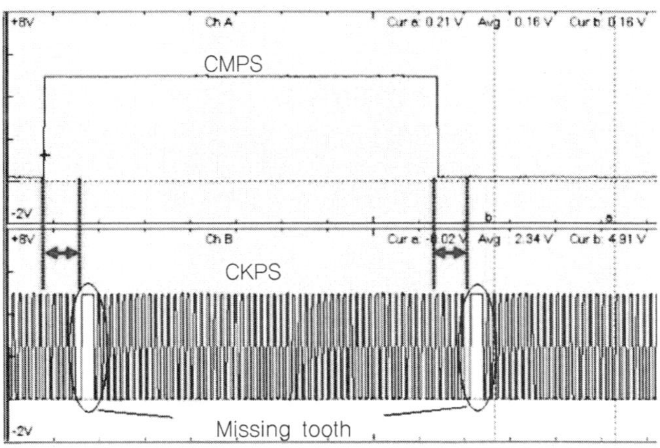

그림 16. 크랭크샤프트 포지션센서와 흡기 캠 샤프트 포지션센서 파형

① 캠 신호의 1/2주기 동안 크랭크신호는 미싱투스 포함 60개의 돌기 신호가 출력됨, 각 신호의 잡음, 개수 틀림 및 위치상이 등을 점검한다.

② 캠 신호 하강(상승) 신호와 미싱투스 사이에는 3~5개의 크랭크샤프트 돌기 신호가 출력되어야 한다.

[4] 전원선 단선, 접지 단락점검

① IG OFF한다.

② 흡기측 캠 포지션센서 커넥터를 탈거한다.

③ IG ON한다.

④ 흡기측 캠 포지션센서 전원선 단자와 차체 접지사이의 전압을 측정한다(규정값 : 약 12V).

⑤ 측정된 값이 정상인가?

예	"신호선 점검" 절차를 수행한다.
아니오	전원선의 단선, 단락된 회로를 수리한 후 "고장수리 확인" 절차를 수행한다.

[5] 신호선 점검

(1) 신호선 접지 단락점검

① IG OFF한다.

② 흡기측 캠 포지션센서 커넥터를 탈거한다.

③ 흡기측 캠 포지션센서 신호선 단자와 차체 접지사이의 저항을 측정한다(규정값 : 무한대).

④ 측정된 값이 정상인가?

예	신호선 단선점검 절차를 수행한다.
아니오	신호선의 단락된 회로를 수리한 후 "고장수리 확인" 절차를 수행한다.

(2) 신호선 단선점검

① IG OFF한다.

② 흡기측 캠 포지션센서 커넥터와 PCM 커넥터를 탈거한다.

③ 흡기측 캠 포지션센서 신호선 양단(센서측, PCM측)의 저항을 측정한다(규정값 : 약 1Ω 이하).

④ 측정된 값이 정상인가?

예	신호선 전원 단락점검 절차를 수행한다.
아니오	신호선의 단선된 회로를 수리한 후 "고장수리 확인" 절차를 수행한다.

(3) 신호선 전원 단락점검

① IG OFF한다.

② 흡기측 캠 포지션센서를 탈거한다.

③ IG ON한다.

④ 흡기측 캠 포지션센서 신호선 단자와 차체 접지사이의 전압을 측정한다(규정값 : 약 4.9V).

⑤ 측정된 값이 정상인가?

예	"접지선 점검" 절차를 수행한다.
아니오	신호선의 단락된 회로를 수리한 후 "고장수리 확인" 절차를 수행한다.

[6] 접지선 점검

① IG OFF한다.

② 흡기측 캠 포지션센서 커넥터와 PCM 커넥터를 탈거한다.

③ 흡기측 캠 포지션센서 접지선 양단(센서측/PCM측)의 저항을 측정한다(규정값 : 약 1Ω 이하).

④ 측정된 값이 정상인가?

예	"단품점검" 절차를 수행한다.
아니오	접지선의 접촉저항 및 단선된 회로를 수리한 후 "고장수리 확인" 절차를 수행한다.

[7] 단품점검

① "GDS 데이터분석" 항목을 참고하여 오실로스코프 파형이 그림 16처럼 정상적으로 출력되는지 점검한다.

② 파형이 정상적으로 출력 되는가?

예	필요시 수리 또는 교환한 후 "고장수리 확인" 절차를 수행한다.
아니오	신중하게 DTC 진단가이드 절차를 다시 수행한다. 다음으로 배선 및 커넥터에 문제가 없고 증상이 지속될 경우, 단품을 교환한 후 "고장수리 확인" 절차를 수행한다.

8.1.2. 작동범위, 성능이상(P0341)

"P0340 캠샤프트 위치센서(CMPS) "A"회로 이상(뱅크1)" 참조

[1] 고장코드 설명

흡기 캠 위치센서 신호 이상, 캠 위치 위상 변화시간, 캠 위치 위상시간 기울기 신호 이상시 P0341 고장코드를 출력한다.

[2] 고장 판정조건

항 목	판정 조건	고장예상 원인
진단방법	신호이상(캠 샤프트 세그먼트 시간이 너무 길거나 짧을 시)	1. 타이밍시스템 2. 커넥터 접촉불량 및 배선 손상 3. 흡기측 캠 샤프트 포지션센서(CMPS#1)
진단조건	엔진 동기됨	
고장판정	▪ 캠 샤프트 세그먼트 시간 〈 7.3msec. ▪ 0.75msec 〉 현 세그먼트 시간/이전 세그먼트 시간 〉 1.33msec.	
진단시간	5회전	
경고등 점등조건	2회째 운전 사이클	

[3] 기준 파형 및 데이터

"P0340 캠 샤프트 위치센서(CMPS) "A"회로 이상(뱅크 1)" 참조

[4] 단품점검

"P0340 캠 샤프트 위치센서(CMPS) "A"회로 이상(뱅크 1)" 참조

8.2. 캠샤프트 위치센서(CMPS)"B"회로(뱅크 1)

8.2.1. 회로이상(P0365)

"P0340 캠 샤프트 위치센서(CMPS) "A" 회로 이상(뱅크 1)" 참조

[1] 고장코드 설명

배기 캠샤프트 포지션센서 캠 위상 변화 신호 없을 경우 P0365 고장코드를 출력한다.

[2] 고장 판정조건

<table>
<tr><th colspan="2">항 목</th><th>판정 조건</th><th>고장예상 원인</th></tr>
<tr><td colspan="2">진단방법</td><td>신호 이상</td><td rowspan="8">1. 타이밍 시스템
2. 커넥터 접촉 불량 및 배선 손상
3. 배기측 캠 샤프트 포지션 센서(CMPS#2)</td></tr>
<tr><td rowspan="3">경우 1</td><td>진단조건</td><td>최초 long tooth 발견 후</td></tr>
<tr><td>고장코드 발생 기준값</td><td>캠 위상변화 없음</td></tr>
<tr><td>진단시간</td><td>8회전</td></tr>
<tr><td rowspan="3">경우 2</td><td>진단조건</td><td>최초 long tooth 발견 후</td></tr>
<tr><td>고장코드 발생 기준값</td><td>캠 위상 변화값 범위 초과(+/- 18CRK(엔진 동기화 이후) 또는 6CRK(엔진 동기화 이전))</td></tr>
<tr><td>진단시간</td><td>6회전</td></tr>
<tr><td colspan="2">경고등 점등조건</td><td>2회째 운전 사이클</td></tr>
</table>

[3] 기준 파형 및 데이터

"P0340 캠 샤프트 위치센서(CMPS) "A"회로 이상(뱅크 1)" 참조

[4] 전원선 단선, 접지 단락점검

① IG OFF한다.

② 배기측 캠 포지션센서 커넥터를 탈거한다.

③ IG ON한다.

④ 배기측 캠 포지션센서 전원선 단자와 차체 접지사이의 전압을 측정한다(규정값 : 약 12V).

⑤ 측정된 값이 정상인가?

예	"신호선 점검" 절차를 수행한다.
아니오	전원선의 단선/단락된 회로를 수리한 후 "고장수리 확인" 절차를 수행한다.

[5] 신호선 점검

(1) 신호선 접지 단락점검

① IG OFF한다.

② 배기측 캠 포지션센서 커넥터를 탈거한다.

③ 배기측 캠 포지션센서 신호선 단자와 차체 접지사이의 저항을 측정한다(규정값 : 무한대).

④ 측정된 값이 정상인가?

예	신호선 단선점검 절차를 수행한다.
아니오	신호선의 단락된 회로를 수리한 후 "고장수리 확인" 절차를 수행한다.

(2) 신호선 단선점검

① IG OFF한다.

② 배기측 캠 포지션센서 커넥터와 PCM 커넥터를 탈거한다.

③ 배기측 캠 포지션센서 신호선 양단(센서측/PCM측)의 저항을 측정한다(규정값 : 약 1Ω 이하).

④ 측정된 값이 정상인가?

예	신호선 전원 단락점검 절차를 수행한다.
아니오	신호선의 단선된 회로를 수리한 후 "고장수리 확인" 절차를 수행한다.

(3) 신호선 전원 단락점검

① IG OFF한다.

② 배기측 캠 포지션센서를 탈거한다.

③ IG ON한다.

④ 배기측 캠 포지션센서 신호선 단자와 차체 접지사이의 전압을 측정한다(규정값 : 약 4.9V).

⑤ 측정된 값이 정상인가?

예	"접지선 점검" 절차를 수행한다.
아니오	신호선의 단락된 회로를 수리한 후 "고장수리 확인" 절차를 수행한다.

[6] 접지선 점검

① IG OFF한다.

② 배기측 캠 포지션센서 커넥터와 PCM 커넥터를 탈거한다.

③ 배기측 캠 포지션센서 접지선 양단(센서측/PCM측)의 저항을 측정한다(규정값 : 약 1Ω 이하).

④ 측정된 값이 정상인가?

예	"단품점검" 절차를 수행한다.
아니오	접지선의 접촉 저항 및 단선된 회로를 수리한 후 "고장수리 확인" 절차를 수행한다.

[7] 단품점검

"P0340 캠 샤프트 위치센서(CMPS) "A"회로 이상(뱅크 1)" 참조

8.2.2. 작동범위, 성능이상(P0366)

"P0340 캠 샤프트 위치센서(CMPS) "A"회로 이상(뱅크 1)" 참조

[1] 고장코드 설명

배기 캠 위치센서 신호 이상, 캠 위치 위상시간 기울기 신호 이상시 P0366 고장코드를 출력한다.

[2] 고장 판정조건

항 목	판정 조건	고장예상 원인
진단방법	신호이상(캠샤프트 세그먼트시간이 너무 길거나 짧을 시)	1. 타이밍시스템 2. 커넥터 접촉 불량 및 배선 손상 3. 배기측 캠 샤프트 포지션센서(CMPS#2)
진단조건	엔진 동기됨	
고장판정	■ 캠샤프트 세그먼트시간 〈 7.3msec. ■ 0.75msec 〉 현 세그먼트시간/이전 세그먼트시간 〉 1.33msec.	
진단시간	5회전	
경고등 점등조건	2회째 운전 사이클	

[3] 기준 파형 및 데이터

“P0340 캠 샤프트 위치센서(CMPS) “A”회로 이상(뱅크 1)” 참조

[4] 단품점검

“P0340 캠 샤프트 위치센서(CMPS) “A”회로 이상(뱅크 1)” 참조

9 크랭크샤프트 포지션센서(CKPS : Crankshaft Position Sensor)

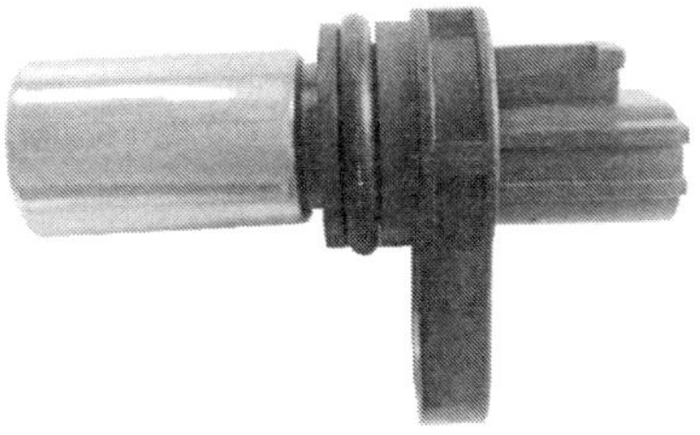

「그림」 17. 크랭크샤프트 포지션센서

9.1. 크랭크축 톤 휠 편차 미학습(P0315)

크랭크샤프트 포지션센서는 각각 엔진 회전수와 현재의 실린더의 위치를 감지하는

센서이다. 엔진회전수는 전자제어 엔진에 있어 가장 중요한 변수일 뿐만 아니라 신호처리 자체도 상당히 어렵다. 이 신호가 엔진 PCM으로 입력이 되지 않으면 연료는 물론 컨트롤 릴레이(메인 릴레이)가 작동하지 않게 되어 절대 운행할 수 없다.

크랭크센서는 트랜스미션의 커버에 장착되며, 크랭크 타켓 휠에 의해 현재의 피스톤 위치가 어느 행정에 있는지 판단한다. 센서는 타켓 휠과 근접하게 장착하여 엔진회전시 타켓 휠과 센서사이에 발생하는 자기장에 의해 교류전압을 발생시킨다.

센서에 타켓 휠의 돌기부분이 접근하면서 자속이 커지다가 돌기부분이 중심에 위치할 때는 자속의 변화가 없다가 다시 멀어지면서 자속의 붕괴로 인한 전압이 발생하는 교류 전압을 발생한다. 타켓 휠은 크랭크각 360도에 60개의 이빨을 가공한 후 이중 기준위치에 위치한 이빨 2개는 빼고 가공한다(Missing Tooth).

[1] 고장코드 설명

PCM은 세그먼트 학습값을 감시하여 정상치에 벗어나면 고장코드 P0315를 출력한다.

[2] 고장 판정조건

항 목	판정 조건	고장예상 원인
진단방법	성능 점검	1. 타이밍시스템 2. 커넥터 접촉 불량 및 배선손상 3. 크랭크샤프트 포지션 센서
진단조건	CKPS 에러 있음	
고장판정	세그먼트 학습값 〉 4/1000	
진단시간	3 크랭크 회전	
경고등 점등조건	미점등	

[3] 기준파형 및 데이터

① 정상적인 크랭크각센서와 흡기 캠샤프트 포지션센서 동기화 파형 데이터 리뷰

㉮ 캠 신호의 1/2주기 동안 크랭크신호는 미싱투스 포함 60개의 돌기신호가 출력됨, 각 신호의 잡음, 개수 틀림 및 위치상이 등을 점검한다.

㉯ 캠 신호 하강(상승) 신호와 미싱투스사이에는 3~5개의 크랭크샤프트 돌기신호가 출력 되어야 한다.

② 정상적인 크랭크각센서와 배기 캠샤프트 포지션센서 동기화 파형 데이터 리뷰

㉮ 캠 신호의 1/2주기 동안 크랭크신호는 미싱투스 포함 60개의 돌기신호가 출

력됨, 각 신호의 잡음, 개수 틀림 및 위치상이 등을 점검한다.

㈏ 캠 신호 하강(상승) 신호와 미싱투스사이에는 15개의 크랭크샤프트 돌기신호가 출력되어야 한다.

9.2. 크랭크축 샤프트 포지션센서(CKPS)

9.2.1. 회로 이상(P0335)

"P0315 크랭크축 톤 휠 편차 미학습" 참조

[1] 고장코드 설명

크랭크축 샤프트 포지션센서의 참조 신호를 검사하여 3회전 동안 신호가 감지되지 않으면 고장으로 인식하여 고장코드 P0335를 출력한다.

[2] 고장 판정조건

항 목	판정 조건	고장예상 원인
진단방법	성능 점검	1. 신호선, 전원선 단선 또는 단락 2. 커넥터 접촉 불량 및 배선 손상 3. 크랭크샤프트 포지션 센서
진단조건	캠 위치 센서 유효	
고장판정	캠 위치 위상이 3번 변할 때까지 크랭크 이빨수 감지 못함	
진단시간	3 크랭크 회전	
경고등 점등조건	2회째 운전 사이클	

[3] 기준파형 및 데이터

"P0315 크랭크축 톤 휠 편차 미학습" 참조

[4] 전원선 단선, 접지 단락점검

① IG OFF한다.

② 크랭크각센서 커넥터를 탈거한다.

③ IG ON한다.

④ 크랭크각센서 전원선 단자와 차체 접지사이의 전압을 측정한다(규정값 : 약 1.8V).

⑤ 측정된 값이 정상인가?

예	"신호선 점검" 절차를 수행한다.
아니오	전원선의 단선/단락된 회로를 수리한 후 "고장수리 확인" 절차를 수행한다.

[5] 신호선 점검

(1) 신호선 접지 단락점검

① IG OFF한다.

② 크랭크각센서 커넥터를 탈거한다.

③ 크랭크각센서 신호선 단자와 차체 접지사이의 저항을 측정한다(규정값 : 무한대).

④ 측정된 값이 정상인가?

예	신호선 단선점검 절차를 수행한다.
아니오	신호선의 단락된 회로를 수리한 후 "고장수리 확인" 절차를 수행한다.

(2) 신호선 단선점검

① IG OFF한다.

② 크랭크각센서 커넥터와 PCM 커넥터를 탈거한다.

③ 크랭크각센서 신호선 양단(센서측, PCM측)의 저항을 측정한다(규정값 : 약 1Ω 이하).

④ 측정된 값이 정상인가?

예	신호선 전원 단락점검 절차를 수행한다.
아니오	신호선의 단선된 회로를 수리한 후 "고장수리 확인" 절차를 수행한다.

(3) 신호선 전원 단락점검

① IG OFF한다.

② 크랭크각센서를 탈거한다.

③ IG ON한다.

④ 크랭크각센서 신호선 단자와 차체 접지사이의 전압을 측정한다(규정값 : 약 1.8V).

⑤ 측정된 값이 정상인가?

예	필요시 수리 또는 교환한 후 "고장수리 확인" 절차를 수행한다.
아니오	신중하게 DTC 진단가이드 절차를 다시 수행한다. 다음으로 배선 및 커넥터에 문제가 없고 증상이 지속될 경우, 단품을 교환한 후 "고장수리 확인" 절차를 수행한다.

9.2.2. 작동범위, 성능이상(P0336)

"P0315 크랭크축 톤 휠 편차 미학습" 참조

[1] 고장코드 설명

크랭크각센서 이빨개수 차이가 클 경우 이상일 경우 P0336 고장코드를 출력한다.

[2] 고장 판정조건

항 목		판정 조건	고장예상 원인
진단방법		신호 이상	1. 신호선, 접지선, 전원선 단선 또는 단락 2. 커넥터 접촉 불량 및 배선 손상 3. 크랭크샤프트 포지션 센서
경우1	진단조건	엔진 회전 상태	
	고장코드 발생 기준값	이빨 개수 차이≥1	
	진단시간	5 크랭크 회전	
경우2	진단조건	이빨 개수 차이≥2	
	고장코드 발생 기준값	■ 엔진 회전 상태 ■ 엔진 회전수 〉512rpm	
	진단시간	3 크랭크 회전	
경고등 점등 조건		2회째 운전 사이클	

[3] 기준파형 및 데이터

"P0315 크랭크축 톤 휠 편차 미학습" 참조

[4] 전원선 단선, 접지 단락점검

"P0335 크랭크축 샤프트 포지션센서(CKPS) 회로 이상" 참조

[5] 신호선 점검

"P0335 크랭크축 샤프트 포지션센서(CKPS) 회로 이상" 참조

10 연료탱크 압력센서(FTPS : Fuel Tank Pressure Sensor)

10.1. 증발가스 제어시스템(연료탱크 압력센서(FTPS)회로

10.1.1. 작동범위, 성능이상(P0451)

증발가스 제어시스템이란 연료탱크 내의 증발가스(탄화수소)를 재순환하여 연소시킴으로서 탄화수소를 저감하는 시스템을 말한다. PCM은 증발가스 제어시스템의 누설진단을 위하여 연료탱크 내에 설치된 압력센서를 이용한다.

압력센서는 압전효과를 이용한 센서로서 5V의 기준 전압을 제공받아 누설진단과정에서 발생하는 압력변화에 비례하는 아날로그 출력전압을 PCM에 전달한다.

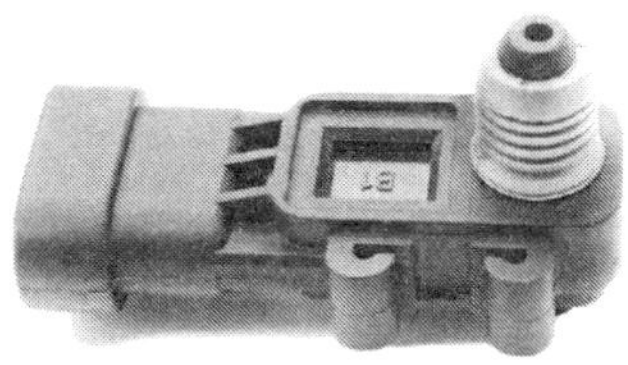

그림 18. 연료탱크 압력센서

[1] 고장코드 설명

연료탱크 압력센서 신호 고정 40mV 이하, 신호 고정 높음 400Pa(4hPa) 이상, 신호 고정 낮음-1100Pa(-11hPa) 이상 P0451 고장코드를 출력한다.

[2] 고장 판정조건

항 목		판정 조건	고장예상 원인
경고 1	진단방법	신호 고정	1. 커넥터 접촉 불량 2. 배선 손상 3. PCSV 4. 연료탱크 압력센서 5. 연료 캡 열림
	진단조건	■ 현 운전 사이클 내에서 차속 50km/h 이상인 적이 1회 이상 ■ 캐니스터 퍼지 흐름량 〉 1.5kg/h(15초간 지속) ■ 연료량 〈 85% ■ 대기온도 모델 〉 -10℃ ■ 캐니스터 부하 〈 0.5 ■ 관련된 에러 없음	
	고장판정	센서신호 변화량 〈 15mV	
	진단시간	15초	

<table>
<tr><th colspan="2">항 목</th><th>판정 조건</th><th>고장예상 원인</th></tr>
<tr><td rowspan="4">경고 2</td><td>진단방법</td><td>신호 고정 높음</td><td rowspan="10">1. 커넥터 접촉 불량
2. 배선 손상
3. PCSV
4. 연료탱크 압력센서
5. 연료 캡 열림</td></tr>
<tr><td>진단조건</td><td>■ 캐니스터 퍼지 흐름량〉1.5kg/h
■ 연료량〈85%
■ 대기온도 모델〉-10℃
■ 엔진냉각 수온〉50℃
■ 캐니스터 부하〈0.5
■ 관련 에러 없음</td></tr>
<tr><td>고장판정</td><td>연료탱크 압력〉400Pa</td></tr>
<tr><td>진단시간</td><td>30초</td></tr>
<tr><td rowspan="4">경고 3</td><td>진단방법</td><td>신호 고정 낮음</td></tr>
<tr><td>진단조건</td><td>■ 캐니스터 퍼지밸브 닫힘
■ 연료량〈85%
■ 대기온도 모델〉-10℃
■ 엔진냉각 수온〉50℃
■ 관련 에러 없음</td></tr>
<tr><td>고장판정</td><td>-3500Pa〈연료탱크 압력〈-1100Pa</td></tr>
<tr><td>진단시간</td><td>40초</td></tr>
<tr><td colspan="2">경고등 점등조건</td><td>2회째 운전 사이클</td></tr>
</table>

[3] 시스템 점검

(1) 연료필러 캡 점검

① 연료필러 캡이 정확히 잠겨 있는지 또는 내부 오링의 상태가 정상적인지 점검한다.

② 상태가 정상인가?

예	연료탱크 압력센서 점검 절차를 수행한다.
아니오	연료필러 캡을 신품으로 교환한 후 "고장수리 확인" 절차를 수행한다.

(2) 연료탱크 압력센서 점검

① IG ON한다.

② 연료탱크 압력센서에서 연료탱크로부터 연결되는 진공호스를 연료탱크 압력센서 측에서 분리한다.

③ 진공펌프를 연료탱크 압력센서 니플에 연결한다.

④ 진공펌프를 이용하여 진공을 인가(1.5kPa~3.5kPa)하면서 백프로브로 연료탱크 압력센서 신호단자에 연결하여 출력전압을 점검한다.

⑤ 규정값 : 진공압에 따라 점진적으로 신호전압이 증가한다(과도한 진공(약 3.8 kPa 이상)을 인가하지 말 것)

압력(kPa)	출력 전압(V)
+6.666	4.5
0	2.5
−6.666	0.5

⑥ 측정값이 정상인가?

예	"캐니스터 퍼지 밸브 점검" 절차를 수행한다.
아니오	새로운 단품을 임시 장착하여 차량 상태를 확인한 후 정상이면 단품을 교환한다. "고장수리 확인" 절차를 수행한다.

(3) 캐니스터 퍼지밸브 점검

① IG OFF한다.

② 흡기 매니폴드에서 퍼지 컨트롤 솔레노이드밸브로 연결되는 진공호스를 흡기 매니폴드 측에서 분리한다.

③ 진공펌프를 이용하여 분리한 진공호스(흡기매니폴드 측)에 진공을 인가한 후 진공이 유지되는지 점검한다.

④ IG ON한다.

⑤ GDS를 연결한 후 액추에이터 구동기능 중에서 "캐니스터 퍼지밸브"를 선택한다.

⑥ "캐니스터 퍼지밸브"를 작동시키면서 밸브 작동시 인가한 진공이 해제되며 밸브 작동음이 들리는지 점검한다.

⑦ 신뢰성 있는 점검을 위하여 아래의 규정값을 참조하면서 밸브구동을 4~5회 반복하여 실시한다.

점검 조건	사양
캐니스터 퍼지 솔레노이드 작동	진공 유지
캐니스터 퍼지 솔레노이드 비작동	진공 해제

⑧ 밸브가 정상적으로 작동되는가?

예	필요시 수리 또는 교환한 후 “고장수리 확인” 절차를 수행한다.
아니오	■ 캐니스터 퍼지밸브 몸체의 화살표가 흡기 매니폴드 측으로 조립되어 있는지 점검한다. 역장착 되었을 경우에는 재 조립한 후 “고장수리 확인” 절차를 수행한다. 정상이면 아래 점검 절차를 수행한다. ■ 진공호스 또는 클램프의 장착 상태 및 진공호스의 누설 등을 점검한 후 이상이 발견되면 수리한다. 정상이면 새로운 단품을 임시 장착하여 차량 상태를 확인한 후 정상이면 단품을 교환한다. “고장수리 확인” 절차를 수행한다.

10.1.2. 신호값 낮음(P0452)

“P0451 증발가스 제어시스템 - 연료탱크 압력센서(FTPS) 회로 작동범위, 성능이상” 참조

[1] 고장코드 설명

연료탱크 압력센서 접지(-) 단락 0.32V 이하시 P0452 고장코드를 출력한다.

[2] 고장판정 조건

항 목	판정 조건	고장예상 원인
진단방법	접지 단락	1. 신호선 접지 단락 2. 커넥터 접촉 불량 및 배선 손상 3. 연료탱크 압력센서
진단조건	11V < 배터리 전압 < 16V	
고장판정	센서 전압 < 0.1V	
진단시간	0.5초	
경고등 점등조건	2회째 운전 사이클	

[3] 전원선 점검

① IG OFF한다.

② 연료탱크 압력센서 커넥터를 탈거한다.

③ IG ON한다.

④ 연료탱크 압력센서 전원선과 차체 접지사이의 전압을 측정한다(규정값 : 약 5V).

⑤ 측정값이 정상인가?

예	"신호선 점검" 절차를 수행한다.
아니오	전원선의 단선 또는 단락된 회로를 수리한 후 "고장수리 확인" 절차를 수행한다.

[4] 신호선 점검

① IG OFF한다.

② 연료탱크 압력센서 커넥터를 탈거한다.

③ IG ON한다.

④ 연료탱크 압력센서 신호선과 차체 접지사이의 전압을 측정한다(규정값 : 약 5V).

⑤ 측정값이 정상인가?

예	"단품점검" 절차를 수행한다.
아니오	신호선의 단락된 회로를 수리한 후 "고장수리 확인" 절차를 수행한다.

[5] 단품점검(연료탱크 압력센서 점검)

① IG ON한다.

② 연료탱크 압력센서에서 연료탱크로부터 연결되는 진공호스를 연료탱크 압력센서 측에서 분리한다.

③ 진공펌프를 연료탱크 압력센서 니플에 연결한다.

④ 진공펌프를 이용하여 진공을 인가(1.5kPa~3.5kPa)하면서 백프로브로 연료탱크 압력센서 신호 단자에 연결하여 출력전압을 점검한다.

⑤ 규정값 : 진공압에 따라 점진적으로 신호 전압이 증가한다(과도한 진공(약 3.8 kPa 이상)을 인가하지 말 것)

압력(kPa)	출력 전압(V)
+6.666	4.5
0	2.5
−6.666	0.5

⑥ 측정값이 정상인가?

예	이 고장은 커넥터의 접촉 불량에 의한 일시적인 고장이다. 전체적으로 커넥터의 느슨함, 접촉 불량, 구부러짐, 부식, 오염, 변형 또는 손상을 점검한다. 필요시 수리 또는 교환한 후 "고장수리 확인" 절차를 수행한다.
아니오	신중하게 DTC 진단가이드 절차를 다시 수행한다. 다음으로 배선 및 커넥터에 문제가 없고 증상이 지속될 경우, 단품을 교환한 후 "고장수리 확인" 절차를 수행한다.

10.1.3. 신호값 높음(P0453)

"P0451 증발가스 제어시스템 - 연료탱크 압력센서(FTPS) 회로 작동범위/성능이상" 참조

[1] 고장코드 설명

연료탱크 압력센서 배터리(+) 단락 또는 단선 4.78V 이상 시 P0453 고장코드를 출력한다.

[2] 고장 판정조건

항 목	판정 조건	고장예상 원인
진단방법	배터리(+)단락 또는 단선	1. 신호선 단선 2. 신호선 전원 단락 3. 접지선 단선 4. 커넥터 접촉불량 및 배선손상 5. 연료탱크 압력센서
진단조건	11V 〈 배터리 전압 〈 16V	
고장판정	센서 전압 〉 4.9V	
진단시간	0.5초	
경고등 점등조건	2회째 운전 사이클	

[3] 접지선 단선, 단락점검

① IG OFF한다.

② 연료탱크 압력센서 커넥터와 PCM 커넥터를 탈거한다.

③ IG ON한다.

④ 연료탱크 압력센서 신호선 배선측과 접지사이의 전압을 측정한다(측정 A).

⑤ 연료탱크 압력센서 신호선 배선측과 연료탱크 접지선 배선측 사이의 전압을 측정한다(측정 B).

⑥ 규정값 : 측정 A와 측정 B사이의 전압차이 200mV 이하

⑦ 측정된 값이 정상인가?

예	"신호선 점검" 절차를 수행한다.
아니오	전원선의 접촉저항 및 단선을 수리한 후 "고장수리 확인" 절차를 수행한다.

[4] 신호선 점검

(1) 신호선 전원 단락점검

① IG OFF한다.

② 연료탱크 압력센서와 PCM 커넥터를 분리한다.

③ 연료탱크 압력센서 신호선 배선측과 전원선 배선측 사이의 저항을 측정한다(규정값 : 무한대).

④ 측정된 값이 정상인가?

예	신호선 단선점검 절차를 수행한다.
아니오	신호선의 전원 단락된 회로를 수리한 후 "고장수리 확인" 절차를 수행한다.

(2) 신호선 단선점검

① IG OFF한다.

② 연료탱크 압력센서 커넥터를 탈거한다.

③ IG ON한다.

④ 연료탱크 압력센서 신호선 배선측과 차체 접지사이의 전압을 측정한다(규정값 : 약 5V).

⑤ 측정된 값이 정상인가?

예	"단품점검" 절차를 수행한다.
아니오	신호선의 단선된 회로를 수리한 후 "고장수리 확인" 절차를 수행한다.

[5] 단품점검

"P0452 증발가스 제어시스템- 연료탱크 압력센서(FTPS) 회로 신호값 낮음" 참조

10.1.4. 간헐적 고장(P0454)

"P0451 증발가스 제어시스템 - 연료탱크 압력센서(FTPS) 회로 작동범위, 성능이상" 참조

[1] 고장코드 설명

연료탱크 압력센서 신호 노이즈 감지시 P0454 고장코드를 출력한다.

[2] 고장판정 조건

항 목	판정 조건	고장예상 원인
진단방법	신호 노이즈	1. 커넥터 접촉 불량 2. 배선 손상 3. 연료탱크 압력센서
진단조건	■ 엔진 냉각 수온〉50℃ ■ 외기온도〉-10℃ ■ 시동 후 시간〉100초 ■ 엔진 공회전 상태 ■ 연료량 : 15~85% ■ 관련고장 없음 ■ 배터리전압〉10V ■ 이전 캐니스터 퍼지 공기누설 점검 실패 이후 시간〉60초 ■ 최소 캐니스터 퍼지시간 : 3~25초(캐니스터 부하에 따름) ■ 캐니스터 부하〈1 ■ 연료탱크 압력 증가량 계산지수〈0.025 ■ 차량속도〈10km/h ■ 계산된 고도〈2.4km	
고장판정	연료탱크 압력신호 노이즈에 의한 3번 이상의 증발가스 누설진단 중지 시 고장으로 진단	1. 커넥터 접촉 불량 2. 배선 손상 3. 연료탱크 압력센서
진단시간	0.12초	
경고등 점등조건	2회째 운전 사이클	

[3] 단품점검

"P0452 증발가스 제어시스템 - 연료탱크 압력센서(FTPS) 회로 신호값 낮음" 참조

11 아이들 스피드 컨트롤 액추에이터(ISCA: Idle Speed Control Actuator)

11.1. 공회전 제어시스템

11.1.1. 목표값보다 RPM이 낮음(P0506)

PCM은 내부에 계산되어 있는 목표 회전수와 실제 엔진 회전수의 편차를 최소화하기 위해 엔진회전수 제어를 실시한다. 스로틀 모터는 엔진 PCM으로부터 작동 전류를 공급받아 스로틀밸브 열림과 닫힘을 구동하는 모터이다.

내부구조는 델타결선으로 이루어진 코일과 코일의 자력에 의해 작동하는 로터와 스로틀밸브를 구동하기 위한 구동기어로 이루어져 있으며 내부에는 스로틀 위치센서 1과 2가 내장되어 있다. PCM은 스로틀모터의 초기위치 학습값(연산 데이터)과 TPS값의 전압 변화치를 참고하여 현재 스로틀모터의 위치를 검출하고 전류를 모터에 듀티제어(PWM)를 통해 공급하여 정밀하게 제어한다.

[1] 고장코드 설명

공회전 RPM목표값 대비 낮음, 실제 공회전속도 - 목표 공회전속도 - 100rpm보다 낮은 경우 P0506 고장코드를 출력한다.

[2] 고장 판정조건

항 목	판정 조건	고장예상 원인
진단방법	기준 공회전 속도와 실제 엔진 회전수와의 편차 점검	1. 흡기시스템의 막힘 2. 배기시스템의 막힘 3. 스로틀바디의 카본 퇴적 4. 커넥터 접촉 불량 5. 배선손상 6. ETC시스템
진단조건	■ 냉각수온 〉 74℃ ■ 차량정지 상태 ■ 11 〈 배터리 전압 〈 16V ■ 엔진 시동 후 〉 20초 ■ 관련 고장 없음	
고장판정	목표 공회전속도보다 실제 엔진 회전수가 100rpm 낮음	
진단시간	17초	
경고등 점등조건	2회째 운전 사이클	

[3] 흡기시스템의 막힘 점검

① 다음 사항에 대해서 점검한다.

㉮ 이물질이나 많은 먼지가 쌓인 에어클리너

㉯ 흡기시스템의 호스 막힘

㉰ 스로틀바디 입구 손상 또는 이물질 유입

㉱ 스로틀 플레이트의 카본 누적

② 위 사항들에 대해서 문제점이 발견되었는가?

예	발견된 문제점을 해결한 후, 다음으로 "고장수리 확인" 절차를 수행한다.
아니오	고장코드를 지우고, 위에서 언급된 검출조건으로 차량테스트를 한다. 이 고장코드가 다시 나타나면, "단품점검"의 "강제구동" 절차를 수행한다.

[4] 단품점검(강제구동)

① 자기진단 커넥터에 GDS를 연결한다.

② GDS의 "강제구동"의 [ETC모터] 항목을 수행하고 TPS 1과 2의 신호값이 정상적으로 변화하는지 확인한다.

③ 관련된 "센서 데이터"항목을 선택한다.

④ 강제구동 실시 후, TPS 1과 TPS 2값이 반비례하여 변화가 되는지와 강제구동시 ETC 작동음이 들리는지 확인한다.

⑤ 센서 데이터 및 모터 작동음이 정상인가?

예	PCM측 커넥터 및 터미널의 접촉불량 또는 부식, 변형 등을 재점검하여 이상이 있으면 수리한다. 수리완료 후 또는 정상일 경우 "고장수리 확인" 절차를 수행한다.
아니오	TPS 1, 2의 신호 출력값이 비정상일 경우 : P0121 또는 P0221의 진단절차를 따라 수리한다. ETS 모터 작동음이 들리지 않을 경우 : P0638의 진단절차를 따라 수리한다. 수리 완료 후 "고장수리 확인" 절차를 수행한다.

[5] 부가기능

① 자기진단 커넥터에 GDS를 연결한다.

② IG ON한다.

③ GDS “부가기능”의 “각종 학습치 소거”항목을 조건에 맞춰 실행한다(그림 8참조).

11.1.2. 목표값보다 RPM이 높음(P0507)

“P0506 공회전 제어시스템 - 목표값보다 RPM이 낮음” 참조

[1] 고장코드 설명

공회전 RPM 목표값 대비 높음, 실제 공회전속도 - 목표 공회전속도 + 200rpm보다 높은 경우 P0507 고장코드를 출력한다.

[2] 고장 판정조건

항 목	판정 조건	고장예상 원인
진단방법	기준 공회전 속도와 실제 엔진 회전수와의 편차 점검	1. 흡기계통 공기누설 2. 배기계통 공기누설 3. 커넥터 접촉 불량 4. 배선 손상 5. ETC시스템
진단조건	■ 냉각수온 〉74℃ ■ 차량정지 상태 ■ 11〈 배터리 전압〈 16V ■ 엔진 시동 후〉20초 ■ 관련 고장 없음	
고장판정	목표 공회전속도보다 실제 엔진 회전수가 200rpm 높음	
진단시간	17초	
경고등 점등조건	2회째 운전 사이클	

[3] 흡기시스템의 흡기누설 점검

① 다음 사항에 대해서 점검한다.

㉮ 흡기계통 공기누설

㉯ 스로틀바디 고착

㉰ 진공호스의 균열, 손상 및 부적절한 연결상태

㉱ PCV밸브의 설치불량, O링의 손상 또는 고장

㉲ 산소센서와 촉매사이 배기시스템의 공기누설

㉳ 흡기 매니폴드와 실린더헤드사이의 개스킷

㉴ 흡기 매니폴드와 인젝터사이의 기밀상태

② 위 사항들에 대해서 문제점이 발견되었는가?

예	발견된 문제점을 해결한 후, 다음으로 "고장수리 확인" 절차를 수행한다.
아니오	고장코드를 지우고, 위에서 언급된 검출 조건으로 차량테스트를 한다. 이 고장코드가 다시 나타나면, "단품점검"의 "강제구동" 절차를 수행한다.

[4] 단품점검(강제구동)

"P0506 공회전 제어시스템 - 목표값보다 RPM이 낮음" 참조

[5] 부가기능

"P0506 공회전 제어시스템 - 목표값보다 RPM이 낮음" 참조

12 ETC(Electronic Throttle Control)시스템

12.1. 스로틀 액추에이터

12.1.1. 성능이상(P0638)

스로틀모터는 엔진 PCM으로부터 작동 전류를 공급받아 스로틀밸브 열림과 닫힘을 구동하는 모터이다. 내부구조는 델타결선으로 이루어진 코일과 코일의 자력에 의해 작동하는 로터와 스로틀밸브를 구동하기 위한 구동기어로 이루어져 있으며 내부에는 스로틀 위치센서 1과 2가 내장되어 있다.

그림 19. ETC(Electronic Throttle Control)

PCM은 스로틀모터의 초기위치 학습값(연산 데이터)과 TPS값의 전압 변화치를 참고하여 현재 스로틀모터의 위치를 검출하고 전류를 모터에 듀티제어(PWM)를 통해 공급하여 정밀하게 제어한다. 또한 PCM은 스로틀모터 고장시 밸브를 5도로 고정시키는 림프 홈 기능을 통해 시동 꺼짐을 방지하여 고장수리가 가능하도록 조치한다.

[1] 고장코드 설명

공회전 RPM 목표값 대비 높음, 실제 공회전속도 - 목표 공회전 속도 + 200rpm보다 높은 경우 P0638 고장코드를 출력한다.

[2] 고장 판정조건

항 목	판정 조건	고장예상 원인
진단방법	기계적 닫힘 위치의 학습 전압값 범위 감시	1. 커넥터 접촉 불량 2. ETC 모터 3. 스로틀 포지션센서(TPS)
진단조건	스로틀 위치 학습 동안	
고장판정	닫힘 위치로 제어 후 현재값과 목표값의 편차 〉 0.332V	
진단시간	1.2초	
경고등 점등조건	2회째 운전 사이클	

[3] 제어선 단선점검

① IG OFF한다.

② ETC모터 & TPS와 PCM 커넥터를 분리한다.

③ ETC모터 (+), (-)선 배선측 양단의 저항을 측정한다(규정값 : 약 1Ω 이하).

④ 측정값이 정상인가?

예	"단품점검" 절차를 수행한다.
아니오	ETC모터 & TPS 신호선의 단선된 회로를 수리한 후 "고장수리 확인" 절차를 수행한다.

[4] 단품점검

(1) 스로틀밸브 고착점검

① IG OFF한다.

② 스로틀바디와 공기량 센서 사이의 공기 호스를 분리한다.

③ 스로틀밸브가 이물질에 의해서 고착되었는지를 확인한다.

④ 스로틀밸브가 정상인가?

예	스로틀 위치센서 점검 절차를 수행한다.
아니오	이물질을 제거한 후 스로틀밸브가 정상적으로 작동되는지를 확인하거나 정상적인 스로틀 바디로 교환한 후 작동이 정상이면 스로틀 바디를 교환한다. 다음으로 "고장수리 확인" 절차를 수행한다.

(2) 스로틀 위치센서 점검

① 자기진단 커넥터에 GDS를 연결한다.

② GDS의 "센서 데이터"에서 해당 고장코드와 관련된 데이터를 선택하고 아래와 같이 확인한다.

㉮ TPS1 - 공회전시 : 약 0.6V, 급가속시 : 약 4.5V

㉯ TPS2 - 공회전시 : 약 4.5V, 급가속시 : 약 0.6V

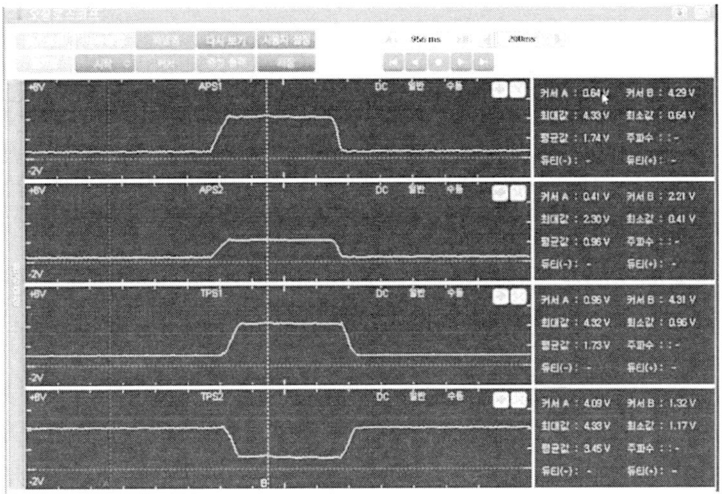

그림 20. APS 1, 2 및 TPS 1, 2파형

③ 측정값이 정상적으로 출력되는가?

예	ETC모터 저항점검 절차를 수행한다.
아니오	필요에 따라 교환 또는 수리한 후 "고장수리 확인" 절차를 수행한다.

(3) ETC모터 저항점검

① IG OFF한다.

② ETC모터 & TPS와 PCM 커넥터를 분리한다.

③ ETC모터 제어선(+) 단품측과 (-)단품측 사이의 저항을 측정한다(규정값 : 약 1.2~1.8Ω (20℃)).

④ 측정된 값이 정상인가?

예	이 고장은 커넥터의 접촉 불량에 의한 일시적인 고장이다. 전체적으로 커넥터의 느슨함, 접촉 불량, 구부러짐, 부식, 오염, 변형 또는 손상을 점검한다. 필요시 수리 또는 교환한 후 "고장수리 확인" 절차를 수행한다.
아니오	신중하게 DTC 진단가이드 절차를 다시 수행한다. 다음으로 배선 및 커넥터에 문제가 없고 증상이 지속될 경우, 단품을 교환한 후 "고장수리 확인" 절차를 수행한다.

[5] 부가기능

① 자기진단 커넥터에 GDS를 연결한다.

② IG ON한다.

③ GDS "부가기능"의 "각종 학습치 소거" 항목을 조건에 맞춰 실행한다(그림 8 참조).

12.2. 스로틀 액추에이터(ETS) 제어 모터회로

12.2.1. 작동범위, 성능이상(P2101)

ETC는 전자제어식 스로틀 컨트롤밸브로서 운전자의 의도에 따라서 엔진에 유입하는 공기량을 제어하도록 하는 장치이다. ETC는 모터와 스로틀 바디, 그리고 스로틀 포지션센서로 구성되어 있다.

기존의 기계식 스로틀밸브는 액셀 페달과 와이어 케이블을 이용하여 연결하였지만, ETC는 전자식 액셀 페달 모듈의 입력값을 ECM이 받아서 ETC 모터를 이용하여 스로틀밸브를 원하는 만큼 개폐하여 엔진 출력을 조절할 수 있도록 한다. ETC시스템은 또한 별도의 장치 없이 크루즈 컨트롤 기능을 사용할 수 있도록 하는 장점이 있다.

[1] 고장코드 설명

PCM은 ETC 모터의 성능이상이 감지될 경우 고장코드 P2101을 출력한다.

[2] 고장 판정조건

항 목	판정 조건	고장예상 원인
진단방법	하드웨어 고장	1. 커넥터 접촉 불량 2. 회로의 단선/단락 3. 배선 단락 4. ETC 모터
진단조건	배터리 전압 〉9V	
고장판정	저전압, 과전류, 과열 또는 제어회로(H-Bridge)작동 불능	
진단시간	0.1초	
경고등 점등조건	1회째 운전 사이클	
림프 홈	■ 엔진 회전수 제한(1500~3000rpm) ■ 전기적 신호(ETC시스템) 고장 판정금지	

[3] ETC 출력선 1 점검

(1) 접지 단락점검

① IG OFF한다.

② ETC 커넥터와 PCM 커넥터를 탈거한다.

③ ETC 모터 배선측 ETC 출력선 1 단자와 차체 접지사이의 저항을 측정한다(규정값 : 무한대).

④ 측정된 값이 정상인가?

예	전원 단락점검 절차를 수행한다.
아니오	제어선의 접지 단락된 회로를 수리한 후 "고장수리 확인" 절차를 수행한다.

(2) 전원 단락점검

① IG OFF한다.

② ETC 커넥터와 PCM 커넥터를 탈거한다.

③ IG ON한다.

④ ETC모터 배선측 ETC 출력선 1 단자와 차체 접지사이의 전압을 측정한다(규정값 : 약 0V).

⑤ 측정된 값이 정상인가?

예	단선점검 절차를 수행한다.
아니오	제어선의 전원 단락된 회로를 수리한 후 "고장수리 확인" 절차를 수행한다.

(3) 단선점검

① IG OFF한다.

② ETC 커넥터와 PCM 커넥터를 탈거한다.

③ ETC모터 배선측 ETC 출력선 1 양단의 저항을 측정한다(규정값 : 약 1Ω 이하).

④ 측정된 값이 정상인가?

예	"ETC 출력선 2 점검" 절차를 수행한다.
아니오	제어선의 단선된 회로를 수리한 후 "고장수리 확인" 절차를 수행한다.

[4] ETC 출력선 2 점검

(1) 접지 단락점검

① IG OFF한다.

② ETC 커넥터와 PCM 커넥터를 탈거한다.

③ ETC모터 배선측 ETC 출력선 2 단자와 차체 접지사이의 저항을 측정한다(규정값 : 무한대).

④ 측정된 값이 정상인가?

예	전원 단락점검 절차를 수행한다.
아니오	제어선의 접지 단락된 회로를 수리한 후 "고장수리 확인" 절차를 수행한다.

(2) 전원 단락점검

① IG OFF한다.

② ETC 커넥터와 PCM 커넥터를 탈거한다.

③ IG ON한다.

④ ETC모터 배선측 ETC 출력선2 단자와 차체 접지사이의 전압을 측정한다(규정값 : 약 0V).

⑤ 측정된 값이 정상인가?

예	단선점검 절차를 수행한다.
아니오	제어선의 전원 단락된 회로를 수리한 후 "고장수리 확인" 절차를 수행한다.

(3) 단선점검

① IG OFF한다.

② ETC 커넥터와 PCM 커넥터를 탈거한다.

③ ETC모터 배선측 ETC 출력선 2 양단의 저항을 측정한다(규정값 : 약 1Ω 이하).

④ 측정된 값이 정상인가?

예	"단품점검" 절차를 수행한다.
아니오	제어선의 단선된 회로를 수리한 후 "고장수리 확인" 절차를 수행한다.

[5] 단품점검

"P0638 스로틀 액추에이터 성능이상" 참조

[6] 부가기능

"P0638 스로틀 액추에이터 성능이상" 참조

12.3. 스로틀 액추에이터(ETS) 제어시스템

12.3.1. 강제 공회전(P2104)

엔진컨트롤 모듈(PCM)은 전자식 스로틀 제어시스템에 고장이 발생하였을 경우, 차량의 안정성 확보를 위하여 비상(림프 홈) 모드로 차량을 운행시킨다.

비상모드 주행의 목적은 차량을 안전한 상태로 주행(또는 시동불능)시켜 정비를 받도록 유도하는데 있다. 어떠한 비상 모드로 운행할 것인가는 ETC시스템의 고장 정도에 따라 PCM에 의해서 결정된다.

[1] 고장코드 설명

PCM은 APS 1, 2모두 고장나서 강제로 공회전으로 진입되었을 경우 P2104를 출력한다.

[2] 고장 판정조건

항 목	판정 조건	고장예상 원인
진단방법	ETC시스템 고장으로 인한 비상 모드 운행여부 점검	1. 가속페달 센서 관련 고장 발생
진단조건	ETC시스템 고장 검출 영역	
고장판정	가속페달센서 1 & 2 동시 고장 발생으로 인한 비상 모드 운행	
진단시간	즉시	
경고등 점등조건	1회째 운전 사이클	

12.3.2. 강제 엔진 정지(P2105)

"P2104 스로틀 액추에이터(ETS) 제어시스템 - 강제 공회전" 참조

[1] 고장코드 설명

PCM은 ETC시스템을 제어하는 PCM 고장(P0605)으로 인해 시동불능의 비상모드에 진입했을 경우 P2105를 출력한다.

[2] 고장 판정조건

항 목	판정 조건	고장예상 원인
진단방법	ETC시스템 고장으로 인한 비상 모드 운행여부 점검	1. 고장코드 P0605 (PCM 이상) 발생시
진단조건	ETC시스템 고장 검출 영역	
고장판정	PCM 고장 발생으로 인한 비상모드 운행	
진단시간	즉시	
경고등 점등조건	1회째 운전 사이클	

12.3.3. 강제 출력제한(P2106)

"P2104 스로틀 액추에이터(ETS) 제어시스템 - 강제 공회전" 참조

[1] 고장코드 설명

PCM은 TPS 1 또는 TPS 2 고장으로 경우 출력제한 비상모드에 진입했을 경우 P2106을 출력한다.

[2] 고장 판정조건

항 목	판정 조건	고장예상 원인
진단방법	ETC시스템 고장으로 인한 비상 모드 운행 여부 점검	1. 스로틀 위치센서 연관 고장 발생
진단조건	ETC시스템 고장 검출 가능 영역	
고장판정	TPS 전기적 고장 또는 TPS1과 TPS2의 신호 이상 고장	
진단시간	즉시	
경고등 점등조건	1회째 운전 사이클	

12.3.4. 강제 RPM 제한(P2110)

"P2104 스로틀 액추에이터(ETS) 제어시스템 - 강제 공회전" 참조

[1] 고장코드 설명

PCM은 ETC시스템 고장코드가 표출될 경우, 엔진회전수가 1500RPM으로 제한되면서 P2110을 출력한다.

[2] 고장 판정조건

항 목	판정 조건	고장예상 원인
진단방법	가속페달 센서, 전자식 스로틀 제어기, 스로틀 위치센서 및 공급전압 관련 고장감시 체제	1. ETC시스템 관련 고장 발생
진단조건	ETC시스템 고장 검출 가능 영역	
고장판정	■ 가속페달 센서 고장 또는 ETC 하드웨어 고장(P2101, P2118) 또는 스로틀 위치센서 시동고장 및 학습 에러(P2119, P0638) 또는 스로틀 위치센서 공급전원 고장(P0652, P0653) 또는 가속페달센서 공급전원 고장(P0642, P0643, P0698, P0699) 또는 가속페달센서 비율 비교 에러(P2138) 또는 스로틀 위치센서1과 스로틀 위치센서 2 동시 에러 또는 2단계 감시 에러(=처리 감시)	
진단시간	즉시	
경고등 점등조건	1회째 운전 사이클	

12.4. 스로틀 액추에이터(ETS)제어 모터 전류값

12.4.1. 작동범위, 성능이상(P2118)

"P0638 스로틀 액추에이터 성능이상" 참조

[1] 고장코드 설명

PWM신호 감시를 감시하여 스로틀 컨트롤러 PWM이 90% 이상이거나 실제값과 목표값의 차이가 3%~25% 이상일 경우 P2118 고장코드를 출력한다.

[2] 고장 판정조건

항 목		판정 조건	고장예상 원인
경우 1	진단방법	제어 출력값	1. 제어선 단선 2. 커넥터 접촉 불량 3. ETC 모터
	진단조건	■ 스로틀 위치 학습 완료 ■ 배터리 전압〉10V	
	고장판정	PWM〉95%	
경우 2	진단방법	제어 편차 감시	
	진단조건	■ 스로틀 위치 학습 완료 ■ 스로틀 위치 목표값 고정	
	고장판정	현재 스로틀위치 - 목표 스로틀위치〉3~25°	
진단시간		0.5초	
경고등 점등조건		1회째 운전 사이클	
림프 홈		■ 엔진 회전수 제한(1500~3000RPM) ■ 전기적 신호(ETC 시스템)고장 판정 금지	

[3] 제어선 점검

① IG OFF한다.

② ETC모터 & TPS와 PCM 커넥터를 분리한다.

③ ETC모터 (+), (−)선 배선측 양단의 저항을 측정한다(규정값 : 약 1Ω 이하).

④ 측정값은 정상인가?

예	"단품점검" 절차를 수행한다.
아니오	ETC모터 & TPS 신호선의 단선된 회로를 수리 후 "고장수리 확인" 절차를 수행한다.

[4] 단품점검

(1) 스로틀밸브 고착 점검

① IG OFF한다.

② 스로틀바디와 공기량센서사이의 공기호스를 분리한다.

③ 스로틀밸브가 이물질에 의해서 고착되었는지를 확인한다.

④ 스로틀밸브가 정상인가?

예	ETC모터 저항점검 절차를 수행한다.
아니오	이물질을 제거한 후 스로틀밸브가 정상적으로 작동되는지를 확인하거나 정상적인 스로틀 바디로 교환한 후 작동이 정상이면 스로틀 바디를 교환한다. 다음으로 "고장수리 확인" 절차를 수행한다.

(2) ETC모터 저항점검

① IG OFF한다.

② ETC모터 & TPS와 PCM 커넥터를 분리한다.

③ ETC모터 제어선 (+)단품측과 (-)단품측사이의 저항을 측정한다(규정값 : 약 1.2~1.8Ω (20℃)).

④ 측정된 값이 정상인가?

예	이 고장은 커넥터의 접촉 불량에 의한 일시적인 고장이다. 전체적으로 커넥터의 느슨함, 접촉 불량, 구부러짐, 부식, 오염, 변형 또는 손상을 점검한다. 필요시 수리 또는 교환한 후 "고장수리 확인" 절차를 수행한다.
아니오	신중하게 DTC 진단가이드 절차를 다시 수행한다. 다음으로 배선 및 커넥터에 문제가 없고 증상이 지속될 경우, 단품을 교환한 후 "고장수리 확인" 절차를 수행한다.

[5] 부가기능

① 자기진단 커넥터에 GDS를 연결한다.

② IG ON한다.

③ GDS "부가기능"의 "각종 학습치 소거" 항목을 조건에 맞춰 실행한다(그림 8 참조).

12.5. 스로틀 액추에이터(ETS)제어 스로틀바디

12.5.1. 작동범위, 성능이상(P2119)

"P0638 스로틀 액추에이터 성능이상" 참조

[1] 고장코드 설명

전자 스로틀(ETC) 스로틀위치 학습 감시 실패시 P2119 고장코드 출력

[2] 고장 판정조건

항 목	판정 조건	고장예상 원인
진단방법	스로틀위치 학습 감시	1. 커넥터 접촉 불량 2. ETC 모터
고장판정	전자 스로틀위치 학습 실패 시	
진단시간	0.1초	
경고등 점등조건	1회째 운전 사이클	
림프 홈	■ 엔진 회전수 제한(1500~3000RPM) ■ 전기적 신호(ETC시스템) 고장 판정 금지	

[3] 제어선 점검

"P2118 스로틀 액추에이터(ETS)제어 모터 전류값 - 작동범위, 성능이상" 참조

[4] 단품점검

"P2118 스로틀 액추에이터(ETS)제어 모터 전류값 - 작동범위, 성능이상" 참조

[5] 부가기능

"P2118 스로틀 액추에이터(ETS)제어 모터 전류값 - 작동범위, 성능이상" 참조

13 파워 트레인 컨트롤모듈(PCM : Power train control module)

13.1. 초기 냉간 아이들시 흡기제어시스템

13.1.1. 성능이상(P050A)

냉간 시동시 PCM은 ETC모터를 제어하여 촉매장치의 온도 활성화를 위하여 엔진 RPM과 점화시기를 지각하면서 제어하게 된다.

[1] 고장코드 설명

PCM은 냉간 시동시 목표 엔진회전수와 현재 엔진회전수가 비정상적으로 차이가 있을 경우 고장으로 인식하여 고장코드 P050A를 출력한다.

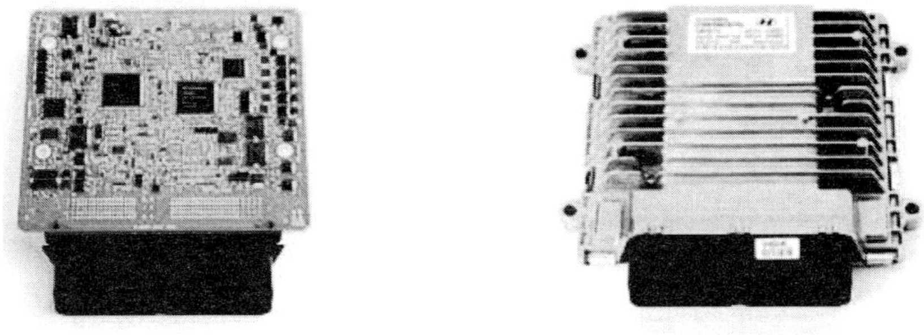

(a) (b)

「그림」 21. 파워 트레인 컨트롤 모듈

[2] 고장 판정조건

항 목	판정 조건	고장예상 원인
진단 방법	기준 공회전속도와 실제 엔진 회전수와의 편차 점검	1. 흡기시스템의 누설 2. 스로틀바디의 카본 퇴적 3. 커넥터 접촉 불량 4. 배선손상 5. ETC시스템
진단조건	■ 차속 = 0 ■ 시동시 냉각수온도 -9~32.2℃ ■ 시동 후 5초 이상 경과 ■ APS = 0 ■ 관련 고장 없음(P0506, P0507)	
고장판정	■ 목표 공회전속도보다 실제 엔진 회전수가 270rpm 낮음 ■ 목표 공회전속도보다 실제 엔진 회전수가 200rpm 높음	
진단시간	20초	
경고등 점등조건	2회째 운전 사이클	

[3] 흡기시스템의 막힘 점검

① 다음 사항에 대해서 점검한다.

㉮ 흡기시스템에 대한 흡기 누설여부

㉯ 진공호스 찢어짐 또는 잘못된 연결

㉰ 이물질이나 많은 먼지가 쌓인 에어클리너

㉱ 흡기시스템의 호스 막힘

㉲ 스로틀바디 입구 손상 또는 이물질 유입

㉳ 스로틀바디 카본 퇴적 또는 고착

② 위 사항들에 대해서 문제점이 발견되었는가?

예	발견된 문제점을 해결한 후, 다음으로 "고장수리 확인" 절차를 수행한다.
아니오	고장코드를 지우고, 위에서 언급된 검출 조건으로 차량 테스트를 한다. 이 고장코드가 다시 나타나면 "단품점검"의 "강제구동절차"를 수행한다.

[4] 단품점검(강제구동)

"P0506 공회전 제어시스템 - 목표값보다 RPM이 낮음" 참조

[5] 부가기능

"P2118 스로틀 액추에이터(ETS)제어 모터 전류값 - 작동범위, 성능이상" 참조

14 인젝터

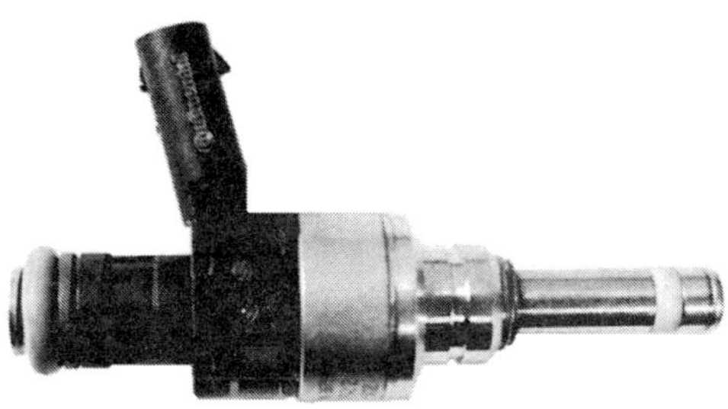

그림 22. 인젝터

14.1. 실린더 1번 인젝터 회로

14.1.1. 제어값 낮음(P0261)

인젝터 분사시간은 엔진부하에 의해 결정되며 흡입공기량 및 각종 센서의 정보에 의해 보정된다. 인젝터는 분사출구의 면적과 연료의 압력이 일정하기 때문에 니들밸브의 개방시간, 즉 솔레노이드코일의 통전시간에 의해 연료 분사량이 결정된다. 따라

서 PCM은 솔레노이드코일의 통전시간을 제어하여 운행조건에 따른 최적의 연료분사량을 제어함으로서 출력 및 토크, 배기가스, 연비 등을 최적화 할 수 있다.

[1] 고장코드 설명

PCM은 인젝터 #1이 접지단락 및 단선으로 감지될 경우 고장코드 P0261을 출력한다.

[2] 고장 판정조건

항 목	판정 조건	고장예상 원인
진단방법	전기적인 점검	1. 커넥터 상태 점검 2. 인젝터 #1 제어선 단선 3. 인젝터 #1 제어선 접지단락 4. 인젝터 #1
진단조건	■ 배터리 전압이 10V 이상 16V 이하일 때 ■ 엔진 공회전 상태일 때(320rpm 이상)	
고장판정	인젝터 #1이 접지단락 및 단선으로 감지될 경우	
진단시간	1.5초	
경고등 점등조건	2회째 운전 사이클	

[3] 전원선 단선, 접지 단락점검

① IG OFF한다.

② 인젝터 커넥터를 탈거한다.

③ IG ON한다.

④ 인젝터 전원선 단자와 차체 접지사이의 저항을 측정한다(규정값 : 무한대).

⑤ 측정된 값이 정상인가?

예	제어선 점검 절차를 수행한다.
아니오	전원선의 단선 또는 단락된 회로를 수리한 후 "고장수리 확인" 절차를 수행한다.

[4] 제어선 점검

(1) 제어선 접지 단락점검

① IG OFF한다.

② 인젝터 커넥터를 탈거한다.

③ 인젝터 제어선 단자와 차체 접지사이의 저항을 측정한다(규정값 : 무한대).

④ 측정된 값이 정상인가?

예	제어선 단선점검 절차를 수행한다.
아니오	제어선의 단락된 회로를 수리한 후 "고장수리 확인" 절차를 수행한다.

(2) 제어선 단선점검

① IG OFF한다.

② 인젝터 커넥터를 탈거한다.

③ IG ON한다.

③ 인젝터 제어선 단자와 차체 접지사이의 전압을 측정한다(규정값 : 약 2.5V).

④ 측정된 값이 정상인가?

예	"단품점검" 절차를 수행한다.
아니오	제어선의 단선된 회로를 수리한 후 "고장수리 확인" 절차를 수행한다.

[5] 단품점검

① IG OFF한다.

② 인젝터 커넥터를 탈거한다.

③ 커넥터 전원선과 제어선 사이의 저항을 측정한다(단품측).

온도(℃)	코일 저항(Ω)
20	13.8~15.2

④ 측정된 값이 정상인가?

예	필요시 수리 또는 교환한 후 "고장수리 확인" 절차를 수행한다.
아니오	신중하게 DTC 진단가이드 절차를 다시 수행한다. 다음으로 배선 및 커넥터에 문제가 없고 증상이 지속될 경우, 단품을 교환한 후 "고장수리 확인" 절차를 수행한다.

14.1.2. 제어값 높음(P0262)

"P0261 실린더 1번 인젝터 회로 - 제어값 낮음" 참조

[1] 고장코드 설명

PCM은 인젝터 #1이 전원단락으로 감지될 경우 고장코드 P0262를 출력한다.

[2] 고장 판정조건

항 목	판정 조건	고장예상 원인
진단방법	전기적인 점검	1. 커넥터 상태 점검 2. 인젝터 #1 제어선 전원 단락 3. 인젝터 #1
진단조건	▪ 배터리 전압이 10V이상 16V 이하일 때 ▪ 엔진 공회전 상태일 때(320rpm 이상)	
고장판정	인젝터 #1이 전원 단락으로 감지될 경우	
진단시간	1.5초	
경고등 점등조건	2회째 운전 사이클	

[3] 제어선 전원 단락점검

① IG OFF한다.

② 인젝터 커넥터를 탈거한다.

③ IG ON한다.

④ 인젝터 제어선 단자와 차체 접지사의의 전압을 측정한다(규정값 : 약 2.5V).

⑤ 측정된 값이 정상인가?

예	"단품점검" 절차를 수행한다.
아니오	제어선의 단락된 회로를 수리한 후 "고장수리 확인" 절차를 수행한다.

[4] 단품점검

"P0261 실린더 1번 인젝터 회로 - 제어값 낮음" 참조

14.2. 실린더 2번 인젝터 회로

14.2.1. 제어값 낮음(P0264)

"P0261 실린더 1번 인젝터회로 - 제어값 낮음" 참조

[1] 고장코드 설명

PCM은 인젝터 #2이 접지단락 및 단선으로 감지될 경우 고장코드 P0264를 출력한다.

[2] 고장 판정조건

항 목	판정 조건	고장예상 원인
진단방법	전기적인 점검	1. 커넥터 상태 점검 2. 인젝터 #2 제어선 단선 3. 인젝터 #2 제어선 접지 단락 4. 인젝터 #2
진단조건	■ 배터리 전압이 10V 이상 16V 이하일 때 ■ 엔진 공회전 상태일 때(320rpm 이상)	
고장판정	인젝터 #2가 접지 단락 및 단선으로 감지될 경우	
진단시간	1.5초	
경고등 점등조건	2회째 운전 사이클	

[3] 전원선 단선, 접지 단락점검

"P0261 실린더 1번 인젝터회로 - 제어값 낮음" 참조

[4] 제어선 점검

"P0261 실린더 1번 인젝터회로 - 제어값 낮음" 참조

[5] 단품점검

"P0261 실린더 1번 인젝터회로 - 제어값 낮음" 참조

14.2.2. 제어값 높음(P0265)

"P0261 실린더 1번 인젝터 회로 - 제어값 낮음" 참조

[1] 고장코드 설명

PCM은 인젝터 #2이 전원단락으로 감지될 경우 고장코드 P0265를 출력한다.

[2] 고장 판정조건

<table>
<tr><th>항 목</th><th>판정 조건</th><th>고장예상 원인</th></tr>
<tr><td>진단방법</td><td>전기적인 점검</td><td rowspan="5">1. 커넥터 상태 점검
2. 인젝터 #2 제어선 전원 단락
3. 인젝터 #2</td></tr>
<tr><td>진단조건</td><td>■ 배터리 전압이 10V 이상 16V 이하일 때
■ 엔진 공회전 상태일 때(320rpm 이상)</td></tr>
<tr><td>고장판정</td><td>인젝터 #2가 전원 단락으로 감지될 경우</td></tr>
<tr><td>진단시간</td><td>1.5초</td></tr>
<tr><td>경고등 점등조건</td><td>2회째 운전 사이클</td></tr>
</table>

[3] 제어선 전원 단락점검

"P0262 실린더 1번 인젝터회로 - 제어값 높음" 참조

[4] 단품점검

"P0261 실린더 1번 인젝터회로 - 제어값 낮음" 참조

14.3. 실린더 3번 인젝터 회로

14.3.1. 제어값 낮음(P0267)

"P0261 실린더 1번 인젝터회로 - 제어값 낮음" 참조

[1] 고장코드 설명

PCM은 인젝터 #3이 접지단락 및 단선으로 감지될 경우 고장코드 P0267을 출력한다.

[2] 고장 판정조건

<table>
<tr><th>항 목</th><th>판정 조건</th><th>고장예상 원인</th></tr>
<tr><td>진단방법</td><td>전기적인 점검</td><td rowspan="5">1. 커넥터 상태 점검
2. 인젝터 #3 제어선 단선
3. 인젝터 #3 제어선 접지 단락
4. 인젝터 #3</td></tr>
<tr><td>진단조건</td><td>■ 배터리 전압이 10V 이상 16V 이하일 때
■ 엔진 공회전 상태일 때(320rpm 이상)</td></tr>
<tr><td>고장판정</td><td>인젝터 #3이 접지 단락 및 단선으로 감지될 경우</td></tr>
<tr><td>진단시간</td><td>1.5초</td></tr>
<tr><td>경고등 점등조건</td><td>2회째 운전 사이클</td></tr>
</table>

[3] 전원선 단선, 접지 단락점검

"P0261 실린더 1번 인젝터회로 - 제어값 낮음" 참조

[4] 제어선 점검

"P0261 실린더 1번 인젝터회로 - 제어값 낮음" 참조

[5] 단품점검

"P0261 실린더 1번 인젝터회로 - 제어값 낮음" 참조

14.3.2. 제어값 높음(P0268)

"P0261 실린더 1번 인젝터회로 - 제어값 낮음" 참조

[1] 고장코드 설명

PCM은 인젝터 #3이 전원단락으로 감지될 경우 고장코드 P0268을 출력한다.

[2] 고장 판정조건

항 목	판정 조건	고장예상 원인
진단방법	전기적인 점검	1. 커넥터 상태 점검 2. 인젝터 #3 제어선 전원 단락 3. 인젝터 #3
진단조건	■ 배터리 전압이 10V 이상 16V 이하일 때 ■ 엔진 공회전 상태일 때(320rpm 이상)	
고장판정	인젝터 #3이 전원 단락으로 감지될 경우	
진단시간	1.5초	
경고등 점등조건	2회째 운전 사이클	

[3] 제어선 전원 단락점검

"P0262 실린더 1번 인젝터회로 - 제어값 높음" 참조

[4] 단품점검

"P0261 실린더 1번 인젝터회로 - 제어값 낮음" 참조

14.4. 실린더 4번 인젝터 회로

14.4.1. 제어값 낮음(P0270)

"P0261 실린더 1번 인젝터회로 - 제어값 낮음" 참조

[1] 고장코드 설명

PCM은 인젝터 #4가 접지단락 및 단선으로 감지될 경우 고장코드 P0270을 출력한다.

[2] 고장판정 조건

항 목	판정 조건	고장예상 원인
진단방법	전기적인 점검	1. 커넥터 상태 점검 2. 인젝터 #4 제어선 단선 3. 인젝터 #4 제어선 접지 단락 4. 인젝터 #4
진단조건	■ 배터리 전압이 10V 이상 16V 이하일 때 ■ 엔진 공회전 상태일 때(320rpm 이상)	
고장판정	인젝터 #4가 접지 단락 및 단선으로 감지될 경우	
진단시간	1.5초	
경고등 점등조건	2회째 운전 사이클	

[3] 전원선 단선, 접지 단락점검

"P0261 실린더 1번 인젝터회로 - 제어값 낮음" 참조

[4] 제어선 점검

"P0261 실린더 1번 인젝터회로 - 제어값 낮음" 참조

[5] 단품점검

"P0261 실린더 1번 인젝터회로 - 제어값 낮음" 참조

14.4.2. 제어값 높음(P0271)

"P0261 실린더 1번 인젝터 회로 - 제어값 낮음" 참조

[1] 고장코드 설명

PCM은 인젝터 #4가 전원단락으로 감지될 경우 고장코드 P0271을 출력한다.

[2] 고장 판정조건

항 목	판정 조건	고장예상 원인
진단방법	전기적인 점검	1. 커넥터 상태 점검 2. 인젝터 #4 제어선 전원 단락 3. 인젝터 #4
진단조건	■ 배터리 전압이 10V 이상 16V 이하일 때 ■ 엔진 공회전 상태일 때(320rpm 이상)	
고장판정	인젝터 #4가 전원 단락으로 감지될 경우	
진단시간	1.5초	
경고등 점등조건	2회째 운전 사이클	

[3] 제어선 전원 단락점검

"P0262 실린더 1번 인젝터회로 - 제어값 높음" 참조

[4] 단품점검

"P0261 실린더 1번 인젝터회로 - 제어값 낮음" 참조

Chapter

3

자동변속시스템

1 자동변속기 오일 온도센서(Fluid Temperature Sensor)

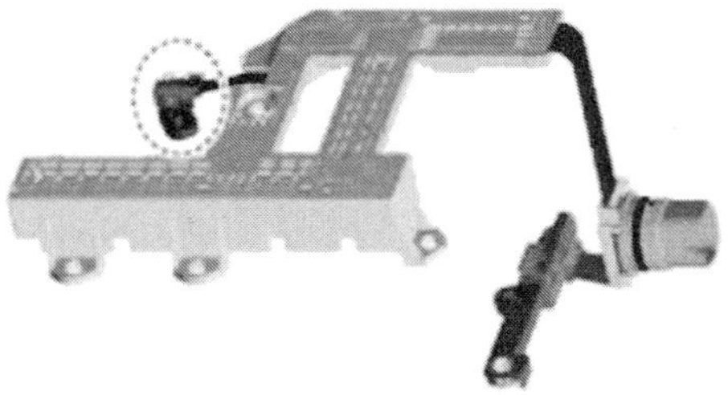

「그림」 1. 자동변속기 오일 온도센서

1.1. 자동변속기 오일 온도센서 “A” 이상

1.1.1. 신호값 낮음(P071200)

자동변속기 유온센서는 밸브바디에 장착되어 있다. 이 센서는 온도변화에 따라 저항이 변화되는 서미스터를 사용한다. PCM이 약 3.3V 전원을 센서에 공급하면, ATF의 온도변화에 따라 센서의 출력값이 변화된다. 이 자동변속기 오일 온도는 자동변속기에 매우 중요한 요소로 PCM에 입력되는데 유온센서의 정보는 댐퍼클러치 작동 및 비작동 영역검출, 유온 가변제어, 변속시 유압제어 등 중요한 여러 가지 많은 다른 목적으로 사용되어 지고 있다.

[1] 고장코드 설명

PCM은 유온센서의 출력값이 한계값보다 낮은 값이 입력되면 고장코드 P071200을 출력한다.

[2] 고장 판정조건

항 목	판정 조건	고장예상 원인
진단방법	기능고장	1. 회로 단락 2. 자동변속기 오일온도센서 3. PCM
진단조건	■ 배터리 전압 〉10V ■ 엔진 회전수 〉400rpm	
고장판정	자동변속기 오일 온도 〉180℃	

항 목	판정 조건	고장예상 원인
진단시간	5초 이상	1. 회로 단락 2. 자동변속기 오일 온도센서 3. PCM
페일 세이프	■ 자동변속기 오일 온도를 80℃로 고정 ■ 학습/Fuzzy 금지	

[3] 신호선 점검

① 이그니션 ON & 엔진 OFF

② 자동변속기 오일 온도센서 커넥터를 탈거한다.

③ 자동변속기 오일 온도센서 배선측 신호선과 접지사이의 전압을 측정한다(규정값 : 약 3.3V).

④ 측정값이 규정값과 일치하는가?

예	"단품 점검"절차로 이동한다.
아니오	배선의 접지단락을 점검한다. 필요에 따라 수리하고 "고장수리 확인" 절차를 수행한다.

[4] 단품점검

(1) 자동변속기 오일 온도센서의 점검

① 이그니션 스위치 OFF한다.

② 자동변속기 오일 온도센서 커넥터를 탈거한다.

③ 자동변속기 오일 온도센서의 신호선과 차체 접지와의 저항을 측정한다.

④ 규정값

항 목	온도(℃/℉)	저항값(Ω)	온도(℃/℉)	저항값(Ω)
오일 온도센서	-40/-40	48,153	80/176	329.5
	-20/-4	15,614	100/212	186.0
	0/32	5,887	120/248	109.7
	20/68	2,510.6	140/284	67.16
	40/104	1,199.6	150/302	53.24
	60/140	612.3		

⑤ 측정한 저항값이 정상인가?

예	PCM점검 절차를 실시한다.
아니오	필요에 따라 자동변속기 오일온도센서를 교환하고 "고장수리 확인" 절차를 수행한다.

(2) PCM점검

① 이그니션 스위치 ON & 엔진 OFF

② 자동변속기 오일 온도센서 커넥터를 연결한다.

③ 스캔 툴을 연결하고 시뮬레이션 기능을 선택한다.

④ 자동변속기 오일 온도센서의 신호선에 일정 전압(0→5V)을 인가하여 시뮬레이션을 실시한다(입력 1.00V→73℃, 입력 2.00V→34℃ 이 값은 차량상태에 따라 바뀔 수 있음).

⑤ 자동변속기 오일 온도센서의 신호가 시뮬레이션 전압에 따라 변화하는가?

예	전체적으로 커넥터의 느슨함, 접촉 불량, 구부러짐, 부식, 오염, 변형 또는 손상을 점검한다. 필요에 따라 수리 또는 교환한 후 "고장수리 확인" 절차를 수행한다.
아니오	정상품의 시험용 PCM으로 교환한 후 정상적으로 작동되는지 확인하고 정상적으로 작동 된다면 PCM을 신품으로 교환하고 "고장수리 확인" 절차를 수행한다.

1.1.2. 신호값 높음(P071300)

"P071200 자동변속기 오일 온도센서 "A"이상 - 신호값 낮음" 참조

[1] 고장코드 설명

PCM은 유온센서의 출력값이 한계값보다 높은 값이 입력되면 고장코드 P071300을 출력한다.

[2] 고장 판정조건

항 목	판정 조건	고장예상 원인
진단방법	전압 범위 점검	1. 단선 또는 배터리 단락 2. 자동변속기 오일 온도센서 3. PCM
진단조건	■ 배터리 전압 〉 10V ■ 엔진 회전수 〉 400rpm	
고장판정	자동변속기 오일온도 〈 -40℃	
진단시간	5초 이상	
페일 세이프	■ 자동변속기 오일온도를 80℃로 고정 ■ 학습/Fuzzy 금지	

[3] 신호선 점검

① 이그니션 ON & 엔진 OFF

② 자동변속기 오일 온도센서 커넥터를 탈거한다.

③ 자동변속기 오일 온도센서 배선측 신호선과 접지사이의 전압을 측정한다(규정값 : 약 3.3V).

④ 측정값이 규정값과 일치하는가?

예	"접지선 점검"절차로 이동한다.
아니오	하니스의 단선 및 배터리 단락 여부를 점검한다. 필요에 따라 수리하고 "고장수리 확인" 절차를 수행한다.

[4] 접지선 점검

① 이그니션 스위치 OFF

② 자동변속기 오일 온도센서의 커넥터를 탈거한다.

③ 자동변속기 오일 온도센서 배선측 커넥터의 접지단자와 차체접지사이의 저항을 측정한다(규정값 : 약 0Ω).

④ 측정값이 규정값과 일치하는가?

예	"단품점검"절차로 이동한다.
아니오	배선의 접지 단락을 점검한다. 필요에 따라 수리하고 "고장수리 확인" 절차를 수행한다.

[5] 단품점검(자동변속기 오일 온도센서 점검)

"P071200 자동변속기 오일 온도센서 "A"이상 - 신호값 낮음" 참조

[6] PCM점검

"P071200 자동변속기 오일 온도센서 "A"이상 - 신호값 낮음" 참조

2 입·출력축 속도센서

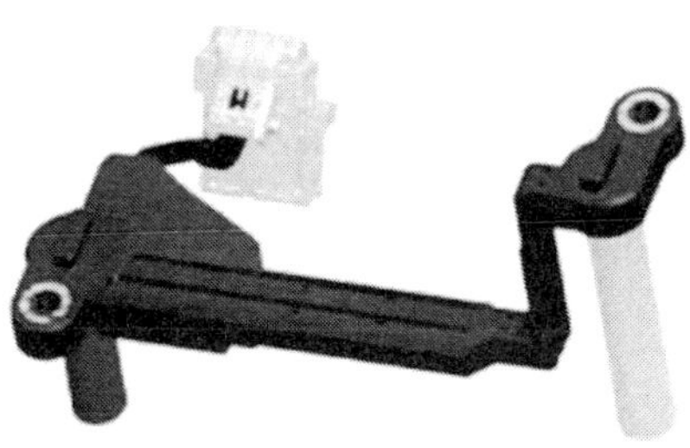

그림 2. 입·출력축 속도센서

2.1. 입력축 속도센서 "A" 회로, 출력축 속도센서 회로

2.1.1. 신호없음(입력축 : P071700, 출력축 : P072200)

입·출력축 속도센서는 일체형으로 구성되어 자동변속기 내부에 장착되어 있다. 전류타입의 홀센서를 사용하고, 자기의 변화에 따라 전류가 변화한다. 각 센서의 회로는 2핀으로 구성되어, PCM에서 전원을 보내어 단품을 거쳐 PCM에서 제어하는 회로를 구성하고 있다. 이 입력센서는 전자제어에 있어 중요한 입력정보로 피드백제어, 댐퍼클러치 제어, 변속단 설정제어, 라인압 제어, 클러치 작동압 제어, 기타 센서 고장 판정기준 등 모든 작동범위에서 필요한 정보이다.

[1] 고장코드 설명

차량이 20km/h 이상의 속도로 주행시 입력축 속도센서로부터 신호가 감지되지 않을 경우 PCM은 고장코드 P071700를 출력한다. 차량이 20km/h 이상의 속도로 주행시 출력축 속도센서로부터 신호가 감지되지 않을 경우 PCM은 고장코드 P072200을 출력한다.

[2] 고장 판정조건

항 목	판정 조건	고장예상 원인
진단방법	전압 범위 감지	1. 신호선 회로 단선 단락 2. 전원선 회로 단선 단락 3. 입・출력축 속도센서 이상 4. PCM 이상
진단조건	■ 변속레버 위치 = D ■ 배터리 전압 〉10V ■ 차속 〉20km/h ■ 엔진 회전수 〉400rpm	
고장판정	입・출력축 속도센서 0rpm	
진단시간	4초 이상	
페일 세이프	4속 고정 스포츠모드 2〈－〉3〈－〉4 허용 학습금지	

[3] 전원선 점검

① 이그니션 스위치 ON & 엔진 OFF

② ATM 솔레노이드밸브의 커넥터를 탈거한다.

③ 입력축 또는 출력축 속도센서 커넥터의 전원단자와 차체 접지간의 전압을 측정한다(규정값 : 약 7.6V).

④ 측정된 전압값이 규정값과 일치하는가?

예	"신호선 점검"절차로 이동한다.
아니오	하니스의 단선 혹은 단락을 점검한다. 문제 원인을 수리한 후 "고장수리 확인" 절차를 수행한다.

[4] 신호선 점검

(1) 회로단락 점검

① 이그니션 스위치 OFF & 엔진 OFF

② ATM 솔레노이드밸브의 커넥터와 PCM 커넥터를 탈거한다.

③ 입력축 또는 출력축 속도센서 커넥터의 신호단자와 차체 접지간의 저항을 측정한다(규정값 : 무한대).

④ 측정된 전압값이 규정값과 일치 하는가?

예	"회로단선 점검"절차로 이동한다.
아니오	하니스의 단락여부를 점검한다. 문제 원인을 수리한 후 "고장수리 확인" 절차를 수행한다.

(2) 회로단선 점검

① 이그니션 스위치 OFF & 엔진 OFF

② ATM 솔레노이드밸브의 커넥터와 PCM 커넥터를 탈거한다.

③ 입력축 또는 출력축 속도센서 커넥터의 신호단자와 PCM 커넥터 양단의 저항을 측정한다(규정값 : 약 0Ω).

④ 측정된 저항값이 규정값과 일치하는가?

예	"단품 점검" 절차를 수행한다.
아니오	하니스의 단선여부를 점검한다. 문제 원인을 수리한 후 "고장수리 확인" 절차를 수행한다.

[5] 단품점검

(1) 입력축 속도센서 파형점검

① A/T 솔레노이드밸브 커넥터를 연결하고 스캐너를 장착한다.

② 엔진을 ON하고 차량을 20km/h 이상의 속도로 주행한다.

③ 입 · 출력축 속도센서의 출력파형을 점검한다(규정값 : 주행상태에 따라 서서히 증가).

구 분	출력 전압
HIGH 측	1.18~1.68V(11.8~16.8mA)
LOW 측	0.59~0.84V(5.9~8.4mA)

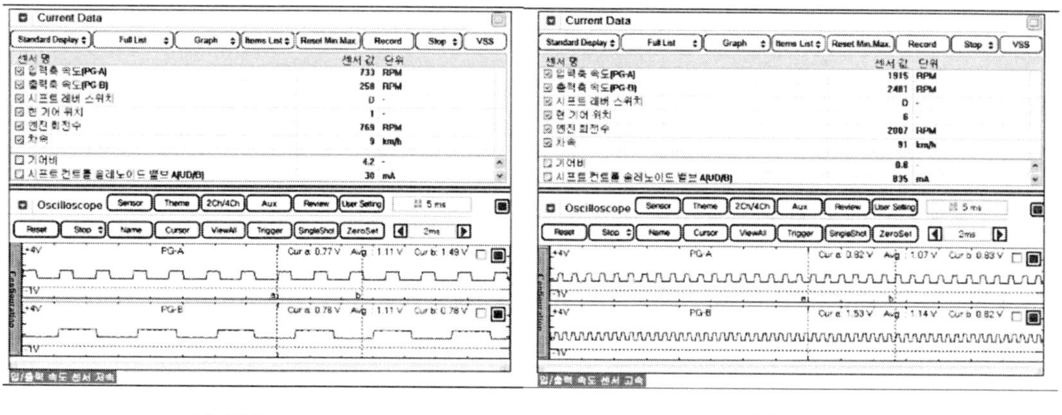

(a) 저속 (b) 고속

그림 3. 입 · 출력 속도센서의 파형

④ 측정된 파형이 정상적인 작동파형인가?

예	커넥터의 전체적인 상태(헐거움, 접촉불량, 부식, 오염, 다른 커넥터와의 간섭, 파손 등) "고장수리 확인"절차로 이동한다.
아니오	"PCM 점검" 절차를 수행한다.

(2) PCM점검

① 이그니션 스위치 ON & 엔진 OFF

② ATM 솔레노이드밸브의 커넥터를 분리한다.

③ 스캔 툴을 연결하고 시뮬레이션기능을 선택한다.

④ 입력축 또는 출력축 속도센서의 신호선에 일정 주파수를 인가하여 시뮬레이션을 실시한다(측정값은 차량상태에 따라 바뀔 수 있음).

㉮ 입력축 : 150Hz인가시 → 248rpm, 250Hz인가시 → 413rpm

㉯ 출력축 : 150Hz인가시 → 190rpm, 250Hz인가시 → 316rpm

⑤ 자동변속기 오일 온도센서의 신호가 시뮬레이션 전압에 따라 변화하는가?

예	입력축 속도센서를 신품으로 교환하고 "고장수리 확인"절차로 이동한다.
아니오	정상품의 시험용 PCM으로 교환한 후 정상적으로 작동되는지 확인하고 정상적으로 작동 된다면 PCM을 신품으로 교환하고 "고장수리 확인" 절차를 수행한다.

3 차량 속도센서(VSS : Vehicle Speed Sensor)

3.1. 차속센서 "B"

3.1.1. 작동범위, 성능이상(P2159)

휠 스피드센서(WSS)는 차량의 속도와 비례해서 주파수가 증가하는 파형을 출력시킨다. 이 신호는 ECM(PCM)에게 입력되고 있으며, 이 신호를 받아서 ECM(PCM)은 현재의 차속이 느린지 빠른지를 알 수 있으며, 차량이 정지하고 있는지 이동하고 있는지 등을 파악할 수 있다. ECM(PCM)은 차속신호를 받아서 연료 분사량과 점화시기

조절, 변속시기조절, 변속시기결정 등에 사용되고 있으며, 또한, 차량의 노면의 거친 정도를 파악하는데도 사용된다.

그림 4. 차량 속도센서

그림 5. 휠 스피드센서

[1] 고장코드 설명

PCM은 엔진 회전수와 공기흐름을 계산한 결과 차량이 운행 중이라 판단되나 실제 입력되는 차량속도가 0일 경우 차속센서 고장으로 판단하여 P2159를 표출한다.

[2] 고장 판정조건

항 목	판정 조건	고장예상 원인
진단방법	성능점검	1. 커넥터 연결상태 2. 단선/단락 3. 휠 스피드센서(FR) 4. ABS/VDC 컨트롤 모듈
진단조건	■ 엔진 회전수〉2100rpm ■ 공기량〉0.44g/rev. ■ 연료 차단모드 아님 ■ 엔진냉각 수온〉60℃	
고장판정	엔진 속도와 부하 계산치는 차량 운행 중이나 실제 입력되는 차속은 정지 상태일 때	
진단시간	60초	
경고등 점등조건	2회째 운전 사이클	

[3] GDS 데이터분석

① 차량을 리프트로 들어 올린 후 시동을 건다. 차량을 계기판속도가 약 10km/h가 되도록 주행시킨다.

② GDS를 연결한 후 제동제어(ABS/VDC)시스템을 선택한다.

③ ABS/VDC시스템의 "센서 데이터"항목 중 휠 스피드센서(전방 우측) 데이터가 계기판에서 지시하는 값과 거의 일치하는지 점검한다(규정값 : 약 10km/h).

④ 측정값이 정상인가?

예	배선점검을 하여 배선에 이상이 있으면 수리 또는 교환하고 배선점검 문제 부위가 확인되지 않으면 "신호선 점검" 절차를 수행한다.
아니오	■ 휠 스피드센서(FR)와 ABS/VDC 컨트롤 모듈간 배선의 단선 또는 단락을 점검한다. 이상이 발견될 경우 수리 또는 교환한 후 "고장수리 확인" 절차를 수행한다. 정상일 경우 아래 항목들을 점검한다. - 휠 스피드센서와 로터간 에어갭이 적정한지 점검한다(에어갭 : 약 0.3 ~1.1mm). - 로터의 손상점검 ■ 이상이 발견되면 수리 또는 교환한 후 "고장수리 확인" 절차를 수행한다.

[4] 신호선 점검

(1) 접지 단락점검

① IG OFF한다.

② ABS와 PCM커넥터를 분리한다.

③ 차속입력 신호선 PCM 배선측과 차체 접지사이의 저항을 측정한다(규정값 : 무한대).

④ 측정된 값이 정상인가?

예	"단선 점검" 절차를 수행한다.
아니오	차속신호의 접지 단락된 회로를 수리한 후, "고장수리 확인" 절차를 수행한다.

(2) 단선점검

① IG OFF한다.

② ABS와 PCM커넥터를 분리한다.

③ 차속신호선 배선측 양단의 저항을 측정한다(규정값 : 약 1Ω 이하).

④ 측정된 값이 정상인가?

예	이 고장은 커넥터의 접촉 불량에 의한 일시적인 고장이다. 전체적으로 커넥터의 느슨함, 접촉불량, 구부러짐, 부식, 오염, 변형 또는 손상을 점검한다. 필요시 수리 또는 교환한 후 "고장수리 확인" 절차를 수행한다.
아니오	차속신호의 접지 단락된 회로를 수리한 후, "고장수리 확인" 절차를 수행한다.

4 시프트 컨트롤 솔레노이드밸브(SCSV : Shift Control Solenoid Valve)

「그림」 6. 시프트 컨트롤 솔레노이드밸브

4.1. 토크컨버터 클러치시스템

4.1.1. OFF고착(P074100)

PCM은 공급되는 유압을 이용하여 댐퍼 클러치(혹은 토크컨버터 클러치)의 작동과 비 작동을 제어한다.

댐퍼클러치의 주된 목적은 T/C내부의 유압장치의 부하를 감소시킴으로서 연료를 절감시키는데 있다. 토크컨버터제어 솔레노이드밸브(T/CON_VFS)는 밸브바디에 장착되어 있으며, 토크컨버터의 유압을 간접제어하는 VFS(Variable Force Solenoid) 가변압 솔레노이드식 밸브다.

[1] 고장코드 설명

댐퍼클러치가 열린 상태로 고착이 되면 고장코드 P074100를 출력한다.

[2] 고장 판정조건

항 목	판정 조건	고장예상 원인
진단방법	성능 점검(토크컨버터 클러치 열린 상태 고착)	※ 토크컨버터 제어 솔레노이드밸브(T/CON_VFS) 1. T/CON_VFS 또는 유압시스템 불량 2. T/CON_VFS불량 3. 밸브바디 이상 4. PCM
진단조건	■ 완전체결 상태 ■ 스로틀 포지션 〉 5%~12% ■ 변속단수 : 3단 기어이상	
고장판정	토크컨버터 슬립 〉 100rpm	

항 목	판정 조건	고장예상 원인
진단시간	4초 이상 지속시	
경고등 점등조건	댐퍼 클러치 OFF	

[3] 단품점검(T/CON_VFS 점검)

① 이그니션 스위치 OFF

② ATM솔레노이드밸브 커넥터를 분리한다.

③ ATM솔레노이드밸브 커넥터 단품측의 토크컨버터 제어 솔레노이드밸브(T/CON_VFS) 단자와 전원간의 저항을 측정한다(규정값 : 5.1±0.3Ω (25℃)).

④ 측정된 저항값이 규정값과 일치하는가?

예	정상품의 시험용 PCM으로 교환 한 후 정상적으로 작동되는지 확인한다. 만일 정상적으로 작동 된다면 PCM을 신품으로 교환하고 "고장수리 확인" 절차를 수행한다.
아니오	T/CON_VFS를 신품으로 교환하고 "고장수리 확인" 절차를 수행한다.

[4] 부품탈거 및 교체시 유의사항

밸브바디, 솔레노이드밸브, 자동변속기 어셈블리, TCU를 수리 또는 교환시 자동변속기와 함께 공급된 유압보정 TCM 정보를 입력하여야 한다.

그림 7. 유압보정 TCM정보 위치

또한, 수동으로 TCU 학습을 수행하여 자동변속기의 변속감 및 댐퍼 작동시 변속충격을 최적화하여야 한다.

(1) 솔레노이드밸브 유압보정방법(GDS 활용)

자동변속기 어셈블리를 교환 후, 자동변속기와 함께 공급된 유압보정 TCM정보를 입력한다.

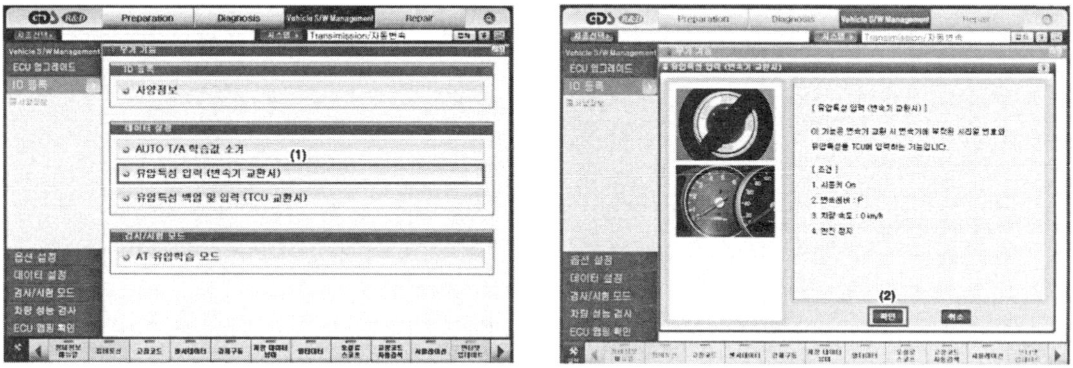

「그림」 8. 유압특성 입력(변속기 교환시)를 선택

자동변속기에 부착된 바코드 스티커의 시리얼번호와 유압특성을 입력 후, 확인을 누른다.

「그림」 9. 유압보정방법(GDS활용)

(2) 전륜 6속 GEN2 자동변속기 변속감 및 댐퍼 학습방법(수동)

유압특성 입력(솔레노이드밸브 유압보정)을 완료 후 아래 순서에 따라 학습을 시작한다.

① GDS로 "AUTO T/A학습값 소거"를 실행하여 학습치를 강제로 소거한다.

② 자동변속기 변속감 학습 : 아래의 표와 같이 ATF 유온별(30~60℃, 60~90℃)로 학습항목을 순서대로 실시하며 충격이 있을 경우 동일조건에서 반복한다.

NO	구분	학습항목	학습방법		작동 솔레노이드밸브				작동솔레노이드밸브
			TPS(%)	차량조건	UD/B	OD/C	26/B	35R/C	
1	정지	N-D변속	0%	0km/h, 5초 이상 유지, 3회 반복	●				UD
2	정지	N-R변속	0%	0km/h, 5초 이상 유지, 3회 반복				●	REV
3	정개도 Power ON Up Shift	1-2 shift	30% 이하	무관			●		26B
4			30~50%	무관			●		26B
5			50~70%	무관			●		26B
6			70% 이상	무관			●		26B
7		2-3 shift	30% 이하	무관			●	●	26B/35R
8			30~50%	무관			●	●	26B/35R
9			50~70%	무관			●	●	26B/35R
10			70% 이상	무관		●	●	●	26B/35R
11		3-4 shift	30% 이하	무관		●		●	35R/OD
12			30~50%	무관		●		●	35R/OD
13			50~70%	무관		●		●	35R/OD
14			70% 이상	무관		●		●	35R/OD
15		4-5 shift	30% 이하	무관		●		●	OD/35R
16			30~50%	무관		●		●	OD/35R
17			50~70%	무관		●		●	OD/35R
18			70% 이상	무관		●		●	OD/35R
19		5-6 shift	30% 이하	무관			●	●	35R/26B
20			30~50%	무관			●	●	35R/26B
21			50~70%	무관			●	●	35R/26B
22			70% 이상	무관			●	●	35R/26B
23	LFU	1-2 shift	TPS개도 50→0%	20Km/h			●		26B
24		2-3 shift	TPS개도 50→0%	30, 40Km/h			●	●	26B/35R
25		3-4 shift	TPS개도 50→0%	40, 50Km/h		●	●	●	35R/OD
26		4-5 shift	TPS개도 50→0%	60, 70Km/h		●	●	●	OD/35R
27		5-6 shift	TPS개도 50→0%	80, 90Km/h				●	35R/26B

NO	구분	학습항목	학습방법		작동 솔레노이드밸브				작동솔레노이드밸브
			TPS(%)	차량 조건	UD/B	OD/C	26/B	35R/C	
28	단독 Kick Down	2-1shift	50%, 100%	10, 20, 30Km/h					26B
29		3-2shift	50%, 100%	30, 40, 50, 60Km/h			●	●	35R/26B
30		4-3shift	50%, 100%	40, 50, 60, 70, 80, 100, 120Km/h		●		●	OD/35R
31		5-4shift	50%, 100%	60, 70, 80, 100, 120Km/h		●		●	35R/OD
32		6-5shift	50%, 100%	60, 70, 80, 100, 120Km/h			●	●	26B/35R
33	Skip Kick Down	3-1shift	70%, 100%	20, 30, 40Km/h				●	35R
34		4-2shift	70%, 100%	40, 50, 60, 70, 80, 90, 100Km/h	●	●			OD/26B
35		5-3shift	70%, 100%	60, 70, 80, 90, 100, 110, 120Km/h	●	●			OD/UD
36		5-2shift	70%, 100%	60, 70, 80, 90, 100Km/h	●	●	●	●	35R/26B/OD/UD
37		6-4shift	70%, 100%	70, 80, 90, 100, 110, 120Km/h	●		●		26B/UD
38		6-3shift	70%, 100%	70, 80, 90, 100, 110, 120Km/h	●	●	●	●	35R/26B/OD/UD
39		6-2shift	70%, 100%	70, 80, 90, 100Km/h	●	●			OD/UD
40	Manual Down Shift	2-1shift	0%	10, 30Km/h			●		26B
41		3-2shift	0%	20, 40, 60Km/h			●	●	35R/26B
42		4-3shift	0%	40, 60, 80, 100Km/h		●		●	OD/35R
43		5-4shift	0%	80, 100, 120Km/h		●		●	35R/OD
44		6-5shift	0%	80, 100, 120Km/h			●	●	26B/35R
45	정지전 변속	5-6shift	0%	감속도/COAST(브레이크 미작동)			●	●	26B/35R
46		5-4shift	0%	감속도/COAST(브레이크 미작동)		●		●	35R/OD
47		4-3shift	0%	감속도/COAST(브레이크 미작동)		●		●	OD/35R
48		3-2shift	0%	감속도/COAST(브레이크 미작동)		●	●		35R/26B
49		2-1shift	0%	감속도/COAST(브레이크 미작동)			●		26B

4.2. 토크컨버터 솔레노이드밸브 회로

4.2.1. 단선 및 접지단락(P074300)

"P074100 토크컨버터 클러치시스템 이상 - OFF 고착" 참조

[1] 고장코드 설명

PCM은 회로의 단선 또는 단락을 감지하면 고장코드 P074300을 출력한다.

[2] 고장 판정조건

<table>
<tr><th>항 목</th><th>판정 조건</th><th>고장예상 원인</th></tr>
<tr><td>진단방법</td><td>전압 범위 점검(단선, 단락 점검)</td><td rowspan="5">※ 토크컨버터 제어 솔레노이드밸브(T/CON_VFS)
1. 회로의 단선 또는 단락
2. T/CON_VFS불량
3. PCM</td></tr>
<tr><td>진단조건</td><td>■ 완전 열린 상태 또는 닫힌 상태
■ 기어 체결 상태
■ 변속이 끝난 후 시간 〉 0.3초
■ 10V 〈 솔레노이드 공급 전원 〈 16V</td></tr>
<tr><td>고장판정</td><td>■ 구동시 50mA≤피드백 전류≤550mA(접지 단락)
■ 구동시 50mA 〉 피드백 전류(단선)</td></tr>
<tr><td>진단시간</td><td>0.3초 이상 지속시</td></tr>
<tr><td>페일 세이프</td><td>4속 고정</td></tr>
</table>

[3] 전원선 점검

① 이그니션 스위치를 OFF한다.

② ATM 솔레노이드밸브와 PCM 커넥터를 탈거한다.

③ ATM 솔레노이드밸브 배선측 T/CON_VFS 커넥터의 전원단자와 PCM 배선측 T/CON_VFS 커넥터 전원단자 양단의 저항을 점검한다(규정값 : 약 0Ω).

④ 측정된 저항값이 규정값과 일치하는가?

예	"신호선 점검" 절차를 수행한다.
아니오	전원선의 단선 여부를 점검한다. 수리 후 "고장수리 확인" 절차를 실시한다.

[4] 신호선 점검

(1) 단선점검

① 이그니션 스위치를 OFF한다.

② ATM 솔레노이드밸브와 PCM 커넥터를 탈거한다.

③ ATM 솔레노이드밸브 배선측 커넥터의 T/CON_VFS 터미널과 PCM 배선측 커넥터사이의 저항을 점검한다(규정값 : 약 0Ω).

④ 측정된 저항값이 규정값과 일치하는가?

예	"단락 점검" 절차를 수행한다.
아니오	하니스의 단선 여부를 점검한다. 수리 후 "고장수리 확인" 절차를 실시한다.

(2) 단락점검

① 이그니션 스위치를 OFF한다.

② ATM 솔레노이드밸브와 PCM 커넥터를 탈거한다.

③ ATM 솔레노이드밸브 배선측 커넥터의 T/CON_VFS 터미널과 차체 접지사이의 저항을 점검한다(규정값 : 무한대).

④ 측정된 저항값이 규정값과 일치하는가?

예	"단품 점검" 절차를 수행한다.
아니오	하니스의 단락 여부를 점검한다. 수리 후 "고장수리 확인" 절차를 실시한다.

[5] 단품점검(T/CON_VFS 점검)

① 이그니션 스위치를 OFF한다.

② ATM 솔레노이드밸브 커넥터를 탈거한다.

③ ATM 솔레노이드밸브 커넥터 단품측의 T/CON_VFS 단자와 전원간의 저항을 점검한다(규정값 : 5.1±0.3Ω (25℃)).

④ 측정된 저항값이 규정값과 일치하는가?

예	정상품의 시험용 PCM으로 교환한 후 정상적으로 작동되는지 확인한다. 만일 정상적으로 작동 된다면 PCM을 신품으로 교환하고, "고장수리 확인" 절차를 실시한다.
아니오	T/CON_VFS를 신품으로 교환하고 "고장수리 확인" 절차를 실시한다.

4.3. 시프트 컨트롤 솔레노이드밸브 "C"(35R/C)

4.3.1. 회로 이상(P076300)

35R 클러치 제어 솔레노이드밸브(35R/C_VFS)는 전류에 의해서 작동되는 형식으로 35R클러치 작동시 충격을 최소화하기 위해서 PCM이 전류를 가변하여 유압을 직접제어하는 VFS(Variable Force Solenoid) 가변 솔레노이드식 밸브다.

[1] 고장코드 설명

PCM은 회로의 단선 또는 단락을 감지하면 고장코드 P076300을 출력한다.

[2] 고장 판정조건

항 목	판정 조건	고장예상 원인
진단방법	전압 범위 점검(단선, 단락 점검)	1. 회로의 단선 단락 2. 35R 클러치제어 솔레노이드밸브(35R/C_VFS) 이상 3. PCM 이상
진단조건	■ 완전 열린 상태 또는 닫힌 상태 ■ 기어 체결 상태 ■ 변속이 끝난 후 시간〉0.3초 ■ 10V〈 솔레노이드 공급 전원〈16V	
고장판정	■ 구동시 50mA≤피드백 전류≤550mA(접지단락) ■ 구동시 50mA〉피드백 전류(단선)	
진단시간	0.3초 이상 지속시	
페일 세이프	4속 고정	

[3] 전원선 점검

① 이그니션 스위치를 OFF한다.

② ATM 솔레노이드밸브와 PCM 커넥터를 탈거한다.

③ ATM 솔레노이드밸브 배선측 35R/C_VFS 커넥터의 전원단자와 PCM 배선측 35R/C_VFS 커넥터 전원단자 양단의 저항을 점검한다(규정값 : 약 0Ω).

④ 측정된 저항값이 규정값과 일치하는가?

예	"신호선 점검" 절차를 수행한다.
아니오	전원선의 단선여부를 점검한다. 수리 후 "고장수리 확인" 절차를 실시한다.

[4] 신호선 점검

(1) 단선점검

① 이그니션 스위치를 OFF한다.

② ATM 솔레노이드밸브와 PCM 커넥터를 탈거한다.

③ ATM 솔레노이드밸브 배선측 커넥터의 35R/C_VFS 터미널과 PCM 배선측 커넥터사이의 저항을 점검한다(규정값 : 약 0Ω).

④ 측정된 저항값이 규정값과 일치하는가?

예	"단락 점검" 절차를 수행한다.
아니오	하니스의 단선여부를 점검한다. 수리 후 "고장수리 확인" 절차를 실시한다.

(2) 단락점검

① 이그니션 스위치를 OFF한다.

② ATM 솔레노이드밸브와 PCM 커넥터를 탈거한다.

③ ATM 솔레노이드밸브 배선측 커넥터의 35R/C_VFS 터미널과 차체 접지사이의 저항을 점검한다(규정값 : 무한대).

④ 측정된 저항값이 규정값과 일치하는가?

예	"단품 점검" 절차를 수행한다.
아니오	하니스의 단락 여부를 점검한다. 수리 후 "고장수리 확인" 절차를 실시한다.

[5] 단품점검(35R/C_VFS 점검)

① 이그니션 스위치를 OFF한다.

② ATM 솔레노이드밸브 커넥터를 탈거한다.

③ ATM 솔레노이드밸브 커넥터 단품측의 35R/C_VFS단자와 전원간의 저항을 점검한다(규정값 : 5.1±0.3Ω (25℃)).

④ 측정된 저항값이 규정값과 일치하는가?

예	정상품의 시험용 PCM으로 교환한 후 정상적으로 작동되는지 확인한다. 만일 정상적으로 작동 된다면 PCM을 신품으로 교환하고, "고장수리 확인" 절차를 실시한다.
아니오	35R/C_VFS를 신품으로 교환하고 "고장수리 확인" 절차를 실시한다.

[6] 부품탈거 및 교체시 유의사항

"P074100 토크컨버터 클러치시스템 이상 - OFF 고착"참고

5 자동변속기 솔레노이드 어셈블리

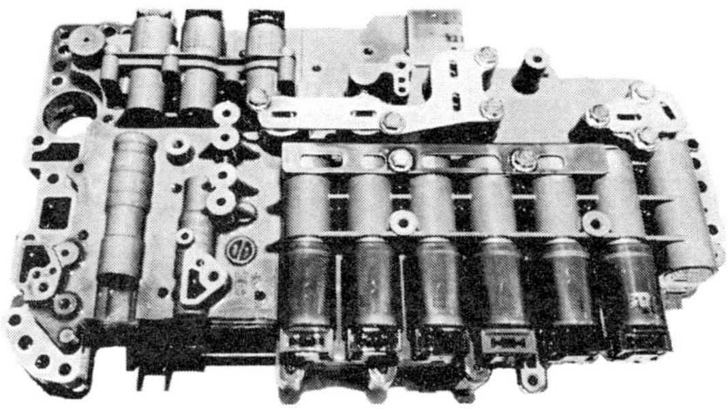

「그림」 10. 자동변속기 솔레노이드 어셈블리

5.1. 압력 컨트롤 솔레노이드밸브(VFS)

5.1.1. 회로 이상(P074800)

라인압력 제어 솔레노이드밸브(LP_VFS)는 밸브바디에 장착되어 있으며, 엔진부하 감소를 위해 TCM은 라인압력 솔레노이드밸브를 통하여 주행조건에 맞게 라인압력을 조절한다. 라인압력 제어 솔레노이드밸브는 VFS 가변압 솔레노이드식 밸브다.

[1] 고장코드 설명

PCM은 회로의 단선 또는 단락을 감지하면 고장코드 P074800을 출력한다.

[2] 고장 판정조건

항 목	판정 조건	고장예상 원인
진단방법	전압 범위 점검(단선, 단락 점검)	※ 라인압력 제어 솔레노이드밸브(LP_VFS) 1. 회로의 단선 단락 2. LP_VFS 이상 3. PCM 이상
진단조건	■ 완전 열린 상태 또는 닫힌 상태 ■ 기어 체결 상태 ■ 변속이 끝난 후 시간 〉 0.3초 ■ 10V 〈 솔레노이드 공급 전원 〈 16V	
고장판정	■ 구동시 50mA ≤ 피드백 전류 ≤ 550mA(접지단락) ■ 구동시 50mA 〉 피드백 전류(단선)	
진단시간	0.3초 이상 지속시	
페일 세이프	4속 고정	

[3] 전원선 점검

① 이그니션 스위치를 OFF한다.

② ATM 솔레노이드밸브와 PCM 커넥터를 탈거한다.

③ ATM 솔레노이드밸브 배선측 LP_VFS 커넥터의 전원단자와 PCM 배선측 LP_VFS 커넥터 전원단자 양단의 저항을 점검한다(규정값 : 약 0Ω).

④ 측정된 저항값이 규정값과 일치하는가?

예	"신호선 점검" 절차를 수행한다.
아니오	전원선의 단선여부를 점검한다. 수리 후 "고장수리 확인" 절차를 실시한다.

[4] 신호선 점검

(1) 단선점검

① 이그니션 스위치를 OFF한다.

② ATM 솔레노이드밸브와 PCM 커넥터를 탈거한다.

③ ATM 솔레노이드밸브 배선측 커넥터의 LP_VFS 터미널과 PCM 배선측 커넥터사이의 저항을 점검한다(규정값 : 약 0Ω).

④ 측정된 저항값이 규정값과 일치하는가?

예	"단락 점검" 절차를 수행한다.
아니오	하니스의 단선 여부를 점검한다. 수리 후 "고장수리 확인" 절차를 실시한다.

(2) 단락점검

① 이그니션 스위치를 OFF한다.

② ATM 솔레노이드밸브와 PCM 커넥터를 탈거한다.

③ ATM 솔레노이드밸브 배선측 커넥터의 LP_VFS 터미널과 차체 접지사이의 저항을 점검한다(규정값 : 무한대).

④ 측정된 저항값이 규정값과 일치하는가?

예	"단품 점검" 절차를 수행한다.
아니오	하니스의 단락 여부를 점검한다. 수리 후 "고장수리 확인" 절차를 실시한다.

[5] 단품점검(LP_VFS 점검)

① 이그니션 스위치를 OFF한다.

② ATM 솔레노이드밸브 커넥터를 탈거한다.

③ ATM 솔레노이드밸브 커넥터 단품측의 LP_VFS 단자와 전원간의 저항을 점검한다(규정값 : 5.1±0.3Ω (25℃)).

④ 측정된 저항값이 규정값과 일치하는가?

예	정상품의 시험용 PCM으로 교환한 후 정상적으로 작동되는지 확인한다. 만일 정상적으로 작동된다면 PCM을 신품으로 교환하고, "고장수리 확인" 절차를 실시한다.
아니오	LP_VFS를 신품으로 교환하고 "고장수리 확인" 절차를 실시한다.

[6] 부품탈거 및 교체시 유의사항

"P074100 토크컨버터 클러치시스템 이상 - OFF 고착"참고

6 프레셔 컨트롤 솔레노이드밸브(PCSV : Pressure Control Solenoid valve)

6.1. 시프트 컨트롤 솔레노이드밸브

6.1.1. A(UD/B)회로 이상(P075300)

언더드라이브 브레이크제어 솔레노이드밸브(UD/B_VFS)는 전류에 의해서 작동되는 형식으로 UD브레이크의 작동시 충격을 최소화하기 위해서 PCM이 언더드라이브 브레이크제어 솔레노이드밸브(UD/B_VFS)의 유압을 직접제어하는 VFS 가변압 솔레노이드식 밸브이다.

[1] 고장코드 설명

PCM은 회로의 단선 또는 단락을 감지하면 고장코드 P075300을 출력한다.

[2] 고장 판정조건

항 목	판정 조건	고장예상 원인
진단방법	전압 범위 점검(단선, 단락 점검)	1. 회로의 단선 단락 2. UD/B_VFS 이상 3. PCM 이상
진단조건	▪ 완전 열린 상태 또는 닫힌 상태 ▪ 기어 체결 상태 ▪ 변속이 끝난 후 시간 〉0.3초 ▪ 10V 〈 솔레노이드 공급 전원 〈 16V	
고장판정	▪ 구동시 50mA≤피드백 전류≤550mA(접지단락) ▪ 구동시 50mA 〉피드백 전류(단선)	
진단시간	0.3초 이상 지속시	
페일 세이프	4속 고정	

[3] 전원선 점검

① 이그니션 스위치를 OFF한다.

② ATM 솔레노이드밸브와 PCM 커넥터를 탈거한다.

③ ATM 솔레노이드밸브 배선측 UD/B_VFS 커넥터의 전원단자와 PCM 배선측 UD/B_VFS 커넥터 전원단자 양단의 저항을 점검한다(규정값 : 약 0Ω).

④ 측정된 저항값이 규정값과 일치하는가?

예	"신호선 점검" 절차를 수행한다.
아니오	전원선의 단선 여부를 점검한다. 수리 후 "고장수리 확인" 절차를 실시한다.

[4] 신호선 점검

(1) 단선점검

① 이그니션 스위치를 OFF한다.

② ATM 솔레노이드밸브와 PCM 커넥터를 탈거한다.

③ ATM 솔레노이드밸브 배선측 커넥터의 UD/B_VFS 터미널과 PCM 배선측 커넥터사이의 저항을 점검한다(규정값 : 약 0Ω).

④ 측정된 저항값이 규정값과 일치하는가?

예	"단락 점검" 절차를 수행한다.
아니오	하니스의 단선 여부를 점검한다. 수리 후 "고장수리 확인" 절차를 실시한다.

(2) 단락점검

① 이그니션 스위치를 OFF한다.

② ATM 솔레노이드밸브와 PCM 커넥터를 탈거한다.

③ ATM 솔레노이드밸브 배선측 커넥터의 UD/B_VFS 터미널과 차체 접지사이의 저항을 점검한다(규정값 : 무한대).

④ 측정된 저항값이 규정값과 일치하는가?

예	"단품 점검" 절차를 수행한다.
아니오	하니스의 단락 여부를 점검한다. 수리 후 "고장수리 확인" 절차를 실시한다.

[5] 단품점검(UD/B_VFS 점검)

① 이그니션 스위치를 OFF한다.

② ATM 솔레노이드밸브 커넥터를 탈거한다.

③ ATM 솔레노이드밸브 커넥터 단품측의 UD/B_VFS 단자와 전원간의 저항을 점검한다(규정값 : 5.3±0.3Ω (25℃)).

④ 측정된 저항값이 규정값과 일치하는가?

예	정상품의 시험용 PCM으로 교환한 후 정상적으로 작동되는지 확인한다. 만일 정상적으로 작동 된다면 PCM을 신품으로 교환하고, "고장수리 확인" 절차를 실시한다.
아니오	UD/B_VFS를 신품으로 교환하고 "고장수리 확인" 절차를 실시한다.

[6] 부품탈거 및 교체시 유의사항

"P074100 토크컨버터 클러치시스템 이상 - OFF 고착"참고

6.1.2. B(26/B)회로 이상(P075800)

26 브레이크제어 솔레노이드밸브(26/B_VFS)는 전류에 의해서 작동되는 형식으로 26 브레이크 작동시 충격을 최소화하기 위해서 PCM이 전류를 가변하여 26 브레이크제어 솔레노이드밸브의 유압을 직접제어하는 VFS 가변압 솔레노이드식 밸브이다.

[1] 고장코드 설명

PCM은 회로의 단선 또는 단락을 감지하면 고장코드 P075800을 출력한다.

[2] 고장 판정조건

항 목	판정 조건	고장예상 원인
진단방법	전압 범위 점검(단선, 단락 점검)	1. 회로의 단선 단락 2. 26/B_VFS 이상 3. PCM 이상
진단조건	■ 완전 열린 상태 또는 닫힌 상태 ■ 기어 체결 상태 ■ 변속이 끝난 후 시간 〉 0.3초 ■ 10V 〈 솔레노이드 공급 전원 〈 16V	
고장판정	■ 구동시 50mA≤피드백 전류≤550mA(접지단락) ■ 구동시 50mA 〉 피드백 전류(단선)	
진단시간	0.3초 이상 지속시	
페일 세이프	4속 고정	

[3] 전원선 점검

① 이그니션 스위치를 OFF한다.

② ATM 솔레노이드밸브와 PCM 커넥터를 탈거한다.

③ ATM 솔레노이드밸브 배선측 26/B_VFS 커넥터의 전원단자와 PCM 배선측 26/B_VFS 커넥터 전원단자 양단의 저항을 점검한다(규정값 : 약 0Ω).

④ 측정된 저항값이 규정값과 일치하는가?

예	"신호선 점검" 절차를 수행한다.
아니오	전원선의 단선 여부를 점검한다. 수리 후 "고장수리 확인" 절차를 실시한다.

[4] 신호선 점검

(1) 단선점검

① 이그니션 스위치를 OFF한다.

② ATM 솔레노이드밸브와 PCM 커넥터를 탈거한다.

③ ATM 솔레노이드밸브 배선측 커넥터의 26/B_VFS 터미널과 PCM 배선측 커넥터 사이의 저항을 점검한다(규정값 : 약 0Ω).

④ 측정된 저항값이 규정값과 일치하는가?

예	"단락 점검" 절차를 수행한다.
아니오	하니스의 단선여부를 점검한다. 수리 후 "고장수리 확인" 절차를 실시한다.

(2) 단락점검

① 이그니션 스위치를 OFF한다.

② ATM 솔레노이드밸브와 PCM 커넥터를 탈거한다.

③ ATM 솔레노이드밸브 배선측 커넥터의 26/B_VFS 터미널과 차체 접지사이의 저항을 점검한다(규정값 : 무한대).

④ 측정된 저항값이 규정값과 일치하는가?

예	"단품 점검" 절차를 수행한다.
아니오	하니스의 단락여부를 점검한다. 수리 후 "고장수리 확인" 절차를 실시한다.

[5] 단품점검(26/B_VFS점검)

① 이그니션 스위치를 OFF한다.

② ATM 솔레노이드밸브 커넥터를 탈거한다.

③ ATM 솔레노이드밸브 커넥터 단품측의 26/B_VFS 단자와 전원간의 저항을 점검한다(규정값 : 5.3±0.3Ω (25℃)).

④ 측정된 저항값이 규정값과 일치하는가?

예	정상품의 시험용 PCM으로 교환한 후 정상적으로 작동되는지 확인한다. 만일 정상적으로 작동 된다면 PCM을 신품으로 교환하고, "고장수리 확인" 절차를 실시한다.
아니오	26/B_VFS를 신품으로 교환하고 "고장수리 확인" 절차를 실시한다.

[6] 부품탈거 및 교체시 유의사항

"P074100 토크컨버터 클러치시스템 이상 - OFF 고착"참고

6.1.3. D(OD/C)회로 이상(P076800)

오버드라이브 클러치제어 솔레노이드밸브(OD/C_VFS)는 전류에 의해서 작동되는 형

식으로 OD클러치 작동시 충격을 최소화하기 위해서 PCM이 전류를 가변하여 유압을 직접제어 하는 VFS 가변압 솔레노이드식 밸브이다.

[1] 고장코드 설명

PCM은 회로의 단선 또는 단락을 감지하면 고장코드 P076800을 출력한다.

[2] 고장 판정조건

항 목	판정 조건	고장예상 원인
진단방법	전압 범위 점검(단선, 단락 점검)	1. 회로의 단선 단락 2. OD/C_VFS 이상 3. PCM 이상
진단조건	■ 완전 열린상태 또는 닫힌상태 ■ 기어 체결상태 ■ 변속이 끝난 후 시간 〉 0.3초 ■ 10V 〈 솔레노이드 공급전원 〈 16V	
고장판정	■ 구동시 50mA≤피드백 전류≤550mA(접지단락) ■ 구동시 50mA 〉 피드백 전류(단선)	
진단시간	0.3초 이상 지속시	
페일 세이프	4속 고정	

[3] 전원선 점검

① 이그니션 스위치를 OFF한다.

② ATM 솔레노이드밸브와 PCM 커넥터를 탈거한다.

③ ATM 솔레노이드밸브 배선측 OD/C_VFS 커넥터의 전원단자와 PCM 배선측 OD/C_VFS 커넥터 전원단자 양단의 저항을 점검한다(규정값 : 약 0Ω).

④ 측정된 저항값이 규정값과 일치하는가?

예	"신호선 점검" 절차를 수행한다.
아니오	전원선의 단선여부를 점검한다. 수리 후 "고장수리 확인" 절차를 실시한다.

[4] 신호선 점검

(1) 단선점검

① 이그니션 스위치를 OFF한다.

② ATM 솔레노이드밸브와 PCM 커넥터를 탈거한다.

③ ATM 솔레노이드밸브 배선측 커넥터의 OD/C_VFS 터미널과 PCM 배선측 커넥터사이의 저항을 점검한다(규정값 : 약 0Ω).

④ 측정된 저항값이 규정값과 일치하는가?

예	"단락 점검" 절차를 수행한다.
아니오	하니스의 단선 여부를 점검한다. 수리 후 "고장수리 확인" 절차를 실시한다.

(2) 단락점검

① 이그니션 스위치를 OFF한다.

② ATM 솔레노이드밸브와 PCM 커넥터를 탈거한다.

③ ATM 솔레노이드밸브 배선측 커넥터의 OD/C_VFS 터미널과 차체 접지사이의 저항을 점검한다(규정값 : 무한대).

④ 측정된 저항값이 규정값과 일치하는가?

예	"단품 점검" 절차를 수행한다.
아니오	하니스의 단락 여부를 점검한다. 수리 후 "고장수리 확인" 절차를 실시한다.

[5] 단품점검(OD/C_VFS점검)

① 이그니션 스위치를 OFF한다.

② ATM 솔레노이드밸브 커넥터를 탈거한다.

③ ATM 솔레노이드밸브 커넥터 단품측의 OD/C_VFS 단자와 전원간의 저항을 점검한다(규정값 : 5.3±0.3Ω (20℃)).

④ 측정된 저항값이 규정값과 일치하는가?

예	정상품의 시험용 PCM으로 교환한 후 정상적으로 작동되는지 확인한다. 만일 정상적으로 작동 된다면 PCM을 신품으로 교환하고, "고장수리 확인" 절차를 실시한다.
아니오	OD/C_VFS를 신품으로 교환하고 "고장수리 확인" 절차를 실시한다.

[6] 부품탈거 및 교체시 유의사항

"P074100 토크컨버터 클러치시스템 이상 - OFF 고착"참고

6.1.4. E(SS-A)회로 이상(P077300)

SS-A 솔레노이드밸브(ON/OFF)는 ON/OFF타입으로 유로의 방향을 바꾸어 주는 역할을 한다. PCM은 전압으로 ON/OFF 솔레노이드밸브를 제어하여 기어변속 단수를 설정하게 된다.

[1] 고장코드 설명

PCM은 회로의 단선 또는 단락을 감지하면 고장코드 P077300을 출력한다.

[2] 고장 판정조건

항 목	판정 조건	고장예상 원인
진단방법	전압 범위 점검(단선, 단락 점검)	1. 회로의 단선 단락 2. SS-A 솔레노이드밸브 (ON/ OFF) 이상 3. PCM 이상
진단조건	■ 완전 열린상태 또는 닫힌상태 ■ 기어 체결상태 ■ 변속이 끝난 후 시간 〉 0.3초 ■ 10V 〈 솔레노이드 공급전원 〈 16V	
고장판정	파워 공급 전원이 단선/단락	
진단시간	0.3초 이상 지속시	
페일 세이프	4속 고정	

[3] 전원선 점검

① 이그니션 스위치를 OFF한다.

② ATM 솔레노이드밸브와 PCM 커넥터를 탈거한다.

③ ATM 솔레노이드밸브 배선측 커넥터의 SS-A 솔레노이드밸브(ON/OFF) 커넥터의 전원단자와 PCM 배선측 SS-A 솔레노이드밸브(ON/OFF) 커넥터 전원단자 양단의 저항을 점검한다(규정값 : 약 0Ω).

④ 측정된 저항값이 규정값과 일치하는가?

예	"신호선 점검" 절차를 수행한다.
아니오	전원선의 단선 여부를 점검한다. 수리 후 "고장수리 확인" 절차를 실시한다.

[4] 신호선 점검

(1) 단선점검

① 이그니션 스위치를 OFF한다.

② ATM 솔레노이드밸브와 PCM 커넥터를 탈거한다.

③ ATM 솔레노이드밸브 배선측 커넥터의 SS-A 솔레노이드밸브(ON/OFF) 터미널과 PCM 배선측 커넥터사이의 저항을 점검한다(규정값 : 약 0Ω).

④ 측정된 저항값이 규정값과 일치하는가?

예	"단락 점검" 절차를 수행한다.
아니오	하니스의 단선 여부를 점검한다. 수리 후 "고장수리 확인" 절차를 실시한다.

(2) 단락점검

① 이그니션 스위치를 OFF한다.

② ATM 솔레노이드밸브와 PCM 커넥터를 탈거한다.

③ ATM 솔레노이드밸브 배선측 커넥터의 SS-A 솔레노이드밸브(ON/OFF) 터미널과 차체 접지사이의 저항을 점검한다(규정값 : 무한대).

④ 측정된 저항값이 규정값과 일치하는가?

예	"단품 점검" 절차를 수행한다.
아니오	하니스의 단락 여부를 점검한다. 수리 후 "고장수리 확인" 절차를 실시한다.

[5] 단품점검(SS-A 솔레노이드밸브(ON/OFF) 점검)

① 이그니션 스위치를 OFF한다.

② ATM 솔레노이드밸브 커넥터를 탈거한다.

③ ATM 솔레노이드밸브 커넥터 단품 측의 SS-A 솔레노이드밸브(ON/OFF) 단자와 전원간의 저항을 점검한다(규정값 : 10~11Ω (20℃)).

④ 측정된 저항값이 규정값과 일치하는가?

예	정상품의 시험용 PCM으로 교환한 후 정상적으로 작동되는지 확인한다. 만일 정상적으로 작동 된다면 PCM을 신품으로 교환하고, "고장수리 확인" 절차를 실시한다.
아니오	OD/C_VFS를 신품으로 교환하고 "고장수리 확인" 절차를 실시한다.

[6] 부품탈거 및 교체시 유의사항

"P074100 토크컨버터 클러치시스템 이상 - OFF 고착"참고

7 다이렉트 클러치

7.1. 동기불량

7.1.1. 4속(P073400)

변속기에 4단이 물려있을 때 입력축 속도센서의 값은 출력축 속도센서에 4단 기어비를 곱했을 때 출력축 속도센서의 값이 되어야 한다. 이렇게 연산한 값이 PCM에서 연산한 값과 동일하여야 한다. 예로 출력축 속도센서가 1,000rpm이고 4단 기어비가 1.4이면, 입력축 속도센서는 1,400rpm을 나타내야 한다.

[1] 고장코드 설명

이 고장코드는 변속기에 4단이 물려있을 때 입력축 속도센서의 값은 출력축 속도센서에 4단 기어비를 곱했을 때 출력축 속도센서의 값과 동일하지 않을 때 발생한다. 이 고장은 주로 기계적인 고장에 의해서 발생하게 되는데 컨트롤밸브 고착, 솔레노이드밸브의 전기적 고장보다 기계적 고장에 더 큰 영향을 받는다.

[2] 고장 판정조건

항 목	판정조건	고장예상 원인
진단방법	4단 기어 부정확(성능 - 회전수 높음/낮음)	1. 입력축 속도센서 이상 2. 출력축 속도센서 이상 3. 변속기 내부의 클러치 브레이크의 슬립(UD브레이크, OD클러치) 또는 유압제어(솔레노이드밸브)계통의 이상
진단조건	▪ 솔레노이드 공급 전원 〉 10V ▪ 자동변속기 오일온도 〉 -10℃ ▪ 마지막 변속이 끝난 시간 〉 1초 ▪ 엔진 회전수 〉 400rpm ▪ 출력축 속도 〉 200rpm ▪ 입력축 속도 센서 〉 0rpm ▪ 4단 기어 위치 ▪ 변속레버 위치 D	
고장판정	▪ 출력축 속도 〈 입력축 속도/4속 기어비 -200rpm ▪ 출력축 속도 〈 입력축 속도/4속 기어비 +200rpm	
진단시간	1초 이상 4번	
페일 세이프	4단 기어 고정	

[3] GDS 데이터 분석

① GDS를 연결한다(DLC).

② 이그니션 스위치 ON & 엔진 ON

③ 솔레노이드밸브 커넥터를 탈거하여 변속단을 4속으로 고정시킨다.

④ "센서데이터"의 엔진회전수, 입력축 속도센서, 출력축 속도센서, 기어위치 항목을 점검한다.

⑤ 솔레노이드밸브를 탈거 후 4속 고정을 한 상태에서 스톨 테스트를 실시한다(규정값 : 2,300rpm±200 engine rpm).

※ D4속에서 스톨 테스트 하는 방법과 원인

[1] 방법

① 엔진을 충분히 난기시킨다.

② 솔레노이드밸브의 커넥터를 탈거하여 강제적으로 4속을 만든 후 변속레버를 D레인지에 놓고 가속페달을 끝까지 밟은 상태에서 엔진의 최대 회전수를 측정한다.

[2] 원인

① 만일 변속기 내부에 기계적인 결함이 없다면, 모든 슬립은 토크컨버터 내에서 흡수된다.

② 그러므로 엔진의 회전수만 출력되고 입력축 혹은 출력축의 회전수는 바퀴가 잠겨져 있으므로 0이 된다.

③ 만일 4속의 작동요소에 결함이 있다면 입력축의 회전수가 출력될 것이다.

④ 만일 출력축의 회전수가 출력된다면 브레이크를 충분히 밟지 않은 것이므로 브레이크를 완전히 밟은 상태에서 다시 스톨 테스트를 실시한다.

⑥ 측정한 스톨 테스트가 정상적으로 나타나는 가?

예	배선점검 절차를 수행한다.
아니오	"단품 점검"을 실시한다.

※ 스톨 테스트시 주의사항

① 테스트 중에는 차량이 갑자기 움직일 수 있으므로 차량의 전・후에 사람이 서있지 않도록 주의하고 앞・뒤 바퀴에 고임목을 설치한다.

② ATF의 수준과 온도 그리고 엔진 냉각수 온도를 점검한다.

㉮ ATF 수준 : 게이지의 HOT 마크에 있는지 확인한다.

㉯ ATF 온도 : 80~100℃

㉰ 엔진의 냉각수온 : 80~100℃

③ 주차 브레이크를 당기고 브레이크페달을 힘껏 밟는다.
④ 1번의 스톨테스트를 8초 이상 실시하지 않는다.
⑤ 만일 스톨테스트를 2회 혹은 그 이상 실시하는 경우에는 변속레버는 N으로 이동하고 엔진의 회전수는 약 1,000rpm으로 유지하면서 ATF의 온도를 낮추어야 한다.

[4] 신호선 점검

① 스캔 툴을 연결한다.
② 엔진 ON
③ "센서 데이터"항목 중에 엔진회전수, 입력축, 출력축 속도를 선택한다.
④ 4속 상태에서 약 2,000rpm까지 엔진의 회전수를 상승시킨 후에 입력축 및 출력축의 속도를 기어비와 비교한다(규정값 : 출력축 속도 〈 입력축 속도/4속 기어비 −200rpm, 출력축 속도 〉 입력축 속도/4속 기어비 +200rpm).
⑤ 센서 데이터의 입력축 속도센서와 출력축 속도센서가 정상적으로 작동하는가?

예	자동변속기를 수리 또는 교환하고, "고장수리 확인" 절차를 수행한다.
아니오	입력축과 출력축의 전기적인 노이즈가 발생하는 지에 대해 점검하고 필요시 수리 또는 교환한다. 다음의 "고장수리 확인" 절차를 수행한다.

7.1.2. 5속(P073500)

변속기에 5단이 물려있을 때 입력축 속도센서의 값은 출력축 속도센서에 5단 기어비를 곱했을 때 출력축 속도센서의 값이 되어야 한다. 이렇게 연산한 값이 PCM에서 연산한 값과 동일하여야 한다. 예로 출력축 속도센서가 1,000rpm이고 5단 기어비가 1.0이면, 입력축 속도센서는 1,000rpm을 나타내야 한다.

[1] 고장코드 설명

이 고장코드는 변속기에 5단이 물려있을 때 입력축 속도센서의 값은 출력축 속도센서에 5단 기어비를 곱했을 때 출력축 속도센서의 값과 동일하지 않을 때 발생한다. 이 고장은 주로 기계적인 고장에 의해서 발생하게 되는데 컨트롤밸브 고착, 솔레노이드밸브의 전기적 고장보다 기계적 고장에 더 큰 영향을 받는다.

[2] 고장 판정조건

항 목	판정 조건	고장예상 원인
진단방법	5단 기어 부정확(성능 – 회전수 높음/낮음)	1. 입력축 속도센서 이상 2. 출력축 속도센서 이상 3. 변속기 내부의 클러치 브레이크의 슬립(35R클러치, OD 클러치) 또는 유압제어(솔레노이드밸브)계통의 이상
진단조건	■ 솔레노이드 공급 전원〉10V ■ 자동변속기 오일온도〉-10℃ ■ 마지막 변속이 끝난 시간〉1초 ■ 엔진 회전수〉400rpm ■ 출력축 속도〉200rpm ■ 입력축 속도 센서〉0rpm ■ 5단 기어 위치 ■ 변속레버 위치 D	
고장판정	■ 출력축 속도〈 입력축 속도/5속 기어비 -200rpm ■ 출력축 속도〈 입력축 속도/5속 기어비 +200rpm	
진단시간	1초 이상 4번	
페일세이프	4단 기어 고정	

[3] 신호선 점검

① 스캔 툴을 연결한다.

② 엔진 ON

③ “센서 데이터”항목 중에 엔진회전수, 입력축, 출력축 속도를 선택한다.

④ 5속 상태에서 약 2,000rpm까지 엔진의 회전수를 상승시킨 후에 입력축 및 출력축의 속도를 기어비와 비교한다(규정값 : 출력축 속도〈 입력축 속도/5속 기어비 -200rpm, 출력축 속도〉입력축 속도/5속 기어비 +200rpm).

⑤ 센서 데이터의 입력축 속도센서와 출력축 속도센서가 정상적으로 작동하는가?

예	자동변속기를 수리 또는 교환하고, “고장수리 확인” 절차를 수행한다.
아니오	입력축과 출력축의 전기적인 노이즈가 발생하는 지에 대해 점검하고 필요시 수리 또는 교환한다. 다음의 “고장수리 확인” 절차를 수행한다.

8 언더드라이브 클러치

8.1. 동기불량

8.1.1. 6속(P072900)

변속기에 6단이 물려있을 때 입력축 속도센서의 값은 출력축 속도센서에 6단 기어비를 곱했을 때 출력축 속도센서의 값이 되어야 한다.

이렇게 연산한 값이 PCM에서 연산한 값과 동일하여야 한다. 예로 출력축 속도센서가 1,000rpm이고 6단 기어비가 0.8이면, 입력축 속도센서는 800rpm을 나타내야 한다.

[1] 고장코드 설명

이 고장코드는 변속기에 6단이 물려있을 때 입력축 속도센서의 값은 출력축 속도센서에 6단 기어비를 곱했을 때 출력축 속도센서의 값과 동일하지 않을 때 발생한다. 이 고장은 주로 기계적인 고장에 의해서 발생하게 되는데 컨트롤밸브 고착, 솔레노이드밸브의 전기적 고장보다 기계적 고장에 더 큰 영향을 받는다.

[2] 고장 판정조건

항 목	판정 조건	고장예상 원인
진단방법	6단 기어 부정확(성능 - 회전수 높음/낮음)	1. 입력축 속도센서 이상 2. 출력축 속도센서 이상 3. 변속기 내부의 클러치 브레이크의 슬립(26브레이크, OD클러치) 또는 유압제어(솔레노이드밸브)계통의 이상
진단조건	■ 솔레노이드 공급 전원 〉 10V ■ 자동변속기 오일온도 〉 -10℃ ■ 마지막 변속이 끝난 시간 〉 1초 ■ 엔진 회전수 〉 400rpm ■ 출력축 속도 〉 200rpm ■ 입력축 속도 센서 〉 0rpm ■ 6단 기어 위치 ■ 변속레버 위치 D	
고장판정	■ 출력축 속도 〈 입력축 속도/6속 기어비 -200rpm ■ 출력축 속도 〈 입력축 속도/6속 기어비 +200rpm	
진단시간	1초 이상 4번	
페일세이프	4단 기어 고정	

[3] 산호선 점검

① 스캔 툴을 연결한다.

② 엔진 ON

③ "센서 데이터" 항목 중에 엔진회전수, 입력축, 출력축 속도를 선택한다.

④ 6속 상태에서 약 2,000rpm까지 엔진의 회전수를 상승시킨 후에 입력축 및 출력축의 속도를 기어비와 비교한다(규정값 : 출력축 속도 〈 입력축 속도/6속 기어비 -200rpm, 출력축 속도 〉 입력축 속도/6속 기어비 +200rpm).

⑤ 센서 데이터의 입력축 속도센서와 출력축 속도센서가 정상적으로 작동하는가?

예	자동변속기를 수리 또는 교환하고, "고장수리 확인" 절차를 수행한다.
아니오	입력축과 출력축의 전기적인 노이즈가 발생하는 지에 대해 점검하고 필요시 수리 또는 교환한다. 다음의 "고장수리 확인" 절차를 수행한다.

8.1.2. 1속(P073100)

변속기에 1단이 물려있을 때 입력축 속도센서의 값은 출력축 속도센서에 1단 기어비를 곱했을 때 출력축 속도센서의 값이 되어야 한다. 이렇게 연산한 값이 PCM에서 연산한 값과 동일하여야 한다. 예로 출력축 속도센서가 1,000rpm이고 1단 기어비가 4.2이면, 입력축 속도센서는 4200rpm을 나타내야 한다.

[1] 고장코드 설명

이 고장코드는 변속기에 1단이 물려있을 때 입력축 속도센서의 값은 출력축 속도센서에 1단 기어비를 곱했을 때 출력축 속도센서의 값과 동일하지 않을 때 발생한다. 이 고장은 주로 기계적인 고장에 의해서 발생하게 되는데 컨트롤밸브 고착, 솔레노이드밸브의 전기적 고장보다 기계적 고장에 더 큰 영향을 받는다.

[2] 고장 판정조건

항 목	판정 조건	고장예상 원인
진단방법	1단 기어 부정확한 기어비	1. 입력축 속도센서 이상 2. 출력축 속도센서 이상 3. 변속기 내부의 클러치 브레이크의 슬립(UD브레이크, L/R브레이크, OWC) 또는 유압제어계통의 이상
진단조건	■ 솔레노이드 공급 전원 〉 10V ■ 자동변속기 오일 온도 〉 -10℃ ■ 마지막 변속이 끝난 시간 〉 1초 ■ 엔진 회전수 〉 400rpm ■ 출력축 속도 〉 150rpm ■ 입력축 속도 센서 〉 0rpm ■ 1단 기어 위치 ■ 변속레버 위치 D	
고장판정	출력축 속도 〈 입력축 속도/1속 기어비 -200rpm	
진단시간	1초 이상 4번	
페일 세이프	4단 기어 고정	

[3] GDS 데이터 분석

"P073400 4속 동기불량" 참조

[4] 신호선 점검

① 스캔 툴을 연결한다.

② 엔진 ON

③ "센서 데이터" 항목 중에 엔진회전수, 입력축, 출력축 속도를 선택한다.

④ 6속 상태에서 약 2,000rpm까지 엔진의 회전수를 상승시킨 후에 입력축 및 출력축의 속도를 기어비와 비교한다(규정값 : 출력축 속도 〈 입력축 속도/1속 기어비 -200rpm).

⑤ 센서 데이터의 입력축 속도센서와 출력축 속도센서가 정상적으로 작동하는가?

예	자동변속기를 수리 또는 교환하고, "고장수리 확인" 절차를 수행한다.
아니오	입력축과 출력축의 전기적인 노이즈가 발생하는 지에 대해 점검하고 필요시 수리 또는 교환한다. 다음의 "고장수리 확인" 절차를 수행한다.

8.1.3. 2속(P073200)

변속기에 2단이 물려있을 때 입력축 속도센서의 값은 출력축 속도센서에 2단 기어비를 곱했을 때 출력축 속도센서의 값이 되어야 한다. 이렇게 연산한 값이 PCM에서 연산한 값과 동일하여야 한다.

예로 출력축 속도센서가 1,000rpm이고 2단 기어비가 2.6이면, 입력축 속도센서는 2600rpm을 나타내야 한다.

[1] 고장코드 설명

이 고장코드는 변속기에 2단이 물려있을 때 입력축 속도센서의 값은 출력축 속도센서에 2단 기어비를 곱했을 때 출력축 속도센서의 값과 동일하지 않을 때 발생한다. 이 고장은 주로 기계적인 고장에 의해서 발생하게 되는데 컨트롤밸브 고착, 솔레노이드밸브의 전기적 고장보다 기계적 고장에 더 큰 영향을 받는다.

[2] 고장 판정조건

항 목	판정 조건	고장예상 원인
진단방법	2단 기어 부정확(성능 - 회전수 높음/낮음)	
진단조건	■ 솔레노이드 공급 전원〉10V ■ 자동변속기 오일온도〉-10℃ ■ 마지막 변속이 끝난 시간〉1초 ■ 엔진 회전수〉400rpm ■ 출력축 속도〉200rpm ■ 입력축 속도 센서〉0rpm ■ 2단 기어 위치 ■ 변속레버 위치 D	1. 입력축 속도센서 이상 2. 출력축 속도센서 이상 3. 변속기 내부의 클러치 브레이크의 슬립(UD브레이크, 2/6브레이크) 또는 유압제어계통의 이상
고장판정	■ 출력축 속도〈 입력축 속도/2속 기어비 -200rpm ■ 출력축 속도〈 입력축 속도/2속 기어비 +200rpm	
진단시간	1초 이상 4번	
페일세이프	4단 기어 고정	

[3] 신호선 점검

① 스캔 툴을 연결한다.

② 엔진 ON

③ "센서 데이터"항목 중에 엔진회전수, 입력축, 출력축 속도를 선택한다.

④ 2속 상태에서 약 2,000rpm까지 엔진의 회전수를 상승시킨 후에 입력축 및 출력축의 속도를 기어비와 비교한다(규정값 : 출력축 속도〈 입력축 속도/2속 기어비 -200rpm, 출력축 속도〉입력축 속도/2속 기어비 +200rpm).

⑤ 센서 데이터의 입력축 속도센서와 출력축 속도센서가 정상적으로 작동하는가?

예	자동변속기를 수리 또는 교환하고, "고장수리 확인" 절차를 수행한다.
아니오	입력축과 출력축의 전기적인 노이즈가 발생하는 지에 대해 점검하고 필요시 수리 또는 교환한다. 다음의 "고장수리 확인" 절차를 수행한다.

8.1.4. 3속(P073300)

변속기에 3단이 물려있을 때 입력축 속도센서의 값은 출력축 속도센서에 3단 기어비를 곱했을 때 출력축 속도센서의 값이 되어야 한다. 이렇게 연산한 값이 PCM에서 연산한 값과 동일하여야 한다.

예로 출력축 속도센서가 1,000rpm이고, 3단 기어비가 1.8이면, 입력축 속도센서는 1800rpm을 나타내야 한다.

[1] 고장코드 설명

이 고장코드는 변속기에 3단이 물려있을 때 입력축 속도센서의 값은 출력축 속도센서에 3단 기어비를 곱했을 때 출력축 속도센서의 값과 동일하지 않을 때 발생한다. 이 고장은 주로 기계적인 고장에 의해서 발생하게 되는데 컨트롤밸브 고착, 솔레노이드밸브의 전기적 고장보다 기계적 고장에 더 큰 영향을 받는다.

[2] 고장 판정조건

항 목	판정 조건	고장예상 원인
진단방법	3단 기어 부정확(성능 - 회전수 높음/낮음)	1. 입력축 속도센서 이상 2. 출력축 속도센서 이상 3. 변속기 내부의 클러치 브레이크의 슬립(UD브레이크, 35R클러치) 또는 유압제어계통의 이상
진단조건	■ 솔레노이드 공급 전원 〉 10V ■ 자동변속기 오일온도 〉 -10℃ ■ 마지막 변속이 끝난 시간 〉 1초 ■ 엔진 회전수 〉 400rpm ■ 출력축 속도 〉 200rpm ■ 입력축 속도 센서 〉 0rpm ■ 3단 기어 위치 ■ 변속레버 위치 D	
고장판정	■ 출력축 속도 〈 입력축 속도/2속 기어비 -200rpm ■ 출력축 속도 〈 입력축 속도/2속 기어비 +200rpm	
진단시간	1초 이상 4번	
페일 세이프	4단 기어 고정	

[3] GDS 데이터분석

“P073400 4속 동기 불량” 참조

[4] 신호선 점검

① 스캔 툴을 연결한다.

② 엔진 ON

③ “센서 데이터” 항목 중에 엔진회전수, 입력축, 출력축 속도를 선택한다.

④ 3속 상태에서 약 2,000rpm까지 엔진의 회전수를 상승시킨 후에 입력축 및 출력축의 속도를 기어비와 비교한다(규정값 : 출력축 속도 〈 입력축 속도/3속 기어비 -200rpm, 출력축 속도 〉 입력축 속도/3속 기어비 +200rpm).

⑤ 센서 데이터의 입력축 속도센서와 출력축 속도센서가 정상적으로 작동하는가?

예	자동변속기를 수리 또는 교환하고, "고장수리 확인" 절차를 수행한다.
아니오	입력축과 출력축의 전기적인 노이즈가 발생하는 지에 대해 점검하고 필요시 수리 또는 교환한다. 다음의 "고장수리 확인" 절차를 수행한다.

9 인히비터 스위치(Inhibitor Switch)

「그림」 11. 인히비터 스위치

9.1. 인히비터 스위치

9.1.1. 이상신호 발생(P070500)

운전자 요구에 따라 실내 변속레버의 작동위치를 변속기에 전달하여 파킹(P-Range), 후진(R-Range), 중립(N-Range) 및 주행(D-Range)시 레버의 위치를 PCM/TCM에 전달하여 기어의 물림을 제어하게 한다.

① 인히비터 스위치는 변속기 상단에 장착되어 시프트 레버와 연결된다.

② 인히비터 스위치는 4개의 접점 포인트로 신호를 만들어 S1(P), S2(R), S3(N), S4(D)를 출력한다.

③ 시프트레버의 조작에 따라 인히비터 스위치의 S1(P), S2(R), S3(N), S4(D) 신호를 TCM에 전달하여 변속단을 제어한다.

[1] 고장코드 설명

PCM은 변속패턴표를 기본으로 사용하지 않는 코드가 입력될 때 고장코드 P070500을 출력한다.

[2] 고장 판정조건

항 목	판정 조건	고장예상 원인
진단방법	회로이상	1. 변속레버-시프트케이블-인히비터 스위치 정렬 불량 2. PCM/TCM 3. 단선 또는 단락 4. 변속기 레인지 신호 고장
진단조건	■ 이그니션 ON ■ 배터리 전압 〉 10V	
고장판정	사용되지 않는 코드	
진단시간	4초 이상	
페일세이프	■ 고장판정 전 : 전단인식 ■ 고장판정 후 : D3단 제어(3rd～6th 가능, 1, 2, 3단 변속 금지 제어)	

[3] GDS 데이터 분석

① GDS를 연결한다(DLC).

② 이그니션 스위치 ON & 엔진 OFF

③ GDS(GDS 센서 데이터 연결)를 이용하여 "센서 데이터"의 "인히비터 스위치"항목을 점검한다.

④ 변속레버를 "P"레인지에서 "D"레인지로 이동한다.

⑤ 인히비터 스위치의 값이 정상적으로 변화하는가?

예	P070500고장은 시프트 케이블의 정렬상태가 불량할 경우 발생될 수 있다. 그러므로 인히비터 스위치를 교환하지 말고 시프트 케이블의 정렬 상태를 필히 확인해야 한다.
아니오	"시프트 케이블 점검" 절차를 실시한다.

[4] 시프트케이블 정렬 점검

① 변속레버를 "N"단으로 변속한다.

② 매뉴얼 컨트롤 레버가 인히비터 스위치 "N"위치에 일치하는가 확인한다.

㉮ "N"셋팅 홀(5mm)

㉯ 매뉴얼 컨트롤 레버

㉰ 인히비터 스위치

㉱ 시프트 케이블 체결너트(12mm)

㉲ 고정 지그(5mm 핀)

③ "N"위치 일치 확인방법 : "N"단 셋팅 홀에 "N"셋팅 지그(∅5)를 "N"셋팅 홀에 삽입한다. 삽입 시 시프트 케이블과 매뉴얼 컨트롤 레버간의 당김, 밀림, 걸림감 등 부하 없을 것

④ 지그삽입 불가, 레버 당김, 밀림, 걸림 감 발생시 지그를 삽입한 채 시프트 케이블 체결너트를 풀어 지그삽입 불가, 레버 당김, 밀림, 걸림 감을 제거하고 너트를 체결한다.

⑤ "N"셋팅 홀에서 지그를 제거한다.

⑥ 작업완료 후 "P"단에서 "D"단까지 2회 변속을 실시한다.

⑦ 문제가 해결되었는가?

예	"고장수리 확인" 절차를 실시한다.
아니오	배선점검을 하여 배선에 이상이 있으면 수리 또는 교환하고 배선점검 문제 부위가 확인되지 않으면 "전원선 점검" 절차를 실시한다.

[5] 전원선 점검

① 인히비터 스위치 커넥터를 탈거한다.

② 이그니션 ON & 엔진 OFF

③ 인히비터 스위치 배선측의 공급전원 터미널과 차체 접지와의 전압을 점검한다 (규정값 : 약 12V).

④ 측정한 전압이 정상인가?

예	"신호선 점검" 절차를 실시한다.
아니오	■ ECU 퓨즈 10A가 장착되어 있는지 또는 끊어 졌는지 확인한다. ■ 배선의 단선을 점검한다. 필요에 따라 수리하고 "차량수리확인" 절차를 실시한다.

[6] 신호선 점검

① 인히비터 스위치의 커넥터를 연결한다.

② 이그니션 스위치 ON & 엔진 OFF

③ 변속레버를 "P, R, N, D"로 이동하며 PCM/TCU측의 인히비터 스위치의 각 단자와 차체 접지와의 전압을 측정한다.

④ 규정값

전원	인히비터 스위치 단자	인히비터 스위치 측정 전압값(레버 위치)						
		P	P/R중간단	R	R/N중간단	N	N/D중간단	D
IG SW ON	S1(PIN No 8)	12V	12V	0V	0V	0V	0V	0V
IG SW ON	S2(PIN No 4)	0V	12V	12V	12V	0V	0V	0V
IG SW ON	S3(PIN No 7)	0V	0V	0V	12V	12V	12V	0V
IG SW ON	S4(PIN No 9)	0V	0V	0V	0V	0V	12V	12V
IG SW START	S5(PIN No 2)	12V	0V	0V	0V	12V	0V	0V

⑤ 측정된 전압값이 규정값과 일치하는가?

예	■ 배선의 단선/단락을 점검한다. 필요에 따라 수리하고 "고장수리 확인" 절차를 실시한다. ■ 배선점검 결과 이상이 없다면 정상품의 시험용 PCM/TCM으로 교환 한 후 정상적으로 작동되는지 확인하고 정상적으로 작동 된다면 PCM/TCM을 신품으로 교환하고 "고장수리 확인" 절차를 실시한다.
아니오	정상품의 시험용 인히비터 스위치로 교환 한 후 정상적으로 작동되는지 확인한다. 만일 정상적으로 작동 된다면 인히비터 스위치를 신품으로 교환하고 "고장수리 확인" 절차를 실시한다.

9.2. TGS렙 - 시프트 케이블 - 인히비터스위치

9.2.1. 정렬 불량(P070600)

"P070500 인히비터 스위치 이상신호 발생" 참조

[1] 고장코드 설명

PCM/TCM은 변속패턴표를 기본으로 하여 중간 단 신호가 지속적으로 입력될 때 고장코드 P070600을 출력한다.

[2] 고장판정 조건

항 목	판정 조건	고장예상 원인
진단방법	기능고장	1. 변속레버-시프트케이블-인히비터 스위치 정렬 불량 2. 변속레버 중간위치 유지 (예 : N-D 중간 단 등) 3. PCM/TCM
진단조건	■ 배터리 전압 〉 10V ■ 입출력 속도 센서 〉 400rpm	
고장판정	중간 단 신호	
진단시간	10초 이상 2회	
페일 세이프	■ 고장판정 전 : 전단 인식 ■ 고장판정 후 : D3단 제어(3rd~6th 가능, 1, 2, 3단 변속금지 제어)	

[3] GDS 데이터 분석

① GDS를 연결한다(DLC).

② 이그니션 스위치 ON & 엔진 OFF

③ GDS(GDS 센서 데이터 연결)를 이용하여 "센서 데이터"의 "인히비터 스위치"항목을 점검한다.

④ 변속레버를 "P"레인지에서 "D"레인지로 이동한다.

⑤ 인히비터 스위치의 값이 정상적으로 변화하는가?

예	P070600고장은 변속레버가 중간단에 10초 이상 유지하여 문제가 발생한다. 중간단이 지속되는 경우는 인히비터 스위치의 교체 없이 "N"단 정렬, Shift Cable 재 정렬로 문제를 해결할 수 있다.
아니오	"시프트 케이블 점검" 절차를 실시한다.

[4] 시프트 케이블 및 시프트레버 점검

P070600 코드는 변속레버와 인히비터 스위치사이의 시프트 게이블 정렬 불량 혹은 변속레버의 절도감 불량으로 발생되는 DTC 코드이다. 그러므로 P070600이 발생되면 필히 시프트 케이블의 정렬과 변속레버를 점검해야 한다.

(1) 시프트 케이블 정렬 점검

"P070500 인히비터 스위치 이상신호 발생" 참조하고 문제가 해결되지 않으면 "변속레버 점검" 절차를 실시한다.

(2) 변속레버 점검

① 변속레버를 "N"단에서 "D"단으로 변속한다.

② 변속레버가 "N"단과 "D"단 사이에서 걸림이 발생하거나 멈춤 현상이 발생하는지 점검한다. 만일 변속레버가 "N"단과 "D"단 사이에서 걸리거나 멈춘다면 변속레버를 신품으로 교환한다.

③ 문제가 해결되었는가?

예	"고장수리 확인" 절차를 실시한다.
아니오	배선 점검을 하여 배선에 이상이 있으면 수리 또는 교환하고 배선 점검 문제 부위가 확인 되지 않으면 "전원선 점검" 절차를 실시한다.

[5] 전원선 점검

"P070500 인히비터 스위치 이상신호 발생" 참조

[6] 신호선 점검

"P070500 인히비터 스위치 이상신호 발생" 참조

10 자동변속기 컨트롤모듈(TCM : Transmission Control Module)

그림 12. 자동변속기 컨트롤 모듈

10.1. 변속기 교환시 작업

① 교환될 TCM의 유압특성을 GDS 진단기에 백업받는다.

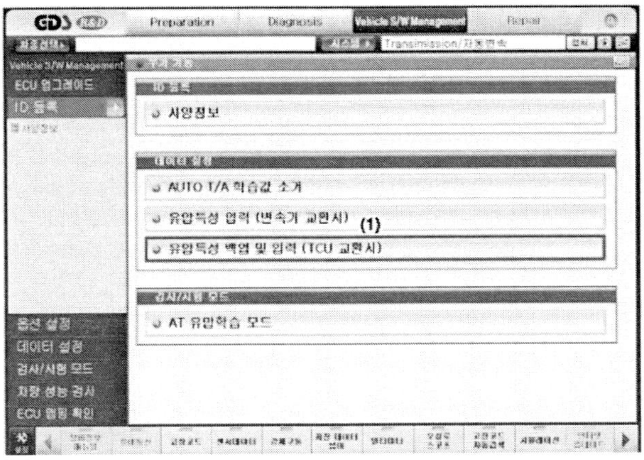

(a) 유압특성 백업 및 입력설정

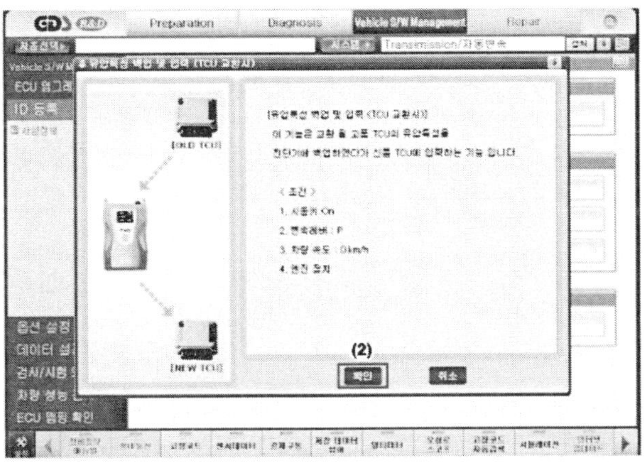

(b) 확인 설정

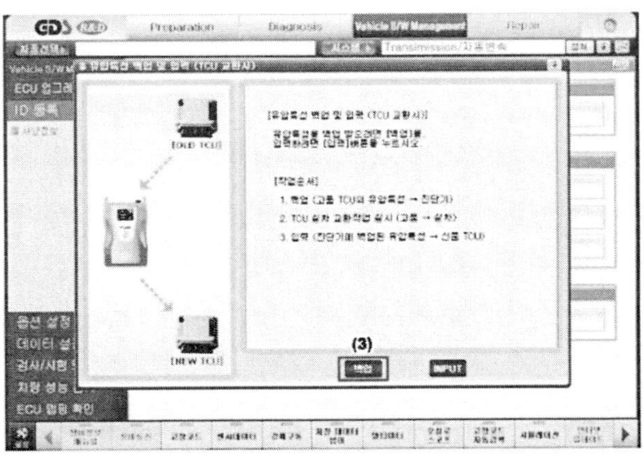

(c) 백업 설정

「그림」 13. TCM의 유압특성 백업방법

② 백업받은 유압특성을 신품 TCM에 입력한다.

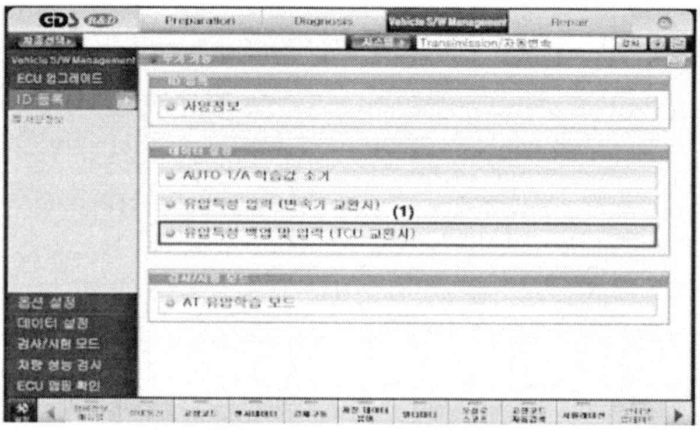

(a) 유압특성 백업 및 입력설정

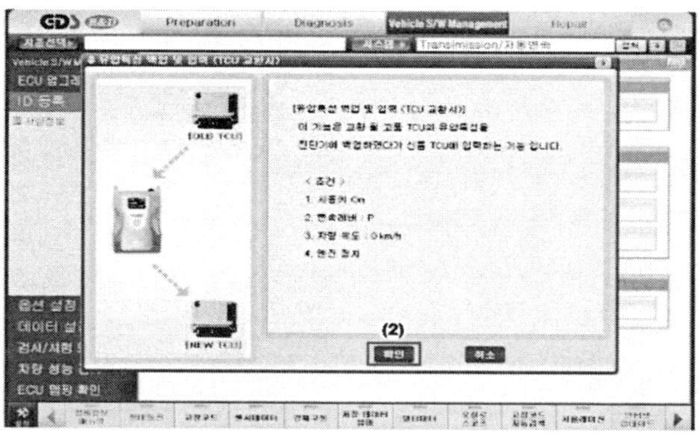

(b) 확인설정

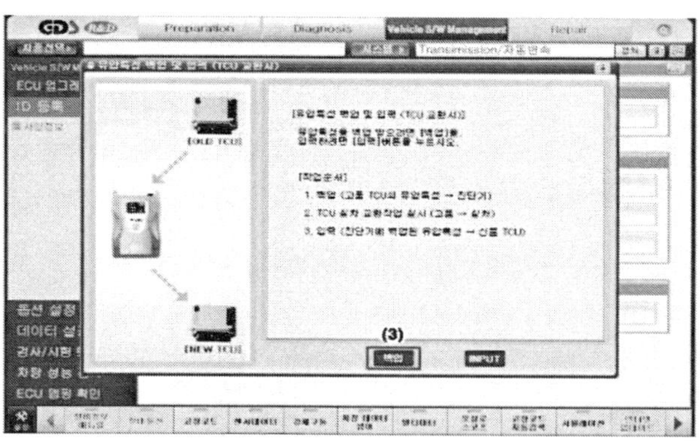

(c) 백업설정

「그림」 14. 백업받은 유압특성을 신품 TCM에 입력

10.2. CAN통신회로

10.2.1. CAN통신회로(U0101)

차량이 전자제어화 되면서 차량에 여러 개의 컨트롤 유닛들이 적용되게 되며, 이러한 유닛들은 수많은 센서들에 의해 정보를 입력받아 각각 제어를 수행하게 된다. 이에 각 컨트롤 유닛 간 늘어나는 센서들의 공용화 및 다양한 정보 공유의 필요성이 대두되었으며, 스파크발생에 의한 전기적 외부 노이즈에 강하면서 고속통신이 가능한 CAN통신 방식이 차량의 파워트레인(ESP, ABS, ECS등) 제어에 사용하게 되었다.

CAN통신을 통하여 ESP, ABS 모듈은 엔진 회전수, 액셀포지션 센서, 변속단, 토크저감 등의 신호를 공유하여, 능동적인 제어를 수행한다.

[1] 고장코드 설명

PCM은 TCM과의 CAN통신 에러를 감지할 경우, 고장코드 U0101을 출력한다.

[2] 고장 판정조건

항 목	판정 조건	고장예상 원인
진단방법	TCM으로부터 메시지 수신 여부 감시	1. 커넥터 접촉 불량 2. PCM
진단조건	■ 배터리 전압 〉10V ■ 엔진 회전수 〉32rpm	
고장판정	TCM 메시지 수신 안됨	
진단시간	2.5초	
경고등 점등조건	2회째 운전 사이클	

[3] 부가기능

엔진제어장치의 “P0122 스로틀, 액셀 위치센서(TPS/APS) “A”회로-신호값 낮음” 참조

10.2.2. TCU 응답지연(U0402)

PCM은 ISG제어를 위해 TCM과 CAN통신을 이용하여 신호를 주고받는다.

[1] 고장코드 설명

PCM은 TCM으로부터 ISG제어를 위한 데이터를 받지 못하였을 경우 고장을 판정하여 고장코드 U0402를 출력한다.

[2] 고장 판정조건

항 목	판정 조건	고장예상 원인
진단방법	CAN 메시지 감시	1. 커넥터 접촉 불량 2. PCM과 TCM사이의 CAN 통신선 회로단선 3. TCM 이상
진단조건	■ ISG 사양으로 학습 완료 ■ CAN BUS error 없음	
고장판정	■ TCM으로부터 ISG 제어를 위한 데이터를 받지 못하는 경우 ■ TCM으로부터 비정상적인 ISG 데이터가 수신되는 경우	
경고등 점등조건	경고등 점등 안됨	

[3] 기준파형 및 데이터

CAN통신선의 파형점검은 CAN HIGH와 LOW를 동시에 점검하는 것이 중요하다. CAN신호는 2.5V를 기준으로 하는 BUS IDLE상태(DIGITAL 1)에서 HIGH신호는 3.5V로 상승, LOW신호는 1.5V로 하강하여 HIGH와 LOW 시그널의 전압차 2V가 발생하게 되면 0을 감지하게 된다.

또한 HIGH와 LOW 시그널이 2.5V를 기준, 서로 상반된 전압을 가지는지를 모니터링하여 현재 CAN신호가 정상적으로 전송되었는지를 감시한다. CAN통신에서 6BIT 이상의 연속된 0신호는 에러 발생을 의미한다. 1BIT는 프레임의 시작을 알리는 SOF(START OF FRAME)가 발생한 시간을 구하면 쉽게 판별할 수 있다. CAN통신 파형점검 중 연속으로 6BIT 이상의 0시그널이 발생하는지 확인한다.

[4] CAN통신 단선점검

① IG OFF한다.

② PCM, TCM 커넥터를 분리한다.

③ PCM CAN HIGH와 LOW 신호선 배선측과 TCM CAN HIGH와 LOW 신호선 배선측 사이의 저항을 점검한다(규정값 : 1.0Ω 이하).

④ 측정된 저항값이 정상인가?

예	IG ON 상태에서 TCM 커넥터의 B+ 및 IG 전원이 정상적으로 입력되고 있는지 확인한다. 이상 없다면, TCM을 교환하고 작동이 정상이면 “고장수리 확인” 절차를 수행한다.
아니오	CAN통신선 단선된 회로를 수리 한 후, “고장수리 확인” 절차를 수행한다.

Chapter

4

제동제어

1 ABS(Anti-lock Brake System) 컨트롤 유닛

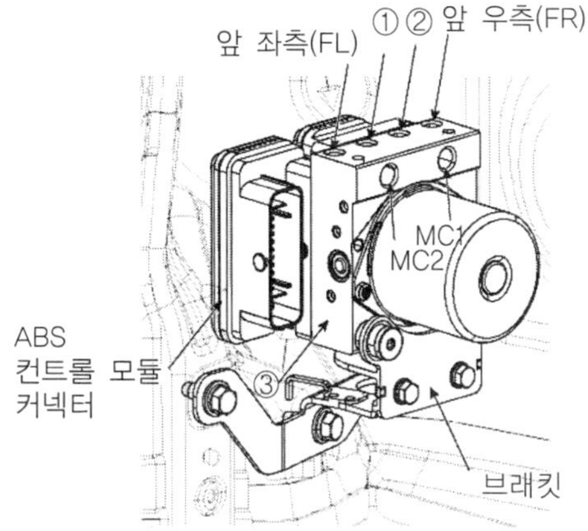

① 뒤 우측(RR)
② 뒤 좌측(RL)
③ ABS 컨트롤 모듈(HECU)

그림 1. ABS 컨트롤 유닛

1.1. ABS 컨트롤 유닛 교환 후 작업

[1] ABS 에어빼기

에어 블리딩작업은 ABS장착 차량에서 유압계통의 교환 수리작업 후에는 반드시 실시되어야 하며, 회로 내에 공기가 잔존하게 되면 제동성능에 지장을 초래하므로 주의깊게 작업을 실시해야 한다.

① 마스터실린더 리저버에 브레이크액을 연속적으로 공급시킬 수 있는 장치를 연결하거나 작업 중 리저버가 항상 충만되도록 브레이크액을 공급한다.

② 크래쉬 패드 아래쪽에 있는 자기진단 커넥터에 GDS를 연결한 후 키를 ON 상태로 설정하거나 시동을 건다.

③ 차종을 선택하고 ABS/ESP를 선택한다.

④ HCU 공기빼기를 선택한다.

⑤ 화면의 지시대로 진행한다.

⑥ 브레이크페달을 수차례 반복하여 펌핑한 다음 페달을 밟은 상태를 유지한다.

⑦ 보조자가 브레이크페달을 밟고 있는 상태에서 블리드 스크류를 잠시 풀어 공기를 제거한 뒤 재빨리 다시 조인다.

⑧ 기포가 완전히 제거될 때까지 위 절차를 반복한다.

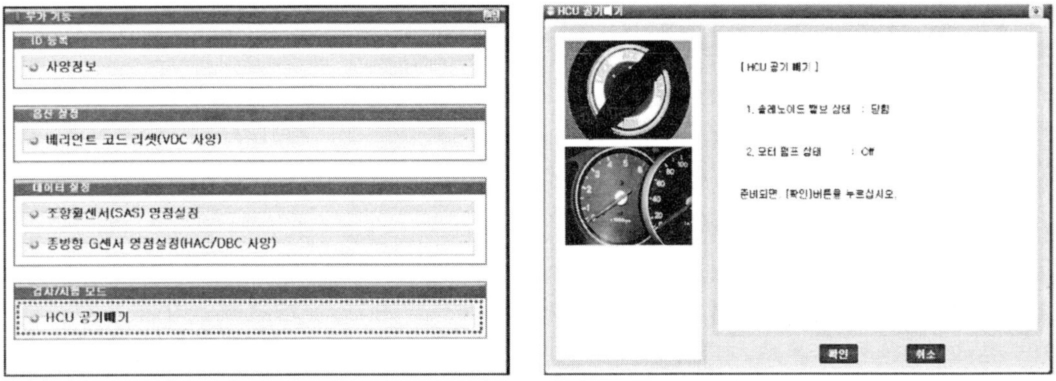

(a) (b)

「그림」 2. HCU 공기빼기 작업

⑨ 그림 3과 같은 순서로 작업한다.

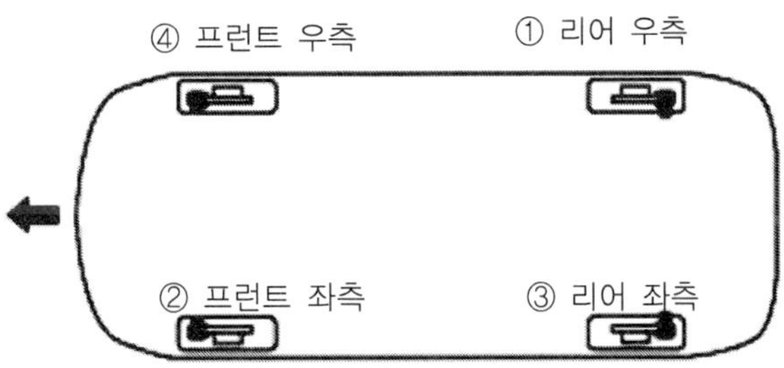

「그림」 3. HCU 공기빼기 작업순서

⑩ 공기빼기 작업이 완료되면 리저버 MAX라인까지 브레이크액을 채운다.

⑪ ABS 컨트롤 모듈 교환시에는 공기빼기를 한 후 베리언트 코드 리셋기능을 실행하고, 종방향 G센서 영점설정 및 조향휠 센서(SAS) 영점설정을 실행한다.

[2] 진단기기를 이용한 진단절차

① 운전석 측 크래쉬 패드 하부에 있는 자기진단 커넥터(16핀)에 진단기기를 연결하고, 시동 키 ON 후 진단기기를 켠다.

② GDS 차종 선택화면에서 차종과 ABS/ESP시스템을 선택한 후 확인을 선택한다.

③ 베리언트 코드 리셋을 선택한다.

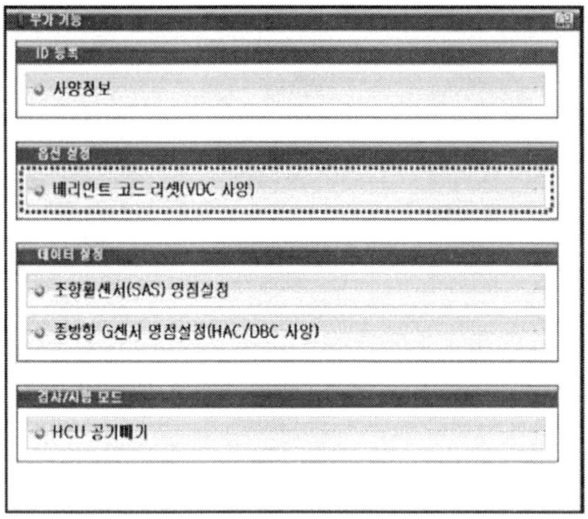

(a)

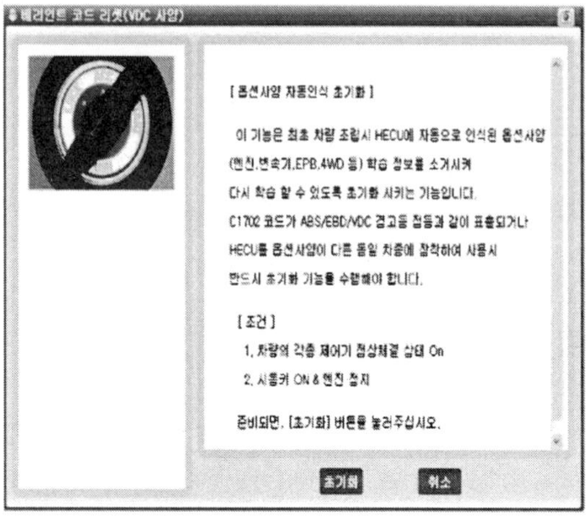

(b)

「그림」 4. 베리언트 코드리셋

1.2. 브레이크회로 이상(C154201)

브레이크회로는 구성부품들의 동작상태 및 접촉상태를 HECU에 전달한다. 브레이크회로는 브레이크페달을 동작하면 ON신호를 HECU에 전달하며, 또한 페달 스트로크에 따른 압력 브레이크 유압라인의 압력증가로 압력센서의 값이 증가하게 된다.

반대로 브레이크페달을 밟지 않았을 때는 회로는 OFF신호를 HECU에 전달하며, 압력센서의 값은 5bar 이하를 유지한다.

[1] 고장코드 설명

HECU는 브레이크 회로의 신호를 통해 운전자의 제동의지 판단하는 기준으로 사용하며, 정상적인 VDC 제어를 위해 회로 단선, 단락을 모니터링한다. 즉 회로에 연결된 퓨즈, 브레이크 스위치, 전자 릴레이, HECU 등 동작 상태를 점검하여 이상 발생 시 경고등을 점등시킨다.

[2] 고장 판정조건

<table>
<tr><th colspan="2">항 목</th><th>판정 조건</th><th>고장예상 원인</th></tr>
<tr><td rowspan="4">경우 1</td><td>검출방법</td><td>회로 단선 감시</td><td rowspan="9">1. 퓨즈
2. 브레이크 스위치
3. 정지신호 전자모듈
4. HECU(압력센서)
5. 브레이크 회로의 단선/단락 및 커넥터 연결 불량</td></tr>
<tr><td>검출조건</td><td>ABS, TCS, VDC, SCC 비제어 중 압력 센서값이 15bar 이상에서 BLS 신호가 off인 상태가
1) 1초 이상 지속 될 경우
2) 3초 이상 지속되거나 1)의 경우가 동일 IG 사이클에서 3회 이상 연속 발생할 경우 DTC저장</td></tr>
<tr><td>검출 후 조치내용</td><td>1) HBA 제어 불가
2) EBD, ABS, HAC, VDC, VSM, TCS 제어가능, ESS, AVH, SCC, HBA 제어 불가</td></tr>
<tr><td>경고등</td><td>1) 경고등 미 점등
2) VDC경고등 점등, (AVH 사양일 경우) AVH경고등 점등</td></tr>
<tr><td rowspan="4">경우 2</td><td>검출방법</td><td>회로 단락 감시</td></tr>
<tr><td>검출조건</td><td>1) 차속 20km/h 이상 이고 압력센서 값이 7bar 이하인 상태에서 BLS On 상태가 120초 이상 유지 시
2) 1)의 경우가 동일 IG 사이클에서 3회 이상 연속 발생할 경우 DTC저장</td></tr>
<tr><td>검출 후 조치내용</td><td>1) HBA 제어 불가
2) EBD, ABS, HAC, VDC, VSM, TCS 제어가능, ESS, AVH, SCC, HBA 제어불가</td></tr>
<tr><td>경고등</td><td>1) 경고등 미 점등
2) VDC 경고등 점등, (AVH 사양일 경우) AVH 경고등 점등</td></tr>
<tr><td colspan="2">경고등 소등 조건</td><td>1) BLS Off이고 압력센서 값이 7bar 이하 또는 BLS On이고 압력센서 값이 15bar 이상일 경우 HBA 제어 금지 해제
2) IG off/on 후 BLS off이고, 압력센서 값이 7bar 이하인 경우 또는 BLS on이고 압력센서 값이 15bar 이상인 경우 경고등 소등</td></tr>
</table>

[3] GDS 데이터 분석

① 자기진단 커넥터에 GDS를 연결한다.

② IG ON한다.

③ 브레이크페달을 밟는다.

④ GDS의 센서 데이터에 표시되는 "브레이크 등" 관련 항목을 점검한다. 정상일 경우 브레이크를 밟으면 브레이크 등 회로 및 압력센서의 값이 변한다.

⑤ 브레이크페달을 밟았을 때 GDS에 표시되는 "브레이크 스위치와 압력센서" 항목이 정상인가?

예	이 고장코드는 브레이크회로의 접촉불량에 의한 일시적인 고장일 수 있다. 전체적으로 커넥터의 느슨함, 접촉불량, 구부러짐, 부식, 오염, 변형 또는 손상을 점검한다. 필요시 수리 또는 교환한 후 "고장수리 확인" 절차를 수행한다.
아니오	■ 브레이크 회로 불량 시 다음 점검 절차를 수행한다. ■ 압력센서 불량 시 정비지침서를 참조하여 HECU를 교환한다.

[4] 브레이크회로 점검

① IG OFF한다.

② 아래 도안을 참조하여 브레이크 회로 각 커넥터의 해당 핀에 VMI 프로브를 4채널로 연결한다.

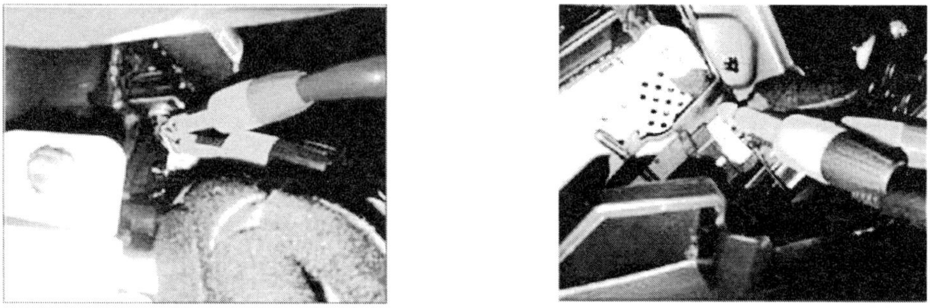

(a) 스톱램프 스위치 입·출력단 (b) 정지 신호 전자 모듈 입·출력단

그림 5. 브레이크회로 점검

③ 자기진단 커넥터에 GDS를 연결한다.

④ IG ON한다.

⑤ 아래 도안을 참조하여 브레이크회로의 배선측과 차체 접지사이의 전압과 GDS의 "서비스데이터"에 표시되는 브레이크 신호 및 압력센서 신호를 동시에 확인한다. 브레이크 페달을 밟았다 떼었다를 반복한다. 정차 가속을 수 회 반복하여 간헐적 고장에 대한 점검도 동시에 수행한다.

점 검	① 정지등 스위치 전원단(+)	② 정지등스위치 후단(BLS)	③ 정지신호 전자모듈 입력단	④ 정지신호 전자모듈 출력단
정상(램프 점등/GDS신호 입력 정상)	B+	B+↔0V	B+↔0V	B+↔0V
정지등 스위치 내부단선/접점 불량	B+	0V	0V	0V
정지등 스위치 내부단락(상시통전)	B+	B+	B+	B+
정지신호전자모듈 내부단선(통전불량)	B+	B+↔0V	B+↔0V	0V
정지신호전자모듈 내부단락	B+	B+↔0V	B+↔0V	B+또는 0V로 고정
전원선 단선	B+	0V	0V	0V
전원선 단락	B+	B+↔0V	B+↔0V	간헐적 스위치 불량
정지등스위치 후단-정지신호전자모듈 커넥터불량	B+	B+↔0V	0V	0V
정지신호전자모듈-램프 커넥터불량(램프 미점등)	B+	B+↔0V	B+↔0V	B+↔0V
정지신호전자모듈-HECU커넥터 불량(GDS신호 없음)	B+	B+↔0V	B+↔0V	B+↔0V

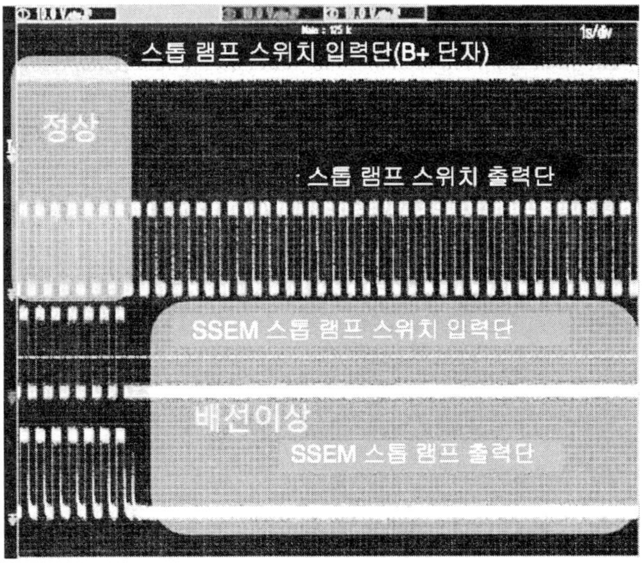

그림 6. 브레이크신호 점검

⑥ 점검결과 정상인가?

예	이 고장코드는 브레이크 회로의 접촉 불량에 의한 일시적인 고장일 수 있다. 다음으로 "고장수리 확인" 절차를 수행한다.
아니오	정지등 스위치 내부 단락(상시통전)

㉮ 정지등 스위치 커넥터를 탈거하고 브레이크 회로점검을 다시 수행한다.

㉯ 탈거 시 브레이크 회로의 전압이 아래와 같은지 확인한다.

① 정지등 스위치 전원단(B+)	② 정지등 스위치 후단(BLS)	③ 정지신호 전자모듈 입력단	④ 정지신호 전자모듈 출력단
B+	0V	0V	0V

㉰ 점검결과 위와 같은 전압이 측정된다면 정지등 스위치를 교환한다.

㉱ 점검결과 ②, ③, ④에서 B+가 감지된다면 해당 구간의 회로가 전원 단락된 것이므로 단락된 회로를 수리 후 "고장수리 확인" 절차를 수행한다.

- ■ 정지신호전자모듈 내부단선(통전불량) : 정지신호전자모듈 신품 교환 후 브레이크회로 점검을 다시 수행한다.
- ■ 정지신호 전자모듈 내부 단락

- 정지신호 전자모듈 커넥터를 탈거하고 브레이크 회로점검을 다시 수행한다.
- 탈거 시 브레이크회로의 전압이 아래와 같은지 확인한다.

① 정지등 스위치 전원단(B+)	② 정지등 스위치 후단(BLS)	③ 정지신호 전자모듈 입력단	④ 정지신호 전자모듈 출력단
B+	B+↔0V	B+↔0V	0V

- 점검결과 위와 같은 전압이 측정된다면 정지신호전자모듈을 교환한다.
- 점검결과 ④에서 B+가 감지된다면 해당 구간의 회로가 전원 단락된 것이므로 단락된 회로를 수리 후 "고장수리 확인" 절차를 수행한다.

- ■ 전원선 단선 : 정지등 스위치 커넥터 연결상태, 정지등 퓨즈상태, 전원선의 단선 여부를 점검한다.
- ■ 전원선 단락 : 정지등 퓨즈 소손여부, 전원선의 접지 단락여부를 점검한다.

- 정지등 스위치 후단~정지신호 전자모듈 커넥터 불량 : 정지등 스위치와 정지신호 전자모듈사이 중간 커넥터의 연결상태를 점검한다. 점검결과 정상이면 해당 구간 배선의 단선 또는 접지단락이므로 이를 점검수리 후 "고장수리 확인" 절차를 수행한다.
- 정지신호 전자모듈~램프 커넥터 불량(램프 미점등) : 정지등 커넥터의 연결상태, 정지등의 소손, 정지신호 전자모듈과 정지등사이 중간 커넥터의 연결상태, 해당 구간 배선의 단선 또는 단락을 점검한다.
- 정지신호 전자모듈~HECU커넥터 불량(GDS신호 없음) : HECU커넥터의 연결상태, 정지신호 전자모듈과 HECU사이 중간 커넥터의 연결상태, 해당 구간 배선의 단선 또는 단락을 점검한다.

1.3. ECU 하드웨어 이상(C160404)

HECU(하이드롤릭 유닛)는 ECU와 HCU의 일체형이다. 하이드롤릭 유닛은 유압의 공급원과 모듈레이터밸브 블록으로 구성되어 있다. 유압의 감압과 증압은 전기 모터에 의해 작동되며, 휠 스피드센서에 감지되는 신호에 따라 제어에 해당하는 유압이 펌프에 의해 공급된다.

하이드롤릭 유닛은 어큐뮬레이터, 리턴펌프, 솔레노이드로 구성되어 ABS가 작동할 때 ABS-ECU의 제어신호에 의해 리턴펌프를 각 휠 실린더에 가해지는 유압을 증압, 유지, 감압 등으로 제어하는 역할을 한다.

[1] 고장코드 설명

HECU는 메모리, 레지스터, A/D컨버터 등의 IC구성품의 작동을 모니터한다. ECU는 마스터 프로세서에 의해 읽혀진 EEPROM 데이터가 어전에 쓴 데이터 값과 다를 때 또는 마스터/슬레이브 프로세서가 RAM, Status Register, Interrupt, Timer, A/D converter, cycle time 등에서 비정상적인 작동을 감지했을 때 이 코드를 나타낸다.

[2] 고장 판정조건

항 목	판정 조건	고장예상 원인
검출방법	MCU 내부 고장 감시	1. HECU 결함
검출 조건	■ RAM/ROM 영역의 정상 동작 여부 감시 ■ 메인 MCU - 서브 MCU/메인 MCU - EEPROM 간의 통신 감시 - 샘플링 클럭 동안 데이터 값이 변할 경우 - 메인 MCU - 서브 MCU/메인 MCU - EEPROM간 데이터 통신이 끊긴 경우 ■ EEPROM 정상 동작 여부 감시 - EEPROM 쓰기/읽기 후 Checksum이 정확하지 않을 경우 ■ A/D 변환 정상 상태 감시 - A/D 변환 후 값이 읽혀지지 않고 새로운 A/D 변환이 수행 되었을 경우 ■ 인터럽트/타이어/CPU 연산 정상 여부 감시	
검출 후 조치내용	모든 제어 불가	
경고등	EBD, ABS, VDC경고등 점등, (AVH 사양일 경우) AVH 경고등 점등	
경고등 소등조건	IG off/on 후 정상 시	

[3] 단품점검

① IG OFF한다.

② IG ON한다.

③ GDS를 연결한 후, 자기진단을 실시하여 고장코드(DTC)를 확인한다.

④ 저장된 고장코드를 GDS를 이용하여 소거한다.

⑤ GDS로 자기진단을 실시하여 고장코드가 발생되었는지 확인한다.

⑥ 고장코드가 표출되었는가?

예	정상적인 HECU로 교환한 후 작동이 정상이면 HECU를 교환하고 "고장수리 확인" 절차를 수행한다. ※ 유의 : HECU를 교환한 경우 다음과 같은 작업을 실시한다. 1) 조향각 센서 오프셋 보정을 위한 "조향각 센서 영점조정"-VDC ONLY 2) 종 가속도센서 오프셋 보정을 위한 "종 가속도센서 영점설정"-VDC ONLY 3) 사양 설정을 위한 "베리언트 코딩"
아니오	이 고장은 HECU단품 결함이나 수리 후에 HECU의 기억을 소거하지 않은 과거 고장에 의한 일시적인 고장일 수 있다 다음으로 "고장수리 확인" 절차를 수행한다.

1.4. CAN 하드웨어 이상(C160508)

엔진 ECU 및 TCU에 TCS제어를 위해 CAN통신을 하는 BUS라인에 슬립량에 따라 엔진토크 저감요구, Fuel Cut 및 TCS 제어요구 신호를 전송한다. 엔진 ECU는 HECU가 요구한 실린더 수만큼 Fuel Cut을 실행하며, 또한 엔진토크 저감요구 신호에 따라 점화시기를 지각한다.

TCU는 TCS 작동신호에 따라 변속단을 TCS 제어시간만큼 유지시킨다. 이는 킥다운에 의한 저속변속으로 가속력이 증가하는 것을 방지하기 위함이다.

[1] 고장코드 설명

HECU는 CAN메시지를 모니터링해서 CAN 하드웨어에 이상이 있는 것으로 감지할 경우에 이 고장코드를 나타낸다.

[2] 고장 판정조건

항 목	판정 조건	고장예상 원인
검출 방법	CAN 하드웨어 진단	1. HECU 결함
검출 조건	IG ON 후 CAN 컨트롤러 및 메시지 버퍼 이상	
검출 후 조치내용	■ EBD, ABS, ESS, HBA 제어 가능 ■ TCS, VDC, VSM, HAC, AVH, SCC 제어 불가	
경고등	VDC 경고등 점등,(AVH 사양일 경우) AVH 경고등 점등.	
경고등 소등조건	IG OFF/ON 후 정상 시	

[3] 단품점검

"C160404 ECU 하드웨어 이상" 참조

1.5. EMS측 CAN신호 안나옴(C161108)

"C160508 CAN 하드웨어 이상" 참조

[1] 고장코드 설명

HECU는 정상적인 제어를 위해 CAN 통신선을 체크하고 ECM 메시지가 일정시간 동안 수신되지 않으면 이 코드를 나타낸다.

[2] 고장 판정조건

<table>
<tr><th>항 목</th><th>판정 조건</th><th>고장예상 원인</th></tr>
<tr><td>검출방법</td><td>CAN신호 감시</td><td rowspan="6">1. ECM 결함
2. CAN 통신선 단선
3. 커넥터 접촉불량
4. 다른 ECU가 C-CAN을 비정상적으로 점유한 경우</td></tr>
<tr><td>검출조건</td><td>IG ON 후 CAN 하드웨어나 CAN라인 고장이 없는 상태에서 EMS CAN 메시지가 0.5초 이상 미입력시</td></tr>
<tr><td>검출 후 조치내용</td><td>■ EBD, ABS, ESS, HBA 제어가능
■ TCS, VDC, VSM, HAC, AVH, SCC 제어불가</td></tr>
<tr><td>경고등</td><td>VDC 경고등 점등(AVH 사양일 경우), AVH 경고등 점등</td></tr>
<tr><td>경고등 소등조건</td><td>IG OFF/ON 후 정상 시</td></tr>
</table>

[3] GDS 데이터 분석

① 자기진단 커넥터에 GDS를 연결한다.

② IG ON한다.

③ GDS의 "센서 데이터"에 표시되는 "엔진회전수, 스로틀포지션센서"항목을 점검한다(규정값 : 가속시 증가하면 정상).

그림 7. 엔진회전수 및 스로틀 포지션센서의 점검

④ 가속시 GDS에 표시되는 “엔진회전수, 스로틀포지션센서”항목이 변하는 가?

예	이 고장코드는 수리 후에 HECU의 기억을 소거하지 않은 과거 고장이거나, 브레이크 스위치 회로의 접촉 불량에 의한 일시적인 고장일 수 있다. 전체적으로 커넥터의 느슨함, 접촉 불량, 구부러짐, 부식, 오염, 변형 또는 손상을 점검한다. 필요시 수리 또는 교환한 후 “고장 수리 확인” 절차를 수행한다.
아니오	전원선 점검 절차를 수행한다.

[4] 전원선 점검

① IG ON한다.

② ECM 전원선과 차체 접지사이의 전압을 점검한다(규정값 : 배터리 전압).

③ 측정된 값이 정상인가?

예	“접지선 점검” 절차를 수행한다.
아니오	배터리에서 ECM 사이 전원선의 단선 또는 단락된 회로를 점검하여 수리 후 “고장수리 확인” 절차를 수행한다.

[5] 접지선 단선점검

① IG OFF한다.

② ECM 커넥터를 분리한다.

③ ECM 배선측 커넥터 접지선 단자와 차체 접지사이의 저항을 점검한다(규정값 : 약 1Ω 이하).

④ 측정된 값이 정상인가?

예	“CAN 통신선 점검” 절차를 수행한다.
아니오	ECM 접지선의 단선 또는 접촉저항을 점검하여 수리 후 “고장수리 확인” 절차를 수행한다.

[6] CAN통신선 단선점검

① IG OFF한다.

② ECM, HECU 커넥터를 분리한다.

③ HECU CAN HIGH와 LOW신호선 배선측과 ECM CAN HIGH와 LOW 신호선 배선측 사이의 저항을 점검한다(규정값 : 약 1Ω 이하).

④ 측정된 값이 정상인가?

예	단품점검 절차를 수행한다.
아니오	배선의 단선 발생부위를 찾아 수리 후 "고장수리 확인" 절차를 수행한다.

[7] 단품점검

① IG OFF한다.

② IG ON한다.

③ GDS를 연결한 후, 자기진단을 실시하여 고장코드(DTC)를 확인한다.

④ 저장된 고장코드를 GDS를 이용하여 소거한다.

⑤ IG OFF한다.

⑥ 회로도를 참조하여 CAN에 연결된 ECU 중 한 ECU의 커넥터를 탈거한다.

⑦ IG ON한다.

⑧ GDS를 연결한 후, 자기진단을 실시하여 "고장코드(DTC)"를 확인한다.

⑨ 고장코드가 표출되었는가?

예	■ ①번 절차로 돌아간다. ⑥번에서 탈거한 ECU를 다시 연결하고 P-CAN에 연결된 다른 ECU의 커넥터를 탈거한다. ■ 문제 ECU가 확인될 때까지 P-CAN에 연결된 모든 ECU에 대한 위의 점검 절차를 수행한다. ■ 위의 점검과정에서 문제되는 ECU가 발견되지 않았다면 정상적인 ECM으로 교환한 후 작동이 정상이면 ECM을 교환하고 "고장수리 확인"절차 절차를 수행한다. 교환 후 작동이 정상이 아니면 정상적인 HECU로 교환한 후 "고장수리 확인" 절차를 수행한다. ※ 유의 HECU를 교환한 경우 다음과 같은 작업을 실시한다. 1) 조향각 센서 오프셋 보정을 위한 "조향각센서 영점 조정"-VDC ONLY 2) 종 가속도센서 오프셋 보정을 위한 "종 가속도센서 영점 설정"-VDC ONLY 3) 사양 설정을 위한 "베리언트 코딩"
아니오	P-CAN을 사용하는 다른 ECU의 비정상적인 P-CAN BUS 점유에 의한 문제이다. 문제가 발견된 ECU의 고장을 점검수리 후 "고장수리 확인" 절차를 수행한다.

1.6. TCM측 CAN신호 안나옴(C161208)

"C160508 CAN 하드웨어 이상" 참조

[1] 고장코드 설명

HECU는 정상적인 제어를 위해 CAN 통신선을 체크하고 TCM 메시지가 일정시간 동안 수신되지 않으면 이 코드를 나타낸다.

[2] 고장 판정조건

항 목	판정 조건	고장예상 원인
검출방법	CAN 신호 감시	1. TCM 결함 2. CAN 통신선 단선 3. 커넥터 접촉불량 4. 다른 ECU가 C-CAN을 비정상적으로 점유한 경우
검출조건	IG ON후 CAN 하드웨어나 CAN라인 고장이 없는 상태에서 TCM CAN 메시지가 0.5초 이상 미 입력시	
검출 후 조치내용	■ EBD/ABS/ESS/HBA 제어 가능 ■ TCS/VDC/VSM/HAC/AVH/SCC 제어 불가	
경고등	VDC 경고등 점등,(AVH 사양일 경우) AVH 경고등 점등.	
경고등 소등조건	IG OFF/ON 후 정상 시	

[3] GDS 데이터 분석

① 자기진단 커넥터에 GDS를 연결한다.

② IG ON한다.

③ GDS의 "센서 데이터"에 표시되는 "시프트레버 위치"항목을 점검한다.

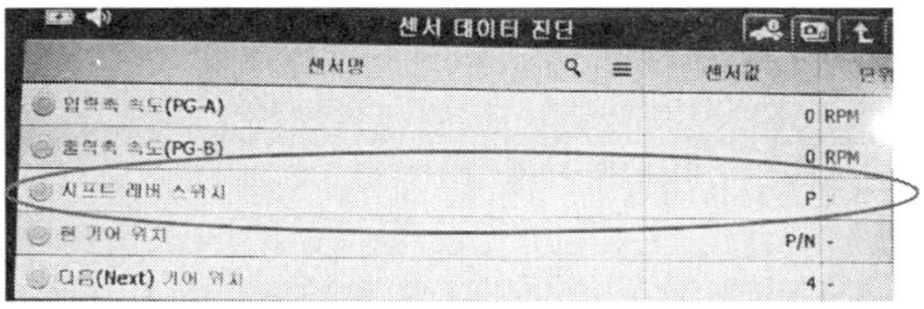

「그림」 8. 시프트레버 위치점검

④ 시프트 레버 조작시 GDS에 표시되는 항목이 변하는가?

예	이 고장코드는 수리 후에 HECU의 기억을 소거하지 않은 과거 고장이거나, 브레이크스위치 회로의 접촉불량에 의한 일시적인 고장일 수 있다. 전체적으로 커넥터의 느슨함, 접촉 불량, 구부러짐, 부식, 오염, 변형 또는 손상을 점검한다. 필요시 수리 또는 교환한 후 "고장수리 확인" 절차를 수행한다.
아니오	전원선 점검 절차를 수행한다.

[4] 전원선 점검

① IG ON한다.

② TCM 전원선과 차체 접지사이의 전압을 점검한다(규정값 : 배터리 전압).

③ 측정된 값이 정상인가?

예	"접지선 점검" 절차를 수행한다.
아니오	배터리에서 TCM사이 단선 또는 단락된 회로를 점검하여 수리 후 "고장수리 확인" 절차를 수행한다.

[5] 접지선 점검

① IG OFF한다.

② TCM 커넥터를 분리한다.

③ TCM 배선측 커넥터 접지선 단자와 차체 접지사이의 저항을 점검한다(규정값 : 약 1Ω 이하).

④ 측정된 값이 정상인가?

예	"CAN 통신선 점검" 절차를 수행한다.
아니오	TCM 접지선의 단선 또는 접촉저항을 점검하여 수리 후 "고장수리 확인" 절차를 수행한다.

[6] CAN 통신선 점검

① IG OFF한다.

② TCM, HECU 커넥터를 분리한다.

③ HECU CAN HIGH와 LOW 신호선 배선측과 ECM CAN HIGH와 LOW 신호선 배선측 사이의 저항을 점검한다(규정값 : 약 1Ω 이하).

④ 측정된 값이 정상인가?

예	단품점검 절차를 수행한다.
아니오	배선의 단선 발생부위를 찾아 수리 후 "고장수리 확인" 절차를 수행한다.

[7] 단품점검

① IG OFF한다.

② IG ON한다.

③ GDS를 연결한 후, 자기진단을 실시하여 고장코드(DTC)를 확인한다.

④ 저장된 고장코드를 GDS를 이용하여 소거한다.

⑤ IG OFF한다.

⑥ 회로도를 참조하여 CAN에 연결된 ECU 중 한 ECU의 커넥터를 탈거한다.

⑦ IG ON한다.

⑧ GDS를 연결한 후, 자기진단을 실시하여 "고장코드(DTC)"를 확인한다.

⑨ 고장코드가 표출 되었는가?

예	▪ ①번 절차로 돌아간다. ⑥번에서 탈거한 ECU를 다시 연결하고 P-CAN에 연결된 다른 ECU의 커넥터를 탈거한다. ▪ 문제 ECU가 확인될 때까지 P-CAN에 연결된 모든 ECU에 대한 위의 점검 절차를 수행한다. ▪ 위의 점검 과정에서 문제되는 ECU가 발견되지 않았다면 정상적인 TCM으로 교환한 후 작동이 정상이면 TCM을 교환하고 "고장 수리 확인"절차 절차를 수행한다. 교환 후 작동이 정상이 아니면 정상적인 HECU로 교환한 후 "고장수리 확인" 절차를 수행한다. ※ 유의 HECU를 교환한 경우 다음과 같은 작업을 실시한다. 1) 조향각센서 오프셋 보정을 위한 "조향각 센서 영점 조정"-VDC ONLY 2) 종 가속도센서 오프셋 보정을 위한 "종 가속도센서 영점 설정"-VDC ONLY 3) 사양 설정을 위한 "베리언트 코딩"
아니오	P-CAN을 사용하는 다른 ECU의 비정상적인 P-CAN BUS 점유에 의한 문제이다. 문제가 발견된 ECU의 고장을 점검 수리 후 "고장수리 확인" 절차를 수행한다.

1.7. CAN버스 OFF(C-CAN, C161608)

"C160508 CAN 하드웨어 이상" 참조

[1] 고장코드 설명

HECU는 CAN 통신선을 모니터링하고, CAN BUS OFF상태가 10회 이상 발생할 경우에 이 고장코드를 나타낸다.

[2] 고장 판정조건

항 목	판정 조건	고장예상 원인
검출 방법	CAN 라인 진단	1. CAN 라인 단락 2. HECU 결함
검출 조건	IG ON후 CAN 라인에 BUS OFF 상태 발생 시	
검출 후 조치내용	■ EBD/ABS/ESS/HBA 제어 가능 ■ TCS/VDC/VSM/HAC/AVH/SCC 제어 불가 ■ 에러 감지 후 0.5초 마다 CAN BUS OFF상태를 벗어나기 위해 CAN 컨트롤러를 리셋한다. ※ 차속 6km/h 이상에서만 고장코드를 저장한다.	
경고등	VDC경고등 점등,(AVH사양일 경우) AVH경고등 점등.	
경고등 소등조건	정상 시	

[3] CAN 통신선 저항점검

① IG OFF한다.

② HECU CAN High 신호선 배선측과 Low 신호선 배선측 양단의 저항을 측정한다 (규정값 : PCM 장착상태 : 60±3Ω).

③ PCM 커넥터를 분리한다.

④ HECU CAN High 신호선 배선측과 Low 신호선 배선측 양단의 저항을 측정한다 (규정값 : PCM 미장착 상태 : 120±3Ω).

⑤ 측정된 저항값이 정상인가?

예	"CAN 통신선 단락(접지 측)점검" 절차를 수행한다.
아니오	■ 둘 다 저항값이 1.0Ω 이하인 경우 : 통신선 간 단락이다. 수리 후에 다음으로 "고장수리 확인" 절차를 수행한다. ■ 둘 다 저항값이 120Ω 부근인 경우 : 다음으로 "단품점검" 절차를 수행한다. ■ 둘 다 저항값이 무한대인 경우 : HECU와 모듈 간 단선이다. 다음으로 "CAN 파형점검" 절차를 수행한다.

[4] CAN 파형점검

① GDS VMI를 이용하여 CAN파형을 점검한다.

② IG ON한다.

③ 채널 A는 HECU CAN High단자를 연결하고 채널 B는 CAN Low단자에 연결한다.

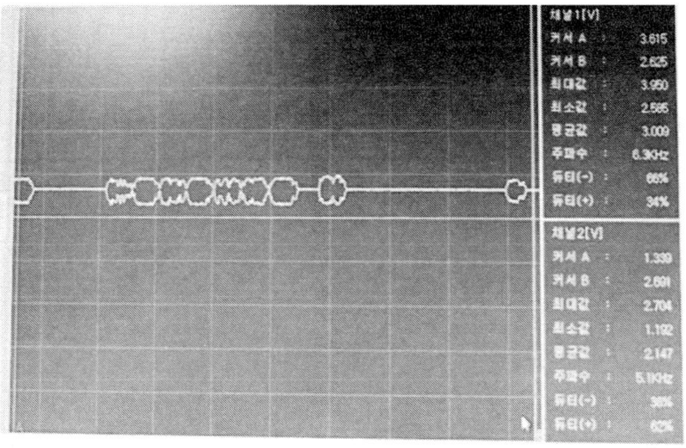

「그림」 9. CAN통신 파형

④ CAN 통신선의 전압이 4V 이상인가?

예	4V 이상으로 검출되는 배선의 전원 단락이다. 전원 단락된 회로를 점검하여 수리 후 "고장수리 확인" 절차를 수행한다.
아니오	단품점검 절차를 수행한다.

⑤ CAN 통신선의 전압이 1V 이하인가?

예	1V 이하로 검출되는 배선의 접지 단락이다. 접지 단락된 회로를 점검하여 수리 후 "고장수리 확인" 절차를 수행한다.
아니오	단품점검 절차를 수행한다.

[5] 단품점검

① IG OFF한다.

② PCM, 클러스터 커넥터를 분리한다.

③ PCM커넥터 CAN(High)단자와 CAN(Low)단자사이의 저항을 측정한다(규정값 : 약 110~130Ω , PCM 단품측).

④ 클러스터 커넥터 CAN(High)단자와 CAN(Low)단자사이의 저항을 측정한다(규정값 : 약 110~130Ω , BMS 단품측)

⑤ 측정값이 정상인가?

예	커넥터 접촉 불량 및 터미널의 부식 또는 변형을 점검한 후 이상이 있으면 수리한다. "고장수리 확인" 절차를 수행한다.
아니오	비정상 저항이 측정된 모듈을 정상품으로 교환한 후 작동이 정상이면 해당 모듈을 교환하고 "고장수리 확인" 절차를 수행한다.

1.8. 조향각 센서측 CAN신호 안나옴(C162308)

조향각 센서는 차량의 회전방향을 결정하기 위해 적용되어 있다. 센서에서 검출된 차량의 회전방향은 CAN통신 라인을 통해서 CAN신호로 HECU에 각도정보가 전달된다. HECU는 이 신호로 조향 휠의 조작속도와 각도를 검출하고 앤티-롤 제어에 입력신호로 사용한다.

[1] 고장코드 설명

HECU는 정상적인 제어를 위해 CAN 통신선을 체크하고 조향각센서 측 메시지가 일정 시간 동안 수신되지 않으면 이 코드를 나타낸다.

[2] 고장 판정조건

항 목	판정 조건	고장예상 원인
검출방법	CAN 신호 감시	1. 조향각 센서 결함 2. CAN 통신선 단선 3. 커넥터 접촉 불량 4. 다른 ECU가 CAN 라인을 비정상적으로 점유한 경우
검출조건	IG ON후 CAN 하드웨어나 CAN 라인 고장이 없는 상태에서 조향각 센서 CAN메시지가 0.5초 이상, 주행 중 또는 제어 중에서 0.1초 이상 미입력 시	
검출 후 조치내용	■ EBD/ABS/ESS/HBA 제어 가능 ■ TCS/VDC/VSM/HAC/AVH/SCC 제어 불가	
경고등	VDC 경고등 점등	
경고등 소등조건	IG OFF/ON 후 정상 시	

[3] GDS 데이터분석

① 자기진단 커넥터에 GDS를 연결한다.

② 시동을 건다.

③ 조향 휠을 조작하면서 GDS의 "센서 데이터"에 표시되는 "조향휠 각센서(CAN)-VDC 사양"항목을 점검한다.

④ 조향휠 조작 시 GDS에 표시되는 항목이 변하는 가?

예	이 고장코드는 수리 후에 HECU의 기억을 소거하지 않은 과거 고장이거나, 브레이크 스위치 회로의 접촉 불량에 의한 일시적인 고장일 수 있다. 전체적으로 커넥터의 느슨함, 접촉 불량, 구부러짐, 부식, 오염, 변형 또는 손상을 점검한다. 필요시 수리 또는 교환한 후 "고장 수리 확인" 절차를 수행한다.
아니오	전원선 점검 절차를 수행한다.

[4] 전원선 점검

① IG ON한다.

② MDPS 전원선과 차체 접지사이의 전압을 점검한다(규정값 : 배터리 전압).

③ 측정된 값이 정상인가?

예	"접지선 점검" 절차를 수행한다.
아니오	배터리에서 MDPS사이 전원선의 단선 또는 단락된 회로를 점검하여 수리 후 "고장수리 확인" 절차를 수행한다.

[5] 접지선 점검

① IG OFF한다.

② MDPS 커넥터를 분리한다.

③ MDPS 배선측 접지선 단자와 차체 접지사이의 저항을 점검한다(규정값 : 약 1Ω 이하).

④ 측정된 값이 정상인가?

예	"C-CAN 통신선 점검" 절차를 수행한다.
아니오	MDPS 접지선의 단선 또는 접촉저항을 점검하여 수리 후 "고장수리 확인" 절차를 수행한다.

[6] C-CAN 통신선 단선점검

① IG OFF한다.

② MDPS, HECU 커넥터를 분리한다.

③ MDPS C-CAN High와 Low신호선 배선측 사이의 저항을 점검한다(규정값 : 약 1Ω 이하).

④ 측정된 값이 정상인가?

예	단품점검 절차를 수행한다.
아니오	배선의 단선 발생 부위를 찾아 수리 후 "고장수리 확인" 절차를 수행한다.

[7] 단품점검

① IG OFF한다.

② IG ON한다.

③ GDS를 연결한 후, 자기진단을 실시하여 고장코드(DTC)를 확인한다.

④ 저장된 고장코드를 GDS를 이용하여 소거한다.

⑤ IG OFF한다.

⑥ 회로도를 참조하여 C-CAN에 연결된 ECU 중 한 ECU의 커넥터를 탈거한다.

⑦ IG ON한다.

⑧ GDS를 연결한 후, 자기진단을 실시하여 "고장코드(DTC)"를 확인한다.

⑨ 고장코드가 표출되었는가?

예	■ ①번 절차로 돌아간다. ⑥번에서 탈거한 ECU를 다시 연결하고 C-CAN에 연결된 다른 ECU의 커넥터를 탈거한다. ■ 문제 ECU가 확인될 때까지 C-CAN에 연결된 모든 ECU에 대한 위의 점검 절차를 수행한다. ■ 위의 점검과정에서 문제되는 ECU가 발견되지 않았다면 정상적인 MDPS로 교환한 후 작동이 정상이면 MDPS를 교환하고 "고장수리 확인" 절차를 수행한다. ※ 유의 MDPS를 교환한 경우 조향각 센서 오프셋 보정을 위한 "조향각 센서 영점 조정"을 수행한다.
아니오	C-CAN을 사용하는 다른 ECU의 비정상적인 C-CAN BUS 점유에 의한 문제이다. 문제가 발견된 ECU의 고장을 점검 수리 후 "고장수리 확인" 절차를 수행한다.

1.9. ABS/VDC측 CAN신호 안 나옴(C162508)

"C160508 CAN 하드웨어 이상" 참조

[1] 고장코드 설명

HECU는 CAN통신선을 모니터링하고, HECU측 CAN메시지가 일정시간 동안 전송이 되지 않을 경우에 이 코드를 나타낸다.

[2] 고장 판정조건

항 목	판정 조건	고장예상 원인
검출방법	내부 모니터링	1. HECU 결함
검출조건	IG ON 후 HECU가 CAN신호를 정상적으로 전송하지 못할 경우	
검출 후 조치내용	■ EBD/ABS/ESS/HBA 제어 가능 ■ TCS/VDC/VSM/HAC/AVH/SCC 제어 불가	
경고등	VDC 경고등 점등	
경고등 점등조건	IG OFF/ON 후 정상 시	

[3] 단품점검

① IG OFF한다.

② IG ON한다.

③ GDS를 연결한 후, 자기진단을 실시하여 고장코드(DTC)를 확인한다.

④ 저장된 고장코드를 GDS를 이용하여 소거한다.

⑤ GDS로 자기진단을 실시하여 고장코드가 발생되었는지 확인한다.

⑥ 고장코드가 표출 되었는가?

예	정상적인 HECU로 교환한 후 작동이 정상이면 HECU를 교환하고 "고장수리 확인" 절차를 수행한다. ※ 유의 : HECU를 교환한 경우 다음과 같은 작업을 실시한다. 1) 조향각 센서 오프셋 보정을 위한 "조향각 센서 영점 조정"-VDC ONLY 2) 종 가속도 센서 오프셋 보정을 위한 "종 가속도 센서 영점 설정"-VDC ONLY 3) 사양 설정을 위한 "베리언트 코딩"
아니오	이 고장은 HECU단품 결함이나 수리 후에 HECU의 기억을 소거하지 않은 과거 고장에 의한 일시적인 고장일 수 있다. 다음으로 "고장수리 확인" 절차를 수행한다.

1.10. VDC 컨트롤 불능(C162604)

VDC는 요레이트, 횡 G, 조향각 센서를 통해 차량의 오버스티어링이나 언더스티어링을 감지하고 그때 바퀴에 적절한 제동력을 가하여 차량의 안정성을 향상시키는 안전 시스템이다.

[1] 고장코드 설명

주행 중 ESP제어가 10초 이상 연속으로 지속될 경우에 이 코드를 나타낸다. 만약 다시 IG KEY ON하고 모든 휠 스피드가 12km/h 이상인 상태에서 고장이 더 이상 감지되지 않으면 경고등은 소등된다.

[2] 고장 판정조건

항 목	판정 조건	고장예상 원인
검출방법	제어상태 감시	1. HECU 결함
진입조건	차량속도 22km/h 이상 주행 중 계속 감시	
검출조건	전륜의 VDC제어가 10초 이상 연속으로 지속될 경우	
검출 후 조치내용	■ EBD : 백업제어 ■ ABS/TCS/VDC/VSM/ESS/AVH/SCC 제어 불가	
경고등	ABS/VDC 경고등 점등,(AVH 사양일 경우) AVH경고등 점등	
경고등 소등조건	IG OFF/ON 후 12km/h 이상 주행 후 모든 휠 속도 정상 시	

[3] 단품점검

"C162508 ABS/VDC측 CAN신호 안 나옴" 참조

1.11. 사양 설정오류(C170204)

차량의 제원에 따라 ECU의 하드웨어적인 차이는 없지만, VDC 제어시 사용되는 차량 파라메터 차이로 인해 사용하는 소프트웨어가 달라진다. VDC가 CAN통신을 통해 수신된 데이터(엔진 종류, 엔진 배기량, T/M종류 등)를 바탕으로 기분류된 베리언트

코드 값을 ECU 메모리에 저장한다.

이후 ECU는 메모리에 저장된 코드값을 바탕으로 하여, 필요로 하는 각종 파라메터 값을 읽어 들여 VDC기능을 수행하는데 사용한다.

[1] 고장코드 설명

전원인가 후 HECU는 베리언트 코드를 확인한다. 이때 부적절한 베리언트 코드가 발견되거나 베리언트 코드가 없을 경우 고장은 인식된다. 또는 신품 HECU 장착시 베리언트 코드를 확인하고 베리언트 코드가 없을 경우 고장으로 인식한다.

[2] 고장 판정조건

<table>
<tr><th>항 목</th><th>판정 조건</th><th>고장예상 원인</th></tr>
<tr><td>검출방법</td><td>베리언트 이상(VDC 사양)</td><td rowspan="7">1. 베리언트 코딩 작업 미실시
- HECU신규 교환
- 이종 사양 HECU 장착
- ECM, TCM 커넥터 연결 상태 불량
- EMS, T/M ECU 등 교체</td></tr>
<tr><td>진입조건</td><td>IG ON후 1회 실시</td></tr>
<tr><td>검출조건</td><td>■ IG ON후 CAN에 메시지를 통해 얻은 엔진 배기량/엔진 종류/기어 정보가 EEPROM에 저장된 값과 다른 경우
■ IG ON후 EEPROM에 저장된 옵션 베리언트 값이 없을 경우</td></tr>
<tr><td>검출 후 조치내용</td><td>모든 제어 불가</td></tr>
<tr><td>경고등</td><td>ABS/EBD/VDC 경고등 점등,(AVH 사양일 경우) AVH경고등 점등</td></tr>
<tr><td>경고등 소등조건</td><td>베리언트 코딩작업 실시 후 IG OFF/ON후 정상 시</td></tr>
</table>

[3] GDS 데이터분석

(1) 베리언트 코딩(GDS가 인터넷에 연결되어 있지 않은 경우)

① 자기진단 커넥터에 GDS를 연결한다.

② IG ON한다.

③ GDS 진단항목 중 "부가기능" 항목으로 들어간다.

④ GDS 진단항목 중 베리언트 코딩 항목을 실행한다.

⑤ 차량의 VIN 넘버(차대번호)를 정확히 확인하고 입력한다.

「그림」 10. 차량 차대번호

⑥ 현재 코딩값이 차량의 사양과 맞는지 확인한다.

⑦ IG ON/OFF하고 “베리언트 코드 리셋”을 수행한다.

(a) (b)

「그림」 11. 베리언트 코드 리셋항목 실행

※ HAC상태가 활성화인 경우 종방향 G센서 영점설정을 필히 수행하여야 한다.

(2) 베리언트 코딩(GDS가 인터넷에 연결되어 있을 경우)

① 자기진단 커넥터에 GDS를 연결한다.

② IG ON한다.

③ GDS 진단항목 중 “부가기능”항목으로 들어간다.

④ GDS 진단항목 중 베리언트 코딩항목을 실행한다.

⑤ GSW 사이트에 접속하여 화면 좌측 중앙의 부가정보조회를 클릭한다.

⑥ 조회가능에 VDC를 선택하고 VIN넘버(차대번호)를 정확히 입력하고 검색을 클릭하며 VDC CODE를 확인한다.

⑦ GSW 사이트에서 확인한 VDC CODE를 GDS의 VDC 베리언트 코드 항목에 입력한다.

⑧ 현재 코딩 값이 차량의 사양과 맞는지 확인한다.

⑨ IG ON/OFF하고 "베리언트 코드 리셋"을 수행한다.

※ HAC 상태가 활성화인 경우 종방향 G센서 영점설정을 필히 수행하여야 한다.

(3) 베리언트 코드 리셋

① ECM, TCM, VDC, 4WD, DCT, 종 G센서, EPB ECU가 정상 장착되었는지 확인한다(커넥터 정상 체결 여부확인 등).

② 4WD ECU 이종 사양 장착여부를 확인한다.

③ 종 G센서 이종사양 장착여부를 확인한다(적용 사양이나 미 장착되었거나 미적용 사양이나 장착된 경우 등).

④ DCT ECU 이종사양 장착여부를 확인한다.

⑤ TCM 이종사양 장착여부를 확인한다.

⑥ EPB ECU 이종사양 장착여부를 확인한다(적용 사양이나 미 장착되었거나 미적용 사양이나 장착된 경우 등).

⑦ 자기진단 커넥터에 GDS를 연결한다.

⑧ IG ON한다.

⑨ GDS 진단항목 중 "부가기능" 항목으로 들어간다.

⑩ GDS 진단항목 중 베리언트 코드 리셋 항목을 실행한다.

⑪ IG ON/OFF하고 "단품점검 절차"를 수행한다.

[4] 단품점검

"C162508 ABS/VDC측 CAN신호 안 나옴" 참조

1.12. 밸브 릴레이 이상(C211201)

HECU는 ECU에 의해 제어되는 밸브릴레이를 통해 모든 솔레노이드밸브들에 배터리 전압을 공급한다. 모든 솔레노이드밸브들과 밸브릴레이는 HECU내에 설치되어 있다.

[1] 고장코드 설명

HECU는 ABS를 정상적으로 제어할 수 있는지 체크하기 위해 밸브릴레이의 전압을 모니터 한다. 밸브릴레이 ON시 솔레노이드 드라이브 전압이 일정기간 동안 허용 전압 이하이면 HECU는 이 코드를 나타낸다. 밸브릴레이 OFF시 솔레노이드 드라이브 전압이 일정기간 동안 허용 전압 이상이라면 HECU는 이 코드를 나타낸다.

[2] 고장 판정조건

<table>
<tr><th colspan="2">항 목</th><th>판정 조건</th><th>고장예상 원인</th></tr>
<tr><td rowspan="3">경우1</td><td>검출방법</td><td>밸브 릴레이 퓨즈 단선</td><td rowspan="12">1. 전원 공급 회로의 단선, 단락
2. ABS 퓨즈 소손
3. HECU 결함</td></tr>
<tr><td>진단조건</td><td>IG ON후 초기화 과정 중 1회 실시</td></tr>
<tr><td>검출조건</td><td>밸브 릴레이를 ON하여 0.06초 이내에 밸브 릴레이 전압이 ECU 공급전압의 80% 이상 상승하지 못하는 경우</td></tr>
<tr><td rowspan="2">경우2</td><td>검출방법</td><td>밸브 릴레이 저전압 퓨즈 단선 감시</td></tr>
<tr><td>검출조건</td><td>밸브 릴레이를 ON시킨 후 밸브 릴레이 전압이(VIGN - 4.0V)보다 작은 상태가 0.5초 이상 지속 될 경우</td></tr>
<tr><td rowspan="2">경우3</td><td>검출방법</td><td>밸브 릴레이 고장</td></tr>
<tr><td>검출조건</td><td>밸브 릴레이 ON, 해당 솔레노이드밸브 OFF시 하기 조건이 0.06초 이상 연속적으로 지속될 경우
- ABS밸브 : 솔레노이드밸브 전압 〈2.0±0.2V
- VCD밸브 : 솔레노이드밸브 전압 〈((0.33±0.33)×밸브 릴레이 전압)V</td></tr>
<tr><td colspan="2">검출 후 조치내용</td><td>모든 제어 불가</td></tr>
<tr><td colspan="2">경고등</td><td>ABS/EBD/VDC 경고등 점등,(AVH 사양일 경우) AVH 경고등 점등</td></tr>
<tr><td colspan="2">경고등 소등 조건</td><td>IG OFF/ON 후 정상 시</td></tr>
</table>

[3] GDS 강제구동 분석

① GDS를 연결한 후, GDS의 "강제구동"항목을 선택한다.

② IG ON한다.

③ 모터의 강제구동 시 모터의 작동상태를 점검한다(규정값 : 작동 시 HECU에서 작동음이 들리면 정상).

④ 작동음이 정상적으로 들리는 가?

예	밸브 릴레이회로 계통의 접촉 불량에 의한 일시적인 고장일 수 있다. 전체적으로 커넥터의 느슨함, 접촉 불량, 구부러짐, 부식, 오염, 변형 또는 손상을 점검한다. 필요시 수리 또는 교환한 후 "고장수리 확인" 절차를 수행한다.
아니오	전원선 점검 절차를 수행한다.

[4] 전원선 점검

① IG ON한다.

② HECU 상시 전원선 배선 측과 차체 접지사이의 전압을 점검한다(규정값 : 배터리 전압).

③ 측정된 값이 정상인가?

예	"접지선 점검" 절차를 수행한다.
아니오	■ 퓨즈 소손을 점검하고 퓨즈가 소손되었다면 교환한다. ■ 퓨즈가 정상이면 배터리 +단자와 HECU간의 단선과 단락 여부를 점검 수리 후 "고장수리 확인" 절차를 수행한다.

[5] 접지선 점검

① IG OFF한다.

② HECU 커넥터를 탈거한다.

③ HECU 접지선 배선측과 차체접지사이의 저항을 점검한다(규정값 : 약 1Ω 이하).

④ 측정된 값이 정상인가?

예	정상적인 HECU로 교환한 후 작동이 정상이면 HECU를 교환하고 "고장수리 확인" 절차를 수행한다. ※ 유의 HECU를 교환한 경우 다음과 같은 작업을 실시한다. 1) 조향각 센서 오프셋 보정을 위한 "조향각 센서 영점 조정"- VDC ONLY 2) 종 가속도 센서 오프셋 보정을 위한 "종 가속도 센서 영점 설정"- VDC ONLY 3) 사양 설정을 위한 "베리언트 코딩"
아니오	HECU 접지선과 차체 접지 사이의 단선 또는 접촉저항을 수리 후 "고장수리 확인" 절차를 수행한다.

1.13. ABS, TCS, ESP밸브 이상(C238001)

HECU는 ECU와 HCU의 일체형이다. 하이드롤릭(HECU)은 유압의 공급원과 모듈레이터밸브 블록으로 구성되어 있다. 유압의 감압과 증압은 전기모터에 의해 작동되며, 휠 스피드센서에 의해 감지되는 신호에 따라 제어에 해당하는 유압이 펌프에 의해 공급된다.

하이드롤릭 유닛은 어큐뮬레이터, 리턴펌프, 솔레노이드로 구성되어 ABS가 작동할 때 ABS-ECU의 제어 신호에 의해 리턴펌프를 작동시켜 각 휠 실린더에 가해지는 유압을 증압, 유지, 감압 등으로 제어하는 역할을 한다.

[1] 고장코드 설명

HECU는 솔레노이드밸브들의 구동회로를 체크함으로서 밸브의 작동을 모니터하며 기대되지 않은 구동전압이 감지될 경우에 이 고장코드를 나타낸다.

[2] 고장 판정조건

항 목		판정 조건	고장예상 원인
경우 1	검출방법	밸브 릴레이 퓨즈 단선	1. 전원공급 회로의 단선, 단락 2. ABS퓨즈 소손 3. HECU 결함
	진단조건	IG ON 후 초기화 과정 중 1회 실시	
	검출조건	밸브 릴레이를 ON하여 0.06초 이내에 밸브 릴레이 전압이 ECU 공급전압의 80% 이상 상승하지 못하는 경우	

항 목		판정 조건	고장예상 원인
경우 2	검출방법	밸브 릴레이 저 전압 퓨즈 단선 감시	1. 전원공급 회로의 단선, 단락 2. ABS퓨즈 소손 3. HECU 결함
	검출조건	밸브 릴레이를 ON시킨 후 밸브 릴레이 전압이(VIGN - 4.0V)보다 작은 상태가 0.5초 이상 지속될 경우	
경우 3	검출방법	밸브 릴레이 고장	
	검출조건	밸브 릴레이 ON, 해당 솔레노이드밸브 OFF시 하기 조건이 0.06초 이상 연속적으로 지속될 경우 - ABS밸브 : 솔레노이드밸브 전압〈2.0±0.2V - VCD밸브 : 솔레노이드밸브 전압〈((0.33±0.33)×밸브 릴레이 전압)V	
검출 후 조치내용		모든 제어 불가	
경고등		ABS, EBD, VDC 경고등 점등(AVH 사양일 경우), AVH 경고등 점등	
경고등 소등조건		IG OFF/ON 후 정상 시	

[3] GDS 강제구동 분석

"C211201 밸브 릴레이 이상" 참조

[4] 단품점검

"C162508 ABS/VDC측 CAN신호 안 나옴" 참조

1.14. 모터펌프(전기계통) 이상(C240201)

ABS ECU는 ECU에 의해 제어되는 모터릴레이를 통해 모터에 전원을 공급한다. 모터펌프는 펌프 내에 위치하는 피스톤을 동작시킴으로서 휠 브레이크의 모든 캘리퍼에 유압을 공급한다.

[1] 고장코드 설명

HECU는 펌프 모터릴레이 또는 퓨즈단선, 모터 단선 단락 또는 모터락을 모니터하고 오작동이 감지되면 이코드를 나타낸다.

[2] 고장 판정조건

항 목		판정 조건	고장예상 원인
경우 1	검출방법	펌프 모터 퓨즈 단 단선	1. HECU 결함
	검출조건	공급전압이 저 전압상태가 아닐 때 펌프 모터 공급 전압이 7.0V 이하인 상태가 0.5초 이상 지속될 경우	
	경고등 소등조건	IG OFF/ON 후 정상시	
경우 2	검출방법	펌프 모터 구동 감시(퓨즈단선 등)	
	진단조건	모터 구동 ON 상태에서만 실시	
	검출조건	펌프 모터 구동 전압이 모터 릴레이 작동 후 0.16초 이내에(3.0±0.5)V 이상이 되지 않거나, (IG전압 - 4.0)V 이하인 상태가 0.5초 이상 지속될 경우	
	경고등 소등조건	IG OFF/ON 후 ECU 공급전압이 12.±0.5V 이상인 상태에서 구동 테스터 결과가 정상일 때	
경우 3	검출방법	펌프 모터 릴레이 테스트	
	진단조건	ECU전원 인가 후 ECU 공급전압이 12.0±0.5V 이상일 때 1회 실시	
	검출조건	아래 테스트 후 고정으로 인식될 경우 1) 펌프모터 릴레이를 100㎲동안 ON시키고 모터구동 전압이 High-Lever로 인가되는지 검사하여 인가되지 못할 시 구동 재실시 2) 최대 10회 구동 후에도 전압이 인가되지 못할 경우 펌프 모터 릴레이 고장으로 처리함	
	소등조건	IG OFF/ON 후 ECU 공급전압이 12.0±0.5V 이상인 상태에서 테스트 결과가 정상일 때	
경우 4	검출방법	펌프 모터 정지 감시	
	진단조건	모터 구동 OFF 상태일 것	
	검출조건	모터 비구동 상태에서 3.0±0.5V 이상인 상태가 2.5초 이상 지속될 경우 - 비제어 상태에서는 ABS/VDC 제어 즉각 중지, 제어 상태에서는 제어 종료 후 제어 금지	
	경고등 소등조건	IG OFF/ON 후 정상 시	

항 목		판정 조건	고장예상 원인
경우 5	검출방법	펌프 모터잠김 및 기계적 오류 감시	1. HECU 결함
	진단조건	모터구동 ON에서 OFF상태 변화시	
	검출조건	모터구동 전압이 High Level에 있는지 일정시간 동안 감시 - 모터전압의 Low Level인 상태가 0.04초 이하 이면 정상이고, 0.04초 이상이면 모터를 최대 3번 강제 구동을 실시하며 3회 실시 후에도 조건을 만족하지 못할 경우 고장 처리	
	경고등 소등조건	IG OFF/ON 후 밸브 펌프 모터 구동 테스트 실시 후 정상 시	
검출 후 조치내용		■ EBD백업제어, ESS/HAC 제어가능 ■ 그외 제어(ABS/TCS/VDC/AVH/HBA/SCC)불가	
경고등		ABS/VDC 경고등 점등,(AVH 사양일 경우) AVH경고등 점등	

[3] GDS 강제구동 분석

① GDS를 연결한 후, GDS의 "강제구동"항목을 선택한다.

② IG ON한다.

③ 모터의 강제구동 시 모터의 작동상태를 점검한다(정상값 : 작동 시 HECU에서 작동음이 들리면 정상).

④ 작동음이 정상적으로 들리는 가?

예	모터 회로계통의 접촉 불량에 의한 일시적인 고장일 수 있다. 전체적으로 커넥터의 느슨함, 접촉불량, 구부러짐, 부식, 오염, 변형 또는 손상을 점검한다. 필요시 수리 또는 교환한 후 "고장수리 확인" 절차를 수행한다.
아니오	전원선 단선 또는 단락점검 절차를 수행한다.

[4] 전원선 단선 또는 단락 점검

"C211201 밸브 릴레이 이상" 참조

[5] 접지선 점검

"C211201 밸브 릴레이 이상" 참조

2 VDC(Vehicle Dynamics Control Unit) 컨트롤 유닛

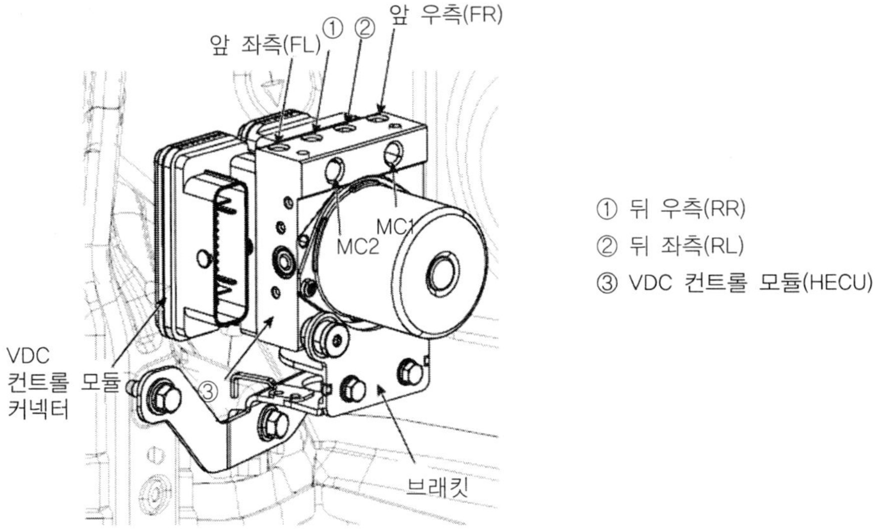

「그림」 12. VDC 컨트롤 유닛

2.1. VDC교환 후 작업

2.1.1. 진단기기를 이용한 진단절차

① 운전석측 크래쉬 패드 하부에 있는 자기진단 커넥터(16핀)에 진단기기를 연결하고, 시동 키 ON 후 진단기기를 켠다.

② GDS 차종 선택 화면에서 "차종"과 "ABS/ESP" 시스템을 선택한 후 확인을 선택한다.

③ 베리언트 코드 리셋을 선택한다.

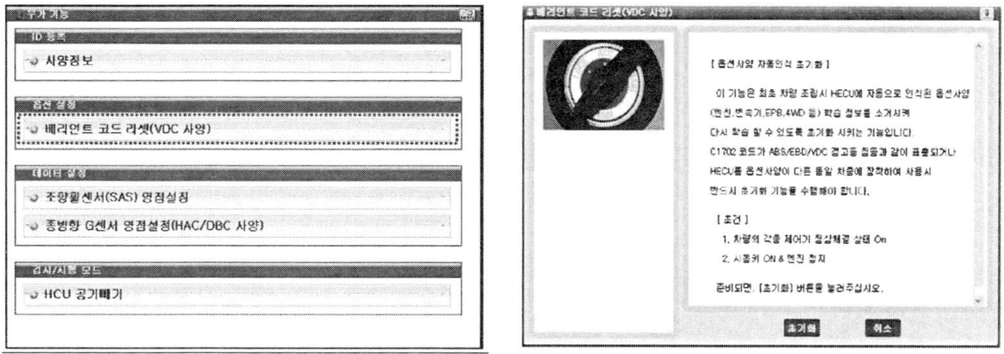

「그림」 13. 베리언트 코드 리셋선택

④ 조향 휠 센서(SAS) 영점설정을 실행한다.

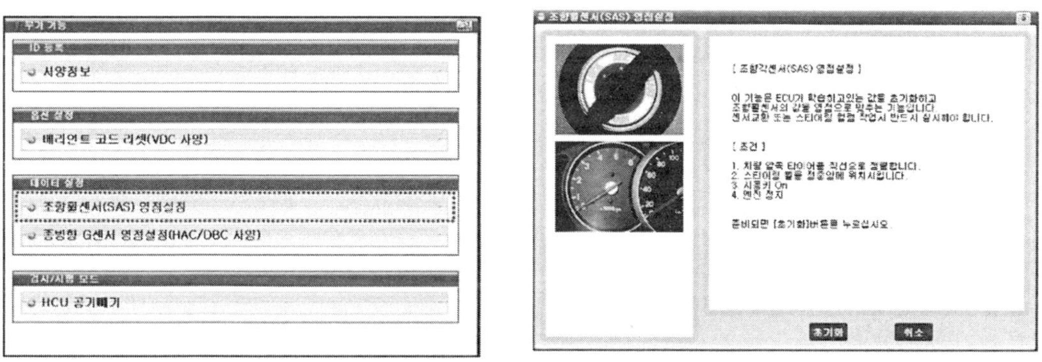

「그림」 14. 조향 휠 센서 영점설정

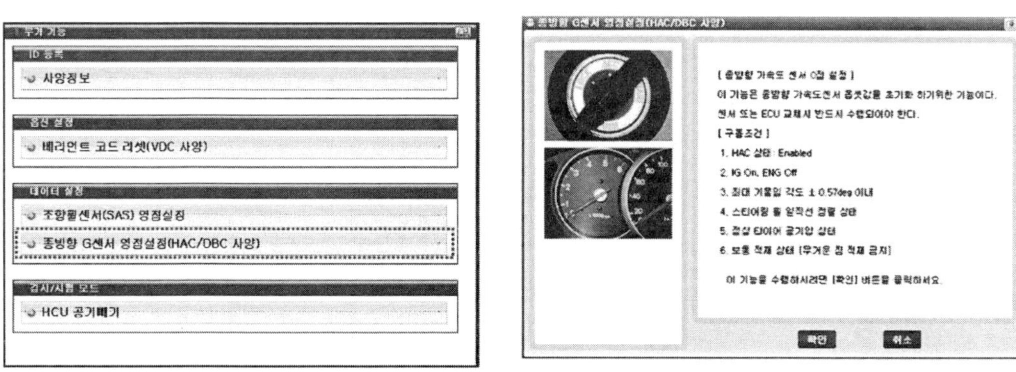

「그림」 15. 종방향 G센서 영점설정

2.2. 압력센서

2.2.1. 단선, 단락(C123501)

압력센서는 HECU 내부에 내장되어 있고 VDC 작동중일 때 운전자의 제동의지를 판단하기 위해 브레이크 오일압을 감지한다. 압력센서에 마스터실린더로 유압이 가해지면 Piezo 압전소자의 스트레인이 변화하고 변화된 스트레인에 따라 브리지회로의 저항값이 변하게 된다. 따라서 이 저항값의 변화로 인해 브리지회로의 출력전압 값도 변하게 되고 출력 전압값은 압력에 대해 선형적으로 변한다.

센서 데이터는 공급전압에 비례하는 아날로그 신호이며, 컨트롤 유니트(HECU)는 공급전압 대비 신호 값의 비율에 따라 압력값을 인식한다.

[1] 고장코드 설명

압력센서 데이터 신호값이 기준값을 벗어날 경우 고장이 감지된다.

[2] 고장 판정조건

<table>
<tr><th colspan="2">항 목</th><th>판정 조건</th><th>고장예상 원인</th></tr>
<tr><td rowspan="2">경우 1</td><td>검출방법</td><td>압력센서 공급전원 이상</td><td rowspan="7">1. 압력센서 결합(HECU 내장)</td></tr>
<tr><td>검출조건</td><td>압력센서 공급전원이 4.75V 이하 또는 5.25V 이상인 상태가 0.06초 이상 유지 시</td></tr>
<tr><td rowspan="2">경우 2</td><td>검출방법</td><td>■ 압력센서 신호 이상 감시
■ 압력센서에서 출력하는 센서값의 합(PRS 1+PRS 2)이 4.4.V 이하 또는 5.4V 이상인 상태 유지 시
※ PRS1 : 센서출력 1, PRS2 : 센서출력 2(PRS 1의 역상)</td></tr>
<tr><td>검출조건</td><td>압력센서에서 출력하는 센서값(PRS 1, PRS 2)이 0.6V 이하 또는 4.5V 이상인 상태가 0.1초 이상 유지 시</td></tr>
<tr><td colspan="2">검출 후 조치내용</td><td>EBD/ABS/ESS제어 가능</td></tr>
<tr><td colspan="2">경고등</td><td>■ VDC 경고등 점등,(AVH 사양일 경우) AVH 경고등 점등
■ TCS/VDC/VSM/HAC/AVH/HBA/SCC 제어 불가</td></tr>
<tr><td colspan="2">경고등 소등 조건</td><td>IG OFF/ON후 정상 시</td></tr>
</table>

[3] GDS 데이터 분석

① 시동을 건다.

② GDS를 연결한 후, GDS의 센서 데이터 항목을 선택한다.

③ GDS의 "센서 데이터"에 표시되는 "압력센서"관련 항목을 점검한다(규정값 : 제동시 압력센서 값이 증가함을 볼 수 있다).

④ 압력센서 출력 값은 정상인가?

예	회로계통의 접촉 불량에 의한 일시적인 고장일 수 있다. 전체적으로 커넥터의 느슨함, 접촉 불량, 구부러짐, 부식, 오염, 변형 또는 손상을 점검한다. 필요시 수리 또는 교환한 후 "고장수리 확인" 절차를 수행한다.
아니오	"단품점검"을 실시한다.

[4] 단품점검

① IG OFF한다.

② IG ON한다.

③ GDS를 연결한 후, 자기진단을 실시하여 고장코드를 확인한다.

④ 저장된 고장코드를 GDS를 이용하여 소거한다.

⑤ 브레이크를 밟았다 놓았다를 몇 회 반복한다.

⑥ GDS로 자기진단을 실시하여 고장코드가 발생되었는지 확인한다.

⑦ 고장코드가 출력되었는가?

예	정상적인 HECU로 교환한 후 작동이 정상이면 HECU를 교환하고 "고장수리 확인" 절차를 수행한다. ※ 유의 HECU를 교환한 경우 다음과 같은 작업을 실시한다. 1) 조향각센서 오프셋 보정을 위한 "조향각센서 영점 조정"-VDC ONLY 2) 종 가속도센서 오프셋 보정을 위한 "종 가속도센서 영점 설정"-VDC ONLY 3) 사양 설정을 위한 "베리언트 코딩"
아니오	이 고장은 압력센서의 일시적인 고장일 수 있다. 다음으로 "고장수리 확인" 절차를 수행한다.

2.2.2. 신호 이상(C123702)

"C123501 압력센서 단선, 단락" 참조

[1] 고장코드 설명

압력센서 신호 노이즈가 정상범위를 벗어나거나, 압력센서 신호값이 비정상적으로 변하면 고장은 감지된다. ABS/TCS/VDC 비 제어 중 브레이크 스위치 정상 판단 후, 브레이크신호가 입력되지 않았는데도 압력값이 15bar 이상 올라가면 고장으로 감지된다.

[2] 고장 판정조건

항 목	판정 조건	고장예상 원인
검출방법	압력센서 오프셋 이상 감시	1. 외부 노이즈 2. 압력센서 결함
진입조건	주행 중 계속 감시(단, 오프셋 보정은 IG ON 이후 1회 실시)	
검출조건	정상상태에서 제동입력 및 모터 구동이 없고 저 전압이 아닌 상태에서 센서 입력 필터값이 ±15bar 이상으로 2초 이상 유지 시 - ±15bar 이내로 해당조건 만족 시는 압력센서 옵셋 보정	
검출 후 조치내용	▪ EBD/ABS/ESS 제어 가능 ▪ TCS/VDC/VSM/HAC/AVH/HBA/SCC제어 불가	
경고등	VDC 경고등 점등,(AVH 사양일 경우) AVH경고등 점등	
경고등 소등조건	IG OFF/ON 이후, 차량 10km/h 이상 주행, APS값 〉20% 이상, BLS입력 신호 없는 경우의 압력센서 오프셋 값이 15bar 이하일 경우 소등	

[3] 단품점검

"C123501 압력센서 단선, 단락" 참조

2.3. 요-레이트 & 횡방향 G(가속도)센서측 CAN신호

2.3.1. 수신 이상(C164308)

요레이트 센서, 횡가속도센서, 종가속도센서는 일체형으로 구성되며 통합된 유닛은 IMU(Inertial Measurement Unit, 차량관성 측정장치)로 정의된다. 차량이 수직 축을 기준으로 회전할 때 IMU가 차량의 회전운동을 전자적으로 감지하여 요 속도가 일정 속도에 도달하면 VDC 제어를 재개한다. IMU는 SRSCM 내부에 내장되어 있다.

[1] 고장코드 설명

IMU로부터 요레이트 센서 메시지가 수신되지 않을 경우 이 고장코드가 출력된다.

[2] 고장 판정조건

<table>
<tr><th colspan="2">항 목</th><th>판정 조건</th><th>고장예상 원인</th></tr>
<tr><td rowspan="5">경우1</td><td>검출방법</td><td>요레이트, 횡가속도 센서 CAN 신호 감시</td><td rowspan="11">1. IMU 결함
2. CAN 통신선 단선/단락
3. 커넥터 접촉불량</td></tr>
<tr><td>진단조건</td><td>IG ON후 CAN 하드웨어나 CAN라인 고장이 없을 것</td></tr>
<tr><td>검출조건</td><td>요레이트, 횡가속도 메시지가 정차 중에는 0.5초 이상, 주행 중 또는 제어 중에는 0.1초 이상 수신되지 않을 경우</td></tr>
<tr><td>검출 후 조치내용</td><td>■ EBD/ABS/ESS/HAC/AVH/HBA 제어가능
■ TCS/VDC/VSM/SCC 제어불가</td></tr>
<tr><td>경고등</td><td>VDC 경고등 점등</td></tr>
<tr><td rowspan="5">경우2</td><td>검출방법</td><td>종가속 센서 CAN신호 감시</td></tr>
<tr><td>진단조건</td><td>IG ON 후 CAN 하드웨어나 CAN라인 고장이 없을 것</td></tr>
<tr><td>검출조건</td><td>종가속 메시지가 정차 중에는 0.5초 이상, 주행 중 또는 제어 중에는 0.1초 이상 수신되지 않을 경우</td></tr>
<tr><td>검출 후 조치내용</td><td>■ EBD/ABS/TCS/VDC/VDC/VSM/ESS/HBA 제어 가능
■ HAC/AVH/SCC제어 불가</td></tr>
<tr><td>경고등</td><td>VDC 경고등 점등,(AVH 사양일 경우)AVH 경고등 점등</td></tr>
<tr><td colspan="2">경고등 소등 조건</td><td>IG OFF/ON 후 정상 시</td></tr>
</table>

[3] GDS 데이터 분석

① IG ON한다.

② GDS를 연결한 후, GDS센서 데이터 항목을 선택한다.

③ GDS의 "센서 데이터"에 표시되는 "요레이트센서, 횡방향 가속도센서"관련 항목을 점검한다(규정값 : 정지상태에서 0에 가까운 값을 나타냄).

④ 표출값은 정상인가?

예	회로계통의 접촉 불량에 의한 일시적인 고장일 수 있다. 전체적으로 커넥터의 느슨함, 접촉불량, 구부러짐, 부식, 오염, 변형 또는 손상을 점검한다. 필요시 수리 또는 교환한 후 "고장수리 확인" 절차를 수행한다.
아니오	SRSCM 전원선 단선 또는 단락점검 절차를 수행한다.

[4] SRSCM 전원선 단선 또는 단락점검

① IG ON한다.

② SRSCM 전원선 배선측과 차체 접지사이의 전압을 점검한다(규정값 : 배터리 전압).

③ 측정된 값이 정상인가?

예	"SRSCM 접지선 점검" 절차를 수행한다.
아니오	배터리에서 SRSCM사이 전원선의 단선 또는 단락된 회로를 점검하여 수리 후 "고장수리 확인" 절차를 수행한다.

[5] SRSCM 접지선 단선점검

① IG OFF한다.

② SRSCM 커넥터를 분리한다.

③ SRSCM 배선측 커넥터 접지선 단자와 차체 접지사이의 저항을 점검한다(규정값 : 약 1Ω 이하).

④ 측정된 값이 정상인가?

예	"C-CAN 통신선 점검" 절차를 수행한다.
아니오	SRSCM 접지선의 단선 또는 접촉저항을 점검하여 수리 후 "고장수리 확인" 절차를 수행한다.

[6] C-CAN 통신선 단선점검

① IG OFF한다.

② SRSCM, HECU 커넥터를 분리한다.

③ HECU C-CAN HIGH와 LOW 신호선 배선측과 SRSCM C-CAN HIGH와 LOW 신호선 배선측 사이의 저항을 점검한다(규정값 : 약 1Ω 이하).

④ 측정된 값이 정상인가?

예	단품점검 절차를 수행한다.
아니오	배선의 단선 발생 부위를 찾아 수리 후 "고장수리 확인" 절차를 수행한다.

[7] 단품점검

① IG OFF한다.

② IG ON한다.

③ GDS를 연결한 후, 자기진단을 실시하여 고장코드를 확인한다.

④ 저장된 고장코드를 GDS를 이용하여 소거한다.

⑤ GDS로 자기진단을 실시하여 고장코드가 발생되었는지 확인한다.

⑥ 고장코드가 출력되었는가?

예	■ 정상적인 SRSCM으로 교환한 후 작동이 정상이면 SRSCM을 교환하고 "고장수리 확인" 절차를 수행한다. ※ 유의 ■ 만약, SRSCM을 교환한 경우에는 종 가속도 센서 오프셋 보정을 위해서 "종 가속도 센서 영점설정"을 실시한다.
아니오	이 고장은 IMU(SRSCM)회로의 접촉 불량에 의한 일시적인 고장일 수 있다. 다음으로 "고장수리 확인" 절차를 수행한다.

3 리어 휠 속도센서

3.1. 휠 센서

3.1.1. 뒤좌측 단선, 단락(C120601)

휠 속도센서는 HECU가 차속을 계산하고 휠이 락(Lock)인지 아닌지를 판단하는데 필수적인 신호이다. 예를 들면 전륜구동 차량의 경우 후륜 휠속 중 빠른 휠속의 신호를 차속의 참조값으로 사용하고, 만약 이 참조값과 휠속의 차이가 일정 이상 발생하면 휠락으로 판단하고 ABS제어를 실행한다.

휠 속도센서는 액티브타입의 홀(Hall)센서 형식을 적용하고 있으며, 기존 인덕티브타입의 휠 속도센서에 비해 온도 특성 및 노이즈 내성이 우수하다. 톤휠이 회전하면 홀센서의 원리로 디지털 파형이 나오게 된다. 이 듀티 파형은 톤휠의 회전수에 비례하여 주파수가 변하며 이 주파수에 의해 차륜의 속도를 감지하도록 제어된다.

[1] 고장코드 설명

HECU는 휠 속도센서 회로를 계속해서 모니터 한다. 배터리 전압이 정상이 상태에서 만약 센서 신호의 전류값이 규정 범위를 벗어난 상태가 0.2초 이상 계속될 경우 HECU는 회로가 단선, 단락임을 결정하고 고장코드를 출력한다.

[2] 고장 판정조건

항 목	판정 조건	고장예상 원인
검출방법	회로 전류값 감시	1. 휠 속도센서 회로 단선 또는 단락 2. 휠 속도센서 결함(뒤 좌측)
검출조건	센서 신호의 전류값이 4.5mA~20mA범위를 벗어난 상태가 0.2초 계속될 경우	
검출 후 조치내용	■ 휠 속도센서 1개 고장 시 - EBD/ESS/HAC/AVH : 백업제어 - ABS : 비제어중 고장 발생 시 제어불가, 제어 중 고장 시 백업제어 실시 후 새로운 제어 수행 불가 - TCS/VDC/VSM/HBA/SCC : 제어불가 ■ 휠 속도센서 2개 고장 시 - EBD/ESS/HAC/AVH : 백업제어, 피구동륜 2개 동시 고장 시 ESS/HAC/AVH 제어 불가 - ABS : 비제어중 고장 발생 시 제어불가, 제어 중 고장 시 백업제어 실시 후 새로운 제어 수행 불가 - TCS/VDC/VSM/HBA/SCC : 제어불가 ■ 휠 속도센서 3개 이상 고장 시 - 모든 제어 불가	
경고등	■ 휠 속도센서 1개 또는 2개 고장 시 - ABS/VDC 경고등 점등,(AVH 사양일 경우) AVH 경고등 점등 ■ 휠 속도센서 3개 고장 시 - EBD/ABS/VDC 경고등 점등,(AVH 사양일 경우) AVH 경고등 점등	
경고등 소등조건	IG OFF/ON후 정상 시	

[3] 전원선 단선 또는 단락점검(뒤 좌측)

① IG ON한다.

② 휠 속도센서 커넥터를 탈거한다.

③ 휠 속도센서 전원선 배선측과 차체 접지사이의 전압을 점검한다(규정값 : IG ON시 약 11V 전압이 잠시 동안 측정된다).

④ 측정된 값이 정상인가?

예	"신호선 점검" 절차를 수행한다.
아니오	휠 속도센서와 HECU사이 전원선의 단선 또는 단락된 회로 점검하여 "고장수리 확인" 절차를 수행한다.

[4] 신호선 점검(뒤 좌측)

(1) 전원 단락점검

① IG OFF한다.

② 휠 속도센서 커넥터를 탈거한다.

③ IG ON한다.

④ 휠 속도센서 신호선 배선측과 차체 접지사이의 전압을 점검한다(규정값 : 약 0V).

⑤ 측정된 전압이 정상인가?

예	접지 단락점검 절차를 수행한다.
아니오	휠 속도 센서와 HECU사이 신호선의 전원 단락된 회로를 점검하여 수리 후 "고장수리 확인" 절차를 수행한다.

(2) 접지 단락점검

① IG OFF한다.

② HECU 커넥터와 휠 속도센서 커넥터를 탈거한다.

③ 휠 속도센서 신호선 배선측과 차체접지사이의 저항을 점검한다(규정값 : 약 무한대 Ω).

④ 측정된 저항이 정상인가?

예	단선 점검 절차를 수행한다.
아니오	휠 속도센서와 HECU사이 신호선의 접지 단락된 회로를 점검하여 수리 후 "고장수리 확인" 절차를 수행한다.

(3) 단선점검

① IG OFF한다.

② HECU 커넥터와 휠 속도센서 커넥터를 탈거한다.

③ HECU와 휠 속도센서사이 신호선 양단의 저항을 점검한다(규정값 : 약 1Ω 이하).

④ 측정된 저항이 정상인가?

예	휠 속도센서 단품점검 절차를 수행한다.
아니오	휠 속도센서와 HECU 사이 신호선의 단선된 회로를 점검하여 수리 후 "고장수리 확인" 절차를 수행한다.

[5] 휠 속도센서 단품점검(뒤 좌측)

① 차량을 리프트로 들어 올린다.

② IG ON한다.

③ 휠을 서서히 회전시킨다.

④ GDS의 오실로스코프 기능을 이용하여 휠 속도센서 전원선 배선측과 차체 접지 사이의 파형을 점검한다(규정값 : High - 1.4~2.0V, Low - 0.7~ 1.0V).

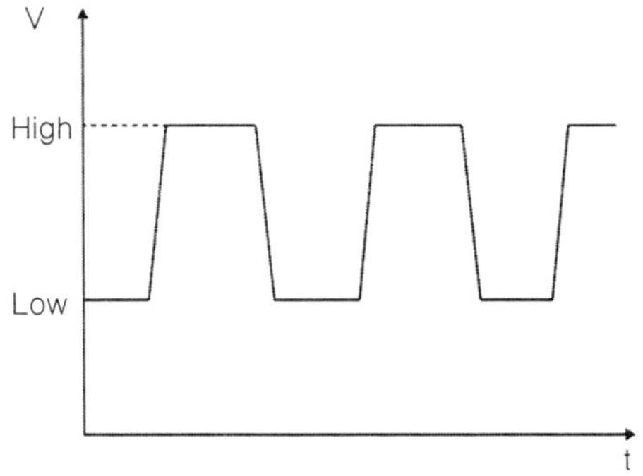

「그림」 16. 휠 속도센서의 파형

⑤ 측정된 파형이 정상인가?

예	이 고장은 휠 속도센서 회로 계통의 접촉 불량에 의한 일시적인 고장일 수 있다. 다음으로 "고장수리 확인" 절차를 수행한다.
아니오	정상적인 휠 속도센서로 교체하고 시스템이 정상적으로 작동하는지 확인한다. 문제가 해결되었으면 휠 속도 센서를 교환하고 "고장수리 확인" 절차를 수행한다.

3.1.2. 뒤 좌측 간헐적 작동범위, 성능이상(C120702)

"C120601 뒤 좌측 휠센서 단선, 단락" 참조

[1] 고장코드 설명

HECU는 휠 속도센서 입력신호를 계속해서 모니터한다. 비정상적인 속도 변화율이 감지되거나 휠간 속도차가 비정상적으로 큰 차이를 나타낸다면 이 코드를 나타낸다. 만약 다시 IG KEY ON하고 모든 휠 속도가 규정속도 이상인 상태에서 고장이 더 이상 감지되지 않으면 경고등은 소등된다.

[2] 고장 판정조건

<table>
<tr><th colspan="2">항 목</th><th>판정 조건</th><th>고장예상 원인</th></tr>
<tr><td rowspan="3">경우 1</td><td>검출방법</td><td>주행 중 휠 센서 신호 감시</td><td rowspan="8">1. 휠 속도센서 장착 불량
2. 로터 및 휠 베어링 결함
3. 휠 속도센서 결함(뒤 좌측)</td></tr>
<tr><td>진입조건</td><td>차량 40km/h 이상의 속도로 주행시</td></tr>
<tr><td>검출조건</td><td>차량속도 40km/h 이상 주행 중 한 휠 이상에서 휠 속도센서의 속도 펄스가 감지되지 않는 경우
- 비제어중 휠 센서 고장 발생시 즉시 제어 중단</td></tr>
<tr><td rowspan="2">경우 2</td><td>검출방법</td><td>휠 속도센서 이상 신호 감시</td></tr>
<tr><td>검출조건</td><td>임의의 한 휠 이상에서의 급격한 휠속 변화(±100g 이상의 휠 속도 변화)를 감지할 경우
- 브레이크페달을 밟은 상태에서 이상신호 발생시 : 고장감지 시간 : 20초
- 브레이크페달을 밟지 않은 상태에서 이상신호 발생시 : 고장감지 시간 : 5초
- 3개 이상의 휠에서 이상신호 발생시 : 고장감지 시간 : 1초</td></tr>
<tr><td colspan="2">검출 후 조치내용</td><td>"C120601 뒤 좌측 휠센서 단선/단락" 참조</td></tr>
<tr><td colspan="2">경고등</td><td>"C120601 뒤 좌측 휠센서 단선/단락" 참조</td></tr>
<tr><td colspan="2">경고등 소등조건</td><td>IG OFF/ON후 12km/h이상 주행 후 모든 휠 속도 정상시</td></tr>
</table>

[3] GDS 데이터 분석

① 시동을 건다.

② GDS를 연결한 후, GDS의 센서 데이터 항목을 선택한다.

③ 정상 노면에서 차량을 40km/h 이상의 속도로 직진 주행한다.

④ GDS의 "센서 데이터"에 표시되는 "휠 속도센서"관련 항목을 점검한다(규정값 : 다른 3개의 휠 속도 센서값과 비교하여 같은 값이면 정상).

⑤ 휠 속도센서 출력값이 정상인가?

예	휠 속도센서 회로계통의 접촉불량에 의한 일시적인 고장일 수 있다. 전체적으로 커넥터의 느슨함, 접촉불량, 구부러짐, 부식, 오염, 변형 또는 손상을 점검한다. 필요시 수리 또는 교환한 후 "고장수리 확인" 절차를 수행한다.
아니오	휠 속도센서 단품점검 절차를 수행한다.

[4] 휠 속도센서 단품점검(뒤 좌측)

① 차량을 리프트로 들어 올린다.

② IG ON한다.

③ 휠을 서서히 회전시킨다.

④ GDS의 오실로스코프 기능을 이용하여 휠 속도센서 전원선 배선측과 차체 접지 사이의 파형을 점검한다(규정값 : High - 1.4~2.0V, Low - 0.7~1.0V).

⑤ 측정된 파형이 정상인가?

예	외부 노이즈나 접촉불량에 의한 고장일 수 있으므로 커넥터의 접촉 불량, 부식, 오염, 변형, 또는 손상, 다른 배선과의 간섭을 전체적으로 점검한다. 필요시 수리 또는 교환한 후 "고장수리 확인" 절차를 수행한다.
아니오	■ 휠 속도센서 장착 상태를 점검 후 불량이면 수리 후 "고장수리 확인" 절차를 수행한다. ■ 로터 및 휠 베어링 상태를 점검 후 상태에 따라 수리 및 교환 후 "고장수리 확인" 절차를 수행한다. ■ 정상적인 휠 속도센서로 교환하고 시스템이 정상적으로 작동하는지 확인한다. 문제가 해결되었다면 휠 속도 센서를 교환하고 "고장수리 확인" 절차를 수행한다.

3.1.3. 뒤 좌측 신호값 없음(C120802)

"C120601 뒤 좌측 휠 센서 단선, 단락" 참조

[1] 고장코드 설명

HECU는 휠 속도센서 입력시그널을 계속해서 모니터한다. 센서 에어갭이 특정영역을 벗어나거나, ABS제어 상태가 비정상적으로 계속될 경우 고장코드를 나타낸다. 만약 다시 IG KEY ON하고 모든 휠 스피드가 규정속도 이상인 상태에서 고장이 더 이상 감지되지 않으면 경고등은 소등된다.

[2] 고장 판정조건

<table>
<tr><th colspan="2">항 목</th><th>판정 조건</th><th>고장예상 원인</th></tr>
<tr><td rowspan="3">경우 1</td><td>검출방법</td><td>휠 속도센서 신호 초기 감시</td><td rowspan="12">1. 휠 속도센서 회로 단선 또는 단락
2. 휠 속도센서 결함(뒤 좌측)
3. 이종 사양 휠 속도센서 장착</td></tr>
<tr><td>진입조건</td><td>1) 최초 12km/h 이상 주행시(차량 정차 후 재출발시 12km /h에서 재 감시)
2) 1)의 경우를 제외한 모든 주행 구간</td></tr>
<tr><td>검출조건</td><td>1) 차량 전원 투입 후 차량속도 12km/h 시점에서 임의의 한 휠 속도가 1.6km/h 이하로 감지되는 경우
2) 1)의 경우(차량 속도 12km/h)에서는 모든 휠 속도 신호가 정상이지만, 차량속도 12km/h를 기준으로 감속 또는 가속주행 중 임의의 한 휠의 속도가 1.6km/h이하로 감지되는 경우 휠 속도센서 신호 이상 감지가 되며 신호 이상이 감지된 속도에서 18km/h의 차속에서 다시 고장진단을 하여 동일한 휠의 속도가 1.6km/h 이하로 감지되는 경우</td></tr>
<tr><td rowspan="3">경우 2</td><td>검출방법</td><td>휠 속도센서 휠간 속도 차이 감시</td></tr>
<tr><td>진입조건</td><td>주행 중 계속 감시</td></tr>
<tr><td>검출조건</td><td>주행 중 모든 휠 속도 신호를 감시하여 에어갭 또는 톤휠 불량 등으로 인한 휠간 속도차이 발생시(휠간 속도 차이/고장판정 시간 아래 참조).
1) 앞 좌측/뒤 좌측, 앞 우측/뒤 : 6~12km/h
앞 좌측/앞 우측 : 10~16km/h
고장감지 시간 : 최대 20초
2) 앞 좌측/뒤 좌측, 앞 우측/뒤 : 12km/h 이상
앞 좌측/앞 우측 : 16km/h
고장감지 시간 : 최대 10초
3) 구동륜 스핀 발생 시 고장감지 시간 최대 80초</td></tr>
<tr><td rowspan="2">경우3(지능형 휠속도 센서 적용시)</td><td>검출방법</td><td>지능형 휠 속도 센서 신호 감시</td></tr>
<tr><td>검출조건</td><td>지능형 휠센서의 센서 단품불량이나 이종 오 장착 고장이 2.5초 이상 감지되는 경우
1) 지능형 휠센서의 사양에 해당되지 않는 이상 펄스 신호가 최대 50회 이상 입력될 경우
- 감시 영역 : 정차 및 주행 중 계속감시
2) 차량 정차 상태에서 지능형 휠센서의 정지 펄스 신호가 입력되지 않을 경우
- 감시 영역 : 차량 정차 상태 시</td></tr>
<tr><td colspan="2">검출 후 조치내용</td><td>"C120601 뒤좌측 휠센서 단선/단락" 참조</td></tr>
<tr><td colspan="2">경고등</td><td>"C120601 뒤좌측 휠센서 단선/단락" 참조</td></tr>
<tr><td colspan="2">경고등 소등 조건</td><td>"C120601 뒤좌측 휠센서 단선/단락" 참조</td></tr>
</table>

[3] GDS 데이터 분석

① 시동을 건다.

② GDS를 연결한 후, GDS의 센서 데이터 항목을 선택한다.

③ 정상 노면에서 차량을 10km/h 이상의 속도로 직진 주행한다.

④ GDS의 "센서 데이터"에 표시되는 "휠 속도센서"관련 항목을 점검한다(규정값 : 다른 3개의 휠 속도센서 값과 비교하여 같은 값이면 정상).

⑤ 휠 속도센서 출력값이 정상인가?

예	휠 속도센서 회로계통의 접촉불량에 의한 일시적인 고장일 수 있다. 전체적으로 커넥터의 느슨함, 접촉 불량, 구부러짐, 부식, 오염, 변형 또는 손상을 점검한다. 필요시 수리 또는 교환한 후 "고장수리 확인" 절차를 수행한다.
아니오	휠 속도센서 단품점검 절차를 수행한다.

[4] 휠 속도센서 단품점검(뒤 좌측)

① 차량을 리프트로 들어 올린다.

② IG ON한다.

③ 휠을 서서히 회전시킨다.

④ GDS의 오실로스코프기능을 이용하여 휠 속도센서 전원선 배선측과 차체 접지사이의 파형을 점검한다(규정값 : High - 1.4~2.0V, Low - 0.7~1.0V).

⑤ 측정된 파형이 정상인가?

예	이 고장은 휠 속도센서 회로계통의 접촉 불량에 의한 일시적인 고장일 수 있다. 다음으로 "고장수리 확인" 절차를 수행한다.
아니오	■ 휠 속도센서 장착상태를 점검 후 불량이면 수리 후 "고장수리 확인" 절차를 수행한다. ■ 로터 및 휠 베어링상태를 점검 후 상태에 따라 수리 및 교환 후 "고장수리 확인" 절차를 수행한다. ■ 정상적인 휠 속도센서로 교환하고 시스템이 정상적으로 작동하는지 확인한다. 문제가 해결되었다면 휠 속도센서를 교환하고 "고장수리 확인" 절차를 수행한다. ■ 휠 속도센서 타입(엑티브 또는 스마트타입 휠 속도센서)을 확인한 후 잘못된 휠 속도센서가 장착되어 있을 경우 올바른 타입의 휠 속도센서로 교환하고 시스템이 정상적으로 작동하는지 확인한다. 문제가 해결되었다면 휠 속도센서를 교환하고 "고장수리 확인" 절차를 수행한다.

3.1.4. 뒤 우측 단선, 단락(C120901)

"C120601 뒤 좌측 휠센서 단선, 단락" 참조

[1] 고장코드 설명

HECU는 휠 속도센서 회로를 계속해서 모니터한다. 배터리 전압이 정상인 상태에서 만약 센서 신호의 전류값이 규정범위를 벗어난 상태가 0.2초 이상 계속될 경우 HECU는 회로가 단선, 단락임을 결정하고 고장코드를 출력한다.

[2] 고장 판정조건

항 목	판정 조건	고장예상 원인
검출방법	회로 전류값 감시	1. 휠 속도센서 회로 단선 또는 단락 2. 휠 속도센서 결함(뒤 우측)
검출조건	센서 신호의 전류값이 4.5mA~20mA범위를 벗어난 상태가 0.2초 계속될 경우	
검출 후 조치내용	■ 휠 속도센서 1개 고장 시 - EBD/ESS/HAC/AVH : 백업 제어 - ABS : 비제어중 고장발생 시 제어불가, 제어 중 고장 시 백업제어 실시 후 새로운 제어 수행 불가 - TCS/VDC/VSM/HBA/SCC : 제어불가 ■ 휠 속도센서 2개 고장 시 - EBD/ESS/HAC/AVH : 백업제어, 피구동륜 2개 동시 고장 시 ESS/HAC/AVH 제어 불가 - ABS : 비제어중 고장발생 시 제어불가, 제어 중 고장 시 백업제어 실시 후 새로운 제어 수행불가 - TCS/VDC/VSM/HBA/SCC : 제어불가 ■ 휠 속도센서 3개 이상 고장 시 - 모든 제어불가	
경고등	■ 휠 속도센서 1개 또는 2개 고장 시 - ABS/VDC 경고등 점등,(AVH 사양일 경우) AVH 경고등 점등 ■ 휠 속도센서 3개 고장 시 - EBD/ABS/VDC 경고등 점등,(AVH 사양일 경우) AVH 경고등 점등	
경고등 소등조건	IG OFF/ON 후 정상 시	

[3] 전원선 단선 또는 단락점검(뒤 우측)

"C120601 뒤 좌측 휠센서 단선, 단락" 참조

[4] 신호선 점검(뒤 우측)

"C120601 뒤 좌측 휠센서 단선, 단락" 참조

[5] 휠 속도센서 단품점검(뒤 우측)

"C120601 뒤 좌측 휠센서 단선, 단락" 참조

3.1.5. 뒤 우측 간헐적 작동범위, 성능이상(C121002)

"C120601 뒤 좌측 휠 센서 단선, 단락" 참조

[1] 고장코드 설명

HECU는 휠 속도센서 입력신호를 계속해서 모니터한다. 비정상적인 속도 변화율이 감지되거나 휠간 속도차가 비정상적으로 큰 차이를 나타낸다면 이 코드를 나타낸다. 만약 다시 IG KEY ON하고 모든 휠 속도가 규정속도 이상인 상태에서 고장이 더 이상 감지되지 않으면 경고등을 소등된다.

[2] 고장 판정조건

항 목		판정 조건	고장예상 원인
경우 1	검출방법	주행 중 휠 센서 신호 감시	1. 휠 속도 센서 장착 불량 2. 로터 및 휠 베어링 결함 3. 휠 속도 센서 결함(뒤 우측)
	진입조건	차량 40km/h 이상의 속도로 주행시	
	검출조건	차량속도 40km/h 이상 주행 중 한 휠 이상에서 휠 속도 센서의 속도 펄스가 감지되지 않는 경우 - 비제어중 휠 센서 고장 발생시 즉시 제어 중단	
경우 2	검출방법	휠 속도센서 이상 신호 감시	
	검출조건	임의의 한 휠 이상에서의 급격한 휠속도 변화(±100g 이상의 휠속도 변화)를 감지할 경우 - 브레이크 페달을 밟은 상태에서 이상신호 발생시 : 고장감지 시간 : 20초 - 브레이크 페달을 밟지 않은 상태에서 이상신호 발생시 : 고장감지 시간 : 5초 - 3개 이상의 휠에서 이상신호 발생시 : 고장감지 시간 : 1초	
검출 후 조치내용		"C120901 뒤 우측 휠 센서 단선/단락" 참조	
경고등		"C120901 뒤 우측 휠 센서 단선/단락" 참조	
경고등 소등조건		IG OFF/ON후 12km/h 이상 주행 후 모든 휠속 정상시	

[3] GDS 데이터 분석

"C120702 뒤 좌측 휠센서 간헐적 작동범위, 성능이상" 참조

[4] 휠 속도센서 단품점검(뒤 우측)

"C120702 뒤 좌측 휠센서 간헐적 작동범위, 성능이상" 참조

3.2. 뒤 우측 휠 속도센서

3.2.1. 신호값 없음(C121102)

"C120601 뒤 좌측 휠센서 단선, 단락" 참조

[1] 고장코드 설명

"C120802 뒤 좌측 휠 속도센서 신호값 없음" 참조

[2] 고장 판정조건

항 목		판정 조건	고장예상 원인
경우 1	검출방법	"C120802 뒤좌측 휠 속도센서 신호값 없음" 참조	1. 휠 속도 센서 회로 단선 또는 단락 2. 휠 속도 센서 결함(뒤 우측) 3. 이종 사양 휠속도센서 장착
	진입조건	"C120802 뒤좌측 휠 속도센서 신호값 없음" 참조	
	검출조건	"C120802 뒤좌측 휠 속도센서 신호값 없음" 참조	
경우 2	검출방법	"C120802 뒤좌측 휠 속도센서 신호값 없음" 참조	
	진입조건	"C120802 뒤좌측 휠 속도센서 신호값 없음" 참조	
	검출조건	"C120802 뒤좌측 휠 속도센서 신호값 없음" 참조	
경우3 (지능형 휠 속도 센서 적용시)	검출방법	"C120802 뒤좌측 휠 속도센서 신호값 없음" 참조	
	검출조건	"C120802 뒤좌측 휠 속도센서 신호값 없음" 참조	
검출 후 조치내용		"C120802 뒤좌측 휠 속도센서 신호값 없음" 참조	
경고등		"C120802 뒤좌측 휠 속도센서 신호값 없음" 참조	
경고등 소등 조건		"C120802 뒤좌측 휠 속도센서 신호값 없음" 참조	

[3] GDS 데이터 분석

"C120802 뒤 좌측 휠 속도센서 신호값 없음" 참조

[4] 휠 속도센서 단품점검(뒤 우측)

"C120802 뒤 좌측 휠 속도센서 신호값 없음" 참조

3.3. 휠 스피드센서

3.3.1. 뒤 좌측 신호값 없음(C120808)

AEB(Autonomous Emergency Braking)는 운전자의 주의 산만과 같은 요인으로 제동시점이 늦어지거나 제동력이 충분히 확보되지 않아 발생할 수 있는 사고에 대한 충돌회피 또는 피해경감을 목적하는 기능이다. 시스템의 제어순서는 다음과 같다.

① AEB는 레이더센서를 이용하고, LKAS(Lane Keeping Assist System)는 카메라 센서를 이용하여 선행 차량 감지 및 데이터를 결합한다(Local CAN).

② AEB는 퓨전 감지 데이터를 이용하여 AEB 제어대상 차량을 확인한다.

③ SCC는 계산된 "요구 감·가속도"를 VDC로 전송(CAN통신)한다.

④ AEB는 계산된 "요구 감속도"를 VDC(ESC)로 전송한다(CAN통신).

⑤ VDC(ESC)는 "요구 감속도"구현을 위한 필요 토크계산 후, 제동제어를 수행한다(CAN통신).

[1] 고장코드 설명

AEB(SCC) 모듈은 CAN으로 뒤 좌측 휠 스피드센서 값이 비정상적으로 수신될 경우 고장코드 C120808을 출력한다.

[2] 고장 판정조건

항 목	판정 조건	고장예상 원인
진단방법	CAN 메시지 모니터링	1. CAN통신 회로 단선/단락 2. 뒤 좌측 휠 스피드센서 이상 3. ABS(VDC)시스템 이상
진단조건	■ 엔진 구동 중(EMS로부터 2초 이상 엔진동작 중 신호 수신) ■ 배터리 전압 정상(9~16V) ■ CAN 통신선 정상	
고장판정	뒤 좌측 휠 스피드센서 값이 비정상적으로 수신 될 경우	
진단시간	500msec	
페일 세이프	■ AEB 작동 해제/금지 ■ AEB 경고등 점등	

[3] GDS 데이터 분석

① 자기진단 커넥터에 진단기를 연결한다.

② VDC(ABS)를 자기진단하고 "센서 데이터"항목 중 "뒤 좌측 휠신호"를 선택한다.

③ 차량속도 변화에 따라 센서값의 변화를 확인한다(규정값 : 차량 속도 변화에 따라 변화됨).

④ 표출된 센서 데이터가 정상인가?

예	▪ CAN통신선 단선, 단락점검 절차를 실시한다. ▪ 커넥터나 배선의 일시적인 접촉불량으로 고장이 발생했거나 수리되었지만 ECM메모리에 고장코드가 기억되어 있는 경우 일 수 있다. 따라서 커넥터나 배선 사이의 늘어짐, 접촉 불량, 꺽임, 부식, 오염 및 손상에 대해 전반적으로 점검한다. ▪ 필요한 수리 또는 교환을 하고, "고장수리 확인" 절차를 수행한다.
아니오	▪ 휠 스피드 센서 관련 고장이 있을 경우 이를 우선 점검 후 이 고장코드가 소거되는지 확인한다. ▪ CAN통신선 단선, 단락점검 절차를 실시한다.

[4] CAN통신선 단선, 단락점검

① 점화스위치 OFF

② 자기진단 커넥터 C-CAN High, C-CAN Low단자와 차체 접지사이의 저항을 측정한다(규정값 : 무한대).

③ 점화스위치를 ON한다.

④ 자기진단 커넥터 C-CAN High, C-CAN Low단자와 차체 접지사이의 전압을 측정한다(규정값 : 약 5V 이하).

⑤ AEB(SCC) 모듈과 VDC(ABS) 모듈 커넥터를 분리한다.

⑥ AEB(SCC) 모듈 커넥터 배선측 CAN-High단자와 VDC(ABS) 커넥터 배선측 CAN-High 단자사이의 저항을 측정한다(규정값 : 약 1Ω 이하).

⑦ AEB(SCC) 모듈 커넥터 배선측 CAN-Low단자와 VDC(ABS) 커넥터 배선측 CAN-Low단자사이의 저항을 측정한다(규정값 : 약 1Ω 이하).

⑧ 측정된 값이 정상인가?

예	일시적인 커넥터나 배선 접촉불량으로 고장이 발생했거나 수리 되었지만 ECU 메모리에 고장코드가 기억되어 있는 경우일 수 있다. 따라서 커넥터의 느슨함, 접촉불량, 꺾임, 부식, 오염, 변형 또는 손상을 점검한다. 필요시 수리 또는 교환한 후 "고장수리 확인" 절차를 수행한다.
아니오	CAN 통신선 단선, 단락된 회로를 수리한 후 "고장수리 확인" 절차를 수행한다.

3.3.2. 뒤 우측 신호값 없음(C121108)

"C120808 뒤 좌측 휠 스피드센서 신호값 없음" 참조

[1] 고장코드 설명

AEB(SCC) 모듈은 CAN으로 뒤 우측 휠 스피드센서 값이 비정상적으로 수신될 경우 C121108을 출력한다.

[2] 고장 판정조건

항 목	판정 조건	고장예상 원인
진단방법	CAN 메시지 모니터링	1. CAN 통신회로 단선/단락 2. 뒤 우측 휠 스피드센서 이상 3. ABS(VDC) 시스템 이상
진단조건	■ 엔진 구동 중(EMS로부터 2초 이상 엔진 동작 중 신호 수신) ■ 배터리 전압 정상(9～16V) ■ CAN 통신선 정상	
고장판정	뒤 우측 휠 스피드 센서 값이 비정상적으로 수신 될 경우	
진단시간	500msec	
페일 세이프	■ AEB 작동 해제/금지 ■ AEB 경고등 점등	

[3] GDS 데이터 분석

① 자기진단 커넥터에 진단기를 연결한다.

② VDC(ABS)를 자기진단하고 "센서 데이터"항목 중 "뒤 우측 휠신호"를 선택한다.

③ 차량속도 변화에 따라 센서값의 변화를 확인한다(규정값 : 차량 속도변화에 따라 변화됨).

④ 표출된 센서 데이터가 정상인가?

예	■ CAN통신선 단선, 단락점검 절차를 실시한다. ■ 커넥터나 배선의 일시적인 접촉불량으로 고장이 발생했거나 수리되었지만 ECM메모리에 고장코드가 기억되어 있는 경우 일 수 있다. 따라서 커넥터나 배선 사이의 늘어짐, 접촉 불량, 꺽임, 부식, 오염 및 손상에 대해 전반적으로 점검한다. ■ 필요한 수리 또는 교환을 하고, "고장수리 확인" 절차를 수행한다.
아니오	■ 휠 스피드 센서 관련 고장이 있을 경우 이를 우선 점검 후 이 고장코드가 소거되는지 확인한다. ■ CAN통신선 단선, 단락점검 절차를 실시한다.

[4] CAN통신선 단선, 단락점검

"C120808 뒤 좌측 휠 스피드센서 신호값 없음" 참조

4 프런트 휠 속도센서

4.1. 휠 스피드센서

4.1.1. 주파수 이상(C121302)

"C120601 뒤 좌측 휠센서 단선, 단락" 참조

[1] 고장코드 설명

HECU는 휠 속도센서 입력시그널을 계속해서 모니터한다. ABS제어가 비정상적으로 지속되거나 또는 센서 에어갭이 특정영역을 벗어나거나, 톤휠 불량 등에 의한 비정상적인 휠간 속도차가 발생시 고장휠을 판단할 수 없을 때 고장코드를 저장한다. 만약 다시 IG KEY ON하고 모든 휠 스피드가 12km/h 이상인 상태에서 고장이 더 이상 감지되지 않으면 경고등은 소등된다.

[2] 고장코드 판정조건

<table>
<tr><th colspan="2">항 목</th><th>판정 조건</th><th>고장예상 원인</th></tr>
<tr><td rowspan="5">경우 1</td><td>검출방법</td><td>ABS 연속제어 감시</td><td rowspan="11">1. 휠 속도센서 장착 불량
2. 로터 및 휠 베어링 결함
3. 휠 속도센서 결함</td></tr>
<tr><td>진입조건</td><td>주행 중 계속감시</td></tr>
<tr><td>검출조건</td><td>ABS 제어가 한 휠 이상에서 60초 이상 연속적으로 작동하는 경우</td></tr>
<tr><td>검출조건</td><td>모든 제어금지</td></tr>
<tr><td>경고등</td><td>EBD, ABS, VDC경고등 점등</td></tr>
<tr><td rowspan="5">경우 2</td><td>검출방법</td><td>휠 속도센서 휠간 속도차이 감시</td></tr>
<tr><td>진입조건</td><td>주행 중 계속감시</td></tr>
<tr><td>검출조건</td><td>주행 중 모든 휠 속도 신호를 감시하여 에어갭 또는 톤휠 불량 등으로 인한 휠간 속도차이 발생시(휠간 속도 차이/고장판정 시간 아래 참조).
1) 앞 좌측/뒤 좌측, 앞 우측/뒤 : 6~12km/h
앞 좌측/앞 우측 : 10~16km/h
고장감지 시간 : 최대 20초
2) 앞 좌측/뒤 좌측, 앞 우측/뒤 : 12km/h 이상
앞 좌측/앞 우측 : 16km/h
고장감지 시간 : 최대 10초
3) 구동륜 스핀 발생 시 고장감지 시간 최대 80초</td></tr>
<tr><td>검출 후 조치내용</td><td>■ 휠 속도센서 1개 고장 시
- EBD/ESS/HAC/AVH : 백업 제어
- ABS : 비제어중 고장발생 시 제어불가, 제어 중 고장 시 백업제어 실시 후 새로운 제어수행 불가
- TCS/VDC/VSM/HBA/SCC : 제어불가
■ 휠 속도센서 2개 고장 시
- EBD/ESS/HAC/AVH : 백업제어, 피구동륜 2개 동시 고장 시 ESS/HAC/AVH 제어 불가
- ABS : 비제어중 고장발생 시 제어불가, 제어중 고장 시 백업제어 실시 후 새로운 제어 수행 불가
- TCS/VDC/VSM/HBA/SCC : 제어 불가
■ 휠 속도센서 3개 이상 고장 시
- 모든 제어 불가</td></tr>
<tr><td>경고등</td><td>■ 휠 속도센서 1개 또는 2개 고장 시
- ABS/VDC 경고등 점등,(AVH 사양일 경우) AVH 경고등 점등
■ 휠 속도센서 3개 고장 시
- EBD/ABS/VDC 경고등 점등,(AVH 사양일 경우) AVH 경고등 점등</td></tr>
<tr><td colspan="2">경고등 소등조건</td><td>IG OFF/ON 후 12km/h 이상 주행 후 모든 휠속도 정상시</td></tr>
</table>

[3] GDS 데이터 분석

"C120802 뒤 좌측 휠 속도센서 신호값 없음" 참조

[4] 휠 속도센서 단품점검(뒤 좌측)

"C120802 뒤 좌측 휠 속도센서 신호값 없음" 참조

5 G-센서

5.1. 종방향 G(가속도)센서

5.1.1. 영점 설정 안됨(C128504)

요레이트 센서, 횡가속도 센서, 종가속도 센서는 일체형으로 구성되며 통합된 유닛은 IMU로 정의된다. IMU는 SRSCM 내부에 내장되어 있고 HECU와는 C-CAN을 이용하여 신호를 주고받는다.

종방향 G센서는 차량의 종방향 가속도를 감지하고 횡 G센서는 차량의 횡방향 가속도를 감지한다. HECU는 종방향 G센서 신호를 DBC(Downhill Brake Control), HAC(Hill start Assist Control) 제어시 노면의 경사도를 계산하기 위해 사용한다.

[1] 고장코드 설명

HECU는 종방향 G센서가 영점 설정 되어있지 않을 경우에 이 고장코드를 나타낸다. 영점 설정이 정상적으로 수행되면 고장코드는 자동으로 소거된다.

[2] 고장 판정조건

항 목	판정 조건	고장예상 원인
검출방법	종방향 가속도 센서 영점설정 여부 감시	1. 종방향 가속도 센서 영점 설정 미실시
검출조건	■ HECU 신규 교환 후 또는 종방향 가속도 센서 교환 후 센서 영점설정을 수행하지 않은 경우 ■ 차량 평평한 노면(±1° 이내)의 정차 상태에서 영점설정 수행 필요	

항 목	판정 조건	고장예상 원인
검출 후 조치내용	■ EBD/ABS/HBA/HAC/ESS/AVH 제어 가능 ■ TCS/VDC/VSM/SCC 제어 불가	1. 종방향 가속도 센서 영점 설정 미실시
경고등	VDC경고등 점등.(AVH 사양일 경우) AVH경고등 점등	
경고등 소등조건	IG OFF/ON 이후, 요레이트센서 영점설정이 확인 되는 경우	

[3] 단품점검

① IG ON한다.

② 차량을 기울어짐이 없는 편평한 곳에 세운다.

③ 조향 휠을 중앙 위치에 맞춘다.

④ 타이어 압력이 모두 일정한지 확인하고 짐을 적재하지 않는다.

⑤ GDS를 연결한다.

⑥ GDS "부가기능"항목 중 종방향 G센서 영점 설정을 수행한다.

⑦ 정상적으로 종방향 G센서 영점 설정이 수행 되었는가?

예	"고장수리 확인" 절차를 수행한다.
아니오	■ 정상적인 SRSCM으로 교환한 후 작동이 정상이면 SRSCM을 교환하고 "고장수리 확인" 절차를 수행한다. ■ 만약, SRSCM을 교환한 경우에는 종방향 가속도 센서 오프 셋 정보를 위해서 "종방향 가속도 센서 영점설정"을 실시한다.

6 요레이트센서

6.1. 요-레이트 & 횡방향 G(가속도)센서

6.1.1. 신호 이상(C128308)

"C120808 뒤 좌측 휠 스피드센서 신호값 없음" 참조

[1] 고장코드 설명

AEB(SCC) 모듈은 CAN으로 요레이트센서 값이 비정상적으로 수신될 경우 고장코드 C128308을 발생시킨다.

[2] 고장 판정조건

항 목	판정 조건	고장예상 원인
진단방법	CAN 메시지 모니터링	1. 요레이트센서(SRSCM 내장) 이상 2. VDC시스템 이상
진단조건	■ 엔진 구동 중(EMS로부터 2초 이상 엔진 동작 중 신호 수신) ■ 배터리 전압 정상(9~16V) ■ CAN 통신선 정상	
고장판정	요레이트센서 값이 비정상적으로 수신 될 경우	
진단시간	500msec	
페일 세이프	■ AEB 작동 해제/금지 ■ AEB 경고등 점등	

7 브레이크 부스트 압력센서

7.1. 브레이크 부스터 압력센서 회로

7.1.1. 신호값 낮음(P0557)

브레이크 부스터에 설치되어 있는 브레이크 부스트 부압센서는 브레이크 부스트의 부압부족으로 인한 비정상적인 브레이킹을 방지하기 위해 브레이크 부스트의 부압을 감지한다. 공회전 출발상태에서 부압이 부족한 경우, PCM은 적절한 부압을 형성하기 위해 아이들 스탑 제어를 해제한다(=엔진 작동).

[1] 고장코드 설명

브레이크 부압센서 출력측 전압이 0.2V 이하로 3초 이상 지속 시 P0557를 출력한다.

[2] 고장 판정조건

항 목	판정 조건	고장예상 원인
진단방법	브레이크 부스트 부압 센서 출력 전압 감시	1. 커넥터 접촉 불량 2. 전원선의 단선/단락 3. 신호선의 접지 단락 4. 브레이크 부압 센서
고장진단 조건	엔진 구동 중	
고장판정	센서 출력측 전압 〈 0.2V	
진단시간	3초	
경고등 점등조건	미 점등	

[3] 전원선 단선, 단락점검

① IG KEY OFF

② 브레이크 부압센서 커넥터를 탈거한다.

③ IG KEY ON

④ 브레이크 부압센서의 센서 전원공급 터미널과 차체 접지사이의 전압을 측정한다 (규정값 : 약 5V).

⑤ 측정된 값이 정상인가?

예	신호선 전원 단선, 단락점검 절차를 수행한다.
아니오	신호선 전원 단락을 수리한 후 "고장수리 확인" 절차를 수행한다.

[4] 신호선 전원 단선, 단락점검

① IG KEY OFF

② 브레이크 부압센서 커넥터를 탈거한다.

③ IG KEY ON

④ 브레이크 부압센서의 센서 전원공급 터미널과 차체 접지사이의 전압을 측정한다 (규정값 : 약 5V).

⑤ 측정된 값이 정상인가?

예	"고장수리 확인" 절차를 수행한다.
아니오	신호선 전원 단선 또는 단락을 수리한 후 "고장수리 확인" 절차를 수행한다.

7.1.2. 신호값 높음(P0558)

"P0557 브레이크 부스터 압력센서 회로 - 신호값 낮음" 참조

[1] 고장코드 설명

브레이크 부압센서 출력측 전압이 4.8V 이상으로 3초 이상 지속 시 P0558을 표출한다.

[2] 고장 판정조건

항 목	판정 조건	고장예상 원인
진단방법	브레이크 부스트 부압센서 출력 전압 감시	1. 커넥터 접촉 불량 2. 전원선의 단선/단락 3. 신호선의 단선/전원단락 4. 브레이크 부압 센서
고장진단 조건	엔진 구동 중	
고장판정	센서 출력측 전압 〉 4.8V	
진단시간	3초	
경고등 점등조건	미점등	

[3] 전원선 단선, 단락점검

"P0557 브레이크 부스터 압력센서 회로 - 신호값 낮음" 참조

[4] 신호선 전원 단선, 단락점검

① IG KEY OFF

② 브레이크 부압센서 커넥터를 탈거한다.

③ IG KEY ON

④ 브레이크 부압센서의 센서 전원공급 터미널과 차체 접지사이의 전압을 측정한다 (규정값 : 약 5V).

⑤ 측정된 값이 정상인가?

예	센서 전원선 저항점검 절차를 수행한다.
아니오	신호선 전원 단선 또는 단락을 수리한 후 "고장수리 확인" 절차를 수행한다.

[5] 센서 전원선 저항점검

① IG KEY OFF

② 브레이크 부압센서 커넥터를 탈거한다.

③ IG KEY ON

④ 브레이크 부압센서의 센서 전원공급 터미널과 차체 접지사이의 저항을 측정한다 (규정값 : 약 0Ω 이하).

⑤ 측정된 값이 정상인가?

예	"고장수리 확인" 절차를 수행한다.
아니오	신호선 전원 단락을 수리한 후 "고장수리 확인" 절차를 수행한다.

Chapter

5

TPMS
[Tire Pressure Monitoring System]

1 TPMS 리시버

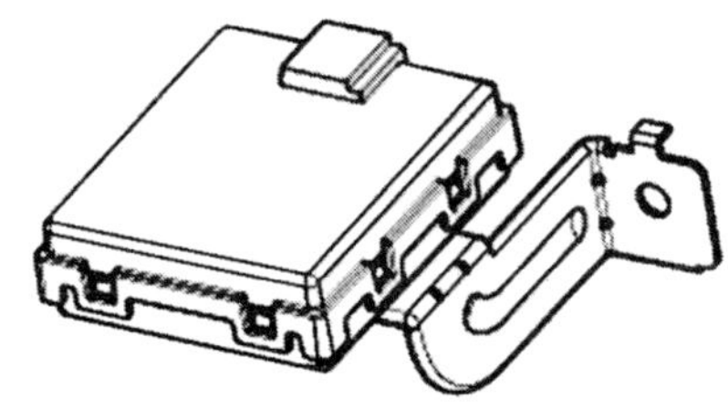

그림 1. TPMS 리시버

1.1. 진단기기를 이용한 TPMS 리시버 등록

TPMS 리시버를 교환한 후 진단기기를 이용한 TPMS 리시버 등록방법에 대한 사용 안내로서, 주요 내용은 다음과 같다.

① 운전석측 크래쉬 패드 하부에 있는 자기진단 커넥터(16핀)에 진단기기를 연결하고, 시동키 ON후 진단기기를 켠다.

② GDS 차종선택 화면에서 "차종"과 "TPMS"시스템을 선택한 후 확인을 선택한다.

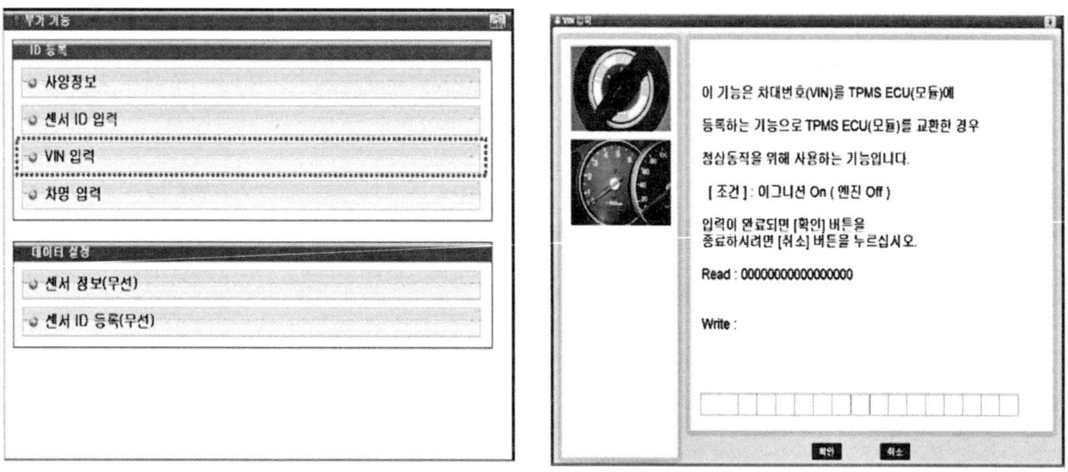

(a) VIN 입력 설정　　(b) VIN 입력

그림 2. VIN입력 초기화면(1)

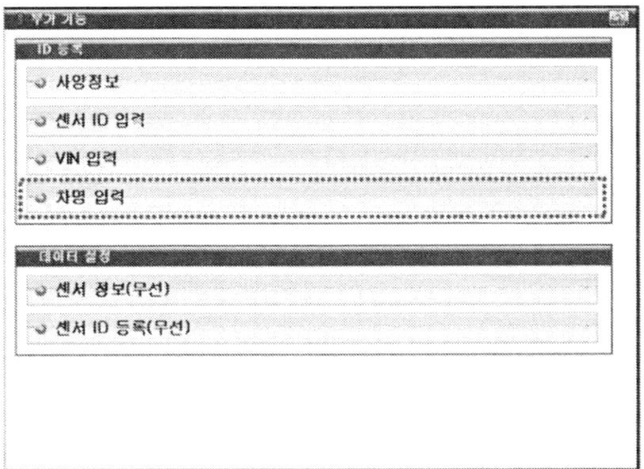

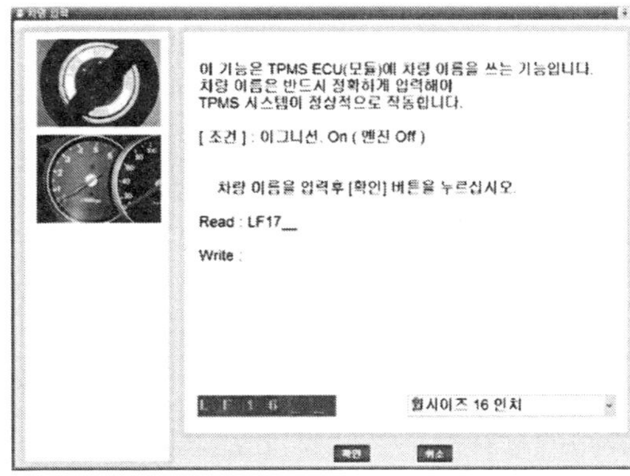

(a) 차명 설정 (b) 차명 입력

「그림」 3. VIN입력 초기화면(2)

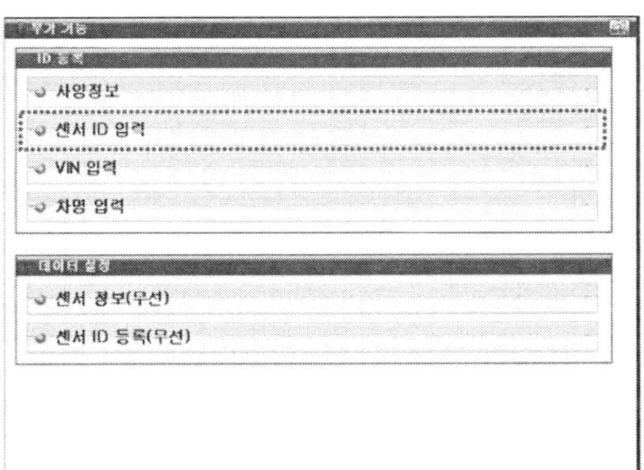

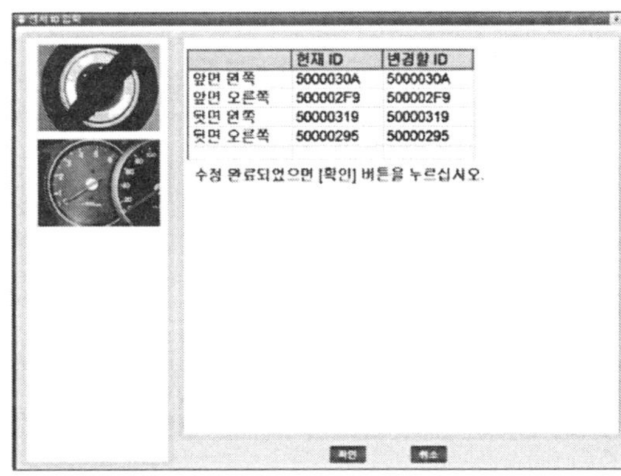

(a) 센서 ID 입력 설정 (b) 센서 ID 입력

「그림」 4. 센서 ID입력

1.2. TPMS ECU

1.2.1. 배터리전압 낮음(C1126)

TPMS는 타이어 내의 압력을 모니터링 하여 일정 압력 이하로 떨어질 경우에 경고등을 점등하여 운전자에게 알리는 시스템을 말한다. 이 시스템은 TPMS ECU(모듈 리시버), TPMS 센서 등으로 구성되어 있다.

TPMS센서는 각 바퀴의 휠림(Wheel rim)에 설치되어 타이어의 공기압과 온도를 측정해서, TPMS ECU로 RF 신호의 형태로 송신하는 역할을 수행한다.

[1] 고장코드 설명

TPMS ECU는 차량 배터리 전압이 9V 이하로 입력될 경우 고장코드 C1126을 출력한다.

[2] 고장 판정조건

항 목	판정 조건	고장예상 원인
진단방법	배터리 전압 모니터링	1. 충전시스템 2. 차량 배터리
진단조건	차량 속도가 25km/h으로 2초 이상	
고장판정	■ 차속 25km/h 이상시 배터리 전압이 9V 미만으로 2초 동안 유지될 때 ■ TPMS ECU가 EMS1 CAN 차속 정보 미 수신시 배터리 전압이 9V 미만으로 2초 동안 유지될 때 ■ EMS1 CAN 비정상 차속 정보를 수신시 배터리 전압이 9V 미만으로 2초 동안 유지될 때	
진단시간	2초 동안	
TPMS 경고등	ON	

[3] 센서 데이터 분석

① 자기진단 커넥터에 진단기(GDS)를 연결한다.

② 엔진 시동을 걸고, 헤드라이트와 열선을 켠다.

③ 진단기의 "센서 데이터"항목 중 "배터리 전압"을 선택한다.

④ 엔진 공회전 상태에서 엔진 회전수를 2분 동안 2,500rpm으로 유지시키고, 센서 데이터 출력값을 확인한다(규정값 : 약 13~15V).

⑤ 출력된 센서 데이터 값이 정상인가?

예	■ 커넥터나 배선의 일시적인 접촉 불량으로 고장이 발생했거나 수리되었지만 ECM 메모리에 고장코드가 기억되어 있는 경우 일 수 있다. 따라서 커넥터나 배선 사이의 늘어짐, 접촉 불량, 꺽임, 부식, 오염 및 손상에 대해 전반적으로 점검한다. ■ 필요한 수리 또는 교환을 하고, "고장수리 확인" 절차를 수행한다.
아니오	충전시스템을 점검한 후 이상이 없을 경우 배선 점검을 하여 배선에 이상이 있으면 수리 또는 교환하고 배선 점검 문제 부위가 확인 되지 않으면 "전원선 점검" 절차를 수행한다.

[4] 전원선 단선점검

① 점화스위치 OFF

② TPMS ECU 커넥터를 탈거한다.

③ 엔진 ON

④ TPMS ECU 커넥터 배선측 배터리 전압단자와 차체 접지간 전압을 측정한다(규정값 : 10V 이상).

⑤ 측정된 전압값이 정상인가?

예	접지선 단선점검 절차를 수행한다.
아니오	퓨즈 또는 전원선의 단선된 회로를 수리 또는 교환한 후 "고장수리 확인" 절차를 수행한다.

[5] 접지선 단선점검

① 점화스위치 OFF

② TPMS ECU 커넥터를 탈거한다.

③ TPMS ECU 커넥터 배선측 접지단자와 차체 접지간 저항을 측정한다(규정값 : 약 1Ω 이하).

④ 측정된 값이 정상인가?

예	■ 일시적인 커넥터나 배선 접촉 불량으로 고장이 발생했거나 수리되었지만 ECU메모리에 고장코드가 기억되어 있는 경우일 수 있다. 따라서 커넥터나 배선사이 늘어짐, 접촉 불량, 꺽임, 오염 및 손상에 대해 전반적으로 점검한다. ■ 필요한 교체나 수리를 하고 "고장수리 확인" 절차를 수행한다. ■ 정상적인 TPMS ECU로 교환한 후 작동이 정상이면 TPMS ECU를 교체하고 "고장수리 확인" 절차를 수행한다. ■ TPMS ECU 교환시 진단기의 "부가기능"항목 중 차명, VIN 입력을 실행하고, 센서 ID를 등록해야 한다.
아니오	접지선의 단선된 회로를 수리 또는 교환한 후 "고장수리 확인" 절차를 수행한다.

1.2.2. 배터리전압 높음(C1127)

"C1126 TPMS ECU 배터리전압 낮음" 참조

[1] 고장코드 설명

TPMS ECU는 배터리 전압이 정상보다 높을 경우 고장코드 C1127을 출력한다.

[2] 고장 판정조건

항 목	판정 조건	고장예상 원인
진단방법	배터리 전압 모니터링	1. 전원회로 배선 단선, 단락 2. 접지회로 단선 3. 과충전
진단조건	IG KEY ON	
고장판정	배터리 전압이 16V 이상으로 2초 동안 유지될 때	
진단시간	2초 동안	
TPMS 경고등	ON	

[3] 센서 데이터 분석

"C1126 TPMS ECU 배터리전압 낮음" 참조

[4] 전원선 단선점검

① 점화스위치 OFF

② TPMS ECU 커넥터를 탈거한다.

③ 엔진 ON

④ TPMS ECU 커넥터 배선측 배터리 전압단자와 차체 접지간 전압을 측정한다(규정값 : 16V 이하).

⑤ 측정된 전압값이 정상인가?

예	접지선 단선점검 절차를 수행한다.
아니오	퓨즈 또는 전원선의 단선된 회로를 수리 또는 교환한 후 "고장수리 확인" 절차를 수행한다.

[5] 접지선 단선점검

"C1126 TPMS ECU 배터리전압 낮음" 참조

1.3. ECU RF 수신회로 불량(C1660)

"C1126 TPMS ECU 배터리전압 낮음" 참조

[1] 고장코드 설명

TPMS ECU는 TPMS ECU 내부(EEPROM)에 이상이 있은 경우, TPMS ECU는 모든 센서로 RF수신이 없고, TPMS ECU 내부 통신회로에 이상이 있을 경우 고장코드 C1660을 출력한다.

[2] 고장 판정조건

<table>
<tr><th>항 목</th><th>판정 조건</th><th>고장예상 원인</th></tr>
<tr><td>진단방법</td><td>RF 신호와 모듈 내부 모니터링</td><td rowspan="6">1. TPMS Module 고장</td></tr>
<tr><td>진단조건</td><td>■ IG KEY ON
■ TPMS ECU 전압 정상
■ 26km/h으로 9분 이상</td></tr>
<tr><td>고장판정</td><td>■ TPMS ECU 내부(EEPROM)에 이상이 있을 경우
■ 모든 센서로 RF수신이 없고, TPMS ECU(모듈) 내부 통신회로에 이상이 있을 경우</td></tr>
<tr><td>진단시간</td><td>■ 즉시
■ 19분</td></tr>
<tr><td>TPMS 경고등</td><td>ON</td></tr>
</table>

[3] 센서 데이터 분석

① 자기진단 커넥터에 진단기를 연결한다.

② 약 25km/h 이상으로 10분 이상 주행한다.

③ 차량을 정차시킨 후 IG KEY OFF하면 TPMS ECU에 저장된 센서 데이터 정보가 삭제된다(규정값 : 각 항목의 ID, 압력, 온도, 전송상태를 확인한다).

④ 센서 데이터가 양호한가?

예	간헐적인 고장일 수 있다. 과거에 문제가 발생해서 수리를 한 후, TPMS ECU의 메모리에서 소거되지 않은 고장코드일 수 있다. "고장수리 확인" 절차를 수행한다.
아니오	■ 정상적인 TPMS ECU로 교환한 후 작동이 정상이면 TPMS ECU를 교환하고 "고장수리 확인" 절차를 수행한다. ■ TPMS ECU 교환시 진단기의 "부가기능"항목 중 차명, VIN 입력을 실행하고, 센서 ID를 등록해야 한다.

2 TPMS센서

(a) (b)

「그림」 5. TPMS센서

2.1. 진단기기를 이용한 TPMS센서 ID등록

TPMS센서를 교환한 후 진단기기를 이용한 TPMS센서 ID 등록방법에 대한 사용 안내로서, 주요 내용은 다음과 같다.

① 운전석측 크래쉬 패드 하부에 있는 자기진단 커넥터(16핀)에 진단기기를 연결하고, 시동키 ON 후 진단기기를 켠다.

② GDS 차종선택 화면에서 "차종"과 "TPMS"시스템을 선택한 후 확인을 선택한다.

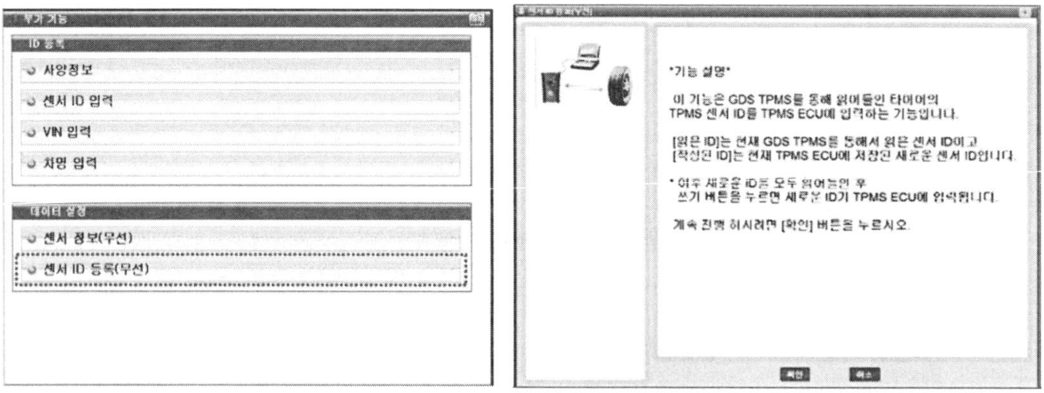

(a) 센서 ID 등록설정 (b) 센서 ID 등록 1

「그림」 6. 센서 ID등록(1)

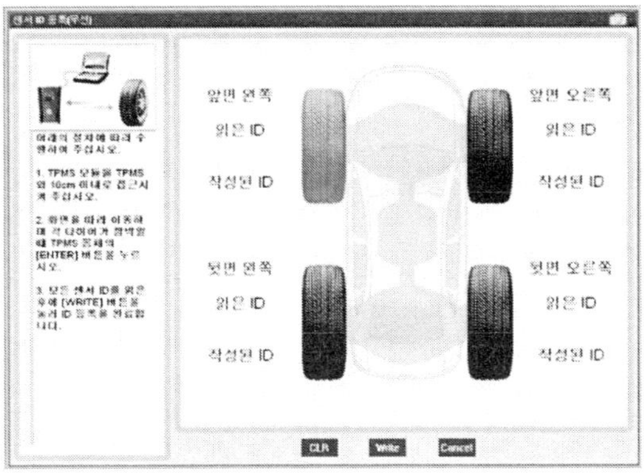

(a) 센서 ID 등록 2

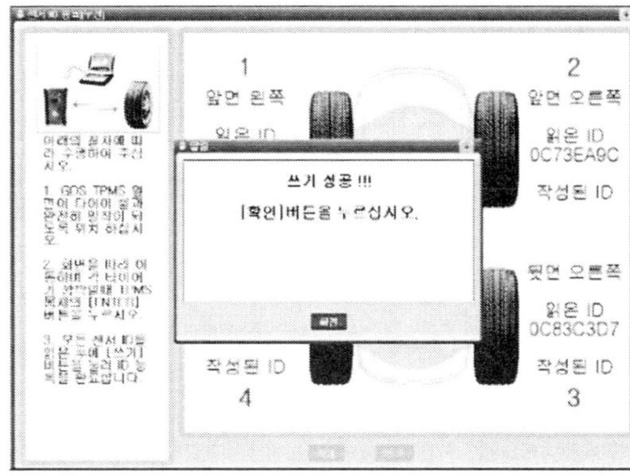

(b) 센서 ID 등록 3

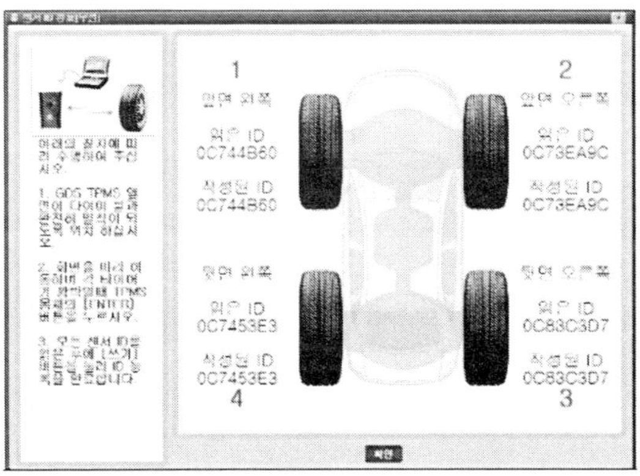

- 읽은 ID와 작성된 ID가 일치하는지 반드시 확인한다.
- 정상적으로 센서 등록 후 "센서무선정보"를 실행을 해서 센서가 정상작동 되는지 여부를 확인한다.

(c) 센서 ID 등록 확인

「그림」 7. 센서 ID등록

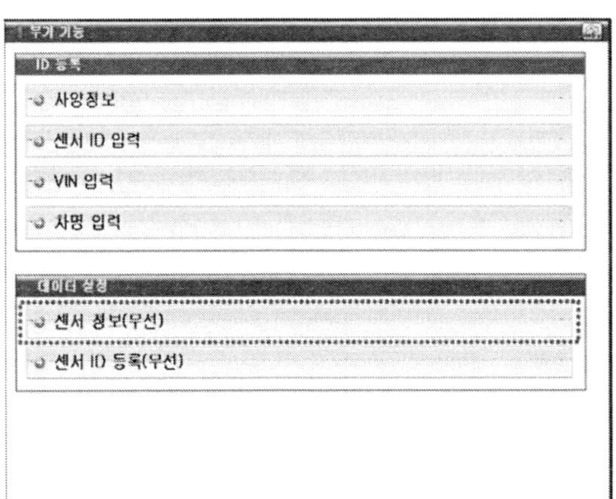

(a) 센서 정보설정

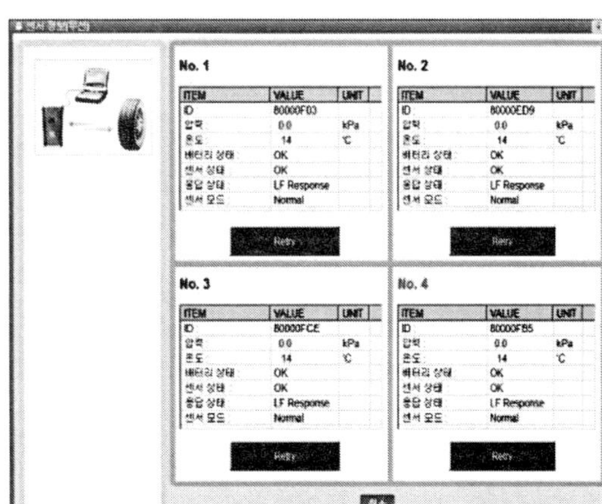

(b) 센서 정보

「그림」 8. 센서 정보

2.2. TPMS센서 고장진단

2.2.1. 앞 좌측센서 배터리 낮음(C1121)

"C1126 TPMS ECU 배터리전압 낮음" 참조

[1] 고장코드 설명

TPMS ECU는 앞 좌 TPMS 센서로부터 비정상 배터리 정보를 수신 받을 경우 고장코드 C1121를 출력한다.

[2] 고장 판정조건

항 목	판정 조건	고장예상 원인
진단방법	센서 배터리 전압 모니터링	1. 앞좌 TPMS센서 배터리
진단조건	■ IG KEY ON ■ 센서 상태 정상 ■ TPMS ECU 전압 정상	
고장판정	수신된 센서의 온도가 -10℃ 이상이고 센서 배터리 정보가 비정상인 메시지가 연속으로 3회 수신 시	
진단시간	연속으로 3회 수신 시	
TPMS 경고등	OFF	

[3] 센서 데이터 분석

① 자기진단 커넥터에 진단기를 연결한다.

② IG KEY ON한다.

③ 진단기의 "부가기능"항목 중 "센서 정보(무선)"를 실시한다.

④ GDS TPMS(Exciter)로 TPMS를 측정하고자하는 타이어의 센서에 밀착시킨다.

⑤ 측정된 센서 정보 내용을 확인한다(규정값 : 배터리 상태 OK).

⑥ 센서의 배터리 상태가 정상인가?

예	일시적인 고장일 수 있다. 과거에 문제가 발생해서 수리를 한 후, TPMS ECU의 메모리에서 소거되지 않은 고장코드일 수 있다. "고장수리 확인" 절차를 수행한다.
아니오	■ 정상적인 TPMS 센서로 교환한 후 작동이 정상이면 TPMS 센서를 교환하고 "고장수리 확인" 절차를 수행한다. ■ TPMS 센서 교환 후 GDS TPMS(Exciter)를 이용하여 "부가기능"항목 중 센서 ID 등록(무선)을 실시해야 한다.

2.2.2. 앞 우측센서 배터리 낮음(C1122)

"C1126 TPMS ECU 배터리전압 낮음" 참조

[1] 고장코드 설명

TPMS ECU는 앞 우 TPMS 센서로부터 비정상 배터리 정보를 수신 받을 경우 고장코드 C1122를 출력한다.

[2] 고장 판정조건

항 목	판정 조건	고장예상 원인
진단방법	센서 배터리 전압 모니터링	1. 앞 우 TPMS센서 배터리
진단조건	■ IG KEY ON ■ 센서 상태 정상 ■ TPMS ECU 전압 정상	
고장판정	수신된 센서의 온도가 -10℃ 이상이고 센서 배터리 정보가 비정상인 메시지가 연속으로 3회 수신 시	
진단시간	연속으로 3회 수신 시	
TPMS 경고등	OFF	

[3] 센서 데이터 분석

"C1121 앞 좌측센서 배터리 낮음" 참조

2.2.3. 뒤 좌측센서 배터리 낮음(C1123)

"C1126 TPMS ECU 배터리전압 낮음" 참조

[1] 고장코드 설명

TPMS ECU는 뒤 좌 TPMS 센서로부터 비정상 배터리 정보를 수신 받을 경우 고장코드 C1123을 출력한다.

[2] 고장 판정조건

항 목	판정 조건	고장예상 원인
진단방법	센서 배터리 전압 모니터링	1. 뒤좌 TPMS 센서 배터리
진단조건	■ IG KEY ON ■ 센서 상태 정상 ■ TPMS ECU 전압 정상	
고장판정	수신된 센서의 온도가 -10℃ 이상이고 센서 배터리 정보가 비정상인 메시지가 연속으로 3회 수신 시	
진단시간	연속으로 3회 수신 시	
TPMS 경고등	OFF	

[3] 센서 데이터 분석

"C1121 앞좌측 센서 배터리 낮음" 참조

2.2.4. 뒤 우측센서 배터리 낮음(C1124)

"C1126 TPMS ECU 배터리전압 낮음" 참조

[1] 고장코드 설명

TPMS ECU는 뒤우 TPMS 센서로부터 비정상 배터리 정보를 수신 받을 경우 고장코드 C1124를 출력한다.

[2] 고장 판정조건

항 목	판정 조건	고장예상 원인
진단방법	센서 배터리 전압 모니터링	1. 뒤우 TPMS 센서 배터리
진단조건	■ IG KEY ON ■ 센서 상태 정상 ■ TPMS ECU 전압 정상	
고장판정	수신된 센서의 온도가 -10℃ 이상이고 센서 배터리 정보가 비정상인 메시지가 연속으로 3회 수신 시	
진단시간	연속으로 3회 수신 시	
TPMS 경고등	OFF	

[3] 센서 데이터 분석

"C1121 앞 좌측센서 배터리 낮음" 참조

2.2.5. 앞 좌측센서 RF 통신불량(C1312)

"C1126 TPMS ECU 배터리전압 낮음" 참조

[1] 고장코드 설명

TPMS ECU는 주행 중 앞좌 TPMS 센서로부터 RF신호를 수신받지 못했을 경우 고장코드 C1312를 출력한다.

[2] 고장 판정조건

항 목	판정 조건	고장예상 원인
진단방법	센서 신호 모니터링	1. RF 신호 방해 전파 2. 앞좌 TPMS 센서 결함 3. TPMS ECU
진단조건	■ IG KEY ON ■ TPMS ECU 전압 정상 ■ 25km/h로 9분 이상	
고장판정	25km/h 이상으로 주행 시 19분 동안 센서로부터 RF 신호를 수신받지 못했을 경우	
진단시간	9분	
TPMS 경고등	ON	

[3] 센서 데이터 분석

(1) 측정 1

① 자기진단 커넥터에 진단기를 연결한다.

② 약 25km/h 이상으로 10분 이상 주행한다.

③ 차량을 정차시킨 후 IG KEY ON 상태에서 "센서 데이터"를 확인한다(주행 완료 후 IG KEY OFF하면 TPMS ECU에 저장된 센서 데이터 정보가 삭제됨).

(2) 측정 2

① 자기진단 커넥터에 진단기를 연결한다.

② IG KEY ON, 엔진 OFF, 변속단 P시킨다.

③ 진단기의 "부가기능"항목 중 "센서 정보(무선)"를 실시한다.

④ GDS TPMS(Exciter)를 측정하고자 하는 타이어의 센서에 밀착시킨다.

⑤ 측정된 센서 정보 내용을 확인한다.

⑥ 센서 정보가 정상으로 출력되는가?

예	■ 일시적인 고장일 수 있다. 과거에 문제가 발생해서 수리를 한 후, TPMS ECU의 메모리에서 소거되지 않은 고장코드일 수 있다. "고장수리 확인" 절차를 수행한다. ■ TPMS센서 무선신호(RF)를 간섭할 수 있는 차량 내외부 요인을 점검한다.
아니오	■ TPMS센서 ID가 비정상일 경우 ID등록 후 정상여부를 확인한다. ■ 센서 압력이 비정상일 경우 압력 측정게이지에 표시된 압력과 GDS에 표시된 압력의 변화 여부를 확인한다. ■ TPMS센서 무선신호(RF)를 간섭할 수 있는 차량 내외부 요인을 점검한다. ■ 정상적인 TPMS센서로 교환한 후 작동이 정상이면 TPMS센서를 교환하고, "고장수리 확인" 절차를 수행한다. TPMS센서 교환 후 GDS TPMS (Exciter)를 이용하여 "부가기능"항목 중 센서 ID등록(무선) 실시해야 한다.

2.2.6. 앞 우측센서 RF 통신불량(C1313)

"C1126 TPMS ECU 배터리전압 낮음" 참조

[1] 고장코드 설명

TPMS ECU는 주행 중 앞 우 TPMS센서로부터 RF신호를 수신 받지 못했을 경우 고장코드 C1313을 출력한다.

[2] 고장 판정조건

항 목	판정 조건	고장예상 원인
진단방법	센서 신호 모니터링	1. RF 신호 방해 전파 2. 앞우 TPMS센서 결함 3. TPMS ECU
진단조건	■ IG KEY ON ■ TPMS ECU 전압 정상 ■ 25km/h로 9분 이상	
고장판정	25km/h 이상으로 주행 시 19분 동안 센서로부터 RF 신호를 수신 받지 못했을 경우	
진단시간	9분	
TPMS 경고등	ON	

[3] 센서 데이터 분석

"C1312 앞 좌측센서 RF 통신불량" 참조

2.2.7. 뒤 좌측센서 RF 통신불량(C1314)

"C1126 TPMS ECU 배터리전압 낮음" 참조

[1] 고장코드 설명

TPMS ECU는 주행 중 뒤좌 TPMS 센서로부터 RF 신호를 수신 받지 못했을 경우 고장코드 C1313을 출력한다.

[2] 고장 판정조건

항 목	판정 조건	고장예상 원인
진단방법	센서 신호 모니터링	1. RF 신호 방해 전파 2. 뒤좌 TPMS센서 결함 3. TPMS ECU
진단조건	▪ IG KEY ON ▪ TPMS ECU 전압 정상 ▪ 25km/h로 9분 이상	
고장판정	25km/h 이상으로 주행 시 19분 동안 센서로부터 RF 신호를 수신 받지 못했을 경우	
진단시간	9분	
TPMS 경고등	ON	

[3] 센서 데이터 분석

"C1312 앞좌측 센서 RF 통신불량" 참조

2.2.8. 뒤 우측센서 RF 통신불량(C1315)

"C1126 TPMS ECU 배터리전압 낮음" 참조

[1] 고장코드 설명

TPMS ECU는 주행 중 뒤우 TPMS 센서로부터 RF 신호를 수신 받지 못했을 경우 고장코드 C1315를 출력한다.

[2] 고장 판정조건

항 목	판정 조건	고장예상 원인
진단방법	센서 신호 모니터링	1. RF 신호 방해 전파 2. 뒤우 TPMS센서 결함 3. TPMS ECU
진단조건	■ IG KEY ON ■ TPMS ECU 전압 정상 ■ 25km/h로 9분 이상	
고장판정	25km/h 이상으로 주행 시 19분 동안 센서로부터 RF 신호를 수신 받지 못했을 경우	
진단시간	9분	
TPMS 경고등	ON	

2.2.9. 앞 좌측센서 측정온도 높음(C1322)

"C1126 TPMS ECU 배터리전압 낮음" 참조

[1] 고장코드 설명

TPMS ECU는 앞좌 TPMS 센서로부터 수신된 온도가 100℃ 이상일 경우 고장코드 C1322를 출력한다.

[2] 고장 판정조건

항 목	판정 조건	고장예상 원인
진단방법	센서 신호 모니터링	1.타이어 손상 2. 타이어 저압상태로 주행 3. 매우 높은 주위 온도 4. 빈번한 브레이크작동 시
진단조건	■ IG KEY ON ■ 센서 상태 정상 ■ TPMS ECU 전압 정상	
고장판정	기학습된 센서의 온도 데이터가 110℃ 이상 연속 3메시지 이상 수신 시	
진단시간	연속 3회	
TPMS 경고등	ON	

[3] 센서 데이터 분석

① 자기진단 커넥터에 진단기를 연결한다.

② IG KEY ON, 엔진 OFF, 변속단 P시킨다.

③ 진단기의 "부가기능"항목 중 "센서 정보(무선)"를 실시한다.

④ GDS TPMS(Exciter)를 측정하고자 하는 타이어의 센서에 밀착시킨다.

⑤ 측정된 센서 정보 내용을 확인한다(참조값 : 100℃ 이하).

⑥ 센서의 온도상태가 정상인가?

예	일시적인 고장일 수 있다. 과거에 문제가 발생해서 수리를 한 후, TPMS ECU의 메모리에서 소거되지 않은 고장코드일 수 있다. "고장수리 확인" 절차를 수행한다.
아니오	■ 타이어 손상, 압력이 낮은 상태로 주행, 과도한 브레이크 작동시 일시적으로 고장코드가 발생할 수 있다. ■ 타이어 압력 및 상태가 정상적인지 확인한 후 필요에 따라 타이어를 수리하거나 정상적인 타이어로 교환한 후, 작동이 정상이면 타이어를 교환한다. ■ TPMS센서 무선신호(RF)를 간섭할 수 있는 차량 내외부 요인을 점검한다. ■ 정상적인 TPMS센서로 교환한 후 작동이 정상이면 TPMS센서를 교환하고, "고장수리 확인" 절차를 수행한다. TPMS센서 교환 후 GDS TPMS (Exciter)를 이용하여 "부가기능"항목 중 센서 ID등록(무선) 실시해야 한다.

2.2.10. 앞 우측센서 측정온도 높음(C1323)

"C1126 TPMS ECU 배터리전압 낮음" 참조

[1] 고장코드 설명

TPMS ECU는 앞우 TPMS 센서로부터 수신된 온도가 100℃ 이상일 경우 고장코드 C1323을 출력한다.

[2] 고장 판정조건

"C1322 앞 좌측센서 측정온도 높음" 참조

[3] 센서 데이터 분석

"C1126 TPMS ECU 배터리전압 낮음" 참조

2.2.11. 뒤 좌측센서 측정온도 높음(C1324)

"C1126 TPMS ECU 배터리전압 낮음" 참조

[1] 고장코드 설명

TPMS ECU는 뒤좌 TPMS 센서로부터 수신된 온도가 100℃ 이상일 경우 고장코드 C1324를 출력한다.

[2] 고장 판정조건

"C1322 앞좌측 센서 측정온도 높음" 참조

[3] 센서 데이터 분석

"C1126 TPMS ECU 배터리전압 낮음" 참조

2.2.12. 뒤 우측센서 측정온도 높음(C1325)

"C1126 TPMS ECU 배터리전압 낮음" 참조

[1] 고장코드 설명

TPMS ECU는 뒤우 TPMS 센서로부터 수신된 온도가 100℃ 이상일 경우 고장코드 C1325를 출력한다.

[2] 고장 판정조건

"C1322 앞 좌측센서 측정온도 높음" 참조

[3]. 센서 데이터 분석

"C1126 TPMS ECU 배터리전압 낮음" 참조

2.2.13. 앞 좌측센서 내부불량(C1332)

"C1126 TPMS ECU 배터리전압 낮음" 참조

[1] 고장코드 설명

TPMS ECU는 앞좌 TPMS 센서로부터 센서 결함이라는 메시지를 수신 받았을 경우 고장코드 C1332를 출력한다.

[2] 고장 판정조건

항 목	판정 조건	고장예상 원인
진단방법	센서 신호 모니터링	1. 앞좌 TPMS센서 내부 결함
진단조건	■ IG KEY ON ■ TPMS ECU 전압 정상 ■ 60km/h로 4분 이상	
고장판정	기학습된 센서의 데이터 중 비정상이라는 데이터가 연속 3메시지 이상 수신 시	
진단시간	연속 3회	
TPMS 경고등	ON	

[3] 고장코드 확인

① 자기진단 커넥터에 진단기를 연결한다.

② 진단기로 TPMS시스템을 진단하여 "고장코드"상태 정보를 확인한다.

③ DTC 상태 정보가 현재 고장이면 아래 절차를 실시하고, 과거 고장이면 소거후 재발생 여부를 확인한다.

④ 고장유형이 현재고장인가?

예	정상적인 TPMS 센서로 교환한 후 작동이 정상이면 TPMS 센서를 교환하고 "고장수리 확인" 절차를 수행한다. TPMS 센서 교환 후 GDS TPMS (Exciter)를 이용하여 "부가기능"항목 중 센서 ID 등록(무선)을 실시해야 된다.
아니오	이 고장은 과거 고장이거나 고장코드를 소거하지 않은 것이므로 고장코드 소거 후 "고장수리 확인" 절차를 수행한다.

2.2.14. 앞 우측센서 내부불량)C1333)

"C1126 TPMS ECU 배터리전압 낮음" 참조

[1] 고장코드 설명

TPMS ECU는 앞우 TPMS 센서로부터 센서 결함이라는 메시지를 수신 받았을 경우 고장코드 C1333을 출력한다.

[2] 고장 판정조건

항 목	판정 조건	고장예상 원인
진단방법	센서 신호 모니터링	1. 앞 우 TPMS센서 내부 결함
진단조건	■ IG KEY ON ■ TPMS ECU 전압 정상 ■ 60km/h로 4분 이상	
고장판정	기학습된 센서의 데이터 중 비정상이라는 데이터가 연속 3메시지 이상 수신 시	
진단시간	연속 3회	
TPMS 경고등	ON	

[3] 고장코드 확인

"C1332 앞 좌측센서 내부불량" 참조

2.2.15. 뒤 좌측센서 내부불량(C1334)

"C1126 TPMS ECU 배터리전압 낮음" 참조

[1] 고장코드 설명

TPMS ECU는 뒤좌 TPMS 센서로부터 센서 결함이라는 메시지를 수신 받았을 경우 고장코드 C1334를 출력한다.

[2] 고장판정 조건

항 목	판정 조건	고장예상 원인
진단방법	센서 신호 모니터링	1. 뒤좌 TPMS 센서 내부 결함
진단조건	■ IG KEY ON ■ TPMS ECU 전압 정상 ■ 60km/h로 4분 이상	
고장판정	기학습된 센서의 데이터중 비정상이라는 데이터가 연속 3메시지 이상 수신 시	
진단시간	연속 3회	
TPMS 경고등	ON	

[3] 고장코드 확인

"C1332 앞좌측 센서 내부불량" 참조

2.2.16. 뒤 우측센서 내부불량(C1335)

"C1126 TPMS ECU 배터리전압 낮음" 참조

[1] 고장코드 설명

TPMS ECU는 뒤우 TPMS 센서로부터 센서 결함이라는 메시지를 수신 받았을 경우 고장코드 C1335를 출력한다.

[2] 고장 판정조건

항 목	판정 조건	고장예상 원인
진단방법	센서 신호 모니터링	1. 뒤우 TPMS 센서 내부 결함
진단조건	▪ IG KEY ON ▪ TPMS ECU 전압 정상 ▪ 60km/h로 4분 이상	
고장판정	기학습된 센서의 데이터중 비정상이라는 데이터가 연속 3메시지 이상 수신 시	
진단시간	연속 3회	
TPMS 경고등	ON	

[3] 고장코드 확인

"C1332 앞 좌측센서 내부불량" 참조

3 TPMS 컨트롤 유닛

3.1. TPMS 코딩 에러

3.1.1. 코딩값 불량(B102055)

클러스터 모듈은 CAN 통신라인으로 정보를 수신 받아 계기판의 각종 경고등, 트립

컴퓨터, 클러스터 문자경보 디스플레이, 사용자 옵션(USM, User Setting Mode)설정, 각종 음원을 제어한다.

그리고 차량에 설치된 시스템구성 사영을 진단장비로부터 입력받아 클러스터 사양을 설정하는 배리언트 코딩기능을 수행한다.

[1] 고장코드 설명

B102055는 TPMS시스템이 설치된 차량에 TPMS시스템이 없는 것으로 배리언트 코딩된 경우 표출된다. 클러스터는 차량의 CAN-BUS를 통해 TPMS 장착여부를 판단한다. TPMS 장착여부와 장비로부터 배리언트 코딩된 사양정보가 다르면 고장코드가 생성된다.

[2] 고장 판정조건

<table>
<tr><th colspan="2">항 목</th><th>판정 조건</th><th>고장예상 원인</th></tr>
<tr><td colspan="2">진단방법</td><td>CAN 통신 상태 확인</td><td rowspan="7">1. 차량 사양정보 불일치
2. 배리언트 코딩 미실시
3. TPMS 불량
4. CAN 라인 불량
5. 클러스터 불량</td></tr>
<tr><td colspan="2">진단조건</td><td>IG KEY ON</td></tr>
<tr><td rowspan="2">경우1</td><td>판정값</td><td>TPMS 코딩 에러</td></tr>
<tr><td>고장해제</td><td>고장 해결 후 진단 장비로 소거</td></tr>
<tr><td rowspan="2">경우2</td><td>판정값</td><td>CAN BUS에는 TPMS시스템이 있지만 배리언트 코딩된 사양정보에는 없는 경우</td></tr>
<tr><td>고장해제</td><td>차량에 설치된 사양과 일치하는 코딩 완료시</td></tr>
<tr><td colspan="2">진단시간</td><td>500ms</td></tr>
</table>

[3] 고장코드 확인

① 자기진단 커넥터에 GDS를 연결하고, "시스템선택" → "CLU" → "고장코드"를 실행한다.

② 출력된 고장코드와 "상태"를 확인하고, "고장상황 데이터"를 저장한다.

③ 고장코드를 소거하고, "고장 판정조건"의 "진단조건"에 따라 차량을 테스트 한다.

④ 고장코드가 출력되는가?

예	TPMS시스템 설치여부를 확인하여 사양과 일치되게 "부가기능"→ "CLU Variant Coding"을 실시하고, "고장수리 확인" 절차를 수행한다.
아니오	■ 이 고장은 수리 후 클러스터 기억을 소거하지 않은 경우일 수 있다. 고장코드를 소거하고, "고장수리 확인" 절차를 수행한다. ■ TPMS 커넥터/배선 접촉 불량 또는 일시적인 단락에 의한 고장일 수 있다. 커넥터 접속상태(록킹장치 손상, 터미널단자 이탈, 터미널과 배선연결 상태), 느슨함, 접촉불량, 구부러짐, 부식, 오염, 변형 또는 손상을 점검한다. 필요한 수리 또는 교환을 하고 "고장수리 확인" 절차를 수행한다.

3.2. 자동학습 실패(C1662)

"C1126 TPMS ECU 배터리전압 낮음" 참조

[1] 고장코드 설명

TPMS ECU는 자동학습이 완료되지 않았을 경우 고장코드 C1662를 출력한다.

[2] 고장 판정조건

항 목	판정 조건	고장예상 원인
진단방법	센서 ID 학습 여부 점검	1. RF 신호 방해 전파 2. 타 DTC에 의한 일시적 통신 장애 3. TPMS 센서
진단조건	■ IG KEY ON ■ 센서 상태 정상 ■ TPMS ECU 전압 정상 ■ 25km/h로 9분 이상	
고장판정	9분간 학습 모드 완료 후 센서를 학습하지 못할 경우	
진단시간	9분	
TPMS 경고등	ON	

[3] 고장코드 확인

① 자기진단 커넥터에 진단기를 연결한다.

② 진단기로 TPMS시스템을 진단하여 "고장코드"상태 정보를 확인한다.

③ 고장코드 상태 정보가 현재 고장이면 아래 절차를 실시하고, 과거 고장이면 소거 후 재발생 여부를 확인한다.

④ C1662 이외 고장코드가 있을 경우 이를 우선점검 및 수리 후 C1662 재발생 여부를 확인한다.

⑤ 고장유형이 현재 고장인가?

예	센서 데이터 분석 절차를 수행한다.
아니오	이 고장은 고장코드를 소거하지 않은 것이므로 고장코드 소거 후 "고장수리 확인" 절차를 수행한다.

[4] 센서 데이터 분석

① 자기진단 커넥터에 진단기를 연결한다.

② 약 25km/h 이상으로 10분 이상 주행한다.

③ 차량을 정차시킨 후 IG KEY ON상태에서 "센서 데이터"정보를 확인한다. 주행 완료 후 IG KEY OFF하면 TPMS ECU에 저장된 센서 데이터 정보가 삭제된다 (규정값 : 각 항목의 ID, 압력, 온도, 전송상태를 확인한다).

④ 센서 데이터가 양호한가?

예	일시적인 고장일 수 있다. TPMS 센서 무선 신호(RF)를 간섭 할 수 있는 차량 내 외부 요인을 점검한다. 필요시 점검 및 수리 후 "고장수리 확인" 절차를 수행한다.
아니오	■ TPMS센서 무선 신호(RF)를 간섭 할 수 있는 차량 내 외부 요인을 점검한다. 필요시 점검 및 수리 후 "고장수리 확인" 절차를 수행한다. ■ C1662 이외 고장코드, 센서 단품 상태, 무선신호(RF)를 간섭할 수 있는 차량 내외부 요인 등을 확인한다. ■ 정상적인 TPMS ECU로 교환한 후 작동이 정상이면 TPMS ECU를 교환하고 "고장수리 확인" 절차를 수행한다. ■ TPMS ECU 교환시 진단기의 "부가기능"항목 중 차명, VIN입력을 하고, GDS TPMS(Exciter)를 이용하여 센서 ID등록을 해야 한다.

3.3. 지동위치 인식실패(C1663)

"C1126 TPMS ECU 배터리전압 낮음" 참조

[1] 고장코드 설명

TPMS ECU는 자동위치 학습이 완료되지 않았을 경우 고장코드 C1663을 출력한다.

[2] 고장 판정조건

<table>
<tr><th>항 목</th><th>판정 조건</th><th>고장예상 원인</th></tr>
<tr><td>진단방법</td><td>센서 ID 학습 여부 점검</td><td rowspan="5">1. RF 신호 방해 전파
2. 타 DTC에 의한 일시적 통신 장애
3. TPMS 센서</td></tr>
<tr><td>진단조건</td><td>■ IG KEY ON
■ 센서 상태 정상
■ TPMS ECU 전압 정상
■ 25km/h로 9분 이상</td></tr>
<tr><td>고장판정</td><td>9분간 학습 모드 완료 후 센서를 학습하지 못할 경우</td></tr>
<tr><td>진단시간</td><td>9분</td></tr>
<tr><td>TPMS 경고등</td><td>OFF</td></tr>
</table>

[3] 고장코드 확인

① 자기진단 커넥터에 진단기를 연결한다.

② 진단기로 TPMS시스템을 진단하여 "고장코드"상태 정보를 확인한다.

③ 고장코드 상태 정보가 현재 고장이면 아래 절차를 실시하고, 과거 고장이면 소거 후 재 발생여부를 확인 한다.

④ C1663 이외 고장코드가 있을 경우 이를 우선점검 및 수리 후 C1663 재 발생 여부를 확인한다.

⑤ 고장유형이 현재 고장인가?

예	센서 데이터 분석 절차를 수행한다.
아니오	이 고장은 고장코드를 소거하지 않은 것이므로 고장코드 소거 후 "고장수리 확인" 절차를 수행한다.

[4] 센서 데이터 분석

① 자기진단 커넥터에 진단기를 연결한다.

② 약 25km/h 이상으로 10분 이상 주행한다.

③ 차량을 정차시킨 후 IG KEY ON 상태에서 "센서 데이터"정보를 확인한다. 주행 완료 후 IG KEY OFF하면 TPMS ECU에 저장된 센서 데이터 정보가 삭제된다(규정값 : 각 항목의 ID, 압력, 온도, 전송상태를 확인한다).

④ 센서 데이터가 양호한가?

예	일시적인 고장일 수 있다. TPMS 센서 무선 신호(RF)를 간섭 할 수 있는 차량 내 외부 요인을 점검한다. 필요시 점검 및 수리 후 "고장수리 확인" 절차를 수행한다.
아니오	■ TPMS 센서 무선 신호(RF)를 간섭 할 수 있는 차량 내 외부 요인을 점검한다. 필요시 점검 및 수리 후 "고장수리 확인" 절차를 수행한다. ■ C1663 이외 고장코드, 센서 단품 상태, 무선신호(RF)를 간섭할 수 있는 차량 내외부 요인 등을 확인한다. ■ 정상적인 TPMS ECU로 교환한 후 작동이 정상이면 TPMS ECU를 교환하고 "고장수리 확인" 절차를 수행한다. ■ TPMS ECU 교환시 진단기의 "부가기능" 항목 중 차명, VIN입력을 하고, GDS TPMS(Exciter)를 이용하여 센서 ID등록을 해야 한다.

Chapter

6

파워스티어링 [Power Steering]

1 EPS(Electric Power Supply) 모터

1.1. MDPS(Motor Driven Power Steering)모터 교환시 신규 모터 상수값 입력

MDPS 모터 교환 전 반드시 신규 모터의 바코드 상수값 마지막 2자리를 확인한다. 진단기기를 이용하여 모터 상수값 입력을 아래의 순서로 실시한다.

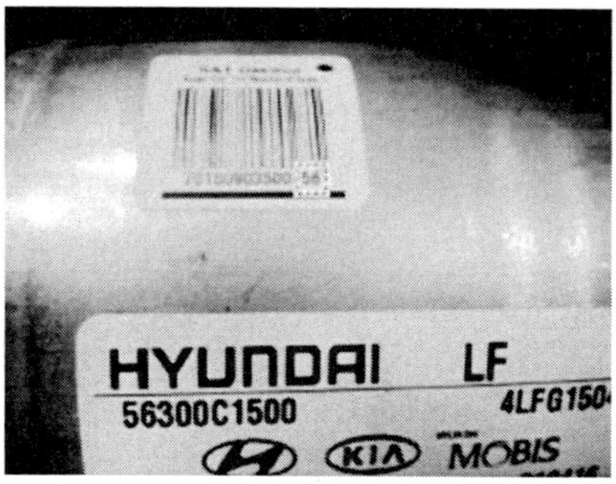

그림 1. 상수값 마지막 2자리 확인

① GDS 진단 장비를 차량의 자가진단 커넥터와 연결한다.

② IG 스위치 ON한다.

③ GDS 초기화면에서 "차종"과 "EPS시스템"을 선택한 후 확인을 선택한다.

④ 부품교환(모터교환 시) 메뉴를 선택한다.

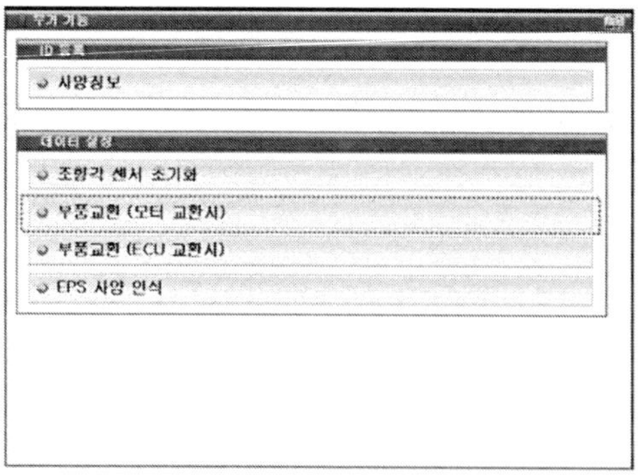

그림 2. 부품교환(모터 교환 시) 메뉴선택

⑤ 화면에 따라 진행한다. 모터 상수 오입력은 전동 파워 스티어링(EPS) 시스템에 심각한 문제를 초래할 수 있으므로 입력 시 주의한다.

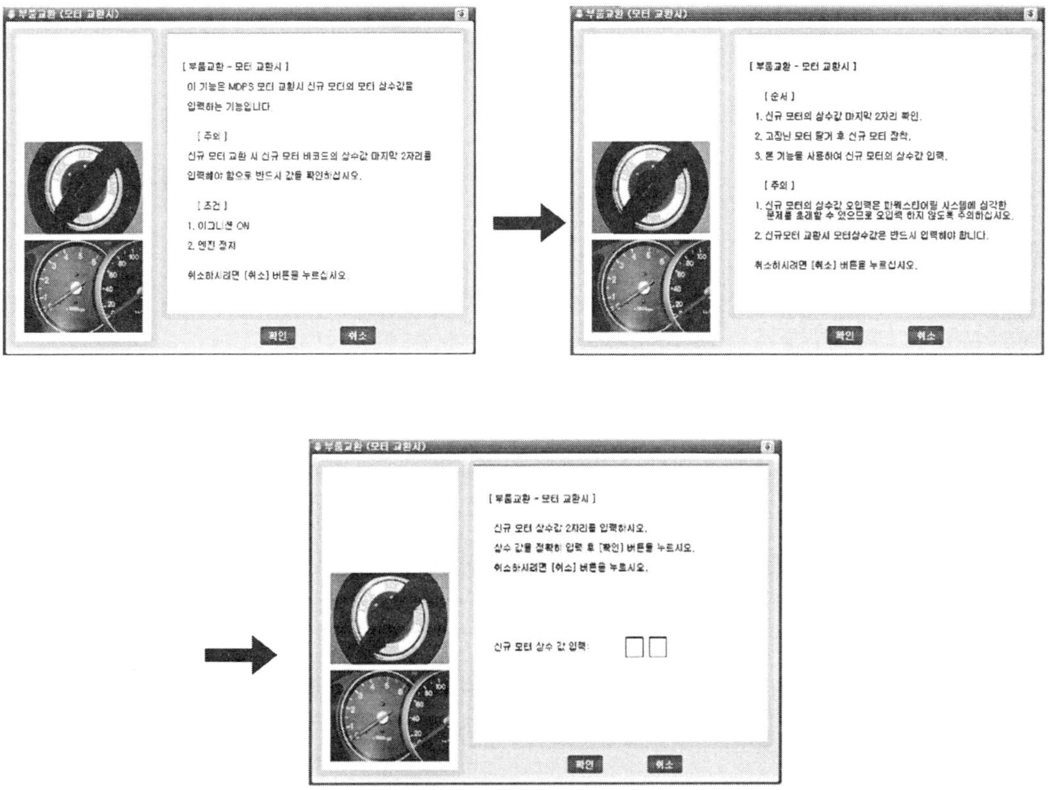

그림 3. 모터 상수값 입력

⑥ 조향각 센서 초기화를 실시한다.

㉮ GDS 진단장비를 차량의 자기진단 커넥터와 연결한다.

㉯ IG 스위치 ON한다.

㉰ 스티어링 휠을 직진 상태로 정렬한다.

㉱ GDS 초기 화면에서 “차종”과 “EPS시스템”을 선택한 후 확인을 선택한다.

㉲ 조향각 센서 초기화를 선택한다.

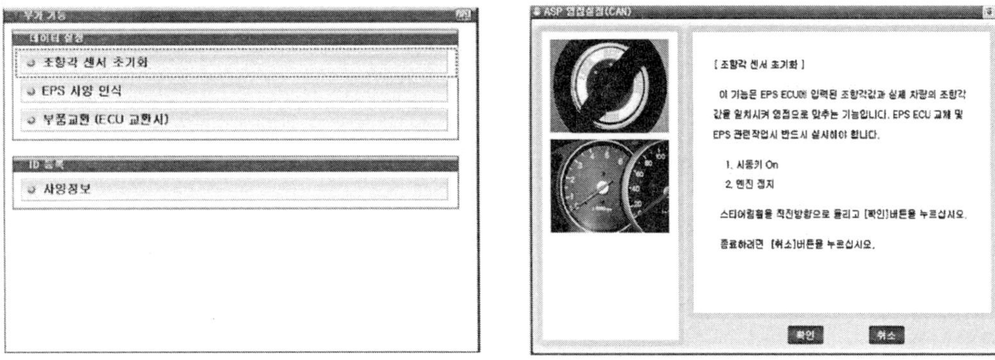

「그림」 4. 조향각 센서 초기화

⑦ DTC를 소거한 후 MDPS 성능 검사를 실시한다.

⑧ IGN 스위치를 OFF하고 10초 이상 대기한 후 엔진을 시동하여 정상작동 여부를 확인한다.

1.1.1. 모터 이상(C2400)

EPS CM(Motor Driving Power Steering Control Module)은 모터를 사용하여 모터가 정상적으로 작동하는지 모터 위치 센서를 이용 모터의 속도를 측정하며, 조타력을 보조하는 시스템으로 모터의 정확한 동작을 확인하는 것이 필수적이다.

[1] 고장코드 설명

EPS CM은 모터 센서로부터 읽은 모터 위치정보가 기준 범위를 벗어날 경우 C2400 고장코드를 출력한다.

[2] 고장 판정조건

항 목	판정 조건	고장예상 원인
진단방법	측정된 모터 속도, 토크 값을 계산값과 비교	1. 모터 위치 센서 고장
진단조건	엔진 ON	
고장판정	측정된 모터 속도와 계산된 모터 속도와 다를 경우	
고장조치	■ 경고등 점등 ■ EPS 동작 중지	

[3] 단품점검

① 점화스위치를 OFF한다.

② 점화스위치를 ON한다.

③ GDS를 연결한 후 자기진단을 실시하여 "고장코드(DTC)"를 확인한다.

④ 저장된 고장코드를 GDS를 이용하여 소거한다.

⑤ GDS로 자기진단을 실시하여 고장코드가 발생되었는지 확인한다.

⑥ 고장코드가 출력되었는가?

예	정상적인 스티어링 컬럼 & EPS 유닛 어셈블리로 교환한 후 작동이 정상이면 스티어링 컬럼 & EPS 유닛 어셈블리를 교환하고 "고장수리 확인" 절차를 수행한다.
아니오	이 고장은 수리 후에 EPS CM의 기억을 소거하지 않은 과거 고장에 의한 일시적인 고장일 수 있다. 다음으로 "고장수리 확인" 절차를 수행한다.

1.1.2. 모터 회로 이상(C2401)

EPS는 모터를 정확하게 제어하기 위하여 모터의 현재 위치를 감지하는 센서를 모터 내부에 장착하고 있다. 센서의 값을 항상 읽어 들여 그 값을 바탕으로 모터를 제어한다.

[1] 고장코드 설명

모터의 정상적인 작동을 위하여 모터 위치 센서의 값을 검출하여, 센서 값이 잘못되었을 경우 C2401 고장코드를 출력한다.

[2] 고장 판정조건

항 목	판정 조건	고장예상 원인
진단방법	모터 위치센서의 값을 검사	1. 모터 위치 센서 고장 2. 모터 커넥터 체결 불량
진단조건	IG ON	
고장판정	센서 값 비정상	
고장조치	■ 경고등 점등 ■ EPS 동작 중지	

[3] 단품점검

"C2400 모터 이상" 참조

2 EPS 컨트롤 유닛

2.1. EPS 컨트롤 유닛 교환시 ECU에 정보값 복원

① GDS 진단 장비를 차량의 자기진단 커넥터와 연결한다.

② IG 스위치 ON한다.

③ GDS 초기 화면에서 "차종"과 "EPS시스템"을 선택한 후 확인을 선택한다.

④ 부품교환(ECU교환 시)메뉴를 선택한다.

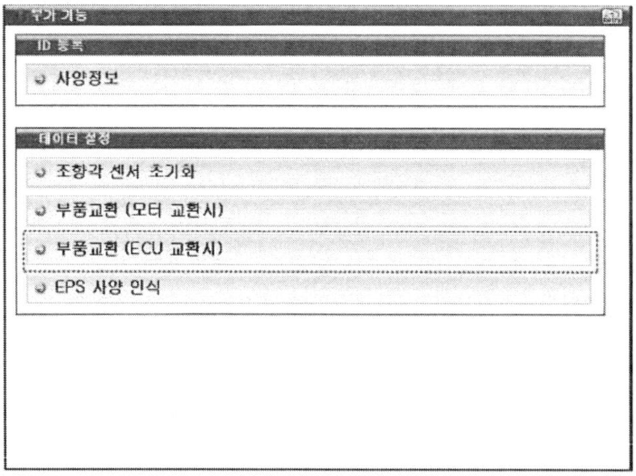

「그림」 5. 부품교환 메뉴선택

⑤ 화면에 따라 진행하고 VIN 넘버를 입력하고 쓰기를 선택하여 ECU 정보를 복원 한다.

⑥ 조향각 센서 초기화를 실행한다.

⑦ DTC를 소거한 후 MDPS 성능검사를 실시한다.

⑧ IGN 스위치를 OFF하고 10초 이상 대기한 후 엔진을 시동하여 정상작동 여부를 확인한다.

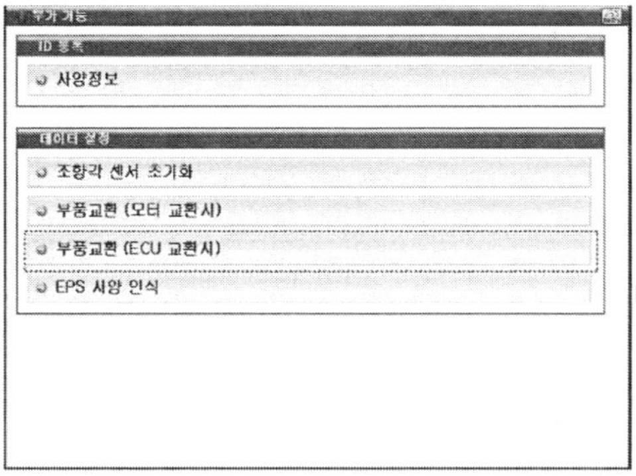

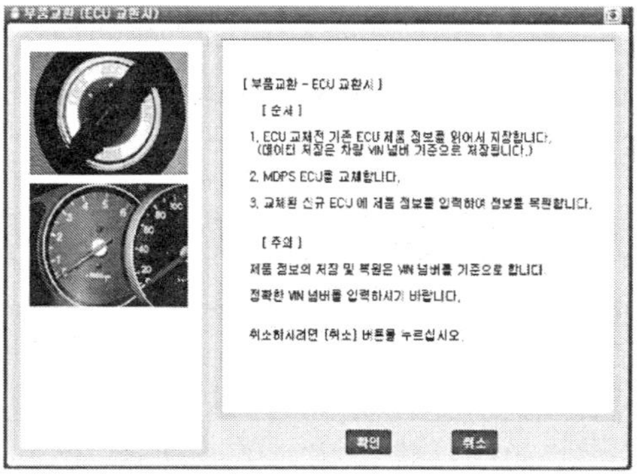

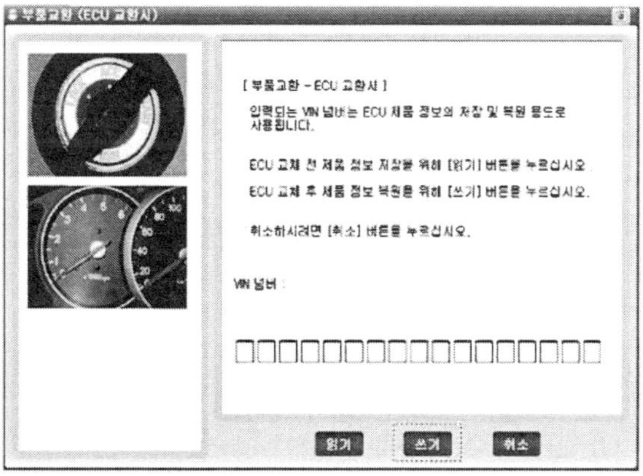

「그림」 6. ECU에 정보값 복원

2.2. EPS 컨트롤 유닛 고장진단

2.2.1. 출력강하(모터 과열방지, C1603)

EPS는 모터의 힘으로 조타력을 보조하는 시스템으로 모터 동작시 많은 전류가 소모된다. EPS가 가혹한 스티어링 조건에서 지속적으로 동작을 할 경우 전류의 흐름에 따라 많은 열이 발생하고 EPS CM의 온도가 너무 높을 경우 EPS CM과 모터 보호를 위해서 전류를 제한한다.

[1] 고장코드 설명

계속된 급조타 등의 이유로 EPS CM의 온도가 85℃ 이상으로 올라갈 때 C1603이 발생하며 이 조건에서는 EPS의 보조 조타력을 제한하여 모터에 흐르는 전류를 작게 하며 온도가 120℃ 이상 상승할 경우 조타력 보조를 중지한다.

[2] 고장 판정조건

항 목	판정 조건	고장예상 원인
진단방법	EPS CM 내부 온도 센서로 온도측정	1. 계속된 급조타
진단조건	IG ON 및 엔진 ON	
고장판정	온도가 85℃ 이상일 경우	
고장조치	EPS 출력 제한	
해제조건	온도가 85℃ 이하로 떨어질 경우	

[3] 단품점검

① 점화스위치를 OFF한다.

② 점화스위치를 ON한다.

③ GDS를 연결한 후 자기진단을 실시하여 "고장코드(DTC)"를 확인한다.

④ 저장된 고장코드를 GDS를 이용하여 소거한다.

⑤ GDS로 자기진단을 실시하여 고장코드가 발생되었는지 확인한다.

⑥ 고장코드가 출력되었는가?

예	정상적인 스티어링 컬럼 & EPS 유닛 어셈블리로 교환한 후 작동이 정상이면 스티어링 컬럼 & EPS 유닛 어셈블리를 교환하고 "고장수리 확인" 절차를 수행한다.
아니오	이 고장은 정상 상태에서 과도한 조타로 인해 나타날 수 있다. "고장수리 확인" 절차를 수행한다.

2.2.2. CAN버스 OFF(C-CAN, C1616)

EPS는 경고등을 CAN메시지를 사용하여 클러스터에 전송한다. 메시지 전송 후 다른 ECU에서 보내는 CAN메시지를 정상적으로 수신했다는 신호를 감지한 경우 정상적인 신호 전송이 이루어 졌다고 판단한다.

[1] 고장코드 설명

이 고장코드는 CAN 통신선의 단선 또는 단락으로 인하여 EPS CAN메시지가 정상적으로 수신 또는 송신되지 않을 경우 C1616고장코드가 출력된다.

[2] 고장 판정조건

항 목	판정 조건	고장예상 원인
진단방법	EPS 메시지 전송 후 수신 신호 확인	1. CAN 배선 단선/단락
진단조건	IG ON	
고장판정	수신 신호 없을 경우	
고장조치	80km/h로 동작	
해제조건	메시지 수신 신호 정상 수신 시	

[3] CAN통신 버스 단락(접지측)점검

① 점화스위치를 OFF한다.

② EPS CM 커넥터를 분리한다.

③ EPS CM 커넥터 배선 측 CAN-High(Low) 단자와 섀시 접지사이의 저항을 각각 측정한다(규정값 : 무한대 Ω).

④ 측정된 저항값이 정상인가?

예	"CAN 통신선 간 단락(Low와 High)점검" 절차를 수행한다.
아니오	EPS CM 커넥터 배선측 CAN-High단자와 섀시 접지 사이의 저항 이상시 CAN-High 회로의 단락(접지 측)발생 부위를 찾아 수리 후 "고장수리 확인" 절차를 수행한다.

[4] CAN 통신선 간 단락(Low와 High)점검

① 점화스위치를 OFF한다.

② PCU, EPS, ECS, HECU 등 CAN통신과 관련된 커넥터를 모두 분리한다.

③ EPS CM 커넥터 배선측 CAN-High 단자와 CAN-Low 단자사이의 저항을 측정한다(규정값 : 약 120Ω).

④ 측정된 저항값이 정상인가?

예	"단품 점검" 절차를 수행한다.
아니오	EPS CM 커넥터 배선측 CAN-High단자와 CAN-Low 단자 사이 CAN 통신선의 단락 여부를 점검 수리 후 "고장수리 확인" 절차를 수행한다.

[5] 단품점검

① 점화스위치를 OFF한다.

② 점화스위치를 ON한다.

③ GDS를 연결한 후, 자기진단을 실시하여 "고장코드"를 확인한다.

④ 저장된 고장코드를 GDS를 이용하여 소거한다.

⑤ GDS로 자기진단을 실시하여 고장코드가 발생되었는지 확인한다.

⑥ 고장코드가 출력되었는가?

예	정상적인 스티어링 컬럼 & EPS 유닛 어셈블리로 교환한 후 작동이 정상이면 스티어링 컬럼 & EPS 유닛 어셈블리를 교환하고 "고장수리 확인" 절차를 수행한다.
아니오	이 고장은 수리 후에 EPS CM의 기억을 소거하지 않은 과거 고장에 의한 일시적인 고장일 수 있다. 다음으로 "고장수리 확인" 절차를 수행한다.

2.2.3. EMS CAN 차속신호 이상(C1622)

"C1616 CAN 버스 OFF(C-CAN)"참조

[1] 고장코드 설명

EPS CM은 차속신호가 정상적으로 수신되지 않을 경우 C1622 고장코드를 출력한다.

[2] 고장 판정조건

항 목	판정 조건	고장예상 원인
진단방법	CAN신호 수신	1. 엔진 ECM
진단조건	IG ON	
진단시간	500ms	
고장판정	EMS 차속신호가 INVALID일 경우	

[3] CAN통신 단선점검(EPS◀▶ECU(PCM))

① IG KEY OFF한다.

② EPS(MDPS)와 ECU(PCM)커넥터를 분리한다.

③ EPS(MDPS) 커넥터 배선측 CAN-HIGH 단자와 ECU(PCM) 커넥터 배선측 CAN-HIGH 단자사이의 저항을 측정한다(규정값 : 약 1Ω 이하).

④ EPS(MDPS) 커넥터 배선측 CAN-LOW 단자와 ECU(PCM) 커넥터 배선측 CAN-LOW 단자사이의 저항을 측정한다(규정값 : 약 1Ω 이하).

⑤ 측정된 값이 정상인가?

예	■ EPS 또는 ECU(PCM) 모듈 커넥터의 접촉불량을 점검한다. 터미널 밀림, 부적절한 핀 배치, 핀 터미널의 헐거움 또는 부적절한 핀 터미널의 접촉 등, 필요에 따라 수리한 후 “고장수리 확인” 절차를 수행한다. ■ CAN 통신선 간 단락(LOW와 HIGH) 점검 절차를 실시한다.
아니오	■ 무한대 Ω 이면, CAN HIGH선/CAN LOW 선이 단선된 부위를 점검 및 수리 후 “고장수리 확인” 절차를 수행한다. ■ 필요에 따라 수리 또는 교환한 후 “고장수리 확인” 절차를 수행한다.

[4] CAN 통신선 간 단락(LOW와 HIGH) 점검

① 점화스위치를 OFF한다.

② PCU, EPS, ECS, HECU등 CAN통신과 관련된 커넥터를 모두 분리한다.

③ EPS CM 커넥터 배선측 CAN-HIGH 단자와 CAN-LOW단자 사이의 저항을 측정한다(규정값 : 약 120Ω).

④ 측정된 저항값이 정상인가?

예	“단품 점검” 절차를 수행한다.
아니오	EPS CM 커넥터 배선측 CAN-High단자와 CAN-Low 단자 사이 CAN 통신선의 단선/단락 여부를 점검수리 후 “고장수리 확인” 절차를 수행한다.

[5] 단품점검

① 점화스위치를 OFF한다.

② 점화스위치를 ON한다.

③ GDS를 연결한 후, 자기진단을 실시하여 “고장코드”를 확인한다.

④ 저장된 고장코드를 GDS를 이용하여 소거한다.

⑤ GDS로 자기진단을 실시하여 고장코드가 발생되었는지 확인한다.

⑥ 고장코드가 출력되었는가?

예	▪ 정상적인 ECU(PCM)어셈블리로 교환한 후 작동이 정상이면 ECU (PCM) 유닛 어셈블리를 교환하고 "고장수리 확인" 절차를 수행한다. ▪ 정상적인 스티어링 컬럼 & EPS 유닛 어셈블리로 교환한 후 작동이 정상이면 스티어링 컬럼 & EPS 유닛 어셈블리를 교환하고 "고장수리 확인" 절차를 수행한다.
아니오	이 고장은 수리 후에 EPS CM의 기억을 소거하지 않은 과거 고장에 의한 일시적인 고장일 수 있다. 다음으로 "고장수리 확인" 절차를 수행한다.

2.2.4. ECU Fail-Safe 릴레이고착(C1704)

EPS CM은 오작동 감지시 모터에 입력되는 전류를 차단할 수 있는 릴레이를 ECU 내부에 장착하고 있으며 IG ON시 릴레이 동작 상태를 점검한다.

[1] 고장코드 설명

IG ON시 ECU 내부회로를 점검 후 릴레이를 구동시킬 때 릴레이가 작동되지 않을 경우 C1704 고장코드가 출력된다.

[2] 고장 판정조건

항 목	판정 조건	고장예상 원인
진단방법	릴레이 상태 검사	1. 릴레이 고장(EPS CM 내부)
진단조건	IG ON	
진단시간	즉시	
고장판정	릴레이 연결 안 됨	
고장조치	▪ 경고등 점등 ▪ EPS 동작 중지	

[3] 단품점검

① 점화스위치를 OFF한다.

② 점화스위치를 ON한다.

③ GDS를 연결한 후, 자기진단을 실시하여 "고장코드"를 확인한다.

④ 저장된 고장코드를 GDS를 이용하여 소거한다.

⑤ GDS로 자기진단을 실시하여 고장코드가 발생되었는지 확인한다.

⑥ 고장코드가 출력되었는가?

예	정상적인 EPS 유닛 어셈블리로 교환한 후 작동이 정상이면 EPS 유닛 어셈블리를 교환하고 "GDS→부가기능 항목→부품교환(ECU 교환시)" 참조 수행한다.
아니오	정상적인 스티어링 컬럼 & EPS 유닛 어셈블리로 교환한 후 작동이 정상이면 스티어링 컬럼 & EPS 유닛 어셈블리를 교환하고 "고장수리 확인" 절차를 수행한다.

2.2.5. EPS 유니트 이상(내부 충전회로 이상, C1705)

EPS CM은 모터를 사용하여 조타력을 보조하는 시스템으로 모터제어의 스위칭에 따른 전류를 공급하기 위하여 배터리 전원을 일시적으로 충전시키고 모터에 공급하는 회로가 구성되어 있다.

[1] 고장코드 설명

충전회로가 충전되지 않아 전압이 낮을 경우 C1705 고장코드를 출력한다.

[2] 고장 판정조건

항 목	판정 조건	고장예상 원인
진단방법	충전회로 전압점검	1. 전원회로 배선, 커넥터 접촉 불량 2. 접지 회로 불량 3. 과충전 4. EPS 모듈(내부 회로 이상)
진단조건	IG ON	
진단시간	즉시	
고장판정	충전회로 전압 낮음	
고장조치	▪ 경고등 점등 ▪ EPS 동작 중지	

[3] 충전시스템 점검

① 엔진 ON

② 엔진 공회전 상태에서 헤드라이트와 열선을 켜고, 엔진 RPM을 2분 동안 2,500RPM으로 유지하면서 배터리(+) 단자와 (-)단자간 전압을 측정한다(규정값 : 10V 이상).

③ 측정된 전압값이 정상인가?

예	"전원선 점검" 절차를 수행한다.
아니오	■ 엔진 공회전 RPM, 발전기 구동 벨트 장력, 배터리에서 발전기 까지 배선 단선/단락을 점검한다. ■ 필요한 수리를 하고 "고장수리 확인" 절차를 수행한다.

[4] 전원선 점검

① 점화스위치 OFF

② EPS CM 커넥터를 탈거한다.

③ 엔진 ON

④ 엔진 공회전상태에서 헤드라이트와 열선을 켜고, 엔진 RPM을 2분 동안 2,500 RPM으로 유지하면서 EPS CM 커넥터 배선측 배터리단자와 차체 접지간 전압을 측정한다(규정값 : 10V 이상).

⑤ 측정된 전압값이 정상인가?

예	"접지선 점검" 절차를 수행한다.
아니오	■ 전원선 커넥터와 배선 단선/단락을 점검한다. ■ 필요한 수리를 하고 "고장수리 확인" 절차를 수행한다.

[5] 접지선 점검

① 점화스위치 OFF

② EPS CM 커넥터를 탈거한다.

③ EPS CM 커넥터 배선측 접지단자와 차체 접지간 저항을 측정한다(규정값 : 1.0 Ω 이하).

④ 측정된 저항값이 정상인가?

예	정상적인 스티어링 컬럼 & EPS 유닛 어셈블리로 교환한 후 작동이 정상이면 스티어링 컬럼 & EPS 유닛 어셈블리를 교환하고 "고장수리 확인" 절차를 수행한다.
아니오	■ 접지선 접촉 불량, 꺾임, 부식, 오염 및 손상에 대해 전반적으로 점검한다. ■ 필요한 수리를 하고 "고장수리 확인" 절차를 수행한다.

2.2.6. 모터전류 고장(Over, C2413)

EPS CM은 모터를 통하여 조타력을 보조하는 시스템으로 모터의 출력은 모터에 흐르는 전류와 직결되기 때문에 오작동을 방지하기 위하여 모터에 흐르는 전류를 항상 감시한다.

[1] 고장코드 설명

모터에는 3상의 전류의 값과 ECU 내부 전류센서를 통하여 측정한 값을 비교하며 기준치를 벗어날 경우 C2413 고장코드를 출력한다.

[2] 고장 판정조건

항 목	판정 조건	고장예상 원인
진단방법	계산된 전류값과 측정한 전류값을 비교	1. 모터 고장 2. ECU 전류센서 이상
진단조건	엔진 ON	
고장판정	비교값 불일치	
고장조치	■ 경고등 점등 ■ EPS 동작 중지	

[3] 단품점검

① 점화스위치를 OFF한다.

② 점화스위치를 ON한다.

③ GDS를 연결한 후, 자기진단을 실시하여 "고장코드"를 확인한다.

④ 저장된 고장코드를 GDS를 이용하여 소거한다.

⑤ GDS로 자기진단을 실시하여 고장코드가 발생되었는지 확인한다.

⑥ 고장코드가 출력 되었는가?

예	정상적인 EPS 유닛 어셈블리로 교환한 후 작동이 정상이면 EPS 유닛 어셈블리를 교환하고 "GDS→부가기능 항목→부품교환(ECU 교환시)" 참조 수행한다.
아니오	이 고장은 수리 후에 EPS CM의 기억을 소거하지 않은 과거 고장에 의한 일시적인 고장일 수 있다. 다음으로 "고장수리 학인" 절차를 수행한다.

3 조향각 센서(SAS : Steering Angle Sensor)

3.1. 조향 휠 센서 영점설정

조향각 센서는 차량의 회전방향을 결정하기 위해 적용되어 있다. 센서에서 검출된 차량의 회전방향은 CAN통신라인을 통해서 CAN신호로 HECU에 각도 정보가 전달된다.

HECU는 이 신호로 조향 휠의 조작속도와 각도를 검출하고 앤티-롤 제어에 입력신호로 사용한다.

3.1.1. 영점설정 시점

① 조향각 센서 교환한 경우

② 스티어링 컬럼 교환 및 수리 한 경우

③ 고장코드(C1260, C1261)이 검출되었을 경우

④ 종 가속도 센서 교환하였을 경우

⑤ VDC용 HECU를 교환하였을 경우

3.1.2. 영점설정 방법

휠 얼라인먼트를 수행하고, 스티어링 휠을 직선방향으로 ±5° 이내로 정렬한다. 이 작업은 기울임이 없이 수평 작업(±1°)공간에서 수행한다. 에어 서스팬션 장착 차량의 경우 NORMAL 조건에서 실시한다.

① 크래쉬 패드 아래쪽에 있는 자기진단 커넥터에 GDS를 연결한 후 키를 ON상태로 설정하거나 시동을 건다.

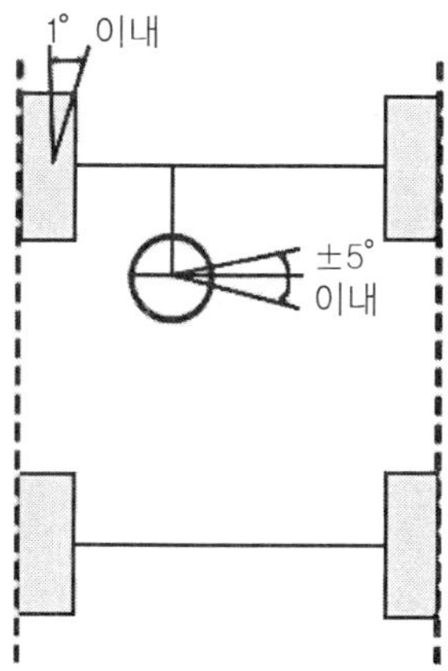

그림 7. 스티어링 휠 정렬

② 차종을 선택하고, ABS/ESP를 선택한다.

③ 조향 휠 센서(SAS) 영점설정을 선택한다.

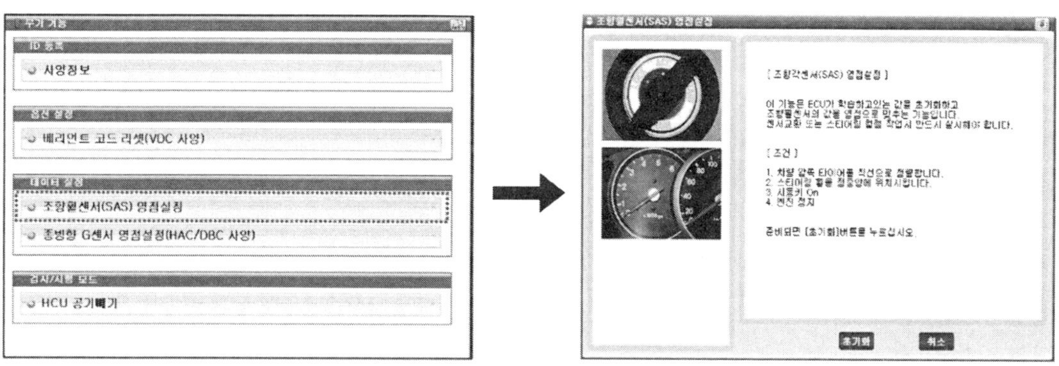

그림 8. 조향휠 센서 영점 설정

④ 영점설정 종료 후 점화스위치를 OFF한다.

⑤ 조향각 센서의 영점설정이 되었는지 확인한다. 주행시험(좌회전 1회, 우회전 1회)하여 경고등이 점등되지 않아야 한다. VDC가 다른 센서의 값들을 비교하여 조향각 센서의 영점설정이 잘못되었을 경우 VDC OFF 경고등을 점등시킨다.

3.2. 조향각 센서의 고장진단

3.2.1. 조향각 센서측 CAN신호 안나옴(C162387)

LDWS(Lane Departure Warning System)은 차량이 차선을 이탈할 때 운전자에게 경보를 해주어 운전자의 안전운전을 도와주는 보조장치이다. 이 장치의 주요 구성품은 CIS(CMOS Image Sensor, 영상이미지 센서), DSP(Digital Signal Processor, 영상처리기) 그리고, MCU(Micro Control Unit, CPU)이다.

CIS는 CMOS 카메라의 센서로서 전압으로부터의 영상신호를 디지털신호로 변환해서 DSP로 전달하는 역할을 하며, DSP는 CIS로부터 받은 영상신호를 처리해서, 차선의 이탈여부를 판단하는 역할을 한다. 또한, MCU는 DSP로부터 차선의 이탈여부와 차량으로부터의 차속신호, 와이퍼 신호, 턴(Turn)신호 등 차량의 신호를 입력받아서, 차선의 이탈여부를 판단하여 부저 및 인디케이터를 제어하는 CPU의 역할을 한다.

[1] 고장코드 설명

LDWS ECU는 CAN 통신선을 통해서 입력받은 SAS신호가 수신되지 않을 경우 고장코드 C162387을 출력한다.

[2] 고장 판정조건

항 목	판정 조건	고장예상 원인
진단방법	CAN 메시지 모니터링	1. MDPS(조향각 센서 내장) 2. LDWS 결함
진단조건	LDWS 장치 ON	
고장판정	SAS 메시지가 수신되지 않을 경우	
진단시간	2초	

[3] CAN 통신선 점검

① 점화스위치를 OFF한다.

② SAS 커넥터와 LDWS ECU 커넥터를 분리한다.

③ SAS 배선측 커넥터 CAN-High 단자와 LDWS ECU 배선측 커넥터 CAN- High 단자 저항을 측정한다(규정값 : 약 1Ω 이하).

④ SAS 배선측 커넥터 CAN-Low 단자와 LDWS ECU 배선측 커넥터 CAN- Low 단자 저항을 측정한다(규정값 : 약 1Ω 이하).

⑤ 측정된 값이 정상인가?

예	"단품 점검" 절차를 수행한다.
아니오	SAS와 LDWS ECU 사이의 CAN 통신선의 단선여부를 점검 수리 후, 배선의 단선 발생 부위를 찾아 수리 후 "고장수리 확인" 절차를 수행한다.

[4] 단품점검

① 점화스위치를 OFF한다.

② 점화스위치를 ON한다.

③ GDS를 연결한 후, 자기진단을 실시하여 "고장코드"를 확인한다.

④ 저장된 고장코드를 GDS를 이용하여 소거한다.

⑤ LDWS를 OFF후 다시 ON한다.

⑥ GDS로 자기진단을 실시하여 고장코드가 발생되었는지 확인한다.

⑦ 고장코드가 출력되었는가?

예	이 고장코드는 ABS/VDC에서 보내는 신호에 문제가 있을 경우에 나타난다. ABS/VDC측의 고장을 확인해서, 해당 문제를 처리한 후, "고장수리 확인" 절차를 수행한다.
아니오	이 고장은 ABS/VDC 관련 접촉 불량에 의한 일시적인 고장일 수 있다. 다음으로 "고장수리 확인" 절차를 수행한다.

3.2.2. 조향각센서 신호 오류(C167286)

"C162387 조향각 센서측 CAN 신호 안나옴"참조

[1] 고장코드 설명

LDWS ECU는 CAN 통신중 정의되지 않은 신호가 감지되는 경우 고장코드 C167286을 출력한다.

[2] 고장 판정조건

항 목	판정 조건	고장예상 원인
진단방법	CAN 메시지 모니터링	1. SAS 결함 2. LDWS 결함
진단조건	LDWS 장치 ON	
고장판정	입력된 CAN 신호의 데이터형식이 틀리거나 값 범위가 정상영역에서 벗어났을 경우	
진단시간	0.5초	

[3] 단품점검

① 점화스위치를 OFF한다.

② 점화스위치를 ON한다.

③ GDS를 연결한 후, 자기진단을 실시하여 "고장코드"를 확인한다.

④ 저장된 고장코드를 GDS를 이용하여 소거한다.

⑤ GDS로 자기진단을 실시하여 고장코드가 발생되었는지 확인한다.

⑥ 고장코드가 출력 되었는가?

예	이 고장코드는 SAS에서 보내는 신호에 문제가 있을 경우에 나타난다. SAS 측의 고장을 확인해서, 해당 문제를 처리한 후, "고장수리 확인" 절차를 수행한다.
아니오	이 고장은 SAS 또는 LDWS ECU 접촉 불량에 의한 일시적인 고장일 수 있다. 다음으로 "고장수리 확인" 절차를 수행한다.

3.2.3. 조향휠 각도센서 회로 이상(C1259)

EPS는 조향력 보조를 기본으로 하며, 자연스로운 조향감을 확보하기 위하여, Torque Sensor 내부에 조향각 및 조향 각속도를 감지할 수 있는 기능이 내장되어 있다.

조향각 및 조향 각속도는 기본 보타력 외에 댐핑제어 및 복원제어시 사용되어 보다 높은 EPS기능 구현을 하게 한다.

[1] 고장코드 설명

EPS CM은 컬럼이 0점에서 680° 이상 돌아갈 경우 또는 모터 위치센서 이상시 고장코드 C1259를 출력한다.

[2] 고장 판정조건

항 목	판정 조건	고장예상 원인
진단방법	조향각 신호 엣지 개수 Counting	1. 조향각 센서 이상 2. 영점 조정 오류
진단조건	IG ON	
고장판정	컬럼이 0점에서 680° 이상 돌아갈 경우	
고장조치	댐핑제어, 복원제어 안함	

[3] GDS 데이터 분석

① 자기진단 커넥터에 GDS를 연결한다.

② 시동을 건다.

③ 조향휠을 좌우로 회전시킨다.

④ GDS "센서 데이터"에 표시되는 "조향각센서"항목을 점검한다.

⑤ 조향휠을 회전할 때마다 정상적으로 조향각센서 값이 변환되는 가?

예	"단품 점검" 절차를 실시한다.
아니오	"조향각센서 영점 설정" 절차를 수행한다.

[4] 단품점검

① 점화스위치를 OFF한다.

② 점화스위치를 ON한다.

③ GDS를 연결한 후, 자기진단을 실시하여 "고장코드"를 확인한다.

④ 저장된 고장코드를 GDS를 이용하여 소거한다.

⑤ GDS로 자기진단을 실시하여 고장코드가 발생되었는지 확인한다.

⑥ 고장코드가 출력되었는가?

예	■ 정상 작동하는 스티어링 컬럼 & EPS 유닛 어셈블리로 교체하고 시스템이 정상 작동하는지 확인한다. ■ 문제가 해결되었다면 스티어링 컬럼 & EPS 유닛 어셈블리를 교환하고 "고장수리 확인" 절차를 수행한다.
아니오	조향각 센서 단품 불량에 의한 일시적인 고장일 수 있다. 다음으로 "고장수리 확인" 절차를 수행한다.

3.2.4. 조향각센서 – 영점 설정안됨(C1261)

"C1259 조향휠 각도 센서 회로 이상"참조

[1] 고장코드 설명

EPS CM은 조향각 초기화가 완료되지 않았을 경우 고장코드 C1261를 출력한다.

[2] 고장 판정조건

항 목	판정 조건	고장예상 원인
진단방법	ASP 설정 확인	1. 조향각 초기화안 되어 있음
진단조건	IG ON	
고장판정	조향각 초기화가 완료되지 않았을 경우	
고장조치	조향각 미 송출	
해제조건	조향각 설정 완료	

[3] GDS 데이터 분석

① 조향 휠 센서 영점설정 절차를 수행한다.

② 센서 출력에서 조향각 센서값이 정상인지를 확인한 후 "고장수리 확인" 절차를 수행한다.

③ 차량을 주행(좌회전 1회, 우회전 1회)하여 조향각 센서 0점 조정 상태를 점검한다.

④ 조향각 센서 영점 조정이 완료 되었는가?

예	"고장수리 학인" 절차를 수행한다.
아니오	정상적인 스티어링 컬럼 & EPS 유닛 어셈블리로 교환한 후 작동이 정상이면 스티어링 컬럼 & EPS 유닛 어셈블리를 교환한 후 다음으로 "고장수리 학인" 절차를 수행한다.

3.2.5. 조향각 센서측 CAN신호 비정상(C126002)

조향각 센서는 차량의 회전방향을 결정하기 위해 적용되어 있다. 센서에서 검출된 차량의 회전방향은 CAN 통신라인을 통해서 CAN신호로 HECU에 각도 정보가 전달된다. HECU는 이 신호로 조향 휠의 조작속도와 각도를 검출하고 앤티-롤 제어에 입력신호로 사용한다.

[1] 고장코드 설명

HECU는 조향각 센서의 신호를 모니터링 하여 계산된 조향각과 조향각 센서로부터 감지된 조향각이 일정값 이상으로 차이가 발생하였을 경우에 고장코드 C126002를 출력한다.

[2] 고장 판정조건

항 목	판정 조건	고장예상 원인
검출방법	조향각 센서 신호 이상 감시	1. 잘못된 영점 설정(휠 얼라인먼트 틀어짐) 2. 조향각센서 결함 3. 잘못된 센서 체결
검출조건	1) 조향각의 물리적 구속범위(Range)를 벗어난 상태로 0.6초 이상 센서값이 지속될 경우 2) 조향각 센서값의 변화량이 40° 이상으로 급격한 변화가 0.04초 이상 유지 시 3) 조향각 센서 자체 Failsafe로직 이상 신호전송이 0.1초 이상 유지 시 4) 30km/h 이상 차량 직진 상태 및 차량 안정 주행상태에서 이전 조향각 센서 오프셋과 다른 센서로부터 추정한 평균 오프셋의 차이가 25도 이상 유지 시 5) 차량 안정 주행 상태에서 추정된 SPS값과 실측값의 차이가(10+α)도 이상 유지 시 6) 차량 60km/h 이상 주행시 추정된 조향각 센서값과 실제 조향각 센서값의 방향성이 주행상태와 일치하지 않을 경우	
검출 후 조치내용	■ EBD/ABS/HBA/HAC/ESS/AVH 제어 가능 ■ TCS/VDC/VSM/SCC 제어 불가	
경고등	VDC 경고등 점등	
경고등 소등조건	■ 1~2) IG OFF/ON 이후, 12km/h 주행 시 조향각 센서 신호가 정상일 경우 소등 ■ 3~6) 12km/h 이상 주행하고 하기 3가지 조건 모두 만족시 - 직진 주행시 조향각 센서 정상(25도 이내) - 우턴 조향각 센서 신호〈 -30도 & 좌턴 조향각 센서〉 +30도 - 조향각 센서 신호 12도 이상 선회 시, 타센서로 추정한 조향각 센서값의 하한 50%, 상한 150% 이내에 일정 시간 이상 실측한 조향각 센서 값이 들어올 경우	

[3] 단품점검

① 점화스위치를 OFF한다.

② 점화스위치를 ON한다.

③ GDS를 연결한 후, 자기진단을 실시하여 "고장코드"를 확인한다.

④ 저장된 고장코드를 GDS를 이용하여 소거한다.

⑤ GDS로 자기진단을 실시하여 고장코드가 발생되었는지 확인한다.

⑥ 고장코드가 출력되었는가?

예	■ 잘못된 영점 설정으로 비정상적인 센서 신호가 감지될 수 있다. 영점설정을 재실시 한다. ■ 잘못된 조향각 센서 체결로 비정상적인 센서 신호가 감지될 수 있다. 조향각 센서의 체결 상태를 확인한다. ■ 정상적인 조향각 센서로 교환한 후 작동이 정상이면 조향각 센서를 교환하고 "고장수리 확인" 절차를 수행한다. ■ 만약, 조향각 센서를 교환한 경우에는 조향각 센서 영점 설정을 위해서 "조향각 센서 영점 조정"을 실시한다.
아니오	이 고장은 조향각 센서 배선의 접촉 불량에 의한 일시적인 고장일 수 있다. 다음으로 "고장수리 확인" 절차를 수행한다.

3.2.6. 조향휠 각 센서 - 영점조정 안됨(C126104)

"C126002 조향각 센서측 CAN 신호 비정상"참조

[1] 고장코드 설명

HECU는 조향각 센서가 영점 조정되지 않았을 경우에 고장코드 C126104를 출력한다. 영점 설정이 정상적으로 수행되면 고장코드는 자동으로 소거된다.

[2] 고장 판정조건

항 목	판정 조건	고장예상 원인
검출방법	조향각 센서 영점 설정 수행 여부 확인	1. 조향각 센서 영점 조정 안됨
검출조건	센서 장착 후 영점 설정 미 수행 - 차량 휠이 일렬로 정렬된 상태에서 영점조정 실시 할 것	
검출 후 조치내용	■ EBD/ABS/HBA/HAC/ESS/AVH 제어 가능 ■ TCS/VDC/VSM/SCC 제어 불가	
경고등	VDC 경고등 점등	
경고등 소등조건	IG OFF/ON 이후, 조향각 센서 영점설정 신호가 정상일 경우 소등	

[3] GDS 데이터 분석

① IG ON한다.

② GDS를 연결한 후, GDS의 센서 데이터 항목을 선택한다.

③ GDS의 "센서 데이터"에 표시되는 "조향각센서 영점설정"관련 항목을 점검한다(규정값 : Calibrated 이면 정상).

④ 출력값은 정상인가?

예	회로계통의 접촉 불량에 의한 일시적인 고장일 수 있다. 전체적으로 커넥터의 느슨함, 접촉불량, 구부러짐, 부식, 오염, 변형 또는 손상을 점검한다. 필요시 수리 또는 교환한 후 "고장수리 확인" 절차를 수행한다.
아니오	"조향각 센서 영점 설정 과정" 절차를 수행한다.

3.2.7. 조향각 센서측 CAN신호 안나옴(C162308)

"C126002 조향각 센서측 CAN신호 비정상" 참조

[1] 고장코드 설명

HECU는 정상적인 제어를 위해 CAN 통신선을 체크하고 조향각 센서측 메시지가 일정시간 동안 수신되지 않으면 고장코드 C162308을 출력한다.

[2] 고장 판정조건

<table>
<tr><th>항 목</th><th>판정 조건</th><th>고장예상 원인</th></tr>
<tr><td>검출방법</td><td>CAN 신호 감시</td><td rowspan="6">1. 조향각 센서 결함
2. CAN 통신선 단선
3. 커넥터 접촉 불량
4. 다른 ECU가 CAN 라인을 비정상적으로 점유한 경우</td></tr>
<tr><td>검출조건</td><td>IG ON 후 CAN하드웨어나 CAN 라인고장이 없는 상태에서 조향각 센서 CAN 메시지가 0.5초 이상, 주행 중 또는 제어 중에는 0.1초 이상 미입력 시</td></tr>
<tr><td>검출 후 조치내용</td><td>■ EBD/ABS/HBA/ESS 제어 가능
■ TCS/VDC/VSM/HAC/AVH/SCC 제어 불가</td></tr>
<tr><td>경고등</td><td>VDC 경고등 점등</td></tr>
<tr><td>경고등 소등조건</td><td>IG OFF/ON 후 정상시</td></tr>
</table>

[3] GDS 데이터 분석

① 자기진단 커넥터에 GDS를 연결한다.

② 시동을 건다.

③ 조향휠을 조작하면서 GDS "센서 데이터"에 표시되는 "조향휠각 센서(CAN)- VDC 사양"항목을 점검한다(규정값 : 조향휠을 좌/우로 회전시 정상 서비스데이터).

④ 조향휠 조작시 GDS에 표시되는 항목이 변하는가?

예	이 고장코드는 수리 후에 HECU의 기억을 소거하지 않은 과거 고장이거나, 브레이크 스위치 회로의 접촉 불량에 의한 일시적인 고장일 수 있다. 전체적으로 커넥터의 느슨함, 접촉 불량, 구부러짐, 부식, 오염, 변형 또는 손상을 점검한다. 필요시 수리 또는 교환한 후 "고장수리 확인" 절차를 수행한다.
아니오	"전원선 점검" 절차를 수행한다.

[4] 전원선 점검

① IG ON한다.

② MDPS 전원선과 차체 접지 사이의 전압을 점검한다(규정값 : 배터리 전압).

③ 측정된 값이 정상인가?

예	"접지선 점검" 절차를 수행한다.
아니오	배터리에서 MDPS사이 전원선의 단선 또는 단락된 회로를 점검하여 수리 후 "고장수리 확인" 절차를 수행한다.

[5] 접지선 점검

① IG OFF한다.

② MDPS 커넥터를 분리한다.

③ MDPS 배선측 커넥터 접지선 단자와 차체 접지사이의 저항을 점검한다(규정값 : 약 1Ω 이하).

④ 측정된 값이 정상인가?

예	"C-CAN 통신선 점검" 절차를 수행한다.
아니오	MDPS 접지선의 단선 또는 접촉저항을 점검하여 수리 후 "고장수리 확인" 절차를 수행한다.

[6] C-CAN 통신선 점검

① IG OFF한다.

② MDPS, HECU 커넥터를 분리한다.

③ MDPS C-CAN HIGH와 LOW 신호선 배선측과 MDPS C-CAN HIGH와 LOW 신호선 배선측 사이의 저항을 점검한다(규정값 : 약 1Ω 이하).

④ 측정된 값이 정상인가?

예	단품점검 절차를 수행한다.
아니오	배선의 단선 발생 부위를 찾아 수리 후 "고장수리 확인" 절차를 수행한다.

[7] 단품점검

① IG OFF한다.

② IG ON한다.

③ GDS를 연결한 후, 자기진단을 실시하여 "고장코드"를 확인한다.

④ 저장된 고장코드를 GDS를 이용하여 소거한다.

⑤ IG OFF한다.

⑥ 회로도를 참조하여 C-CAN에 연결된 ECU중 한 ECU의 커넥터를 탈거한다.

⑦ IG ON한다.

⑧ GDS를 연결한 후, 자기진단을 실시하여 "고장코드"를 확인한다.

⑨ 고장코드가 출력되었는가?

예	▪ 1번 절차로 돌아간다. 5번에서 탈거한 ECU를 다시 연결하고 C- CAN에 연결된 다른 ECU의 커넥터를 탈거한다. ▪ 문제 ECU가 확인될 때까지 C-CAN에 연결된 모든 ECU에 대해 위의점검 절차를 수행한다. ▪ 위의 점검과정에서 문제되는 ECU가 발견되지 않았다면 정상적인 MDPS로 교환한 후 작동이 정상이면 MDPS를 교환하고 "고장수리 확인" 절차를 수행한다.
아니오	C-CAN을 사용하는 다른 ECU의 비정상적인 C-CAN BUS 점유에 의한 문제이다. 문제가 발견된 ECU의 고장을 점검 수리 후 "고장수리 확인" 절차를 수행한다.

3.2.8. 조향각 센서 신호 이상(C126008)

AEB(Autonomous Emergency Braking)는 운전자의 주의 산만과 같은 요인으로 제동시점이 늦어지거나 제동력이 충분히 확보되지 않아 발생할 수 있는 사고에 대한 충돌회피 또는 피해경감을 목적으로 하는 기능이다. 시스템의 제어순서는 다음과 같다.

① AEB는 레이더 센서를 이용하고, LKAS(Lane Keeping Assist System)는 카메라 센서를 이용하여 선행 차량 감지 및 데이터를 퓨전(결합)한다(Local CAN).

② AEB는 퓨전 감지데이터를 이용하여 AEB 제어대상 차량을 확인한다.

③ SCC는 계산된 "요구 감·가속도"를 VDC로 전송(CAN통신)한다.

④ AEB는 계산된 "요구 감속도"를 VDC(ESC)로 전송한다(CAN통신).

⑤ VDC(ESC)는 "요구 감속도"구현을 위한 필요 토크계산 후, 제동제어를 수행한다(CAN통신).

[1] 고장코드 설명

AEB(SCC) 모듈은 CAN으로 조향각 센서값이 비정상적으로 수신될 경우 고장코드 C126008을 출력한다.

[2] 고장 판정조건

항 목	판정 조건	고장예상 원인
진단방법	CAN 메시지 모니터링	1. 조향각센서 이상(MDPS 내부)
진단조건	■ 엔진 구동중(EMS로부터 2초 이상 엔진 동작중 신호 수신) ■ 배터리 전압 정상(9~16V) ■ CAN 통신선 정상	
고장판정	■ 비정상적인 조향 각 센서 체크섬 값이 수신될 경우 ■ 비정상적인 조향 각 센서 신호 카운터가 수신될 경우 ■ 조향 각 센서 상태 비정상 신호가 수신될 경우	
진단시간	500ms	
페일 세이프	■ AEB 작동 해제/금지 ■ AEB 경고등 점등	

3.2.9. 조향각 센서측 CAN신호 수신 이상(C162308)

"C126008 조향각 센서 신호 이상"참조

[1] 고장코드 설명

AEB(SCC) 모듈은 C-CAN으로 조향각 센서로부터 데이터를 받지 못하였을 경우 고장코드 C162308을 출력한다.

[2] 고장 판정조건

항 목	판정 조건	고장예상 원인
진단방법	CAN 메시지 모니터링	1. C-CAN 통신 회로 단선/단락 2. 조향각 센서 시스템 이상
진단조건	■ 엔진 구동 중(EMS로부터 2초 이상 엔진 동작중 신호 수신) ■ 배터리 전압 정상(9~16V) ■ CAN 통신선 정상	
고장판정	조향 각 센서로부터 데이터를 받지 못하였을 경우	
진단시간	500ms	
페일 세이프	■ AEB 작동 해제/금지 ■ AEB 경고등 점등	

[3] C-CAN 통신선 단선, 단락점검

① 점화스위치 OFF

② AEB(SCC) 모듈 커넥터 C-CAN High, C-CAN Low단자와 차체 접지사이의 저항을 측정한다(규정값 : 무한대 Ω).

③ 점화스위치를 ON한다.

④ AEB(SCC) 모듈 커넥터 C-CAN High, C-CAN Low단자와 차체 접지사이의 전압을 측정한다(규정값 : 약 5V 이하).

⑤ AEB(SCC) 모듈과 SAS(스티어링 앵글 센서) 모듈 커넥터를 분리한다.

⑥ AEB(SCC) 모듈 커넥터 배선측 C-CAN High단자와 SAS 모듈 커넥터 배선측 C-CAN High 단자 사이의 저항을 측정한다(규정값 : 약 1Ω 이하).

⑦ AEB(SCC) 모듈 커넥터 배선측 C-CAN Low 단자와 SAS 모듈 커넥터 배선측 C-CAN Low 단자사이의 저항을 측정한다(규정값 : 약 1Ω 이하).

⑧ 측정된 값이 정상인가?

예	■ 일시적인 커넥터나 배선 접촉불량으로 고장이 발생했거나 수리되었지만 ECU 메모리에 고장코드가 기억되어 있는 경우일 수 있다. 따라서 커넥터나 배선사이 늘어짐, 접촉불량, 꺾임, 부식, 오염 및 손상에 대해 전반적으로 점검한다. ■ 필요한 수리 또는 교환을 하고, "고장수리 확인" 절차를 수행한다.
아니오	C-CAN 통신선 단선, 단락된 회로를 수리한 후 "고장수리 확인" 절차를 수행한다.

4 토크센서

4.1. 토크센서 메인신호

4.1.1. 단락, 개방(C1290)

EPS는 작동에 필수적인 입력 조건인 스티어링 휠에 인가되는 토크와 조향각속도를 토크센서를 이용하여 입력받는다. 토크센서는 2개의 유사한 센서로 구성이 되어 두 신호를 비교하여 동작한다.

[1] 고장코드 설명

EPS CM은 토크센서 배선의 단선, 단락 또는 2개의 센서 신호가 불일치하는 경우와 토크센서가 정상적으로 토크를 계산할 수 없을 경우에 고장코드 C1290을 출력한다.

[2] 고장 판정조건

항 목	판정 조건	고장예상 원인
진단방법	신호 검출 및 두 센서 값 비교	1. 토크센서 배선 불량 2. 토크센서 이상
진단조건	IG ON 시	
고장판정	신호 이상 및 센서 값 불일치	
고장조치	경고등 ON, EPS 동작 중지	
해제조건	IG OFF 후 ON시 정상 동작일 경우	

[3] 단품점검

① 점화스위치 OFF

② 점화스위치 ON

③ GDS를 자기진단 커넥터에 연결하고 "고장코드"를 확인한다.

④ 저장된 고장코드 GDS를 이용하여 소거한다.

⑤ 차량을 주행하여 좌, 우회전을 수회 실시한다.

⑥ GDS로 자기진단을 실시하여 고장코드가 발생되었는지 확인한다.

⑦ 고장코드가 출력되었는가?

예	▪ 토크센서의 장착 상태를 점검하고 이상이 있으면 조절한 후 "고장수리 확인" 절차를 수행한다. ▪ 이상이 없다면 정상 작동하는 스티어링 컬럼 & EPS 유닛 어셈블리로 교체하고 시스템이 정상 작동하는지 확인한다. 문제가 해결되었다면 스티어링 컬럼 & EPS 유닛 어셈블리를 교환을 하고, "고장수리 확인" 절차를 수행한다.
아니오	토크센서 단품 불량에 의한 일시적인 고장일 수 있다. 다음으로 "고장수리 확인" 절차를 수행한다.

Chapter

7

바디전장 [전기장치]

1 배터리

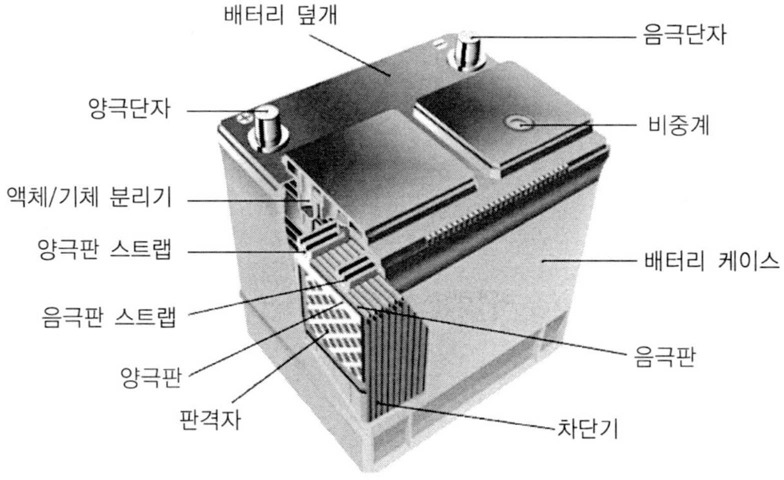

「그림」 1. 배터리

1.1. 시스템 전원

1.1.1. 전원 낮음(P0562)

메인릴레이는 PCM과 연결되어 있어 접지를 통해 제어를 하고 다른 한 쪽은 배터리에 연결되어 있다. PCM은 릴레이를 거치기 전·후의 전압을 모니터한다.

[1] 고장코드 설명

시스템전압 너무 낮음. 전압 감시 10V 이하일 경우 고장코드 P0562를 출력한다.

[2] 고장 판정조건

항 목	판정 조건	고장예상 원인
진단방법	전기적인 점검	1. 커넥터 접촉 불량 2. 배선 손상 3. 충전시스템
진단조건	■ 관련된 에러 없음 ■ 차량속도 〉 10km/h	
고장판정	배터리 전압 〈 10V	
진단시간	30초	
경고등 점등 조건	2회째 운전 사이클	

[3] 충전시스템 점검

① 시동을 건다.

② 엔진 공회전상태에서 헤드라이트와 열선을 켜고, 엔진 RPM을 2분 동안 2,500 RPM으로 유지한다.

③ GDS "센서 데이터" 항목 중 "배터리전압" 항목을 점검한다.

④ 규정값

외기온도(℃)	기준 전압(V)
-20	약 14.2~15.4
20	약 14.0~15.0
60	약 13.7~14.9
80	약 13.5~14.7

⑤ 측정값이 정상인가?

예	이 고장은 커넥터의 접촉 불량에 의한 일시적인 고장이다. 전체적으로 커넥터의 느슨함, 접촉 불량, 구부러짐, 부식, 오염, 변형 또는 손상을 점검한다. 필요시 수리 또는 교환을 하고, "고장수리 확인" 절차를 수행한다.
아니오	충전장치 고장이 의심 되므로 알터네이터와 배터리를 점검한 후 이상이 발견되면 수리 또는 교환한다. "고장수리 확인" 절차를 수행한다.

1.1.2. 전원 높음(P0563)

"P0562시스템 전원 낮음" 참조

[1] 고장코드 설명

시스템전압 너무 높음, 전압 감시 16V 이상일 경우 고장코드 P0563을 출력한다.

[2] 고장 판정조건

항 목	판정 조건	고장예상 원인
진단방법	전기적인 점검	1. 커넥터 접촉불량 2. 배선 손상 3. 충전시스템
진단조건	■ 관련된 에러 없음 ■ 차량속도 〉10km/h	
고장판정	배터리 전압 〉16.5V	
진단시간	30초	
경고등 점등조건	2회째 운전 사이클	

[3] 충전시스템 점검

"P0562시스템 전원 낮음" 참조

1.2. 배터리센서

1.2.1. 센서 이상(U1111)

차량이 전자제어화 될수록 많은 컨트롤 유닛들이 장착되고 있다. 이러한 유닛들은 다양한 센서들로부터 오는 정보를 바탕으로 시스템을 컨트롤 한다. 그러므로 센서들로부터 신뢰성 있는 정보수신의 필요성과 안정적인 전원공급의 중요성은 갈수록 커지고 있다.

배터리센서는 배터리의 "-"단자에 설치되어 있다. 이 센서는 배터리의 전압, 전류, 온도 등의 정보를 PCM으로 공급한다. PCM은 이 신호값을 토대로 안정적인 전원의 공급이 가능하도록 발전제어를 수행한다.

[1] 고장코드 설명

PCM은 배터리 센서의 Lin 통신내용 중 error bit가 1로 수신될 시 배터리센서 이상을 표시한다.

[2] 고장 판정조건

항 목	판정 조건	고장예상 원인
검출방식	신호 모니터링	1. 배터리 센서 단품 이상
검출조건	■ 엔진 회전상태 ≥ 2초 ■ 배터리 전압 ≥ 11V	
판정값	배터리센서 이상	
검출시간	연속적인 검사	
경고등 점등조건	경고등 미 점등(고장코드만 기억)	

1.3. 배터리전압

1.3.1. 전압 높음(C110117)

LDWS(Lane Departure Warning System, 차선이탈 경보장치)는 시스템을 정상작동시키기 위해서 배터리 전압상태를 감지한다.

배터리전압이 저 전압일 경우 시스템 작동이 안 될 수 있으며, 고전압일 경우 LDWS ECU가 손상될 가능성이 있다.

[1] 고장코드 설명

LDWS ECU는 입력되는 배터리 전압값이 정상값보다 높을 경우 고장코드 C110117을 출력한다.

[2] 고장 판정조건

항 목	판정 조건	고장예상 원인
검출방법	공급전압 확인	1. 전원회로 배선, 커넥터 접촉불량 2. 과충전 3. LDWS 내부 결함
감지조건	IG ON	
검출조건	배터리 전압이 16.1V 이상	
검출시간	2초	

[3] 단품점검

① 저장된 고장코드를 GDS를 이용하여 소거한다.

② LDWS를 OFF후 다시 ON한다.

③ GDS로 "고장코드"점검을 실시하여 고장코드가 발생되었는지를 확인한다.

④ 고장코드가 출력되었는가?

예	정상적인 LDWS로 교환을 하고, "고장수리 확인" 절차를 수행한다. LDWS를 교환하였을 경우, 카메라 영점 보정을 실시한다.
아니오	이 고장은 수리 후, LDWS의 기억을 소거하지 않은 과거고장에 의한 일시적인 고장일 수 있다. 다음으로 "고장수리 확인" 절차를 수행한다.

1.3.2. 전압 낮음(C110216)

"C110117 배터리 전압 높음" 참조

[1] 고장코드 설명

LDWS ECU는 입력되는 배터리 전압값이 정상값보다 낮을 경우 고장코드 C110216을 출력한다.

[2] 고장 판정조건

항 목	판정 조건	고장예상 원인
검출방법	공급전압 확인	1. 전원회로 배선, 커넥터 접촉 불량 2. 과방전 3. LDWS 내부 결함
감지조건	IG ON 또는 엔진 ON	
검출조건	배터리 전압이 8.9V 이하	
검출시간	10초	

[3] 단품점검

"C110117 배터리 전압 높음" 참조

2 스타터(Starter)

「그림」 2. 스타터모터

2.1. 스타터 컷 릴레이회로

2.1.1. 제어값 낮음(P0616)

IG 키로부터 신호가 입력되면 PCM은 엔진을 구동시키기 위하여 스타터 릴레이를 접지시킨다. ISG시스템인 경우 PCM은 아이들 스탑 해제조건이나 오토 스타터 조건이 만족시 엔진을 구동시킨다.

[1] 고장코드 설명

스타터 릴레이가 접지 단락되어 2V 이하로 감지되거나, 오토 스타터 조건에서 엔진이 구동되지 않을 시, 고장코드 P0616을 출력한다.

[2] 고장 판정조건

항 목	판정 조건	고장예상 원인
진단방법	스타터 릴레이 출력 전압 감시	1. 커넥터 연결 상태 불량 2. 회로 단선 단락 3. 스타터 릴레이
고장진단 조건	오토 스타트 제어 중	
고장판정	스타터 릴레이 출력 전압 < 2V	
진단시간	0.03초	
경고등 점등 조건	경고등 점등 안 됨	

[3] 스타터 릴레이제어 회로점검

① IG OFF한다.

② 스타터 릴레이를 탈거한다.

③ IG ON한다.

④ 스타터릴레이 전원선과 차체 접지사이의 전압을 측정한다(규정값: 배터리전압).

⑤ 스타터 릴레이 제어선과 차체 접지사이의 전압을 측정한다(규정값 : 약 4.3V).

⑥ 측정값이 정상인가?

예	"단품점검(스타터 릴레이 점검)" 절차를 수행한다.
아니오	■ 전원선 전압이 배터리 전압이 아닐 경우 배터리에서 스타터 릴레이 사이 퓨즈의 소손이나 배선의 단선/단락을 점검하고 수리 후 "고장수리 확인" 절차를 수행한다. ■ 제어선 전압이 비정상일 경우 PCM에서 스타터 릴레이사이 제어선의 단선/단락을 점검하고 수리 후 "고장수리 확인" 절차를 수행한다.

[4] 단품점검(스타터 릴레이 점검)

① IG OFF한다.

② 스타터 릴레이를 탈거한다.

③ 스타터 릴레이 제어단과 배터리 전원단사이의 저항을 점검한다(규정값 : YES (약 70Ω ~120Ω).

④ 스타터모터 공급 전원단과 배터리 전원단사이의 저항을 점검한다(규정값 : NO).

⑤ 측정값이 정상인가?

예	이 고장은 커넥터의 접촉 불량에 의한 일시적인 고장이다. 전체적으로 커넥터의 느슨함, 접촉 불량, 구부러짐, 부식, 오염, 변형 또는 손상을 점검한다. 필요시 수리 또는 교환한 후 "고장수리 확인" 절차를 수행한다.
아니오	스타터 릴레이를 교환한다. 다음으로 "고장수리 확인" 절차를 수행한다.

3 알터네이터(Alternator)

그림 3. 알터네이터

3.1. 알터네이터 고장진단

3.1.1. 회로 이상(P0620)

점화스위치 ON상태에서 PCM은 기준 PWM을 출력하여 알터네이터 FR단자 배선의 정상 유무를 감시한다. 주행 중 출력 듀티(-)는 부하가 증가할수록 증가하며 역으로, 부하가 감소하면 듀티도 감소한다.

PCM은 전류 손실량을 빠르게 대응하기 위해서 통신 레귤레이터가 장착된 알터네이터를 사용하여 발전제어를 한다. 듀티 변화로 발전량을 조절한다.

[1] 고장코드 설명

PCM은 알터네이터 제어선의 단선 단락 시 고장코드 P0620을 출력한다.

[2] 고장 판정조건

항 목	판정 조건	고장예상 원인
진단방법	제어선 전압 감시	1. 커넥터 연결상태 불량 2. 관련 배선 단선 단락
진단조건	IG ON	
고장판정	제어선의 단선/단락 감지 시	
진단시간	1초	
경고등 점등조건	경고등 점등 안 됨	

[3] FR단자 배선 전압점검

① IG OFF, 발전기 커넥터를 분리한다.

② IG ON한다.

③ 알터네이터 배선측 FR단자와 접지사이의 전압을 측정한다(규정값 : 약 9~ 12V).

④ 측정된 값이 정상인가?

예	"C단자 배선 점검" 절차를 수행한다.
아니오	발전기 FR단자 배선의 접지 단락된 회로를 수리한 후 "고장수리 확인" 절차를 수행한다.

[4] C단자 배선 전압점검

① IG OFF, 발전기 커넥터를 분리한다.

② IG ON한다.

③ 발전기 배선측 C단자와 접지사이의 전압을 측정한다(규정값 : 약 3.4V).

④ 측정된 값은 정상인가?

예	"단품점검" 절차를 수행한다.
아니오	발전기 C단자 배선의 접지 단락된 회로를 수리한 후 "고장수리 확인" 절차를 수행한다.

[5] 단품점검(발전기점검)

① 시동을 건다.

② 엔진 공회전 상태에서 헤드라이트와 열선을 켜고, 엔진 RPM을 2분 동안 2,500RPM으로 유지한다.

③ 배터리 터미널 (+)단자와 (-)단자사이의 전압을 측정한다(규정값 : 약 12.5~ 14.7V).

④ 측정된 값이 정상인가?

예	이 고장은 커넥터의 접촉 불량에 의한 접촉 불량에 의한 일시적인 고장이다. 전체적으로 커넥터의 느슨함, 접촉 불량, 구부러짐, 부식, 오염, 변형 또는 손상을 점검한다. 필요시 수리 또는 교환한 후 "고장수리 확인" 절차를 수행한다.
아니오	■ 드라이브 벨트장력을 점검하고, 엔진 RPM상태, 퓨즈상태, 배터리 터미널단자 상태, 발전기 B+단자 체결상태, L단자 상태, FR단자 상태, C단자 상태, 배터리부터 발전기까지의 B+배선상태 등을 점검하고 이상 발견시 적절한 수리 또는 교환을 한 후 "고장수리 확인" 절차를 수행한다. ■ 위의 점검 시 이상이 없다면 발전기를 교환한 후 "고장수리 확인" 절차를 수행한다.

3.2. 알터네이터 필드(F)단자 회로

3.2.1. 신호값 낮음(P0625)

"P0620 알터네이터 회로 이상" 참조

[1] 고장코드 설명

PCM은 엔진 작동중 FR단자 듀티가 2% 이하일 경우 배터리(+)단락 또는 단선으로 판단하여 P0625를 출력한다. PCM은 엔진 정지시 FR단자 듀티가 15% 이하일 경우 배터리(+)단락 또는 단선으로 판단하여 P0625를 출력한다.

[2] 고장 판정조건

항 목		판정 조건	고장예상 원인
경우 1	진단방법	배터리(+)단락 또는 단선(엔진 정지시)	1. 커넥터 연결상태 불량 2. 알터네이터 FR배선 단선 단락
	진단조건	■ 점화스위치 ON 후 0.1초 이상 경과 ■ 엔진 정지상태 ■ 관련 고장 없음	
	고장판정	입력신호 감시 〈 15%	
	진단시간	1초	
경우 2	진단방법	배터리(+)단락 또는 단선(엔진 작동)	
	진단조건	■ 600 〈 엔진회전수(RPM) 〈 4000 ■ 냉각수온 〉 73℃ ■ 배터리 전압 〈 16V ■ 관련고장 없음	
	고장판정	입력신호 감시 〈 2%	
	진단시간	20초	
경고등 점등조건		경고등 점등 안됨	

[3] FR단자 배선 전압점검

① IG OFF, 발전기 커넥터를 분리한다.

② IG ON한다.

③ 알터네이터 배선측 FR단자와 접지사이의 전압을 측정한다(규정값 : 약 9~ 12V).

④ 측정된 값이 정상인가?

예	이 고장은 커넥터의 접촉불량에 의한 일시적인 고장이다. 전체적으로 커넥터의 느슨함, 접촉불량, 구부러짐, 부식, 오염, 변형 또는 손상을 점검한다. 필요시 수리 또는 교환한 후 "고장수리 확인" 절차를 수행한다.
아니오	■ 0V일 경우 : 발전기 FR단자 배선의 단선된 회로를 수리한 후 "고장수리 확인" 절차를 수행한다. ■ 12V일 경우 : 발전기 FR단자 배선의 전원 단락된 회로를 수리한 후 "고장수리 확인" 절차를 수행한다.

3.2.2. 신호값 높음(P0626)

"P0620 알터네이터회로 이상" 참조

[1] 고장코드 설명

PCM은 엔진 정지시 FR단자 듀티가 35% 이상일 경우 접지단락으로 판단하여 고장코드 P0626을 출력한다.

[2] 고장 판정조건

항 목	판정 조건	고장예상 원인
진단방법	제어선 신호 듀티 감시	1. 커넥터 연결상태 불량 2. 알터네이터 FR배선 접지 단락
진단조건	■ 점화스위치 ON후 0.1초 이상 경과 ■ 엔진 정지 상태 ■ 관련 고장 없음	
고장판정	입력신호 감시 〉 35%	
진단시간	1초	
경고등 점등조건	경고등 점등 안됨	

[3] FR단자 배선 전압점검

"P0625 알터네이터 필드(F) 단자 회로 – 신호값 낮음" 참조

3.3. 발전제어 전압

3.3.1. 전압 이상(AMS, P2051)

"U1111배터리 센서 이상" 참조

[1] 고장코드 설명

PCM은 PCM의 전원 공급단자에서의 배터리 전압과 배터리 센서에서의 전압값 간의 차가 기준값을 벗어날 때 고장코드 P2051을 출력한다.

[2] 고장 판정조건

항 목	판정 조건	고장예상 원인
진단방법	신호값 모니터링	1. 충전시스템의 단선/단락 2. 배터리 센서 3. 연결상태 불량
진단조건	■ 엔진 운행상태 ■ LIN통신 관련 에러가 없을 때	
고장판정	PCM의 전원 공급단자에서의 배터리 전압값 – 배터리 센서의 전압값 〉 3V	
진단시간	연속적인 모니터링	
경고등 점등조건	경고등 미점등(고장코드만 기억)	

[3] 전원선 점검

(1) ECU 입력 전압점검

① 시동을 건다.

② PCM 전원선과 알터네이터 B단자사이의 전압을 측정한다(규정값 : 약 1V 이하).

③ 측정된 값이 정상인가?

예	배터리 전압점검 절차를 수행한다.
아니오	알터네이터 B단자와 PCM전원 입력단 사이의 단선, 단락된 회로를 수리 후 "고장수리 확인" 절차를 수행한다.

(2) 배터리 전압점검

① 시동을 건다.

② 배터리의 "+"단자와 알터네이터의 B단자 간의 전압을 측정한다(규정값 : 약 1V 이하).

③ 측정된 값이 정상인가?

예	"단품점검" 절차를 수행한다.
아니오	알터네이터 B단자와 배터리 "+"단자사이의 단선, 단락된 회로를 수리 후 "고장수리 확인" 절차를 수행한다.

[4] 단품점검

① 정상적인 배터리 센서로 교환한다.

② IG OFF한다.

③ 자기진단 커넥터에 GDS를 연결한다.

④ 고장코드를 삭제하고 고장 검출조건에 따라 차량을 주행한다.

⑤ GDS로 자기진단을 실시하여 고장코드가 발생되었는지 확인한다.

⑥ 고장코드 P2051이 출력되었는가?

예	PCM측 커넥터 및 터미널의 접촉 불량 또는 부식, 변형 등을 재점검하여 이상이 있으면 수리한다. 수리 완료 후 또는 정상일 경우 "고장수리 확인" 절차를 수행한다.
아니오	배터리 센서의 이상에 의한 고장이므로 정상적인 배터리 센서로 교환한다. 다음으로 "고장수리 확인" 절차를 수행한다.

3.3.2. 전압 이상(P2502)

"U1111배터리 센서 이상" 참조

[1] 고장코드 설명

알터네이터를 통한 발전 전압 목표값이 낮게 유지됨에도 측정되는 배터리 전압 값이 떨어지지 않고 변화가 없을 때 고장코드 P2502를 출력한다.

[2] 고장 판정조건

항 목	판정 조건	고장예상 원인
진단방법	신호값 모니터링	1. 충전시스템의 단선/단락 2. 배터리 센서 3. 연결상태 불량
진단조건	■ 엔진 운행 상태 ■ LIN 통신 관련 에러가 없을 때	
고장판정	발전 전압 목표 듀티, 전압값이 규정값 이상 일 때	
진단시간	연속적인 모니터링	
경고등 점등조건	경고등 미점등(고장코드만 기억)	

[3] 전원선 점검

(1) ECU입력 전압점검

① 시동을 건다.

② PCM 전원선과 알터네이터 B단자 사이의 전압을 측정한다(규정값 : 약 1V 이하).

③ 측정된 값이 정상인가?

예	배터리 전압점검 절차를 수행한다.
아니오	알터네이터 B단자와 PCM 전원 입력단 사이의 단선, 단락된 회로를 수리 후 "고장수리 확인" 절차를 수행한다.

(2) 배터리 전압점검

① 시동을 건다.

② 배터리의 "+"단자와 알터네이터의 B단자 간의 전압을 측정한다(규정값 : 약 1V 이하).

③ 측정된 값이 정상인가?

예	"단품점검" 절차를 수행한다.
아니오	알터네이터 B단자와 배터리 "+"단자사이의 단선, 단락된 회로를 수리 후 "고장수리 확인" 절차를 수행한다.

[4] 단품점검

① 정상적인 배터리 센서로 교환한다.

② IG OFF한다.

③ 자기진단 커넥터에 GDS를 연결한다.

④ 고장코드를 삭제하고 고장 검출조건에 따라 차량을 주행한다.

⑤ 고장코드 P2502가 출력되었는가?

예	PCM측 커넥터 및 터미널의 접촉 불량 또는 부식, 변형 등을 재점검하여 이상이 있으면 수리한다. 수리 완료 후 또는 정상일 경우 "고장수리 확인" 절차를 수행한다.
아니오	배터리 센서의 이상에 의한 고장이므로 정상적인 배터리 센서로 교환한다. 다음으로 "고장수리 확인" 절차를 수행한다.

3.4. 배터리 충전전류

3.4.1. 충전전류 낮음(AMS, P2503)

"U1111배터리 센서 이상" 참조

[1] 고장코드 설명

알터네이터 발전량이 적거나, 배터리충전이 불량일 경우 고장코드 P2503을 출력한다.

[2] 고장 판정조건

항 목	판정 조건	고장예상 원인
진단방법	신호값 감시	1. 연결상태 불량 2. 충전시스템의 단선/단락 3. 충전시스템 4. PCM
진단조건	■ 엔진 운행 상태 ■ IN Bus 에러가 없을 때/스마트 센서와 관련된 성능고장이 없을 때/알터네이터 에러가 없을 때	
고장판정	배터리 충전 전류가 규정값 이하일 경우	
진단시간	연속적인 모니터링	
경고등 점등조건	경고등 미점등(고장코드만 기억)	

[3] 알터네이터 회로점검

① 시동을 건다.

② 2분 이상 엔진을 2,500RPM으로 유지한다.

③ 배터리 (+)단자와 (-)단자 간의 전압을 측정한다(규정값 : 약 12.5~ 14.7V).

④ 측정된 전압값이 정상값 범위에 있는 가?

예	배터리 상태를 확인하고 필요한 고장수리를 실시한 후 "고장수리 확인" 절차를 수행한다.
아니오	벨트의 인장상태, 엔진 회전수, 관련 퓨즈, 배터리 및 알터네이터의 배선과 단자 등의 상태가 정상적인지 확인한다. 모두 정상적이면 알터네이터를 수리 또는 교환한 후 "고장수리 확인" 절차를 수행한다.

3.5. 이그니션

3.5.1. 전원 높음(B111117)

바디센서 OCU(ECU)는 시스템을 정상적으로 작동시키기 위하여 IG ON입력 전압을 점검한다. 입력 전압이 비정상일 경우 시스템 작동에 이상이 생길 수 있으며, 배터리와 함께 충전시스템도 함께 점검한다.

[1] 고장코드 설명

바디센서로 인가되는 입력전압이 설정값보다 높을 경우 고장코드 "B111117 이그니션 전원 높음"고장으로 인정하고 경고등을 점등한다.

[2] 고장 판정조건

항 목		판정 조건	고장예상 원인
검출방법		전압 감지	1. 충전 시스템(배터리 및 알터네이터 점검)
검출조건		IG KEY ON	
판정값		입력 전압 〉16V	
고장시간	검출시간	0.5초 이상 지속시	
	소거시간	0.5초 이상 지속시	

[3] GDS 데이터 분석

① 점화스위치를 OFF하고 GDS를 연결한다.

② 점화스위치 ON, 엔진 OFF 후 GDS의 고장코드 항목을 선택한다.

③ 자기진단시 GDS에 고장코드가 검출되는지 확인한다.

④ GDS를 사용하여 고장코드를 소거시킨다.

⑤ 자기진단 실행시 고장코드가 재 검출되는가?

예	충전시스템의 점검 절차를 수행한다.
아니오	■ 고장코드가 없거나 과거고장으로 표현될 경우 "바디센서 OCU(ECU)"의 고장기억을 소거하지 않았거나 부품 또는 "바디센서 OCU(ECU)"의 커넥터의 접촉불량에 의한 일시적인 고장이다. 전체적으로 커넥터의 느슨함, 접촉불량, 구부러짐, 부식, 오염, 변형 또는 손상을 점검한다. ■ 필요시 수리 또는 교환한 후 "고장수리 확인" 절차를 수행한다.

[4] 충전시스템의 점검

① 점화스위치 ON 후 시동을 걸고 전기장치인 헤드라이트 및 히터를 작동시킨다.

② 엔진 공회전 상태에서 2500RPM으로 2분 이상 가속한 후 배터리 (+)와 (-)의 전압을 측정한다(시스템작동 정상값 : 약 8V 〈 배터리 볼트 〈 16V(규정값 : 배터리 전압)).

③ 측정값이 정상 규정값 범위에 측정되는가?

예	전원선 점검 절차를 수행한다.
아니오	■ 알터네이터에서 배터리까지의 퓨즈, 배선 및 커넥터 연결 상태 등을 점검하고 필요시 수리 및 교환한다. ■ 배선 연결상태가 정상이고 과전압이 측정되면, 알터네이터를 수리하거나 교환한 후 "고장수리 확인" 절차를 수행한다.

[5] 전원선 점검

① 점화스위치 OFF

② 배터리에서 (-)단자 케이블을 분리하고 1분 이상 기다린다.

③ 바디센서 OCU(ECU) 커넥터를 분리한다.

④ 배터리에서 (-)단자 케이블을 연결하고 엔진 ON으로 한다.

⑤ 바디센서 OCU(ECU) 배선 커넥터 전원공급 단자와(ON/START(input)) 차체 접지사이의 전압을 측정한다(시스템 작동 정상값 : 약 8V 〈 배터리 볼트 〈 16V(규정값 : 배터리 전압)).

⑥ 측정값이 정상 규정값 범위에 측정되는가?

예	정상적인 "바디센서 OCU(ECU)"로 교환한 후 시스템이 정상적으로 되는지 확인한다. 문제가 해결되었다면 "바디센서 OCU(ECU)"를 신품으로 교환하고 "고장수리 확인" 절차를 수행한다.
아니오	▪ 정상적인 "바디센서 OCU(ECU)"메인 배선으로 교환한 후 시스템이 정상으로 되는지 확인한다. ▪ 문제가 해결되었다면 "바디센서 OCU(ECU)"메인 배선을 신품으로 교환하고 "고장수리 확인" 절차를 수행한다.

3.5.2. 전원 낮음(B111216)

"B111117 이그니션 전원 높음" 참조

[1] 고장코드 설명

바디센서로 인가되는 입력 전압이 설정값보다 낮을 경우 고장코드 "B111216 이그니션 전원 낮음"고장으로 인정하고 경고등을 점등한다.

[2] 고장판정 조건

<table>
<tr><th colspan="2">항 목</th><th>판정 조건</th><th>고장예상 원인</th></tr>
<tr><td colspan="2">검출방법</td><td>전압 감지</td><td rowspan="5">1. 충전시스템
2. 배터리 터미널
3. 회로 단선/단락</td></tr>
<tr><td colspan="2">검출조건</td><td>IG KEY ON</td></tr>
<tr><td colspan="2">판정값</td><td>입력 전압 〈 8V</td></tr>
<tr><td rowspan="2">고장시간</td><td>검출시간</td><td>0.5초 이상 지속시</td></tr>
<tr><td>소거시간</td><td>0.5초 이상 지속시</td></tr>
</table>

[3] GDS 데이터분석

"B111117 이그니션 전원 높음" 참조

[4] 충전시스템 점검

"B111117 이그니션 전원 높음" 참조

[5] 전원선 점검

"B111117 이그니션 전원 높음" 참조

4 점화코일(Ignition Coil)

4.1. 임의의 실린더 실화발생(P0300)

실화는 여러 가지 요인으로 인하여 실린더 내에서 혼합가스가 미 점화되어 미연소된 상태를 말한다. 이러한 미연소 가스는 결국 촉매에서 산화되어 촉매온도가 상승하게 되며 다량의 실화가 지속적으로 발생될 경우 촉매 및 엔진의 손상을 가져올 수 있다.

PCM은 크랭크샤프트의 회전속도 변화를 감지하여 실화발생 여부를 판단한다. 즉, 실화가 발생할 경우 해당 기통의 폭발/팽창행정이 길어지므로 이를 감지하여 실화 여부를 판단한다.

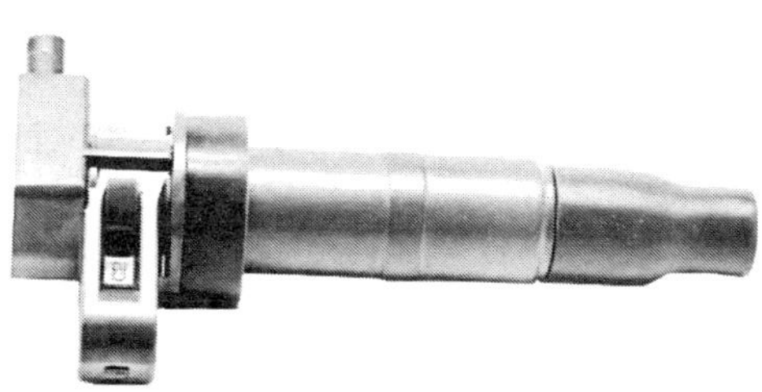

「그림」 4. 점화코일

PCM은 촉매에 손상을 주는 실화의 경우 엔진회전수 200RPM 단위로 감시하며 실화 발생시 고장경고등(MIL)을 점멸시키며, 촉매에 손상을 주지 않는 실화의 경우 엔진회전수 1000RPM 단위로 감시한다. 실화감시는 차량이나 노면의 불안정한 상태로 인하여 오 진단을 할 수 있으므로 급발진, 급가속, 변속시 또는 거친 노면주행 시에는 진단이 금지된다.

[1] 고장코드 설명

다중 실화감지, 실화감지 기통 2기통 이상일 경우 고장코드 P0300을 출력한다.

[2] 고장 판정조건

<table>
<tr><th colspan="2">항 목</th><th>판정 조건</th><th>고장예상 원인</th></tr>
<tr><td colspan="2">진단방법</td><td>실화율 계산(2개 이상의 다수기통에서 실화 발생)</td><td rowspan="9">1. 점화플러그 또는 점화코일
2. 밸브타이밍
3. 압축압력
4. 공기 누설
5. 연료(인젝터)계통
6. 냉각시스템</td></tr>
<tr><td rowspan="4">경우 1</td><td>진단조건</td><td>■ 엔진 부하비율 〉 14~71%
■ 470RPM 〈 엔진회전수 〈 6200RPM
■ 흡입공기량 변화율 3~23%/s
■ 스로틀 구배 〈 58.6~1265.6%/초</td></tr>
<tr><td>고장판정</td><td>실화비율 〉 9~47%(200 회전내)</td></tr>
<tr><td>진단시간</td><td>3*200rev 또는 200rev</td></tr>
<tr><td>경고등 점등조건</td><td>1회째 운전 사이클</td></tr>
<tr><td rowspan="4">경우 2</td><td>진단조건</td><td>■ 11V 〈 배터리 전압 〈 16V
■ 연료 컷 조건 아님
■ 엔진 냉각수온 〉 20℃(시동시 수온이 -7℃ 이하일 경우)
■ 관련된 고장코드 없을 때</td></tr>
<tr><td>고장판정</td><td>실화비율 〉 2%(1000 회전내)</td></tr>
<tr><td>진단시간</td><td>1000rev 또는 4*1000rev</td></tr>
<tr><td>경고등 점등조건</td><td>2회째 운전 사이클</td></tr>
</table>

[3] 시스템점검

(1) 연료 압력점검

① 엔진을 정상 작동 온도까지 난기 시킨다.

② GDS를 설치하고 “센서 데이터” 중 “연료압력” 항목값을 점검한다.

③ 측정값은 정상인가?

예	엔진 압축 압력점검 절차를 수행한다.
아니오	아래 표를 참고하여, 고장 가능 부위를 점검한다. 이상이 발견되면 교환 또는 수리한 후 “고장수리 확인” 절차를 수행한다.

조 건	가능 원인	고장 가능부위
연료 압력 낮음	연료필터 막힘	연료 필터
	펌프 드라이버 작동 불량	펌프 드라이버
	연료 펌프 작동 불량	연료펌프
	연료압력 조절기의 연료 누출	연료압력 조절기
연료 압력 높음	연료 압력 조절기 고착	연료압력 조절기

(2) 엔진 압축 압력점검

① 차량을 공회전 상태로 유지하여 난기시킨다. 배터리가 완충전 상태인가를 확인한 후 필요하면 수리, 교환한다.

② 시동을 끈 후 점화스위치 OFF상태에서 점화코일 커넥터와 코일 케이블 및 점화플러그를 분리한다.

③ 압축 압력게이지를 설치한 후(스로틀밸브 전개 상태에서) 크랭킹을 실시하면서 압축압력을 점검한다.

④ 정상값

㉮ 규정값 : $13.0kgf/cm^2$

㉯ 한계값 : $11.5kgf/cm^2$

㉰ 각 실린더 압력차 : $1.0kgf/cm^2$ 이하

⑤ 압축압력이 정상인가?

예	과도한 냉각수의 소모가 있는지 점검한다. 만약 발견되면 냉각수 통로, 엔진블록, 실린더 헤드 및 개스킷을 점검한다. 이상이 발견될 경우에는 수리 또는 교환을 하고 "고장수리 확인" 절차를 수행한다. 이상이 없다면 다음으로 "단품점검"을 실시한다.
아니오	하나 또는 그 이상의 실린더의 압축압력이 규정치 이하라면 해당 실린더 점화플러그 홈을 통해 소량의 엔진 오일을 넣고 압축압력을 재 측정한다. 수리 또는 교환한 후 "고장수리 확인" 절차를 수행한다. - 압축압력이 상승한 경우 피스톤링 또는 실린더 벽 마모 또는 손상을 점검한다. - 압축압력이 상승하지 않을 경우에는 밸브고착, 밸브시트 접촉 불량 또는 개스킷을 통한 가스 누기를 점검한다.

[4] 단품점검

(1) 시각적, 물리적 점검

① 아래 조건에 대해 시각적, 물리적 점검을 수행한다.

㉮ 진공호스의 손상, 꺾임 및 연결불량

㉯ 포지티브 크랭크케이스 벤틸레이션(PCV)밸브의 오장착 여부, 오링 손상유무

㉰ PCM 접지상태 점검

② 아래 항목을 대상으로 공기량 센서와 엔진 냉각수온 센서를 점검한다.

㉮ 커넥터 접촉불량 및 배선 손상

㉯ 엔진 회전수 증가에 따라 공기량 센서 신호가 점진적으로 증가 하는지 여부 (가속페달을 밟으면서 GDS상의 공기량 센서 값을 점검한다).

㉰ GDS상의 엔진 냉각수온 센서 값이 엔진 난기상태 등을 비교하며 실제값과 일치하는지 점검한다.

③ 문제가 발견되었는가?

예	필요한 수리 또는 교환을 하고, "고장수리 확인" 절차를 수행한다.
아니오	타이밍 점검 절차를 수행한다.

(2) 타이밍 점검

① 오실로 스코프를 아래와 같이 연결한다.

㉮ 채널 A(+) : CKPS 신호선 터미널, (-) : 접지

㉯ 채널 A(+) : CMPS#1 신호선 터미널, (-) : 접지

② 엔진 시동 후, CKP센서 신호와 CMP 센서#1 파형이 정상적으로 출력되는지 점검한다.

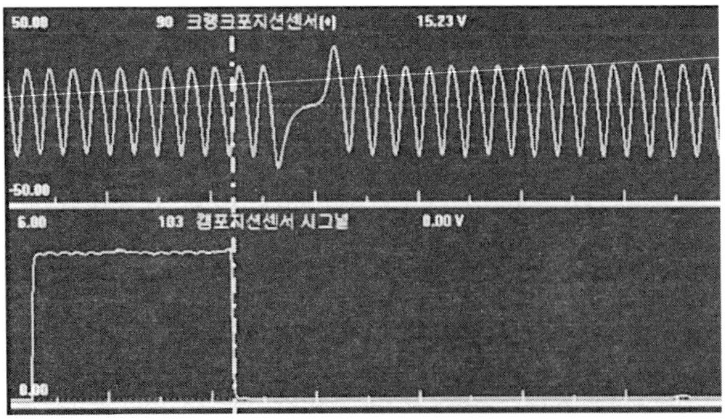

「그림」 5. CKP센서 신호와 CMP센서#1 파형

㉮ 캠 신호의 1/2주기 동안 크랭크신호는 미싱투스 포함 60개의 돌기 신호가 표출된다, 각 신호의 잡음, 개수 틀림 및 위치상이 등을 점검한다.

㉯ 캠 신호 하강(상승) 신호와 미싱투스 사이에는 3~5개의 크랭크샤프트 돌기 신호가 표출되어야 한다.

③ 파형이 정상적으로 출력되는가?

예	점화정치 점검 절차를 수행한다.
아니오	아래 사항을 참고하여 엔진 타이밍시스템을 점검한다. - 크랭크샤프트 또는 캠 샤프트 센서를 분리한 후 에어 갭 확인 - 타이밍 벨트의 올바른 장착 - 캠 샤프트 타이밍 체인의 정렬 필요에 따라 재조정 및 수리 후, "고장수리 확인" 절차를 수행한다.

(3) 점화장치 점검

1) 점화코일 점검

① 실화가 발생한 실린더의 점화코일에 대해 시각적, 물리적 점검을 수행한다.

㉮ 손상, 균열 및 카본 누적 여부

㉯ 배선손상 또는 접촉불량

㉰ 점화코일 커넥터 연결상태

② 실화가 발생한 실린더의 점화코일 1차 및 2차 저항을 점검한다.

㉮ 1차코일 규정값 : 0.75±15%Ω (20℃)

㉯ 2차코일 규정값 : 5.9±15%kΩ (20℃)

③ 문제가 발견되었는가?

예	필요한 수리 또는 교환을 하고, "고장수리 확인" 절차를 수행한다.
아니오	점화플러그 점검 절차를 수행한다.

2) 점화플러그 점검

① 실화가 발생한 실린더의 점화플러그에 대해 시각적, 물리적 점검을 수행한다.

㉮ 절연손상, 전극 소손, 오일 또는 연료 오염 및 커넥터 터미널 손상 등

㉯ 에어 갭 : 1.0~1.1mm

㉰ 미 점화로 인해 다른 실린더 점화플러그 대비 그을림이 붙은 플러그가 있는지 여부를 점검한다.

② 문제가 발견되었는가?

예	필요한 수리 또는 교환을 하고, "고장수리 확인" 절차를 수행한다.
아니오	신중하게 DTC진단 가이드 절차를 다시 수행한다. 다음으로 배선 및 커넥터에 문제가 없고 증상이 지속될 경우 단품을 교환한 후 "고장수리 확인" 절차를 수행한다.

4.2. 실린더

4.2.1. 1번 실화 감지(P0301)

"P0300 임의의 실린더 실화 발생" 참조

[1] 고장코드 설명

PCM은 1번 실린더에서 실화가 감지되면 고장코드 P0301을 출력한다.

[2] 고장 판정조건

<table>
<tr><th colspan="2">항 목</th><th>판정 조건</th><th>고장예상 원인</th></tr>
<tr><td colspan="2">진단방법</td><td>실화율 계산</td><td rowspan="5">1. 점화플러그 또는 점화코일
2. 밸브타이밍
3. 압축압력
4. 공기누설
5. 연료(인젝터)계통
6. 냉각시스템</td></tr>
<tr><td rowspan="4">경우 1</td><td>진단조건</td><td>■ 엔진 부하비율〉14~71%
■ 470RPM〈 엔진회전수〈 6200RPM
■ 흡입공기량 변화율 3~23%/s
■ 스로틀 구배〈 58.6~1265.6%/초</td></tr>
<tr><td>고장판정</td><td>실화비율〉9~47%(200 회전내)</td></tr>
<tr><td>진단시간</td><td>3*200rev 또는 200rev</td></tr>
<tr><td>경고등 점등조건</td><td>1회째 운전 사이클</td></tr>
<tr><td rowspan="4">경우 2</td><td>진단조건</td><td>■ 11V〈 배터리 전압〈 16V
■ 연료 차단 조건 아님
■ 엔진 냉각수온〉20℃(시동시 수온이 -7℃ 이하일 경우)
■ 관련된 고장코드 없을 때</td><td rowspan="4">1. 점화플러그 또는 점화코일
2. 밸브타이밍
3. 압축압력
4. 공기누설
5. 연료(인젝터)계통
6. 냉각시스템</td></tr>
<tr><td>고장판정</td><td>실화비율〉2%(1000 회전 내)</td></tr>
<tr><td>진단시간</td><td>1000rev 또는 4*1000rev</td></tr>
<tr><td>경고등 점등조건</td><td>2회째 운전 사이클</td></tr>
</table>

[3] 시스템점검

"P0300 임의의 실린더 실화 발생" 참조

[4] 단품점검

"P0300 임의의 실린더 실화 발생" 참조

4.2.2. 2번 실화 감지(P0302)

"P0300 임의의 실린더 실화 발생" 참조

[1] 고장코드 설명

PCM은 2번 실린더에서 실화가 감지되면 고장코드 P0302를 출력한다.

[2] 고장 판정조건

"P0301 실린더 1번 실화 감지" 참조

[3] 시스템점검

"P0300 임의의 실린더 실화 발생" 참조

[4] 단품점검

"P0300 임의의 실린더 실화 발생" 참조

4.2.3. 3번 실화 감지(P0303)

"P0300 임의의 실린더 실화 발생" 참조

[1] 고장코드 설명

PCM은 3번 실린더에서 실화가 감지되면 고장코드 P0303을 출력한다.

[2] 고장 판정조건

"P0301 실린더 1번 실화 감지" 참조

[3] 시스템점검

"P0300 임의의 실린더 실화 발생" 참조

[4] 단품점검

"P0300 임의의 실린더 실화 발생" 참조

4.2.4. 4번 실화 감지(P0304)

"P0300 임의의 실린더 실화 발생" 참조

[1] 고장코드 설명

PCM은 4번 실린더에서 실화가 감지되면 고장코드 P0304를 출력한다.

[2] 고장 판정조건

"P0301 실린더 1번 실화 감지" 참조

[3] 시스템점검

"P0300 임의의 실린더 실화 발생" 참조

[4] 단품점검

"P0300 임의의 실린더 실화 발생" 참조

4.3. 냉간시동 점화시기 이상(P050B)

PCM은 냉간 시동시 촉매장치의 온도 활성화를 위하여 엔진 RPM과 점화시기를 지각하면서 제어하게 된다.

[1] 고장코드 설명

PCM은 냉간 시동시 목표 점화시기와 현재 점화시기가 비정상적으로 감지될 경우 고장으로 인식하여 고장코드 P050B를 출력한다.

[2] 고장 판정조건

항 목	판정 조건	고장예상 원인
진단방법	냉간 시동시 점화시기 합리성 점검	1. 흡기시스템 제한 2. 배기막힘 3. 진공누출 4. 엔진 기계적 문제 5. 스로틀바디의 카본 퇴적 6. ETC시스템
진단조건	■ 차속 〈 2km/h ■ 시동시 냉각수 온도 -9~32.2℃ ■ 시동 후 5초 이상 경과 ■ APS = 0	
고장판정	점화시기 효율의 목표값과 실제값의 차이를 적산한 결과가 0.2이하 일 때	
진단시간	20초	
경고등 점등조건	2회째 운전 사이클	

[3] 흡기시스템의 막힘 점검

① 다음 사항에 대해서 점검한다.

㉮ 이물질이나 많은 먼지가 쌓인 에어클리너

㉯ 흡기 및 배기시스템의 불량

㉰ 엔진 기계적 고장

㉱ 스로틀바디 입구 손상 또는 이물질 유입

㉲ 스로틀바디 카본 퇴적 또는 고착

② 위 사항들에 대해서 문제점이 발견 되었는가?

예	발견된 문제점을 해결한 후, 다음으로 “고장수리 확인” 절차를 수행한다.
아니오	고장코드를 지우고, 위에서 언급된 검출조건으로 차량 테스트를 한다. 이 고장코드가 다시 나타나면, “단품점검”의 “강제구동” 절차를 수행한다.

[4] 단품점검(강제구동)

① 자기진단 커넥터에 GDS를 연결한다.

② GDS의 “강제구동”의 [ETC모터]항목을 수행하고 TPS1, 2의 신호값이 정상적으로 변화하는지 확인한다.

③ 관련된 “센서 데이터” 항목을 선택한다.

④ 강제구동 실시 후, TPS1과 TPS2 값이 반비례하여 변화가 되는지와 강제 구동시 ETC 작동음이 들리는지 확인한다.

⑤ 센서 데이터 및 모터 작동음이 정상인가?

예	PCM측 커넥터 및 터미널의 접촉불량 또는 부식, 변형 등을 재점검하여 이상이 있으면 수리한다. 수리 완료 후 또는 정상일 경우 "고장수리 확인" 절차를 수행한다.
아니오	TPS1과 TPS2의 신호 출력값이 비정상일 경우 : P0121 또는 P0221의 진단절차를 따라 수리한다. ETC 모터 작동음이 들리지 않을 경우 P0638의 진단절차를 따라 수리한다. 수리 완료 후 "고장수리 확인" 절차를 수행한다.

[5] 부가기능

스로틀바디 어셈블리 또는 PCM교환 후에는 GDS를 이용하여 스로틀위치를 초기화 시킨 후 재학습을 실시한다. GDS를 이용하여 이전의 TPS 학습값을 삭제한다.

① 자기진단 커넥터에 GDS를 연결한다.

② IG ON한다.

③ GDS "부가기능"의 "각종 학습치 소거" 항목을 조건에 맞춰 실행한다("P0122 스로틀, 액셀 위치센서(TPS/APS) "A"회로 - 신호값 낮음" 참조).

5 계기판(Cluster)

그림 6. 클러스터

5.1. 클러스터측

5.1.1. CAN신호 안나옴(C162887)

LDWS(Lane Departure Warning System)은 차량이 차선을 이탈할 때 운전자에게 경보를 해주어서 운전자의 안전운전을 도와주는 보조장치이다.

이 장치의 주요구성품은 CIS(CMOS Image Sensor, 영상 이미지센서), DSP (Digital Signal Processor, 영상처리기) 그리고 MCU(Micro Control Unit, CPU)이다.

CIS는 CMOS 카메라의 센서로서 전방으로 부터의 영상신호를 디지털신호로 변환해서 DSP로 전달하는 역할을 하며, DSP는 CIS로부터 받은 영상신호를 처리해서, 차선의 이탈여부를 판단하는 역할을 한다. 또한, MCU는 DSP로부터 차선의 이탈여부와 차량으로부터의 차속신호, 와이퍼신호, 턴(Turn)신호 등 차량의 신호를 입력받아서, 차선의 이탈여부를 판단하여 부저 및 인디케이터를 제어하는 CPU의 역할을 한다.

[1] 고장코드 설명

LDWS ECU는 CAN 통신선을 통해서 입력받은 클러스터 신호가 수신되지 않을 경우 고장코드 C162887을 출력한다.

[2] 고장 판정조건

항 목	판정 조건	고장예상 원인
진단방법	CAN 메시지 모니터링	1. 클러스터 2. LDWS 결함
진단조건	LDWS 장치 ON	
고장판정	클러스터 메시지가 수신 되지 않을 경우	
진단시간	2초	

[3] CAN 통신선 단선점검

① IG KEY OFF

② 클러스터 커넥터와 LDWS ECU 커넥터를 분리한다.

③ 클러스터 배선측 커넥터 CAN-High단자와 LDWS ECU 배선측 커넥터 CAN-High 단자사이의 저항을 측정한다(규정값 : 약 1Ω 이하).

④ 클러스터 배선측 커넥터 CAN-Low 단자와 LDWS ECU 배선측 커넥터 CAN-Low단자 사이의 저항을 측정한다(규정값 : 약 1Ω 이하).

⑤ 측정된 값이 정상인가?

예	"단품점검" 절차를 수행한다.
아니오	클러스터와 LDWS ECU 사이의 CAN 통신선의 단선 여부를 점검 수리 후, 배선의 단선 발생 부위를 찾아 수리 후 "고장수리 확인" 절차를 수행한다.

[4] 단품점검

① 점화스위치를 OFF한다.

② 점화스위치를 ON한다.

③ GDS를 연결한 후, 자기진단을 실시하여 "고장코드"를 확인한다.

④ 저장된 고장코드를 GDS를 이용하여 소거한다.

⑤ LDWS를 OFF 후, 다시 ON한다.

⑥ GDS로 자기진단을 실시하여 고장코드가 발생되었는지 확인한다.

⑦ 고장코드가 출력 되었는가?

예	이 고장코드는 클러스터에서 보내는 신호에 문제가 있을 경우에 나타난다. 클러스터 측의 고장을 확인해서, 해당 문제를 처리한 후, "고장수리 확인" 절차를 수행한다.
아니오	이 고장은 클러스터 관련 접촉 불량에 의한 일시적인 고장일 수 있다. 다음으로 "고장수리 확인" 절차를 수행한다.

5.1.2. 메시지 이상(C165686)

"C162887 클러스터측 CAN 신호 안나옴" 참조

[1] 고장코드 설명

LDWS ECU는 클러스터와 CAN통신 중 정의되지 않은 신호가 감지되는 경우 고장코드 C165686을 출력한다.

[2] 고장 판정조건

항 목	판정 조건	고장예상 원인
진단방법	클러스터 메시지 모니터링	1. 클러스터 측 결함
진단조건	LDWS 장치 ON	
고장판정	클러스터 신호가 정상영역에서 벗어났을 경우	
진단시간	0.5초	

[3] 단품점검

① 점화스위치를 OFF한다.

② 점화스위치를 ON한다.

③ GDS를 연결한 후, 자기진단을 실시하여 "고장코드"를 확인한다.

④ 저장된 고장코드를 GDS를 이용하여 소거한다.

⑤ GDS로 자기진단을 실시하여 고장코드가 발생되었는지 확인한다.

⑥ 고장코드가 출력되었는가?

예	이 고장코드는 클러스터 ECU에서 보내는 신호에 문제가 있을 경우에 나타난다. 클러스터 ECU 측의 고장을 확인해서, 해당 문제를 처리한 후, "고장수리 확인" 절차를 수행한다.
아니오	이 고장은 클러스터 ECU, LDWS ECU 접촉 불량에 의한 일시적인 고장일 수 있다. 다음으로 "고장수리 확인" 절차를 수행한다.

5.1.3. CAN신호 안나옴(C162808)

EPB ECM은 CAN라인을 통해서 클러스터로부터 ODO(Odometer, 적산거리계), R단, 운전석 도어, 후드, 트렁크, 운전석 시트벨트, IG 신호, 기타 등 관련 데이터를 받아서 EPB시스템을 작동시킨다.

[1] 고장코드 설명

EPB ECM은 클러스터로부터 ODO관련 데이터를 받지 못하였을 경우 고장코드 C162808을 출력한다.

[2] 고장 판정조건

항 목	판정 조건	고장예상 원인
진단방법	CAN 메시지 모니터링	1. C-CAN통신회로 단선/단락 2. 클러스터의 관련 센서, 시스템 이상
진단조건	■ IG ON ■ 배터리 전압 9V 이상 16V 이하 ■ CAN Bus off아닌 경우	
고장판정	클러스터로부터 ODO데이터를 받지 못하였을 경우	
페일 세이프	자동 해제 기능 중지	
EPB 경고등	ON	

[3] C-CAN 통신선 단선, 단락점검

① 점화스위치를 OFF한다.

② EPB(& VDC) 모듈 커넥터 C-CAN High, C-CAN Low 단자와 차체 접지사이의 저항을 측정한다(규정값 : 무한대).

③ 점화스위치를 ON한다.

④ EPB(& VDC) 모듈 커넥터 C-CAN High, C-CAN Low 단자와 차체 접지사이의 전압을 측정한다(규정값 : 약 3V 이하).

⑤ EPB(& VDC) 모듈과 클러스터 모듈 커넥터를 분리한다.

⑥ EPB(& VDC) 모듈 커넥터 배선측 C-CAN High 단자와 클러스터 커넥터 배선측 C-CAN High단자 사이의 저항을 측정한다(규정값 : 약 1Ω 이하).

⑦ EPB(& VDC) 모듈 커넥터 배선측 C-CAN Low 단자와 클러스터 커넥터 배선측 C-CAN Low 단자사이의 저항을 측정한다(규정값 : 약 1Ω 이하).

⑧ 측정된 저항값이 정상인가?

예	일시적인 커넥터나 배선 접촉 불량으로 고장이 발생했거나 수리 되었지만 ECU 메모리에 고장코드가 기억되어 있는 경우일 수 있다. 따라서 커넥터나 배선 사이 늘어짐, 접촉 불량, 꺽임, 부식, 오염 및 손상에 대해 전반적으로 점검한다. 필요한 수리 또는 교환을 하고, "고장수리 확인" 절차를 수행한다.
아니오	C-CAN 통신선 단선, 단락된 회로를 수리 한 후, "고장수리 확인" 절차를 수행한다.

5.1.4. 응답수신 횟수 이상(C162908)

AEB(Autonomous Emergency Braking)는 운전자의 주의 산만과 같은 요인으로 제동시점이 늦어지거나 제동력이 충분히 확보되지 않아 발생할 수 있는 사고에 대한 충돌회피 또는 피해경감을 목적으로 하는 기능이다. 시스템의 제어순서는 다음과 같다.

① AEB는 레이더센서를 이용하고, LKAS(Lane Keeping Assist System)는 카메라 센서를 이용하여 선행 차량감지 및 데이터를 결합한다(Local CAN).

② AEB는 결합 감지데이터를 이용하여 AEB 제어대상 차량을 확인한다.

③ SCC는 계산된 요구 감·가속도를 VDC로 전송(CAN통신).

④ AEB는 계산된 요구 감속도를 VDC(ESC)로 전송한다(CAN통신).

⑤ VDC(ESC)는 요구 감속도 구현을 위한 필요 토크 계산 후, 제동제어를 수행한다(CAN통신).

[1] 고장코드 설명

AEB(SCC)모듈은 C-CAN으로 클러스터측으로부터 수신된 메시지를 카운터하여 이상이 있을 경우 고장코드 C162908을 출력한다.

[2] 고장 판정조건

항 목	판정 조건	고장예상 원인
진단방법	CAN 메시지 모니터링	1. 클러스터시스템 이상
진단조건	■ 엔진 구동중(EMS로부터 2초 이상 엔진 동작중 신호 수신) ■ 배터리 전압 정상(9~16V) ■ CAN 통신선 정상	
고장판정	클러스터측으로 부터 수신된 메시지를 카운터하여 이상이 있을 경우	
진단시간	500ms	
페일세이프	■ AEB 작동 해제/금지 ■ AEB 경고등 점등	

[3] DTC상태 분석

① 자기진단 커넥터에 진단기(GDS)를 연결한다.

② 진단기로 AEB시스템을 진단하여 “고장코드”상태 정보를 확인한다.

③ DTC 상태 정보가 현재 고장이면 아래 절차를 실시하고, 과거고장이면 소거 후, 재발생 여부를 확인한다.

④ 고장유형이 현재고장인가?

예	클러스터시스템에 고장코드가 있거나 시스템 이상이 있을 경우 이를 우선 점검 및 수리 후 AEB(SCC) 모듈에서 C162908 고장코드가 소거되었는지 확인한다.
아니오	이 고장은 고장코드를 소거하지 않은 것이므로 고장코드 소거 후 “고장수리 확인” 절차를 수행한다.

5.1.5. CAN 차속신호 이상(C163308)

“C162908 클러스터측 응답수신 횟수 이상” 참조

[1] 고장코드 설명

AEB(SCC)모듈은 C-CAN으로 수신한 클러스터의 차속신호가 비정상일 경우 고장코드 C163308을 출력한다.

[2] 고장 판정조건

항 목	판정 조건	고장예상 원인
진단방법	CAN메시지 모니터링	1. 클러스터 이상 2. VDC 차속 신호 이상
진단조건	■ 엔진 구동중(EMS로부터 2초 이상 엔진 동작중 신호 수신) ■ 배터리 전압 정상(9~16V) ■ CAN 통신선 정상	
고장판정	클러스터의 차속신호가 비정상일 경우	
진단시간	500ms	
페일 세이프	■ AEB 작동 해제/금지 ■ AEB 경고등 점등	

[3] DTC 상태분석

① 자기진단 커넥터에 진단기(GDS)를 연결한다.

② 진단기로 AEB시스템을 진단하여 "고장코드"상태 정보를 확인한다.

③ DTC상태 정보가 현재 고장이면 아래 절차를 실시하고, 과거고장이면 소거 후, 재발생 여부를 확인한다.

④ 고장유형이 현재고장인가?

예	클러스터, VDC시스템에 차속 신호 관련 고장코드가 있거나 시스템 이상이 있을 경우 이를 우선 점검 및 수리 후 AEB(SCC) 모듈에서 C163308 고장코드가 소거되었는지 확인한다.
아니오	이 고장은 고장코드를 소거하지 않은 것이므로 고장코드 소거 후 "고장수리 확인" 절차를 수행한다.

5.2. EOL작업 미수행 상태(B100051)

클러스터 모듈은 CAN 통신라인으로 정보를 수신 받아 계기판의 각종 경고등/트립컴퓨터/클러스터 문자경보 디스플레이/사용자 옵션(USM : User Setting Mode)설정/각종 음원을 제어한다. 그리고 차량에 설치된 시스템 구성사양을 진단장비로부터 입력받아 클러스터 사양을 설정하는 배리언트 코딩(Variant Coding)기능을 수행한다.

[1] 고장코드 설명

B100051은 차량 생산 후 또는 클러스터 교환 후 클러스터 배리언트 코딩을 실시하지 않은 Virgin 상태이거나 차량에 설치된 시스템 사양과 다르게 코딩하여 에러가 발생된 경우 출력된다. 이때 계기판 LCD에 "코딩 불량"이라는 문구가 표시된다.

클러스터는 차량의 CAN BUS를 통해 각종 모듈 장착여부를 판단한다. 장착된 모듈과 장비로부터 배리언트 코딩된 사양정보가 다르면 고장코드가 생성된다. 이 코드가 출력되면, GDS "부가기능" → "CLU Variant Coding"을 실행하여 해당차량에 설치된 시스템 사양을 설정한다. 프로그래밍이 정상적으로 수행되면 소거된다.

[2] 고장 판정조건

<table>
<tr><th colspan="2">항 목</th><th>판정 조건</th><th>고장예상 원인</th></tr>
<tr><td colspan="2">진단방법</td><td>CAN 통신 상태 확인</td><td rowspan="7">1. 차량사양 정보 불일치
2. 배리언트 코딩 미실시
3. SCC, ABS, SRSCM, EPB, AFLS, MDPS, VDC, TPMS, LDWS불량
4. CAN라인 불량
5. 클러스터 불량</td></tr>
<tr><td colspan="2">진단조건</td><td>IG KEY ON</td></tr>
<tr><td rowspan="2">경우 1</td><td>판정값</td><td>클러스터 코딩을 한 번도 실시하지 않은 경우</td></tr>
<tr><td>고장해제</td><td>차량에 설치된 사양과 일치하는 코딩 완료 시</td></tr>
<tr><td rowspan="2">경우 2</td><td>판정값</td><td>클러스터 코딩 실시 초기 에러가 발생된 경우</td></tr>
<tr><td>고장해제</td><td>고장 해결 후 진단장비로 소거</td></tr>
<tr><td colspan="2">진단시간</td><td>2,000ms</td></tr>
</table>

[3] 고장코드 확인

① 자기진단 커넥터에 GDS를 연결하고, "시스템 선택" → "CLU" → "고장코드(DTC)"를 실행한다.

② 표출된 고장코드와 "상태"를 확인하고, "고장상황 데이터"를 저장한다.

③ 고장코드를 소거하고, "고장판정 조건"의 "진단조건"에 따라 차량을 테스트 한다.

④ 고장코드가 출력 되는가?

<table>
<tr><td>예</td><td>차량에 설치된 시스템 사양을 확인하여 사양과 일치되게 "부가기능" → "CLU Variant Coding"을 실시하고, "고장수리 확인" 절차를 수행한다.</td></tr>
<tr><td>아니오</td><td>■ 이 고장은 수리 후 클러스터 기억을 소거하지 않은 경우일 수 있다. 고장코드를 소거하고, "고장수리 확인" 절차를 수행한다.
■ 클러스터 또는 관련 유닛/모듈의 커넥터/배선 접촉 불량 또는 일시적인 단락에 의한 고장일 수 있다. 커넥터 접속 상태(록킹 장치 손상, 터미널 단자 이탈, 터미널과 배선연결 상태), 느슨함, 접촉 불량, 구부러짐, 부식, 오염, 변형 또는 손상을 점검한다. 필요한 수리 또는 교환을 하고 "고장수리 확인" 절차를 수행한다.</td></tr>
</table>

6 방향지시등(Turn Signal)

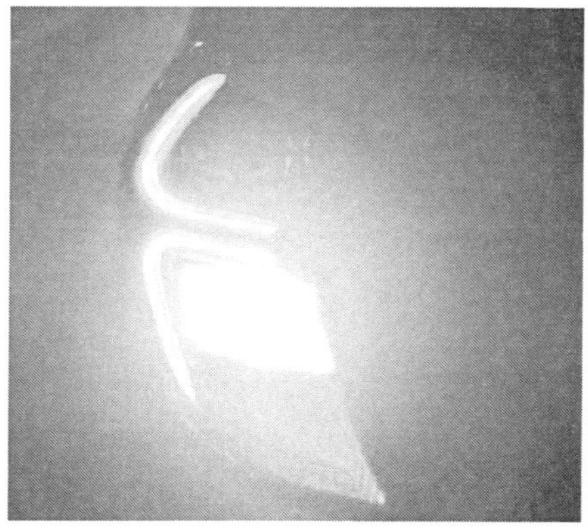

그림 7. 방향지시등

6.1. 방향지시등

6.1.1. 앞 좌측회로 접지쪽 단락(B252200)

다기능스위치의 방향등 스위치 레버를 아래로 당겨 방향등 스위치 신호가 방향등 LH에 놓이면, 그 신호가 BCM을 거쳐 CAN데이터로 SJB(Smart Junction Block, 스마트 정션블록)에 전달된다. 이 신호가 SJB에 전달되면 SJB는 방향지시등 앞·뒤 좌측을 동시에 점멸시킨다.

[1] 고장코드 설명

B252200은 좌측 방향지시등 작동 200ms 후, SJB에서 방향지시등 앞 좌측 전원회로 접지단락이 검출된 경우 출력된다. 경고등은 점등되지 않는다.

[2] 고장 판정조건

항 목	판정 조건	고장예상 원인
검출방법	부하감지	1. 방향지시등 앞 좌측 전원회로 접지단락
검출조건	방향등 스위치 ON	
고장판정	방향지시등 앞 좌측 전원회로 접지단락으로 과전류 검출	
검출시간	고장발생 즉시	

항 목		판정 조건	고장예상 원인
해제조건	현재고장	고장 해결 후 IG KEY OFF → ON	1. 방향지시등 앞 좌측 전원회로 접지단락
		고장 해결 후 방향등 스위치 OFF → ON	
	과거고장	GDS에 의한 기억 소거	

[3] 전원선 점검

① IG KEY OFF

② 배터리 (-)단자 케이블을 분리한다.

③ SJB 커넥터와 방향지시등 앞 좌측 커넥터를 분리한다.

④ 방향지시등 앞 좌측 배선 측 커넥터 방향등 전원단자와 차체 접지간 저항을 측정한다(규정값 : 비 통전(∞)).

⑤ 측정된 저항값이 정상인가?

예	커넥터 부식, 오염, 변형 또는 전원선 손상으로 인한 일시적인 접지단락을 점검하고 회로를 수리 한 후, "고장수리 확인" 절차를 수행한다.
아니오	SJB와 방향지시등 앞 좌측 전원단자 간 접지단락을 점검하고 회로를 수리 한 후, "고장수리 확인" 절차를 수행한다.

6.1.2. 뒤 좌측회로 접지쪽 단락(B252300)

"B252200 방향지시등 앞 좌측회로 접지쪽 단락" 참조

[1] 고장코드 설명

B252300은 좌측 방향지시등 작동 200ms 후, SJB에서 방향지시등 뒤 좌측 전원회로 접지단락이 검출된 경우 출력된다. 경고등은 점등되지 않는다.

[2] 고장 판정조건

항 목	판정 조건	고장예상 원인
검출방법	부하감지	1. 방향지시등 뒤 좌측 전원회로 접지 단락
검출조건	방향등 스위치 ON	
고장판정	방향지시등 뒤 좌측 전원회로 접지 단락으로 과전류 검출	

<table>
<tr><th colspan="2">항 목</th><th>판정 조건</th><th>고장예상 원인</th></tr>
<tr><td colspan="2">검출시간</td><td>고장발생 즉시</td><td rowspan="4">1. 방향지시등 뒤 좌측 전원회로 접지 단락</td></tr>
<tr><td rowspan="3">해제조건</td><td rowspan="2">현재고장</td><td>고장해결 후 IG KEY OFF → ON</td></tr>
<tr><td>고장해결 후 방향등 스위치 OFF → ON</td></tr>
<tr><td>과거고장</td><td>GDS에 의한 기억 소거</td></tr>
</table>

[3] 전원선 점검

① IG KEY OFF

② 배터리 (-)단자 케이블을 분리한다.

③ SJB 커넥터와 방향지시등 뒤 좌측 커넥터를 분리한다.

④ 방향지시등 뒤 좌측 배선 측 커넥터 방향등 전원단자와 차체 접지 간 저항을 측정한다(규정값 : 비 통전(∞)).

⑤ 측정된 저항값이 정상인가?

예	커넥터 부식, 오염, 변형 또는 전원선 손상으로 인한 일시적인 접지 단락을 점검하고 회로를 수리 한 후, "고장수리 확인" 절차를 수행한다.
아니오	SJB와 방향지시등 뒤 좌측 전원단자 간 접지 단락을 점검하고 회로를 수리 한 후, "고장수리 확인" 절차를 수행한다.

6.1.3. 앞 우측회로 접지쪽 단락(B252400)

다기능 스위치의 방향등 스위치 레버를 위로 밀어 방향등 스위치 신호가 방향등 RH에 놓이면, 그 신호가 BCM을 거쳐 CAN데이터로 SJB에 전달된다. 이 신호가 SJB에 전달되면 SJB는 방향지시등 앞·뒤 우측을 동시에 점멸시킨다.

[1] 고장코드 설명

B252400은 우측 방향지시등 작동 200ms 후, SJB에서 방향지시등 앞 우측 전원회로 접지 단락이 검출된 경우 출력된다. 경고등은 점등되지 않는다.

[2] 고장 판정조건

<table>
<tr><th colspan="2">항 목</th><th>판정 조건</th><th>고장예상 원인</th></tr>
<tr><td colspan="2">검출방법</td><td>부하감지</td><td rowspan="8">1. 방향지시등 앞 우측 전원회로 접지 단락</td></tr>
<tr><td colspan="2">검출조건</td><td>방향등 스위치 ON</td></tr>
<tr><td colspan="2">고장판정</td><td>방향지시등 앞 우측 전원회로 접지 단락으로 과전류 검출</td></tr>
<tr><td colspan="2">검출시간</td><td>고장발생 즉시</td></tr>
<tr><td rowspan="3">해제조건</td><td rowspan="2">현재고장</td><td>고장 해결 후 IG KEY OFF → ON</td></tr>
<tr><td>고장 해결 후 방향등 스위치 OFF → ON</td></tr>
<tr><td>과거고장</td><td>GDS에 의한 기억 소거</td></tr>
</table>

[3] 전원선 점검

① IG KEY OFF

② 배터리 (-)단자 케이블을 분리한다.

③ SJB 커넥터와 방향지시등 앞 우측 커넥터를 분리한다.

④ 방향지시등 앞 우측 배선 측 커넥터 방향등 전원단자와 차체 접지 간 저항을 측정한다(규정값 : 비 통전(∞)).

⑤ 측정된 저항값이 정상인가?

<table>
<tr><th>예</th><td>커넥터 부식, 오염, 변형 또는 전원선 손상으로 인한 일시적인 접지 단락을 점검하고 회로를 수리 한 후, “고장수리 확인” 절차를 수행한다.</td></tr>
<tr><th>아니오</th><td>SJB와 방향지시등 앞 우측 전원단자 간 접지단락을 점검하고 회로를 수리 한 후, “고장수리 확인” 절차를 수행한다.</td></tr>
</table>

6.1.4. 뒤 우측회로 접지쪽 단락(B252500)

“B252400 방향지시등 앞 우측회로 접지 쪽 단락” 참조

[1] 고장코드 설명

B252500은 우측 방향지시등 작동 200ms 후, SJB에서 방향지시등 뒤 우측 전원회로 접지단락이 검출된 경우 출력된다. 경고등은 점등되지 않는다.

[2] 고장 판정조건

<table>
<tr><th colspan="2">항 목</th><th>판정 조건</th><th>고장예상 원인</th></tr>
<tr><td colspan="2">검출방법</td><td>부하감지</td><td rowspan="7">1. 방향지시등 뒤 우측 전원회로 접지단락</td></tr>
<tr><td colspan="2">검출조건</td><td>방향등 스위치 ON</td></tr>
<tr><td colspan="2">고장판정</td><td>방향지시등 뒤 우측 전원회로 접지단락으로 과전류 검출</td></tr>
<tr><td colspan="2">검출시간</td><td>고장발생 즉시</td></tr>
<tr><td rowspan="3">해제조건</td><td rowspan="2">현재고장</td><td>고장해결 후 IG KEY OFF → ON</td></tr>
<tr><td>고장해결 후 방향등 스위치 OFF → ON</td></tr>
<tr><td>과거고장</td><td>GDS에 의한 기억 소거</td></tr>
</table>

[3] 전원선 점검

① IG KEY OFF

② 배터리 (-)단자 케이블을 분리한다.

③ SJB 커넥터와 방향지시등 뒤 우측 커넥터를 분리한다.

④ 방향지시등 뒤 우측 배선 측 커넥터 방향등 전원단자와 차체 접지 간 저항을 측정한다(규정값 : 비 통전(∞)).

⑤ 측정된 저항값이 정상인가?

예	커넥터 부식, 오염, 변형 또는 전원선 손상으로 인한 일시적인 접지단락을 점검하고 회로를 수리 한 후, "고장수리 확인" 절차를 수행한다.
아니오	SJB와 방향지시등 뒤 우측 전원 단자 간 접지 단락을 점검하고 회로를 수리 한 후, "고장수리 확인" 절차를 수행한다.

7 보조 정지등(Third Stop Lamp)

7.1. 보조 정지등 회로

7.1.1. 접지쪽 단락(B251F00)

정지등 ON신호가 정지등 스위치에서 SJB로 직접 입력되면, SJB는 정지등을 점등시킨다.

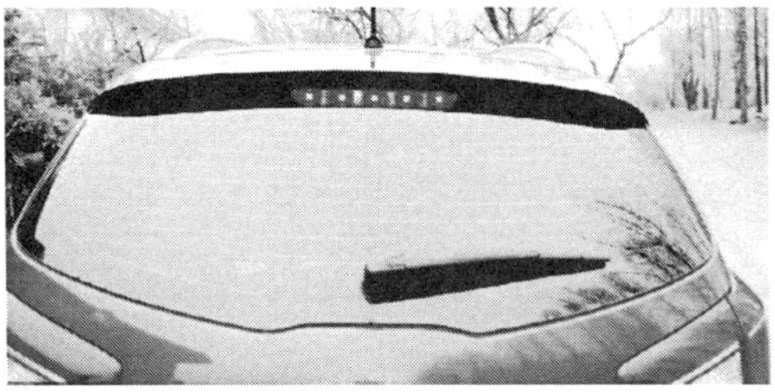

「그림」 8. 보조 정지등

[1] 고장코드 설명

B251F00은 정지등 작동 200ms 후, SJB에서 보조 정지등 전원회로 접지단락이 검출된 경우 출력한다. 경고등은 점등되지 않는다.

[2] 고장 판정조건

항 목		판정 조건	고장예상 원인
검출방법		부하감지	1. 보조 정지등 전원 회로 접지 단락
검출조건		정지등 스위치 ON	
고장판정		보조 정지등 전원회로 접지단락으로 과전류 검출	
검출시간		고장발생 즉시	
해제조건	현재고장	고장해결 후 IG KEY OFF → ON	
		고장해결 후 정지등 스위치 OFF → ON	
	과거고장	GDS에 의한 기억 소거	

[3] 고장코드 확인

① 자기진단 커넥터에 GDS를 연결하고, “시스템선택” → “CLU” → “고장코드(DTC)”를 실행한다.

② 표출된 고장코드와 “상태”를 확인하고, “고장상황 데이터”를 저장한다.

③ 고장코드를 소거하고, “고장판정 조건”의 “진단조건”에 따라 차량을 테스트 한다.

④ 고장코드가 출력되는가?

예	"강제구동" → "정지등"구동을 실시한다. 정상적으로 구동되면, 커넥터 부식, 오염, 변형 또는 보조 정지등 전원선 손상에 의한 일시적인 접지 단락을 점검한다. 정상적으로 구동되지 않으면, 배선 점검을 하여 배선에 이상이 있으면 수리 또는 교환하고 배선 점검 문제 부위가 확인 되지 않으면 "전원선 점검" 절차를 수행한다.
아니오	■ 이 고장은 수리 후 SJB 기억을 소거하지 않을 경우일 수 있다. 고장코드를 소거하고, "고장수리 확인" 절차를 수행한다. ■ 일시적인 보조 정지등 또는 SJB 커넥터/배선 접지 단락에 의한 고장일 수 있다. 커넥터 접촉상태(록킹 장치 손상, 터미널 단자 이탈, 터미널과 배선 연결 상태), 느슨함, 접촉 불량, 구부러짐, 부식, 오염, 변형 또는 손상을 점검한다. 필요한 수리 또는 교환을 하고 "고장수리 확인" 절차를 수행한다.

[4] 전원선 점검

① IG KEY OFF

② 배터리 (-)단자 케이블을 분리한다.

③ SJB 커넥터와 보조 정지등 커넥터를 분리한다.

④ 보조 정지등 배선 측 커넥터 전원단자와 차체 접지 간 저항을 측정한다(규정값 : 비통전(∞)).

⑤ 측정된 저항값이 정상인가?

예	커넥터 부식, 오염, 변형 또는 전원선 손상으로 인한 일시적인 접지 단락을 점검한다.
아니오	SJB와 보조 정지등 전원 단자 간 접지 단락을 점검한다.

8 전조등(Head Light)

8.1. 상향 전조등

8.1.1. 우측 접지쪽 단락(B251000)

다기능 스위치의 상향전조등 스위치 ON신호가 BCM을 거쳐 CAN 데이터로 SJB에 전달된다. 이 신호가 SJB에 전달되면, SJB는 상향전조등을 점등시킨다.

「그림」 9. 전조등

[1] 고장코드 설명

B251000은 상향전조등 작동 200ms 후, SJB에서 상향전조등 우측 전원회로 접지단락이 검출된 경우 출력된다. 경고등은 점등되지 않는다.

[2] 고장 판정조건

항 목		판정 조건	고장예상 원인
검출방법		부하감지	1. 상향전조등 우측 전원회로 접지 단락
검출조건		상향 전조등 스위치 ON	
고장판정		상향 전조등 우측 전원회로 접지 단락으로 과전류 검출	
검출시간		고장발생 즉시	
해제조건	현재고장	고장해결 후 IG KEY OFF → ON	
		고장해결 후 상향 전조등 스위치 OFF → ON	
	과거고장	GDS에 의한 기억 소거	

[3] 고장코드 확인

① 자기진단 커넥터에 GDS를 연결하고, "시스템 선택" → "SJB" → "고장코드(DTC)"를 실행한다.

② 표출된 고장코드와 "상태"를 확인하고, "고장상황 데이터"를 저장한다.

③ 고장코드를 소거하고, "고장판정 조건"의 "진단조건"에 따라 차량을 테스트 한다.

④ 고장코드가 출력되는가?

예	"강제구동" → "전조등 상향 출력"을 실시한다. 정상적으로 구동되면, 커넥터 부식, 오염, 변형 또는 상향 전조등 우측 전원선 손상에 의한 일시적인 접지 단락을 점검한다. 정상적으로 구동되지 않으면, 배선 점검을 하여 배선에 이상이 있으면 수리 또는 교환하고 배선 점검 문제 부위가 확인 되지 않으면 "전원선 점검" 절차를 수행한다.
아니오	■ 이 고장은 수리 후 SJB 기억을 소거하지 않을 경우일 수 있다. 고장코드를 소거하고, "고장수리 확인" 절차를 수행한다. ■ 일시적인 상향 전조등 우측 또는 SJB 커넥터/배선 접지 단락에 의한 고장일 수 있다. 커넥터 접촉상태(록킹 장치 손상, 터미널단자 이탈, 터미널과 배선 연결 상태), 느슨함, 접촉 불량, 구부러짐, 부식, 오염, 변형 또는 손상을 점검한다. 필요한 수리 또는 교환을 하고 "고장수리 확인" 절차를 수행한다.

[4] 전원선 점검

① IG KEY OFF

② 배터리 (-)단자 케이블을 분리한다.

③ SJB 커넥터와 상향 전조등 우측 커넥터를 분리한다.

④ 상향전조등 우측 배선측 커넥터 "HI"전원단자와 차체 접지 간 저항을 측정한다 (규정값 : 비통전(∞)).

⑤ 측정된 저항값이 정상인가?

예	커넥터 부식, 오염, 변형 또는 전원선 손상으로 인한 일시적인 접지 단락을 점검한다.
아니오	SJB와 상향 전조등 우측 전원단자 간 접지단락을 점검한다.

8.1.2. 좌측 접지쪽 단락(B251100)

"B251000 상향전조등 우측 접지쪽 단락" 참조

[1] 고장코드 설명

B251100은 상향전조등 작동 200ms 후, SJB에서 상향전조등 좌측 전원회로 접지단락이 검출된 경우 출력된다. 경고등은 점등되지 않는다.

[2] 고장 판정조건

<table>
<tr><th colspan="2">항 목</th><th>판정 조건</th><th>고장예상 원인</th></tr>
<tr><td colspan="2">검출방법</td><td>부하감지</td><td rowspan="7">1. 상향전조등 좌측 전원회로 접지 단락</td></tr>
<tr><td colspan="2">검출조건</td><td>상향 전조등 스위치 ON</td></tr>
<tr><td colspan="2">고장판정</td><td>상향 전조등 좌측 전원회로 접지단락으로 과전류 검출</td></tr>
<tr><td colspan="2">검출시간</td><td>고장발생 즉시</td></tr>
<tr><td rowspan="3">해제조건</td><td rowspan="2">현재고장</td><td>고장해결 후 IG KEY OFF → ON</td></tr>
<tr><td>고장해결 후 상향전조등 스위치 OFF → ON</td></tr>
<tr><td>과거고장</td><td>GDS에 의한 기억 소거</td></tr>
</table>

[3] 고장코드 확인

① 자기진단 커넥터에 GDS를 연결하고, "시스템선택" → "SJB" → "고장코드(DTC)"를 실행한다.

② 표출된 고장코드와 "상태"를 확인하고, "고장상황 데이터"를 저장한다.

③ 고장코드를 소거하고, "고장판정 조건"의 "진단조건"에 따라 차량을 테스트 한다.

④ 고장코드가 출력되는가?

<table>
<tr><td>예</td><td>"강제구동" → "전조등 상향출력"을 실시한다. 정상적으로 구동되면, 커넥터부식, 오염, 변형 또는 상향 전조등 좌측 전원선 손상에 의한 일시적인 접지단락을 점검한다. 정상적으로 구동되지 않으면, 배선점검을 하여 배선에 이상이 있으면 수리 또는 교환하고 배선점검 문제 부위가 확인되지 않으면 "전원선 점검" 절차를 수행한다.</td></tr>
<tr><td>아니오</td><td>■ 이 고장은 수리 후 SJB 기억을 소거하지 않을 경우일 수 있다. 고장코드를 소거하고, "고장수리 확인" 절차를 수행한다.
■ 일시적인 상향 전조등 좌측 또는 SJB 커넥터/배선 접지 단락에 의한 고장일 수 있다. 커넥터 접촉상태(록킹 장치 손상, 터미널단자 이탈, 터미널과 배선 연결 상태), 느슨함, 접촉 불량, 구부러짐, 부식, 오염, 변형 또는 손상을 점검한다. 필요한 수리 또는 교환을 하고 "고장수리 확인" 절차를 수행한다.</td></tr>
</table>

[4] 전원선 점검

① IG KEY OFF

② 배터리 (-)단자 케이블을 분리한다.

③ SJB 커넥터와 상향 전조등 좌측 커넥터를 분리한다.

④ 상향 전조등 좌측 배선 측 커넥터 "HI"전원 단자와 차체 접지 간 저항을 측정한다(규정값 : 비통전(∞)).

⑤ 측정된 저항값이 정상인가?

예	커넥터 부식, 오염, 변형 또는 전원선 손상으로 인한 일시적인 접지 단락을 점검한다.
아니오	SJB와 상향 전조등 좌측 전원단자 간 접지단락을 점검한다.

8.2. 하향 전조등

8.2.1. 우측 접지쪽 단락(B251200)

다기능 스위치의 하향 전조등 스위치 ON신호가 BCM을 거쳐 CAN 데이터로 SJB에 전달된다. 이 신호가 SJB에 전달되면, SJB는 하향전조등을 점등시킨다.

[1] 고장코드 설명

B251200은 하향 전조등 작동 200ms 후, SJB에서 하향 전조등 우측 전원회로 접지단락이 검출된 경우 출력된다. 경고등은 점등되지 않는다.

[2] 고장 판정조건

<table>
<tr><th colspan="2">항 목</th><th>판정 조건</th><th>고장예상 원인</th></tr>
<tr><td colspan="2">검출방법</td><td>부하감지</td><td rowspan="7">1. 하향전조등 우측 전원회로 접지 단락</td></tr>
<tr><td colspan="2">검출조건</td><td>하향전조등 스위치 ON</td></tr>
<tr><td colspan="2">고장판정</td><td>하향전조등 우측 전원회로 접지단락으로 과전류 검출</td></tr>
<tr><td colspan="2">검출시간</td><td>고장발생 즉시</td></tr>
<tr><td rowspan="3">해제조건</td><td rowspan="2">현재고장</td><td>고장해결 후 IG KEY OFF → ON</td></tr>
<tr><td>고장해결 후 상향전조등 스위치 OFF → ON</td></tr>
<tr><td>과거고장</td><td>GDS에 의한 기억 소거</td></tr>
</table>

[3] 고장코드 확인

① 자기진단 커넥터에 GDS를 연결하고, "시스템선택" → "SJB" → "고장코드(DTC)"를 실행한다.

② 표출된 고장코드와 "상태"를 확인하고, "고장상황 데이터"를 저장한다.

③ 고장코드를 소거하고, "고장판정 조건"의 "진단조건"에 따라 차량을 테스트 한다.

④ 고장코드가 출력되는가?

예	"강제구동" → "전조등 하향 출력"을 실시한다. 정상적으로 구동되면, 커넥터 부식, 오염, 변형 또는 상향 전조등 좌측 전원선 손상에 의한 일시적인 접지 단락을 점검한다. 정상적으로 구동되지 않으면, 배선 점검을 하여 배선에 이상이 있으면 수리 또는 교환하고 배선 점검문제 부위가 확인되지 않으면 "전원선 점검" 절차를 수행한다.
아니오	■ 이 고장은 수리 후 SJB 기억을 소거하지 않을 경우일 수 있다. 고장코드를 소거하고, "고장수리 확인" 절차를 수행한다. ■ 일시적인 하향전조등 우측 또는 SJB 커넥터/배선 접지단락에 의한 고장일 수 있다. 커넥터 접촉상태(록킹 장치 손상, 터미널 단자 이탈, 터미널과 배선 연결 상태), 느슨함, 접촉 불량, 구부러짐, 부식, 오염, 변형 또는 손상을 점검한다. 필요한 수리 또는 교환을 하고 "고장수리 확인" 절차를 수행한다.

[4] 전원선 점검

① IG KEY OFF

② 배터리 (-)단자 케이블을 분리한다.

③ SJB 커넥터와 하향 전조등 우측 커넥터를 분리한다.

④ 하향 전조등 우측 배선 측 커넥터 "LO"전원단자와 차체 접지 간 저항을 측정한다(규정값 : 비통전(∞)).

⑤ 측정된 저항값이 정상인가?

예	커넥터 부식, 오염, 변형 또는 전원선 손상으로 인한 일시적인 접지 단락을 점검한다.
아니오	SJB와 하향 전조등 우측 전원단자 간 접지단락을 점검한다.

8.2.2. 좌측 접지쪽 단락(B251300)

"B251200 하향전조등 우측 접지쪽 단락" 참조

[1] 고장코드 설명

B251300은 하향 전조등 작동 200ms 후, SJB에서 하향 전조등 좌측 전원회로 접지 단락이 검출된 경우 출력된다. 경고등은 점등되지 않는다.

[2] 고장 판정조건

<table>
<tr><th colspan="2">항 목</th><th>판정 조건</th><th>고장예상 원인</th></tr>
<tr><td colspan="2">검출방법</td><td>부하감지</td><td rowspan="7">1. 하향 전조등 좌측 전원회로 접지 단락</td></tr>
<tr><td colspan="2">검출조건</td><td>하향 전조등 스위치 ON</td></tr>
<tr><td colspan="2">고장판정</td><td>하향 전조등 좌측 전원 회로 접지 단락으로 과전류 검출</td></tr>
<tr><td colspan="2">검출시간</td><td>고장발생 즉시</td></tr>
<tr><td rowspan="3">해제조건</td><td rowspan="2">현재고장</td><td>고장해결 후 IG KEY OFF → ON</td></tr>
<tr><td>고장해결 후 하향 전조등 스위치 OFF → ON</td></tr>
<tr><td>과거고장</td><td>GDS에 의한 기억소거</td></tr>
</table>

[3] 고장코드 확인

① 자기진단 커넥터에 GDS를 연결하고, "시스템 선택" → "SJB" → "고장코드(DTC)"를 실행한다.

② 표출된 고장코드와 "상태"를 확인하고, "고장상황 데이터"를 저장한다.

③ 고장코드를 소거하고, "고장판정 조건"의 "진단조건"에 따라 차량을 테스트 한다.

④ 고장코드가 출력되는가?

예	"강제구동" → "전조등 하향 출력"을 실시한다. 정상적으로 구동되면, 커넥터 부식, 오염, 변형 또는 하향 전조등 좌측 전원선 손상에 의한 일시적인 접지단락을 점검한다. 정상적으로 구동되지 않으면, 배선 점검을 하여 배선에 이상이 있으면 수리 또는 교환하고 배선 점검 문제 부위가 확인되지 않으면 "전원선 점검" 절차를 수행한다.
아니오	■ 이 고장은 수리 후 SJB 기억을 소거하지 않을 경우일 수 있다. 고장코드를 소거하고, "고장수리 확인" 절차를 수행한다. ■ 일시적인 하향 전조등 좌측 또는 SJB 커넥터/배선 접지 단락에 의한 고장일 수 있다. 커넥터 접촉상태(록킹 장치 손상, 터미널 단자 이탈, 터미널과 배선연결 상태), 느슨함, 접촉 불량, 구부러짐, 부식, 오염, 변형 또는 손상을 점검한다. 필요한 수리 또는 교환을 하고 "고장수리 확인" 절차를 수행한다.

[4] 전원선 점검

① IG KEY OFF

② 배터리 (-)단자 케이블을 분리한다.

③ SJB 커넥터와 하향 전조등 우측 커넥터를 분리한다.

④ 하향 전조등 좌측 배선 측 커넥터 "LO"전원단자와 차체 접지 간 저항을 측정한다(규정값 : 비통전(∞)).

⑤ 측정된 저항값이 정상인가?

예	커넥터 부식, 오염, 변형 또는 전원선 손상으로 인한 일시적인 접지단락을 점검한다.
아니오	SJB와 하향 전조등 좌측 전원 단자 간 접지 단락을 점검한다.

8.3. 실내 미등회로

8.3.1. 접지쪽 단락(B251700)

실내 미등(조명등)은 야간 운행시 계기판 조명 및 각종 스위치 조명을 점등하여 운행정보 확인과 스위치 사용을 쉽게 하기 위한 장치이다.

다기능 스위치의 라이트 스위치 신호가 TAIL에 놓이면, 그 신호가 BCM을 거쳐 CAN 데이터로 SJB에 전달된다. 이 신호가 SJB에 전달되면, SJB는 실내 미등을 점등 시킨다.

[1] 고장코드 설명

B251700은 실내 미등 작동 200ms 후, SJB에서 실내 미등 전원회로 접지 단락이 검출된 경우 출력된다.

[2] 고장 판정조건

항 목	판정 조건	고장예상 원인
검출방법	부하감지	1. 실내 미등 전원회로 접지단락
검출조건	미등 스위치 ON	
고장판정	실내 미등 전원회로 접지단락으로 과전류 검출	
검출시간	고장발생 즉시	

<table>
<tr><th colspan="2">항 목</th><th>판정 조건</th><th>고장예상 원인</th></tr>
<tr><td rowspan="3">해제조건</td><td rowspan="2">현재고장</td><td>고장해결 후 IG KEY OFF → ON</td><td rowspan="3">1. 실내 미등 전원회로 접지단락</td></tr>
<tr><td>고장해결 후 미등 스위치 OFF → ON</td></tr>
<tr><td>과거고장</td><td>GDS에 의한 기억소거</td></tr>
</table>

[3] 고장코드 확인

① 자기진단 커넥터에 GDS를 연결하고, "시스템선택" → "SJB" → "고장코드(DTC)"를 실행한다.

② 표출된 고장코드와 "상태"를 확인하고, "고장상황 데이터"를 저장한다.

③ 고장코드를 소거하고, "고장 판정조건"의 "진단조건"에 따라 차량을 테스트한다.

④ 고장코드가 출력되는가?

예	"강제구동" → "AV TAIL"을 실시한다. 정상적으로 구동되면, 커넥터 부식, 오염, 변형 또는 실내 미등 전원선 손상에 의한 일시적인 접지 단락을 점검한다. 정상적으로 구동되지 않으면, 배선 점검을 하여 배선에 이상이 있으면 수리 또는 교환하고 배선 점검 문제 부위가 확인 되지 않으면 "전원선 점검" 절차를 수행한다.
아니오	▪ 이 고장은 수리 후 SJB 기억을 소거하지 않을 경우일 수 있다. 고장코드를 소거하고, "고장수리 확인" 절차를 수행한다. ▪ 일시적인 실내 미등 또는 SJB 커넥터/배선 접지 단락에 의한 고장일 수 있다. 커넥터 접촉상태(록킹 장치 손상, 터미널 단자 이탈, 터미널과 배선 연결 상태), 느슨함, 접촉 불량, 구부러짐, 부식, 오염, 변형 또는 손상을 점검한다. 필요한 수리 또는 교환을 하고 "고장수리 확인" 절차를 수행한다.

[4] 전원선 점검

① IG KEY OFF

② 배터리 (-)단자 케이블을 분리한 다음, SJB 커넥터를 분리한다.

③ SJB 배선 측 커넥터 실내 미등 전원단자와 차체 접지 간 저항을 측정한다.(규정값 : 비통전(∞))

⑤ 측정된 저항값이 정상인가?

예	커넥터 부식, 오염, 변형 또는 전원선 손상으로 인한 일시적인 접지 단락을 점검한다.
아니오	실내 미등 회로를 구성하는 단품 커넥터를 하나씩 분리한다. 커넥터를 분리했을 때 정상값이 측정되면, 해당 단품 전원 단자와 SJB간 접지 단락을 점검한다.

9 가변형 전조등시스템 컨트롤유닛

9.1. AFLS 스캔 에러

9.1.1. 유닛 미장착 또는 커넥터불량(B100752)

클러스터 모듈은 CAN 통신라인으로 정보를 수신받아 계기판의 각종 경고등/트립 컴퓨터/클러스터 문자경보 디스플레이/사용자 옵션(USM) 설정/각종 음원을 제어한다. 그리고 차량에 설치된 시스템구성 사양을 진단장비로부터 입력받아 클러스터 사양을 설정하는 배리언트 코딩기능을 수행한다.

[1] 고장코드 설명

B100752는 AFLS(DBL 컨트롤 모듈)시스템이 설치되지 않은 차량에 AFLS시스템이 설치된 것으로 배리언트 코딩을 할 경우 출력한다. 클러스터는 차량의 CAN BUS를 통해 AFLS 장착여부를 판단한다.

AFLS 장착여부와 장비로부터 배리언트 코딩과 사양정보가 다르면 고장코드가 생성된다. 이 코드가 출력되면, GDS "부가기능" → "CLU Variant Coding"을 실행하여 해당차량에 설치된 시스템 사양을 설정한다. 프로그래밍이 정상적으로 수행되면 소거된다.

[2] 고장 판정조건

<table>
<tr><th colspan="2">항 목</th><th>판정 조건</th><th>고장예상 원인</th></tr>
<tr><td colspan="2">진단방법</td><td>CAN 통신 상태 확인</td><td rowspan="7">1. 차량 사양정보 불일치
2. 배리언트 코딩 미실시
3. AFLS 불량
4. CAN 라인 불량
5. 클러스터 불량</td></tr>
<tr><td colspan="2">진단조건</td><td>IG KEY ON</td></tr>
<tr><td rowspan="2">경우 1</td><td>판정값</td><td>AFLS 코딩 에러</td></tr>
<tr><td>고장해제</td><td>고장 해결 후 진단 장비로 소거</td></tr>
<tr><td rowspan="2">경우 2</td><td>판정값</td><td>CAN BUS에는 AFLS이 있지만 배리언트 코딩된 사양 정보에는 없는 경우</td></tr>
<tr><td>고장해제</td><td>차량에 설치된 사양과 일치하는 코딩 완료 시</td></tr>
<tr><td colspan="2">진단시간</td><td>500ms</td></tr>
</table>

[3] 고장코드 확인

① 자기진단 커넥터에 GDS를 연결하고, "시스템선택" → "CLU" → "고장코드(DTC)"를 실행한다.

② 표출된 고장코드와 "상태"를 확인하고, "고장상황 데이터"를 저장한다.

③ 고장코드를 소거하고, "고장 판정조건"의 "진단조건"에 따라 차량을 테스트 한다.

④ 고장코드가 출력되는가?

예	AFLS 설치여부를 확인하여 사양과 일치되게 "부가기능" → "CLU Variant Coding"을 실시하고, "고장수리 확인" 절차를 수행한다.
아니오	▪ 이 고장은 수리 후 클러스터 기억을 소거하지 않을 경우일 수 있다. 고장코드를 소거하고, "고장수리 확인" 절차를 수행한다. ▪ AFLS 커넥터/배선 접촉 불량 또는 일시적인 단락에 의한 고장일 수 있다. 커넥터 접촉상태(록킹장치 손상, 터미널 단자 이탈, 터미널과 배선 연결 상태), 느슨함, 접촉 불량, 구부러짐, 부식, 오염, 변형 또는 손상을 점검한다. 필요한 수리 또는 교환을 하고 "고장수리 확인" 절차를 수행한다.

9.1.2. 코딩값 불량(B100755)

"B100752 AFLS 스캔 에러 - 유니트 미장착 또는 커넥터 불량" 참조

[1] 고장코드 설명

B100755는 AFLS시스템이 설치된 차량에 AFLS시스템이 없는 것으로 배리언트 코딩된 경우 출력된다. 클러스터는 차량의 CAN BUS를 통해 AFLS 장착여부를 판단한다.

AFLS 장착여부와 정보로 부터 배리언트 코딩된 사양정보가 다르면 고장코드가 생성된다. 이 코드가 출력되면, GDS "부가기능" → "CLU Variant Coding"을 실시하여 해당 차량에 설치된 시스템사양을 설정한다. 프로그래밍이 정상적으로 수행되면 소거된다.

[2] 고장판정 조건

"B100752 AFLS 스캔 에러 - 유닛 미장착 또는 커넥터 불량" 참조

[3] 고장코드 확인

"B100752 AFLS 스캔 에러 - 유닛 미장착 또는 커넥터 불량" 참조

9.2. 바이펑션 헤드램프

9.2.1. 우측 접지쪽 단락(B251B00)

다기능 스위치의 전조등 스위치 ON신호가 CAN 데이터로 BCM에 전달되면, BCM은 전조등 제어신호를 SJB로 출력한다. 이 신호가 SJB에 전달되면, SJB는 전조등을 점등시킨다.

[1] 고장코드 설명

B251B00은 전조등 작동 200ms 후, SJB에서 바이펑션 헤드램프 우측 전원회로 접지단락이 검출된 경우 출력된다. 경고등은 점등되지 않는다.

[2] 고장 판정조건

항 목		판정 조건	고장예상 원인
검출방법		부하감지	1. 바이펑션 헤드램프 우측 전원회로 접지 단락
검출조건		전조등 스위치 ON	
고장판정		바이펑션 헤드램프 우측 전원회로 접지단락으로 과전류 검출	
검출시간		고장발생 즉시	
고장해제	현재고장	고장해결 후 IG KEY OFF → ON	
		고장해결 후 전조등 스위치 OFF → ON	
	과거고장	GDS에 의한 기억 소거	

[3] 고장코드 확인

① 자기진단 커넥터에 GDS를 연결하고, "시스템선택" → "SJB" → "고장코드(DTC)"를 실행한다.

② 표출된 고장코드와 "상태"를 확인하고, "고장상황 데이터"를 저장한다.

③ 고장코드를 소거하고, "고장판정 조건"의 "진단조건"에 따라 차량을 테스트 한다.

④ 고장코드가 출력되는가?

예	"강제구동" → "전조등 상향 출력"을 실시한다. 정상적으로 구동되면, 커넥터 부식, 오염, 변형 또는 바이평션 헤드램프 우측 전원선 손상에 의한 일시적인 접지단락을 점검한다. 정상적으로 구동되지 않으면 배선 점검을 하여 배선에 이상이 있으면 수리 또는 교환하고 배선 점검 문제 부위가 확인되지 않으면 "전원선 점검" 절차를 수행한다.
아니오	■ 이 고장은 수리 후 SJB 기억을 소거하지 않을 경우일 수 있다. 고장코드를 소거하고, "고장수리 확인" 절차를 수행한다. ■ 일시적인 바이평션 헤드램프 우측 또는 SJB 커넥터/배선 접지 단락에 의한 고장일 수 있다. 커넥터 접촉상태(록킹 장치 손상, 터미널 단자 이탈, 터미널과 배선 연결 상태), 느슨함, 접촉 불량, 구부러짐, 부식, 오염, 변형 또는 손상을 점검한다. 필요한 수리 또는 교환을 하고 "고장수리 확인" 절차를 수행한다.

[4] 전원선 점검

① IG KEY OFF

② 배터리 (-)단자 케이블을 분리한다.

③ SJB 커넥터와 바이평션 헤드램프 우측 커넥터를 분리한다.

④ 바이평션 헤드램프 우측 배선측 커넥터 LOW 전원단자와 차체 접지간 저항을 측정한다(규정값 : 비통전(∞)).

⑤ 측정된 저항값이 정상인가?

예	커넥터 부식, 오염, 변형 또는 전원선 손상으로 인한 일시적인 접지 단락을 점검한다.
아니오	SJB와 바이평션 헤드램프 우측 전원 단자 간 접지 단락을 점검한다.

9.2.2. 우측 접지쪽 단락(B251C00)

"B251B00 바이평션 헤드램프 우측 접지쪽 단락" 참조

[1] 고장코드 설명

B251C00은 전조등 작동 200ms 후, SJB에서 바이평션 헤드램프 좌측 전원회로 접지단락이 검출된 경우 출력된다. 경고등은 점등되지 않는다.

[2] 고장 판정조건

항 목		판정 조건	고장예상 원인
검출방법		부하감지	1. 바이평션 헤드 램프 좌측 전원 회로 접지 단락
검출조건		전조등 스위치 ON	
고장판정		바이평션 헤드램프 좌측 전원회로 접지단락으로 과전류 검출	
검출시간		고장발생 즉시	
고장해제	현재고장	고장해결 후 IG KEY OFF → ON	
		고장해결 후 전조등 스위치 OFF → ON	
	과거고장	GDS에 의한 기억 소거	

[3] 고장코드 확인

① 자기진단 커넥터에 GDS를 연결하고, "시스템 선택" → "SJB" → "고장코드(DTC)"를 실행한다.

② 표출된 고장코드와 "상태"를 확인하고, "고장상황 데이터"를 저장한다.

③ 고장코드를 소거하고, "고장판정 조건"의 "진단조건"에 따라 차량을 테스트 한다.

④ 고장코드가 출력되는가?

예	"강제구동" → "전조등 상향 출력"을 실시한다. 정상적으로 구동되면, 커넥터 부식, 오염, 변형 또는 바이평션 헤드램프 좌측 전원선 손상에 의한 일시적인 접지단락을 점검한다. 정상적으로 구동되지 않으면 배선 점검을 하여 배선에 이상이 있으면 수리 또는 교환하고 배선점검 문제 부위가 확인되지 않으면 "전원선 점검" 절차를 수행한다.
아니오	▪ 이 고장은 수리 후 SJB 기억을 소거하지 않을 경우일 수 있다. 고장코드를 소거하고, "고장수리 확인" 절차를 수행한다. ▪ 일시적인 바이평션 헤드램프 좌측 또는 SJB 커넥터/배선 접지 단락에 의한 고장일 수 있다. 커넥터 접촉상태(록킹 장치 손상, 터미널단자 이탈, 터미널과 배선 연결상태), 느슨함, 접촉불량, 구부러짐, 부식, 오염, 변형 또는 손상을 점검한다. 필요한 수리 또는 교환을 하고 "고장수리 확인" 절차를 수행한다.

[4] 전원선 점검

① IG KEY OFF

② 배터리 (-)단자 케이블을 분리한다.

③ SJB 커넥터와 바이평션 헤드램프 좌측 커넥터를 분리한다.

④ 바이퓨전 헤드램프 좌측 배선 측 커넥터 HI 전원단자와 차체 접지 간 저항을 측정한다(규정값 : 비통전(∞)).

⑤ 측정된 저항값이 정상인가?

예	커넥터 부식, 오염, 변형 또는 전원선 손상으로 인한 일시적인 접지단락을 점검한다.
아니오	SJB와 바이퓨전 헤드램프 좌측 전원단자 간 접지단락을 점검한다.

10 DRL(Daytime Running Light) 컨트롤 모듈

10.1. DRL 전용램프 회로

10.1.1. 좌측 접지쪽 단락(B235200)

IG KEY ON신호가 BCM을 거쳐 CAN 데이터로 SJB에 전달된다. 이 신호가 SJB에 전달되면, SJB는 DRL(주간 주행등)을 점등시킨다.

[1] 고장코드 설명

B235200은 DRL 작동 200ms 후, SJB에서 좌측 DRL 전원회로 접지단락이 검출된 경우 출력된다. 경고등은 점등되지 않는다.

[2] 고장 판정조건

항 목		판정 조건	고장예상 원인
검출방법		부하감지	1. 좌측 DRL 전원회로 접지단락
검출조건		DRL 스위치 ON	
고장판정		좌측 DRL 전원회로 접지단락으로 과전류 검출	
검출시간		고장발생 즉시	
고장해제	현재고장	고장해결 후 IG KEY OFF → ON	
		고장해결 후 DRL 스위치 OFF → ON	
	과거고장	GDS에 의한 기억 소거	

[3] 고장코드 확인

① 자기진단 커넥터에 GDS를 연결하고, "시스템 선택" → "SJB" → "고장코드(DTC)"를 실행한다.

② 표출된 고장코드와 "상태"를 확인하고, "고장상황 데이터"를 저장한다.

③ 고장코드를 소거하고, "고장판정 조건"의 "진단조건"에 따라 차량을 테스트 한다.

④ 고장코드가 출력되는가?

예	"강제구동" → "DRL 전용 램프 출력"을 실시한다. 정상적으로 구동되면, 커넥터 부식, 오염, 변형 또는 좌측 DRL 전원선 손상에 의한 일시적인 접지단락을 점검한다. 정상적으로 구동되지 않으면 배선점검을 하여 배선에 이상이 있으면 수리 또는 교환하고 배선점검 문제 부위가 확인되지 않으면 "전원선 점검" 절차를 수행한다.
아니오	■ 이 고장은 수리 후 SJB 기억을 소거하지 않을 경우일 수 있다. 고장코드를 소거하고, "고장수리 확인" 절차를 수행한다. ■ 일시적인 좌측 DRL 또는 SJB 커넥터/배선 접지 단락에 의한 고장일 수 있다. 커넥터 접촉상태(록킹 장치 손상, 터미널 단자 이탈, 터미널과 배선 연결 상태), 느슨함, 접촉 불량, 구부러짐, 부식, 오염, 변형 또는 손상을 점검한다. 필요한 수리 또는 교환을 하고 "고장수리 확인" 절차를 수행한다.

[4] 전원선 점검

① IG KEY OFF

② 배터리 (-)단자 케이블을 분리한다.

③ SJB 커넥터와 좌측 DRL 커넥터를 분리한다.

④ 좌측 DRL 배선측 커넥터 DRL 전원단자와 차체 접지간 저항을 측정한다(규정값 : 비통전(∞)).

⑤ 측정된 저항값이 정상인가?

예	커넥터 부식, 오염, 변형 또는 전원선 손상으로 인한 일시적인 접지 단락을 점검한다.
아니오	SJB와 좌측 DRL 전원단자 간 접지단락을 점검한다.

10.1.2. 우측 접지쪽 단락(B235300)

"B235200 좌측 DRL 전용램프 회로 접지쪽 단락" 참조

[1] 고장코드 설명

B235300은 DRL 작동 200ms 후, SJB에서 좌측 DRL 전원회로 접지단락이 검출된 경우 출력된다. 경고등은 점등되지 않는다.

[2] 고장 판정조건

<table>
<tr><th colspan="2">항 목</th><th>판정 조건</th><th>고장예상 원인</th></tr>
<tr><td colspan="2">검출방법</td><td>부하감지</td><td rowspan="7">1. 우측 DRL 전원회로 접지단락</td></tr>
<tr><td colspan="2">검출조건</td><td>DRL 스위치 ON</td></tr>
<tr><td colspan="2">고장판정</td><td>우측 DRL 전원회로 접지단락으로 과전류 검출</td></tr>
<tr><td colspan="2">검출시간</td><td>고장발생 즉시</td></tr>
<tr><td rowspan="3">고장해제</td><td rowspan="2">현재고장</td><td>고장해결 후 IG KEY OFF → ON</td></tr>
<tr><td>고장해결 후 DRL 스위치 OFF → ON</td></tr>
<tr><td>과거고장</td><td>GDS에 의한 기억 소거</td></tr>
</table>

[3] 고장코드 확인

① 자기진단 커넥터에 GDS를 연결하고, "시스템 선택" → "SJB" → "고장코드(DTC)"를 실행한다.

② 표출된 고장코드와 "상태"를 확인하고, "고장상황 데이터"를 저장한다.

③ 고장코드를 소거하고, "고장판정 조건"의 "진단조건"에 따라 차량을 테스트 한다.

④ 고장코드가 출력 되는가?

예	"강제구동" → "DRL 전용램프 출력"을 실시한다. 정상적으로 구동되면, 커넥터 부식, 오염, 변형 또는 우측 DRL 전원선 손상에 의한 일시적인 접지단락을 점검한다. 정상적으로 구동되지 않으면 배선 점검을 하여 배선에 이상이 있으면 수리 또는 교환하고 배선점검 문제부위가 확인되지 않으면 "전원선 점검" 절차를 수행한다.
아니오	■ 이 고장은 수리 후 SJB 기억을 소거하지 않을 경우일 수 있다. 고장코드를 소거하고, "고장수리 확인" 절차를 수행한다. ■ 일시적인 우측 DRL 또는 SJB 커넥터/배선 접지 단락에 의한 고장일 수 있다. 커넥터 접촉상태(록킹 장치 손상, 터미널 단자 이탈, 터미널과 배선 연결 상태), 느슨함, 접촉 불량, 구부러짐, 부식, 오염, 변형 또는 손상을 점검한다. 필요한 수리 또는 교환을 하고 "고장수리 확인" 절차를 수행한다.

[4] 전원선 점검

① IG KEY OFF

② 배터리 (-)단자 케이블을 분리한다.

③ SJB 커넥터와 우측 DRL 커넥터를 분리한다.

④ 우측 DRL 배선측 커넥터 DRL 전원단자와 차체 접지간 저항을 측정한다(규정값 : 비통전(∞)).

⑤ 측정된 저항값이 정상인가?

예	커넥터 부식, 오염, 변형 또는 전원선 손상으로 인한 일시적인 접지 단락을 점검한다.
아니오	SJB와 우측 DRL 전원 단자 간 접지 단락을 점검한다.

11 레인센서

11.1. 레인센서 모듈

11.1.1. LIN 이상(B163E00)

앞 윈도우 상단 내면부에 설치된 레인센서는 WMM(Wiper Motor Module, 와이퍼 모터 모듈)에서 와이퍼 작동시간 및 속도(저속/고속) 자동제어하는데 필요한 강우량, 램프 류 제어에 필요한 오토라이트 조도값 및 포토 센서값을 감지한다.

레인센서에서 감지된 데이터 들은 IBU BCM으로 입력되어 각종 기능을 제어하는데 사용된다. 그리고 B-CAN으로 라우팅 되어 다른 유닛/모듈들의 기능 제어에 활용된다.

[1] 고장코드 설명

B163E00은 레인센서에서 BCM으로 LIN 데이터를 전송하지 못하거나 BCM에서 수신한 LIN 데이터가 비정상인 경우 출력된다.

[2] 고장 판정조건

항 목		판정 조건	고장예상 원인
진단방법		LIN 통신 상태 확인	1. 센서 주위 이물질 부착 2. 센서 러버 씹힘 3. LIN 통신선 단선/접촉 불량 4. LIN 통신선 전원 단락 5. LIN 통신선 접지 단락 6. 센서 전원선 단선/접촉 불량
진단조건		IG KEY ON	
고장판정		■ LIN 데이터 수신 불능 ■ 비정상 LIN 데이터 수신 ■ 센서 전원 단선	
진단시간		고장발생 즉시	
고장해제	현재고장	LIN 데이터 정상 수신	
	과거고장	고장 해결 후 GDS로 소거	
		현재 고장이 없는 상태에서 IG KEY "ON" → "OFF"30회 반복	

[3] 고장코드 확인

① 자기진단 커넥터에 GDS를 연결하고, "시스템 선택" → "BCM" → "고장코드(DTC)"를 실행한다.

② 표출된 고장코드와 "상태"를 확인하고, "고장상황 데이터"를 저장한다.

③ 고장코드를 소거하고, "고장판정 조건"의 "진단조건"에 따라 차량을 테스트 한다.

④ 고장코드가 출력되는가?

예	배선점검을 하여 배선에 이상이 있으면 수리 또는 교환하고 배선점검 문제 부위가 확인되지 않으면 "전원선 점검" 절차를 수행한다.
아니오	■ 이 고장은 수리 후 BCM 기억을 소거하지 않을 경우일 수 있다. 고장코드를 소거하고, "고장수리 확인" 절차를 수행한다. ■ 레인센서 또는 BCM 커넥터/배선 단선/접촉 불량이나 일시적인 단락에 의한 고장일 수 있다. 커넥터 접촉상태(록킹 장치 손상, 터미널 단자 이탈, 터미널과 배선 연결 상태), 느슨함, 접촉 불량, 구부러짐, 부식, 오염, 변형 또는 손상을 점검한다. 필요한 수리 또는 교환을 하고 "고장수리 확인" 절차를 수행한다.

[4] 전원선 점검

① IG KEY OFF, 엔진 OFF

② SJB 커넥터와 레인센서 커넥터를 분리한다.

③ SJB 배선측 커넥터 "메모리1의 10A"단자와 레인센서 배선측 커넥터 "상시전원"단

자 간 저항을 측정한다(규정값 : 1Ω 이하).

④ "레인센서"배선 측 커넥터 "상시전원"단자와 차체 접지 간 저항을 측정한다(규정값 : : 비통전(∞)).

⑤ 측정된 저항값이 정상인가?

예	"LIN 통신선 점검" 절차를 수행한다.
아니오	■ SJB 배선측 커넥터 "메모리1의 10A"단자와 레인센서 배선 측 커넥터 "상시전원" 단자 간 단선/접촉 불량을 점검한다. ■ "레인센서" 배선 측 커넥터 "상시전원"단자와 차체 접지 간 단락을 점검한다.

[5] LIN 통신선 점검

(1) 통신선 단선 및 접지 단락점검

① IG KEY OFF, 엔진 OFF

② BCM 커넥터와 레인센서 커넥터를 분리한다.

③ BCM 배선 측 커넥터 레인센서 LIN단자와 레인센서 배선 측 커넥터 LIN단자 간 저항을 측정한다(규정값 : 1Ω 이하).

④ 레인센서 배선 측 커넥터 LIN 단자와 차체 접지 간 저항을 측정한다.(규정값 : 비통전(∞))

⑤ 저항값이 정상인가?

예	"통신선 전원 단락 점검" 절차를 수행한다.
아니오	■ "BCM 배선 측 커넥터 레인센서 LIN 단자와 레인센서 배선 측 커넥터 LIN 단자 간 단선/접촉 불량을 점검한다. ■ "레인센서" 배선 측 커넥터 LIN 단자와 차체 접지 간 단락을 점검한다.

(2) 통신선 전원 단락 점검

① IG KEY OFF, 엔진 OFF

② BCM 커넥터와 레인센서 커넥터를 분리한다.

③ IG KEY ON, 엔진 OFF

④ 레인센서 배선 측 커넥터 LIN단자와 차체 접지간 전압을 측정한다(규정값 : 200mV 이하).

⑤ 전압이 정상인가?

예	▪ 레인센서 커넥터/배선 단선/접촉 불량이나 전원 단락/접지 단락에 의한 일시적인 고장을 점검한다. ▪ 센서 주위 이물질 부착/센서 러버 씹힘 여부를 점검한다.
아니오	"레인센서" 배선 측 커넥터 LIN 단자와 전원 단락을 점검한다.